Modellorganismen

Modellorganismen

Peter Nick

Reinhard Fischer

Dietmar Gradl

Mathias Gutmann

Jörg Kämper

Tilman Lamparter

Michael Riemann

Modellorganismen

Peter Nick
Botanisches Institut
Karlsruher Institut für Technologie (KIT)
Karlsruhe, Deutschland

Reinhard Fischer
Institut für Angewandte Biowissenschaften
Karlsruher Institut für Technologie (KIT)
Karlsruhe, Deutschland

Dietmar Gradl
Zoologisches Institut
Karlsruher Institut für Technologie (KIT)
Karlsruhe, Deutschland

Mathias Gutmann
Institut für Philosophie
Karlsruher Institut für Technologie (KIT)
Karlsruhe, Deutschland

Jörg Kämper
Institut für Angewandte Biowissenschaften
Karlsruher Institut für Technologie (KIT)
Karlsruhe, Deutschland

Tilman Lamparter
Botanisches Institut
Karlsruher Institut für Technologie (KIT)
Karlsruhe, Deutschland

Michael Riemann
Botanisches Institut
Karlsruher Institut für Technologie (KIT)
Karlsruhe, Deutschland

ISBN 978-3-662-54867-7   ISBN 978-3-662-54868-4   (eBook)
https://doi.org/10.1007/978-3-662-54868-4

Die Deutsche Nationalbibliothek verzeichnet diese Publikation in der Deutschen Nationalbibliografie; detaillierte bibliografische Daten sind im Internet über http://dnb.d-nb.de abrufbar.

Springer Spektrum
© Springer-Verlag GmbH Deutschland, ein Teil von Springer Nature 2019

Illustrationen von Martin Lay
Verantwortlich im Verlag: Stefanie Wolf

Springer Spektrum ist ein Imprint der eingetragenen Gesellschaft Springer-Verlag GmbH, DE und ist ein Teil von Springer Nature
Die Anschrift der Gesellschaft ist: Heidelberger Platz 3, 14197 Berlin, Germany

Inhaltsverzeichnis

III   Schlussbemerkungen

Serviceteil

Einführung

Inhaltsverzeichnis

Biologie ist anders – warum?

Mathias Gutmann und Peter Nick

Künstliches Leben?

„Wir sind Gott! Es ist eine Jahrtausendsensation", „Konkurrenz für Gott", „Die Schöpfung im Labor", „Forscher auf der Suche nach der Formel des Lebens" – so titelten Anfang 2010 die führenden deutschen Zeitungen. Was war geschehen? Wenige Tage zuvor hatte Craig Venter, der zehn Jahre früher das menschliche Genom sequenziert hatte (was wohlgemerkt etwas anderes ist als „entschlüsselt"), verkündet, dass es ihm gelungen sei, künstliches Leben zu schaffen. Als er im Fernsehen gefragt wurde, ob er damit nicht, wenigstens ein bisschen, „Gott gespielt" habe, antwortete er trocken: *No, we're not playing anything. We're learning the rules of life.*"

Das Produkt seiner Bemühungen, mit einem gewaltigen Aufwand von geschätzten 40 Mio. US$ hervorgebracht, waren Kolonien eines Bakteriums *(Mycoplasma mycoides)*, dessen Erbgut komplett entfernt und durch eine mittels einer „Maschine" chemisch synthetisierten Version des Erbguts einer verwandten Art, *Mycoplasma genitalium,* ersetzt worden war. Das eingesetzte Genom war zuvor noch etwas abgewandelt worden, indem man unter anderem einen Syntheseweg einfügte, der zur Bildung eines blauen Farbstoffs führte – propagandistisch sicherlich ein geschickter Kniff, denn der Welt erste künstliche Lebensform sah nun sozusagen ihren Erzeuger von einer Petrischale aus mit blauen Augen an.

Ein zweiter Blick zeigt, dass Craig Venter keineswegs *künstliches* Leben geschaffen hat – denn im Grunde veränderte er nur eine existierende, lebende Zelle in einer sehr radikalen Weise. Gleichwohl erregte diese „Gentechnologie auf einer besonders umfassenden Stufe" sowohl Bewunderung und Abscheu in einem kaum zu erwartenden Ausmaß. Was hier (natürlich bewusst und in provokanter Absicht) zelebriert wurde, war letztlich nur eine neue Stufe von Kontrolle – die ihren Ausdruck insbesondere in Beschreibungen fand, welche wir von Maschinen, nicht aber von Lebewesen her kennen: Es sei nämlich zum ersten Mal gelungen, so jedenfalls die Botschaft, eine Lebensform nach unseren Plänen völlig neu zu konstruieren. Damit *schien* gezeigt, dass es keine grundsätzliche Grenze zwischen Leben und Technik gebe, dass es uns nun möglich sei, Leben technisch bis ins Letzte zu beherrschen und mithin den Unterschied von „herstellen" und „erzeugen" aufzuheben. Ein Auto zu entwerfen und dann zu bauen, oder eine Lebensform zu entwerfen und dann zu bauen, haben in dieser Beschreibung etwas Wesentliches gemeinsam: Wir beherrschen das Werk bis in die Einzelheiten. Aber haben wir es damit auch verstanden, durchdrungen und vollkommen *erklärt?*

Dies jedenfalls ist die Antwort, die Craig Venter in dem genannten Fernsehinterview gab – durch die Schaffung künstlichen Lebens wollte er die Regeln des Lebendigen „erlernen". Es ging ihm also (auch) darum, Leben zu *erklären* – und zwar durch die Aneignung von Kontrolle.

Jedoch zeigen schon Beispiele aus dem Alltag, dass das Verhältnis von Kontrolle und Erklären nicht so einfach ist, wie es hier unterstellt wird: wir können beispielsweise einen Hefeteig herstellen und dabei jeden einzelnen Schritt so weit kontrollieren, dass wir immer wieder ein standardisiertes Produkt erzielen. Doch haben wir damit auch schon das „Aufgehen" des Teiges erklärt, oder was genau vor sich geht, wenn die Oberfläche des Gebäcks sich dunkel verfärbt? Ebenso können wir ein Auto lenken, ohne dass wir dazu die Energietransformation im Zylinder oder die Arbeitsweise und Funktion der Nockenwelle verstehen müssen. Wir werden das Verhältnis von Standardisierung, Kontrolle und Erklärung später genauer betrachten (▶ Kap. 8 Modellbildung); hier genügt es festzuhalten, dass bestimmte Formen von Kontrolle zwar notwendige Voraussetzung von Erklärung sind, aber noch keine hinreichende.

Dasselbe zeigt sich, wenn wir bedenken, dass seit etwa 10.000 Jahren Menschen durch Haltung, Kultivierung und Züchtung den Vererbungsprozess anderer Lebewesen verändern, nämlich von Haustieren und Nutzpflanzen, und dies in massiver Weise. Doch erst seit etwa anderthalb Jahrhunderten beginnen wir ansatzweise zu *verstehen,* was dabei eigentlich vor sich geht. Die Fähigkeit etwas zu verändern heißt für sich allein also noch lange nicht, dass damit irgendetwas *erklärt* sei. Zum Wesen einer Erklärung muss demnach noch etwas hinzukommen. Was bei einer echten Erklärung hinzukommt, ist *Handeln, das zu gezielten Veränderungen führt.* Die Veränderungen werden nicht durch blindes Herumstochern vorgenommen, sondern zuvor wurde etwas überlegt, und aus diesen Überlegungen wurde die Erwartung abgeleitet, dass, *wenn man* in dieser oder jener Form Veränderungen vornehme, *dann* ein bestimmtes Ergebnis zu erwarten sei.

Es ist dieses gezielte, von einem *Verständnis* des Gegenstandes abgeleitete Handeln, was wir wissenschaftliche Methode nennen. Als Ergebnis dieses Handelns entwickeln wir *Erklärungen,* die wir zu *Theorien* zusammenfügen. So entsteht das lebendige Gebäude, das wir *Wissenschaft* nennen. Es ist eine technische, also zutiefst künstliche Welt, und während wir das für unbelebte Gegenstände, seien es Moleküle (Chemie), Energie (Physik) oder eben Maschinen (Technik) ohne groß nachzudenken als Herangehensweise akzeptieren, prallen in der Biologie zwei Welten aufeinander, denn die Gegenstände dieses technischen Zugangs tragen eine Eigenschaft, die wir mit „Leben" bezeichnen und von der wir annehmen, dass sie durch etwas, was wir „Natur" nennen, entstanden sei. Diese „Natur" wird meist in ihrem innersten Wesen als der menschlichen Kunst (Technik) entgegengesetzt verstanden.

Dieser Gegensatz zwischen „natürlich" und „technisch" ist keine akademische Spielerei, sondern prägt die Art, wie wir *wissenschaftlich* mit „Lebewesen" umgehen. Die Spannung, von der Venter behauptete, er habe sie aufgelöst – nämlich zur Seite der Herstellung hin –, ist aber durchaus produktiv, denn von ihr lebt letztendlich dieses

Buch und übrigens auch der Großteil der modernen Biologie. Dabei müssen wir aber bedenken, dass es unterschiedliche Formen von Gegensätzen gibt. Gegensätze können einerseits absolut und ausschließend sein: Die Wahrheit eines Satzes schließt dessen Falschsein aus. Gegensätze können aber auch relativ sein: Für etwas Helles muss nicht unbedingt gelten, dass es nicht dunkel ist; es ist nur hell im Vergleich zu etwas anderem, was uns dunkel erscheint. Wenn Technik und Natur aber nicht absolute, sondern relative Gegensätze darstellen, können wir die „Technik der Natur" mit einem neuen Zugang verstehen – wir kommen noch darauf zurück.

Auf den Punkt gebracht gibt es zwei Wege, wie wir einen Gegenstand wissenschaftlich bearbeiten können. Diese Wege lassen sich überspitzt mit *beschreiben* und *erklären* bezeichnen. Aber auch diese Begriffe bedeuten keine Wertigkeit und kein Gegensatz, der sich ausschlösse: Denn zwar gelangen wir ohne genaue Beschreibung einer Erscheinung nie zu einer guten Erklärung, zugleich aber können wir gute Beschreibungen nur anfertigen, wenn wir zumindest ein *Vorverständnis* dessen haben, *was* wir beschreiben wollen. *Beschreibung* und *Erklärung* gehören also eng zusammen und sind häufig zwei Seiten derselben Medaille. Wenn man die Medaille in die Hand nehmen möchte, wenn man eine Erscheinung verstehen will, braucht man beide Seiten. Der Unterschied zwischen beschreiben und erklären hängt also vor allem davon ab, von welcher Seite wir auf die Medaille blicken. Dennoch geht Erklärung noch einen Schritt über Beschreibung hinaus und umfasst, wie im Folgenden kurz erläutert wird, eine eigentlich technische Herangehensweise.

■ Beschreiben oder erklären?

Gerade im Vergleich zu einer voll entfalteten Naturwissenschaft wie der Physik, die bis heute Vorbildcharakter auch für andere, jüngere Disziplinen hat, fällt beim Blick auf die Biologie vor allem die ungeheure Vielfalt und Vielgestaltigkeit ihrer Gegenstände

1

und deren Beziehungen untereinander auf. Die geschätzte Zahl von Arten, die unseren Planeten bevölkern, wird fortwährend nach oben korrigiert – allein für die Landpflanzen geht man inzwischen von etwa 400.000 Arten aus, für Tiere vermutet man gar eine Zahl im Bereich von mehreren bis vielen Millionen. Es verwundert also nicht, dass in der Geschichte der Biologie als Wissenschaft die genaue Beschreibung und *Klassifizierung* unterschiedlicher Lebensformen lange Zeit im Mittelpunkt stand. Die Naturgeschichtsschreibung, die bis in die Mitte des 19. Jahrhunderts die belebte Natur zum Gegenstand hatte, wurde so zur Wissenschaft der vielen (und gelegentlich Staunen erregenden) Einzelfälle, deren Beschreibung sich häufig an der äußeren Erscheinung orientierte (was wir etwa an den wunderschönen Darstellungen Sybille Merians sehen können).

Als Ergebnis dieser beschreibenden Biologie entstanden umfangreiche Darstellungen, in denen die Besonderheiten der unterschiedlichen Lebensformen in Wort und Bild sehr genau festgehalten sind – wie zum Beispiel die Reisebeschreibungen von Autoren des 18. und 19. Jahrhunderts zeigen (etwa bei Georg Forster, Alexander v. Humboldt, aber auch noch beim jungen Darwin). Wie sich Sommer- und Wintergoldhähnchen farblich und in ihrer Lebensweise voneinander unterscheiden, wie sie ihr Nest bauen, wie viele Eier sie legen und zu welcher Zeit sie sich paaren – das sind wichtige und wertvolle Informationen, die nicht nur erlauben, diese Lebensformen zu unterscheiden. Sie sind auch bedeutsam, wenn man mit diesen Lebensformen nutzbringend umgehen will. Jeder Landwirt, der sein Feld mit Pflanzenschutzmitteln behandelt, wird nur dann erfolgreich sein, wenn dieser Behandlung sehr genaue Beschreibungen der agrochemischen Entwickler vorausgegangen sind. Beschreibungen sind also wertvoll und bedeutsam.

Es wird jedoch oft übersehen, dass für ein *wissenschaftliches*, also nicht nur alltägliches *Verstehen* von Gegenständen auch Beschreibungen eines anderen Typus gebraucht werden – solche nämlich, die es erlauben, Annahmen, Vermutungen und Erklärungen anzufertigen, zu überprüfen, zu stützen und gelegentlich auch zu widerlegen. Auch solche Versuche hat es in der Vorgeschichte der Biologie (die ihren Namen erst im Laufe des 19. Jahrhunderts erhielt) immer schon gegeben. Als besonders wichtig haben sich dabei jene Ansätze erwiesen, die explizit auf als sicher geltendes wissenschaftliches Wissen zurückgriffen. Anfangs waren dies vor allem die Mathematik (man denke nur an die Formalisierungsversuche durch Linné) und die Mechanik (ein Beispiel wäre die durch Descartes inspirierte sogenannte Jatromechanik des 18. Jahrhunderts). Später kamen vermehrt auch weitere physikalische Disziplinen hinzu (etwa Optik und Elektrik) bis hin zur Nutzung chemischen und ingenieurstechnischen Wissens.

Auf dieser Grundlage war es möglich, Lebewesen gezielt zu zerteilen und ihre Teile zu beschreiben und zu strukturieren. Damit konnte man die Art und Weise klären, *wie* Merkmale untereinander zusammenhängen, *wie* Arten voneinander abgegrenzt sind oder *wie* sie sich auf ihre jeweilige Umgebung beziehen. Solche Fragen und Antworten liegen nicht offen zutage, sondern werden durch bisweilen anstrengende geistige Arbeit von uns entwickelt – ebenso wie die Methoden und Werkzeuge, die wir für die Beschreibungen, Präparationen und Messungen benötigen. Wer schon einmal nach erfolgreicher Teilnahme an Bestimmungsübungen durch die Natur gegangen ist, hat sicher schon bemerkt, dass nun viel mehr unterschiedliche Arten von Tieren und Pflanzen wahrgenommen werden. Der Versuch, die Vielfalt von Formen zu ordnen und einzuteilen, verändert also unmittelbar die Art, wie wir diese Vielfalt beschreiben.

Schon die ersten überlieferten Formen wissenschaftlicher Beschreibung gründen auf Erklärungen: In seinem Versuch, die Vielfalt der in der Natur gefundenen Formen zu ordnen, formuliert Aristoteles einige wenige Prinzipien und setzt diese dann ein, um danach die Einteilung vorzunehmen (Das Aristotelische Vier-Ursachen-Schema). Er sortiert also nicht nur, sondern bemüht sich darum, die besonderen Formen und Ausprägungen sowohl der belebten als auch der unbelebten Natur zu erklären. Grundlage dafür waren grundsätzliche Überlegungen zur Frage der Ursächlichkeit, die in einem Vier-Ursachen-Schema mündeten (Abb. 1.1).

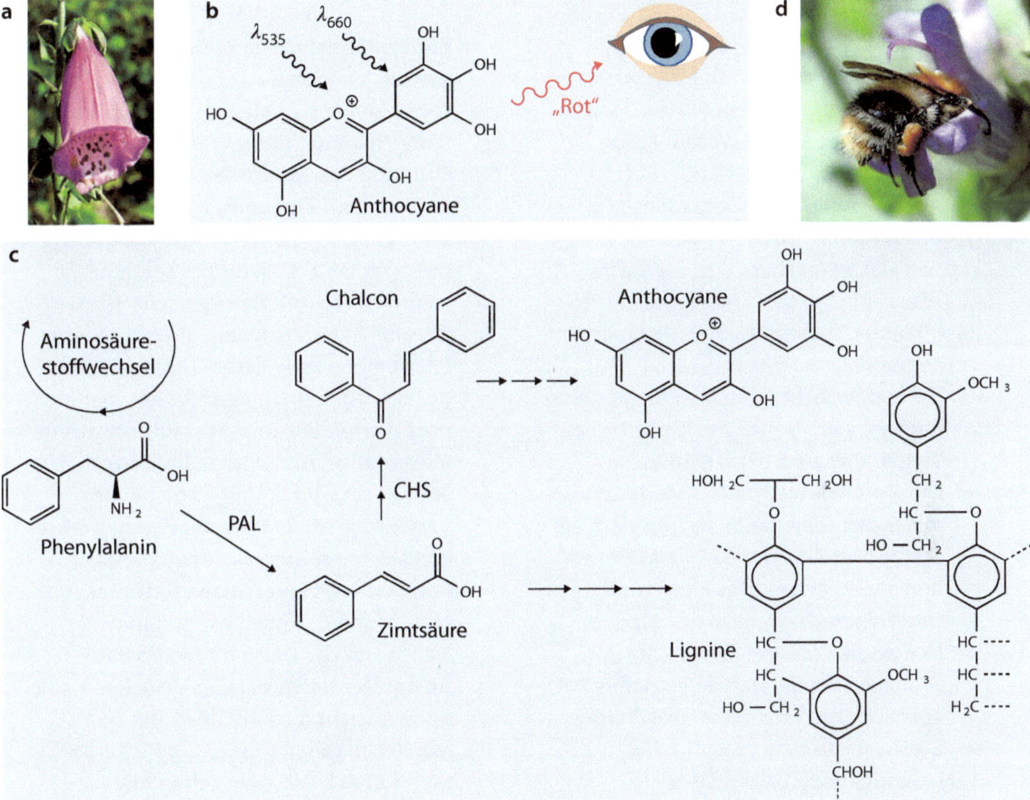

 Abb. 1.1 Anwendung des Vier-Ursachen-Schemas auf die Bildung von Anthocyanen in den Blüten der Angiospermen. **a** Formursache: Anthocyane auf der Unterlippe des Fingerhuts werden in bestimmten Zellen der Epidermis gebildet. Das Muster dieser sog. Saftmale ahmt Staubblätter nach. **b** Stoffursache: Anthocyane enthalten viele konjugierte Doppelbindungen, wodurch ein durch elektromagnetische Strahlung leicht anregbares π-Orbital entsteht. Dieses wird durch grünes Licht der Wellenlänge 535 nm optimal angeregt, während rotes Licht der Wellenlänge 660 nm nicht absorbiert werden kann. Dem an der Blüte reflektierten Tageslicht fehlt also der Grünanteil, und wir nehmen die Farbe „rot" wahr. **c** Wirkursache: Das Enzym Phenylalanin-Ammonium-Lyase (PAL) desaminiert die Aminosäure Phenylalanin zu Zimtsäure, daraus werden über mehrere enzymatische Reaktionen die Lignine gebildet. Die Zimtsäure kann aber auch über Zwischenstufen durch das Enzym Chalcon-Synthase (CHS) zu einem Chalconring zusammengefügt werden, woraus dann in weiteren Reaktionen die gefärbten Anthocyane entstehen. **d** Zweckursache: Das in den Blüten des Salbeis gebildete Anthocyan hat den Zweck, Hummeln anzulocken, die dann den Pollen auf andere Blüten derselben Art übertragen und so den Genfluss der selbst ja unbeweglichen Pflanze sichern

Das Aristotelische Vier-Ursachen-Schema und seine Bedeutung für die Biologie

In seinem Werk *Physik* geht Aristoteles der Frage nach, was begründetes Wissen eigentlich bedeute und wie ein solches Wissen über Naturgegenstände möglich wird. Er kommt zur Schlussfolgerung, dass wir etwas erst dann wirklich wissen, wenn wir seine „Ursachen" *(aitiai)* kennen. Wissenschaft muss also die Frage nach dem Warum *(dia ti)* stellen und beantworten. Er stellt dann fest, dass es vier Ebenen *(tetrachôs legetai)* gibt, auf denen man eine solche Warum-Frage beantworten kann. Unter anderem über den Vergleich mit Gebrauchsgegenständen versucht er, diese vier Ebenen klar zu machen. Beziehen wir uns etwa auf eine silberne Pferdestatue, dann können folgende sinnvolle Fragen unterscheiden:

- Die Formursache (griech. *eidos*, lat. *causa formalis*) wäre Gestalt und Begriff einer Statue, aber auch eines Pferdes.
- Die Stoffursache (griech. *hyle*, lat. *causa materialis*) wäre das Silber, aus dem die Statue besteht, aber auch das „Fleisch" und die „Knochen" des Pferdes.
- Die Wirkursache (griech. *arche tes kineseos*, lat. *causa efficiens*) wäre der Bildhauer, der die Statue geschaffen hat, aber auch die „Elterntiere" des Pferdes.
- Die Zweckursache (griech. *telos*, lat. *causa finalis*) wäre die Absicht, das Zimmer mit der Statue zu schmücken, aber auch Pferd selber, welches als geschlechtsreifes Tier wiederum durch Fortpflanzung für die Erhaltung seines *genos* sorgt.

Diese Auftrennung in vier Sichtweisen mag uns auf den ersten Blick fremd erscheinen: Denn für moderne naturwissenschaftliche Erklärungen wird vor allem die *causa efficiens* bemüht.

Damit werden zugleich die „Warum"- durch „Wie"-Fragen ersetzt. Aber auch die anderen Sichtweisen setzen wir immer noch ein, wenn auch häufig, ohne uns dessen bewusst zu sein. Gerade in der Biologie ist die *causa finalis* sehr wichtig, denn Organismen sind zweckmäßig gebaut, und es war bis zu Darwins Buch *On the Origin of Species* sehr schwierig bis unmöglich, die Entstehung solcher „zweckmäßigen" Gebilde ohne Zuhilfenahme metaphysischer Kräfte oder starker Analogien zu erklären. Auch die *causa formalis* spielt eine große Rolle – nämlich immer dann, wenn es um die Ordnung von Molekülen oder Prozessen in Raum und Zeit geht, zentrale Themen von Zell- und Entwicklungsbiologie. Die *causa materialis* wiederum spielt herein, wenn wir chemische Eigenschaften von Molekülen heranziehen, um biologische Phänomene zu erklären. Die Zeiten des dialektischen Materialismus, als man noch postulierte, „die Zelle kristallisiere aus der Mutterlauge aus", sind definitiv vorbei, aber wenn wir die Vorgänge bei der Replikation auf chemische Eigenschaften von Nucleinsäuren wie etwa die Zahl und Stabilität von Wasserstoffbrücken zurückführen, setzen wir genau diese Sichtweise der *causa materialis* ein. Aristoteles stellte die vier Ursachen nicht ohne Absicht auch mit Blick auf von Menschen geschaffene Gegenstände dar, weil sich diese Ursachen hier klarer voneinander trennen lassen als bei Beispielen aus der Natur, wo sie miteinander verschränkt sind.

Moderne Erklärungen berufen sich vor allem auf Wirkursachen, seit den großen Fortschritten der Molekularbiologie in der zweiten Hälfte des vergangenen Jahrhunderts stark auch auf Stoffursachen. Für Aristoteles spielte vor allem der Begriff der Funktion (also die Zweckursache) eine zentrale Rolle, wobei die

Struktur auf die Funktion abgebildet, also letztlich vollständig aus ihr erklärt werden sollte. Damit hatte er intuitiv eine wichtige Besonderheit der Biologie erfasst – lebende Organismen erscheinen nämlich in hohem Maße zweckmäßig aufgebaut. Die Entstehung dieser Zweckmäßigkeit war lange Zeit eine der schwierigsten Fragen in der Biologie und konnte eigentlich erst durch die Selektionstheorie von Darwin und Wallace auf eine rationale Grundlage gestellt werden.

Obwohl Aristoteles diesen Erklärungsansatz nicht kennen konnte, sind einige seiner auf der Basis der Zweckursache entwickelten Vorstellungen – etwa seine embryologischen Konzepte – bis heute gültig geblieben. Es sei freilich nicht verschwiegen, dass die starke Gewichtung der Zweckursache auch für einige Fehldeutungen und Missgriffe verantwortlich war – nämlich immer dann, wenn der Zweck faktisch als Erklärung für die Struktur von Organen auftritt. So verfügten wir etwa über Augen, *weil* wir sehen, oder Beine, *weil* wir laufen, diesen Organen entsprechen also bestimmte, festgelegte Funktionen, womit weder die Möglichkeit der Umnutzung noch deren Transformation vorgesehen ist. Bezogen auf den Gesamtorganismus und seine Einbindung in die Umgebung ist damit aber schon die Möglichkeit der Veränderung der Arten, in welche das Lebendige geordnet ist, ein Problem: Denn es zeugt eben das Pferd das Pferd, und der Mensch den Menschen. Ein evolutionärer Wandel ist so von vorneherein ausgeschlossen.

Gegenüber Erklärungen in Physik und Chemie, wo nur Wirk- und Stoffursachen als Erklärungswege üblich sind, spielen Zweckzuschreibungen in der Biologie aber eine ebenso bedeutsame wie umstrittene Rolle – was der funktionalen und letztlich der evolutionären Betrachtungsweise geschuldet ist. *Methodisch* ist das durchaus sinnvoll, solange man, auch sprachlich, darauf achtet, dass nicht der Eindruck einer inneren Zielgerichtetheit (Teleologie) entsteht (dazu unten mehr).

Die erste der Aristotelischen Ursachen, die Formursache, war vor allem für die Entwicklungsbiologie wichtig – wenn wir untersuchen, wie sich eine zunächst symmetrische Zelle polarisiert, wie sich ein zunächst rundes Ei zu einem Organismus mit verschiedenen Körperachsen entwickelt, oder wie aus der räumlichen Ordnung verschiedener Zelltypen ein übergeordnetes Muster entsteht, dann geht es letztlich um Erklärungen, die Form als *Ursache* heranziehen, auch wenn dies selten offen ausgesprochen wird.

Wie wir schon am Beispiel der Aristotelischen Naturbetrachtungen sehen können, fußen beschreibende Einteilung auf Prinzipien, die nicht unabhängig sind von Vermutungen, Annahmen und Erklärungen. Die Biologie als „Wissenschaft der vielen Einzelfälle" musste also, um diese vielen Einzelfälle sinnvoll *beschreiben* zu können, immer auch *erklären*. Freilich blieb und bleibt das zumeist ungesagt und verborgen – wie umgekehrt der direkte Übergang von Beschreibung zu Erklärung regelmäßig zu Verkürzungen und Fehlurteilen führte. Doch selbst diese einfachen Formen des Beschreibens sind schon durch eine präparative Praxis gestützt – in diesem Fall war es die der medizinischen Sektion nahestehende Präparation, die bis in das 19. Jahrhundert hinein für die Naturkunde bestimmend blieb. Auch die bloße Autopsie erfolgt nämlich nicht ohne funktionale Annahmen, wie jeder weiß, der schon einmal anatomische Präparate angefertigt hat. Dem Präparieren traten mit zunehmender Entfaltung der Lebenswissenschaften auch weitere experimentelle Ansätze an die Seite, die nach heutigen Standards gelegentlich krude anmuten, die aber für die Erarbeitung gesetzlicher Zusammenhänge unerlässlich waren – man denke etwa an die galvanischen Experimente mit Fröschen oder an Pfeffers Untersuchungen der Osmose.

Dass trotz großer Verschiedenheit die unterschiedlichen Lebensformen allgemeinen Gesetzmäßigkeiten gehorchen, rückte erst deutlich später in den Brennpunkt der Aufmerksamkeit. Die Zelltheorie von Schwann und Schleiden (1838) legte mit ihrer Aussage, dass alles Leben aus ähnlich gestalteten Einheiten, den Zellen bestehe, das Fundament dafür, dass man einerseits mit Blick auf die Physik, andererseits unter Entwicklung eigener laborgestützter

Zugänge damit begann, solche allgemeinen Gesetzmäßigkeiten des Lebens überhaupt zu suchen. Die Verbindung von kausaler und funktionaler Betrachtung führte dabei zu einer neuen Disziplin, der Physiologie (für tierische Organismen von Johannes Müller und seiner Schule vorangetrieben, während Wilhelm Pfeffer, Julius Sachs und andere die Pflanzenphysiologie begründeten). Die Physiologie verstand sich immer auch als quantitative Wissenschaft und förderte so den Brückenschlag zur Physik. Auch für die beginnende Vererbungslehre rückten spätestens seit Mendel Zahlen und mathematische Beschreibungen in den Vordergrund. Auf der anderen Seite bewegte sich die Chemie über die seit Wöhlers Harnstoffsynthese neu entstandene „organische" Chemie und die Entdeckung von „Enzymen" näher an die Biologie heran. Diese Suchbewegungen führten zu drei Schlussfolgerungen, die für die stürmische Entwicklung der Molekularbiologie in der zweiten Hälfte des vergangenen Jahrhunderts wegweisend waren:

- Auch für lebende Organismen muss es Gesetze geben, die bei aller Verschiedenheit der Lebensformen gleich oder zumindest ähnlich sind.
- Diese Gesetze hängen mit chemischen und physikalischen Prinzipien zusammen.
- Diese Gesetze lassen sich in messbarer oder zählbarer Form quantifizieren.

Solche Einsichten und die durch sie deutlich gewordene Verbindung mit den Wissenschaften des nicht Belebten ließen auch die Morphologie nicht unberührt – jene Disziplin also, die noch am stärksten mit dem Formproblem verbunden war. Weit über die bloß vergleichenden Ansätze, wie sie etwa durch Goethe und Lavater, aber auch Haeckel, Dorn und Schindewolf verfolgt wurden, führte die Verbindung mit der Physiologie zu einem vertieften Formverständnis, das nach den Kräften und Prinzipien fragte, die Formen erzeugen (etwa Gegenbauer, Uexküll, D'Arcy Thompson). Dieses tiefere Verständnis von Form führte schließlich in Verbindung mit Ingenieurswissenschaften und Architektur zu Konstruktionsmorphologie und Bionik.

Der Blick auf diese Entwicklung der Wissenschaft vom Leben bestärkt unsere Intuition, eine Bestärkung, dass wir in diesem Bereich der Biologie dem, was wir „Erklärung" nennen, schon weit näher gerückt sind. Was allgemeine Gesetzmäßigkeiten von Lebensformen anbelangt, erscheint auch der Unterschied zur Physik nicht mehr so groß: Wenn der Fall eines Würfels wissenschaftlich behandelt wird, erscheint es ja irrelevant, ob der Würfel grün oder rot ist, ob er vor dem Experiment drei Wochen auf einem Regal gelegen hat, und wer den Würfel wann und wo gekauft hat. All diese Details sind hier wohl nicht von Bedeutung. Ähnlich ist es vielleicht nicht von Bedeutung, ob eine mRNA, die in ein Protein translatiert wird, nun vom Sommer- oder vom Wintergoldhähnchen stammt, obwohl sich diese beiden Arten in der Farbe ihres Scheitels deutlich unterscheiden.

Beim Erklären nehmen wir also jedenfalls Verallgemeinerungen vor – in der Physik ebenso wie in der Biologie. Freilich wirkt die Gleichsetzung der Fallbewegungen eines roten und eines grünen Würfels mit jener Bewegung, die die Schleuderzunge eines Chamäleons vollzieht, doch deutlich weniger irritierend als die Abstraktionsleistung, die nötig ist, um die Translation einer mRNA bei Sommer- und Wintergoldhähnchen (und womöglich die eines Regenwurms) als *gleichartigen* Vorgang zu betrachten. Es liegt auf der Hand, dass man gerade bei diesem Abstraktionsschritt leicht fehlgehen kann. Was, wenn man ein scheinbar belangloses Detail als wichtig erachtet oder, umgekehrt, wenn man einen wichtigen Unterschied als belangloses Detail missversteht? Man wird bei einer völlig anderen Erklärung landen.

Gibt es einen Weg, wie man in der Biologie „wichtig" und „unwichtig" erkennen kann, um auf diesem Wege gültige Erklärungen zu finden? Den gibt es durchaus: *Vergleichen*, dann *Abstrahieren* und schließlich *Folgern*.

Vergleichen, Abstrahieren, Folgern – Schlüsseltätigkeiten der Biologie

Lebensformen sind sehr vielfältig, und diese Vielfalt stellt eine große Herausforderung dar, wenn man Lebewesen beschreiben will. Selbst Individuen einer Art sind unterschiedlich. Diese Unterschiede sind manchmal so groß, dass es schwierig wird, diese Individuen als Angehörige derselben Art zu erkennen – die manchmal schon weltanschauliche Maße annehmenden Debatten in der Taxonomie legen dafür beredtes Zeugnis ab. Unabhängig von den vielen Grenzfällen gelingt es uns in der Regel jedoch erstaunlich gut, etwa die völlig verschieden aussehenden Hunderassen als Angehörige der Art *Canis lupus familiaris* zu erkennen. Was wir hier – zumeist unbewusst – vornehmen, ist ein *Vergleich:* Wir stellen den Hund vor unseren Augen gedanklich neben die anderen Vertreter dieser Art, die wir früher gesehen und als Hunde erkannt haben, und wir betrachten im nächsten Schritt, ob dieses Tier hinsichtlich bestimmter Gesichtspunkte gleich ist oder eben nicht. Wenn das Wesen vor uns haarig ist, bellende Laute von sich gibt und mit dem Schwanz wedelt, so werden wir zu dem Schluss kommen, dass es sich um einen Hund handeln muss, auch wenn seine Beine so kurz sind, wie wir es sonst nur von Ratten kennen. Diese kurzen Beine werden also von uns als weniger wichtig angesehen und daher ausgeklammert – wir „sehen von ihnen ab" und genau darin liegt das mit „Abstrahieren" bezeichnete Vorgehen. Genauso, wie wir bei den Wörtern *noir, black* und *niger* von der unterschiedlichen Schreibweise absehen, wenn wir nach ihrer Bedeutung fragen – nämlich die im Deutschen durch „schwarz" ausgedrückte „Farbe" –, werden wir also von der konkreten Ausprägung eines Merkmals (etwa der Beinlänge) absehen, wenn wir sowohl Pudel als auch Windhund als Exemplare von *Canis* bezeichnen. Andererseits führt eine Übereinstimmung in einem bestimmten Merkmal nicht automatisch dazu, dass wir zwei Lebewesen derselben Gruppe zuordnen. Auch wenn die Beine eines Windhundes ebenso lang sind wie die einer Meeresspinne (Majidae), kämen wir dennoch nicht auf die Idee, beide Tiere als „zur selben Gruppe gehörig" zu betrachten.

Was ist hier eigentlich geschehen? Wir haben auf *erklärende* Prinzipien zurückgegriffen, um eine *Abstraktion* vorzunehmen.

Wir behandeln hierbei zwei Gegenstände als gleich in einer bestimmten Hinsicht:

$$A \stackrel{x}{=} B$$

Soll heißen: A ist B gleich in Hinsicht auf „x". Das „x" gibt den Gesichtspunkt an, unter dem wir vergleichen und feststellen, dass beide einander gleichen. Indem wir so verfahren „sehen wir ab" davon, dass es sich nicht um *dieselben* Dinge handelt – es liegen ja eben zwei davon vor. Das „Absehen" von und das „Hinsehen auf" sind also die beiden Seiten desselben Verfahrens: der *Abstraktion*. Die beiden Gegenstände können also zugleich einander gleich und ungleich sein. Hinsichtlich der von uns als relevant eingeschätzten Gesichtspunkte Fell, Bellen, Schwanzwedeln ist das Wesen vor uns den früher gesehenen Hunden gleich, in puncto Stummelbeine allerdings nicht. Wir gelangen auf diese Weise zu Typen von Lebewesen, denen wir die einzelnen Exemplare (als Repräsentanten) zuordnen. Dies stellen wir auch genau so dar: durch ihre Typenexemplare in naturkundlichen Sammlungen oder Bestimmungsbüchern.

Solche Vergleiche erlauben uns nicht nur, das Wesen vor uns als Hund zu erkennen, sie vermitteln uns gleichzeitig Wissen über dieses Wesen, das wir gar nicht selbst empirisch überprüft haben: Da das Tier vor uns ein Hund ist, und wir wissen, dass Hunde Wirbeltiere sind, können wir *folgern,* dass im Rücken dieses Wesens vor uns eine Wirbelsäule zu finden ist, in deren Innern wichtige Nervenbahnen verlaufen. Wir wissen das, obwohl wir den Hund vor uns gar nicht aufgeschnitten haben. Dieses Wissen gründet also nicht auf unsere konkrete Erfahrung mit diesem Hund vor uns, sondern ist *nicht-empirisches* Wissen – auch wenn es unstrittig ist, dass unser Wissen über Hunde, deren Wirbelsäule und die Ähnlichkeiten zu der Wirbelsäule von Fischen nicht „ausgedacht", sondern empirisch erworben wurde (freilich nicht von uns selbst am Beispiel des Hundes vor unseren Augen).

Warum können wir das? Wir nutzen hier zwei logische Prinzipien, nämlich die

Symmetrie (wenn „A gleich B", dann gilt auch „B gleich A") und die *Transitivität* (wenn „A gleich B" und „B gleich C", dann gilt auch „A gleich C"). Das funktioniert deswegen, weil der Begriff „Hund" dem Begriff „Wirbeltier" untergeordnet ist *(Subordination)*. Die umgekehrte Richtung ist nicht zwingend – die Erkenntnis, dass das Wesen vor mir ein Wirbeltier ist, erlaubt nicht zwingend den Schluss, dass es sich um einen Hund handeln muss. Das muss ich erst anhand anderer, für Hunde charakteristische Merkmale (Fell, Bellen, Schwanzwedeln) empirisch überprüfen.

Es finden sich auch andere Vergleiche in der Biologie, bei welchen aber etwas anders argumentiert wird. So können wir sicher sagen, dass etwa der Arm eines Menschen kein Hebel ist; er kann aber so beschrieben werden, als ob er einer wäre. Wir können dann zum einen die Hebelgesetze nutzen, um die Arbeitsweise (die Funktion) einer Vertebraten-Vorderextremität mechanisch zu verstehen. Zugleich aber können wir auch gewisse Eigenschaften der Bauelemente dieser Extremität folgern, die vorliegen müssen, damit eine Hebelfunktion überhaupt stattfinden kann (etwa was deren Steifigkeit oder Elastizität anbelangt).

Die Unterscheidung von empirischem und nichtempirischem Wissen ist schon deshalb wichtig, weil gelegentlich hinter scheinbar empirischen Fragen nichtempirische stehen – ein schönes Beispiel ist etwa die Frage nach der Definition von Leben, die ein gut biologisches, echt empirisches Problem zu sein *scheint,* es aber nicht ist! Wir kommen im Schlußkapitel darauf noch zurück.

Gerade im Vergleich zu einer „klassischen" Naturwissenschaft wie der Physik fällt auf, dass in der Biologie einerseits ein höheres Maß von verallgemeinernder Abstraktion und Typenbildung investiert werden muss. Andererseits spielt selbst bei der Gewinnung von Prinzipien das Vergleichen eine wichtige Rolle. Um nämlich interessante Abstraktionen richtig vollziehen zu können, werden zwei Voraussetzungen benötigt:

- Eine klare und robuste Vorstellung davon, wie ich in diesem unwegsamen Gelände einen Weg suche, nach welchen Suchkriterien also „wichtig" und „unwichtig" erkannt werden können. Diese wissenschaftliche Suchstrategie *(Heuristik)* gehört zum Handwerkszeug einer jeden erklärenden (sog. nomothetischen) Wissenschaft, die Wissen um Gesetzmäßigkeiten nutzt. Diese Suchstrategie ist das, was der Begriff *Modellbildung* eigentlich umschreibt, und die auch auf die Gesetze abzielt, die wir bei der Beschreibung und Strukturierung lebendiger Körper nutzen können. Wie und warum diese Suche so gestaltet wird, wird im Schlussteil dieses Buches behandelt.
- Eine möglichst genaue und fundierte *Beschreibung* des Vorgangs, den ich erklären möchte, am besten für die Lebensform, für die ich diese Erklärung anfertigen will. Je hochwertiger meine Beschreibung, desto sicherer und präziser kann ich die Suche nach einer Erklärung gestalten. Es gibt also keinerlei Grund, über beschreibende (sog. idiografische oder deskriptive) Wissenschaft die Nase zu rümpfen. Keine gute Erklärung ohne gute Beschreibung! Gute Wissenschaft braucht beides.

Vergleichen und Abstrahieren sind nicht nur zentrale Techniken, um die Vielfalt von Lebensformen beschreibend ordnen zu können, sie bilden auch die Voraussetzung, um Biologie folgernd erklären zu können. Zwar wissen wir oft intuitiv, was vergleichbar ist und was nicht, aber um von einem unbestimmten „Bauchgefühl" zu einer rationalen Heuristik zu gelangen, brauchen wir noch eine systematische Methode. Diese Methode hat sich interessanterweise ebenfalls aus einem Vergleich entwickelt, nämlich dem Vergleich zwischen Maschinen und Lebewesen.

Lebewesen als Maschinen: der Weg von der Metapher zur Modellbildung als zentraler Methode

Schon seit der Antike spielen Technikvergleiche eine wichtige Rolle bei der Erklärung von Lebewesen, wobei sich die Antike natürlich auf klassische Maschinen wie Hebel-, Seilzugkonstruktionen und Puppen, aber auch auf andere künstliche Hervorbringungen wie den Hausbau oder sogar die Haushaltung bezog. Auf der Grundlage solcher Vergleiche versucht Aristoteles die Besonderheit lebendiger Organisation zu erklären und zugleich die Prinzipien zu bestimmen, nach denen sich Belebtes von Unbelebtem unterscheidet. Parallel zur Rolle von Technik als Metapher für Lebewesen entfalteten die technischen Disziplinen auch unmittelbar einen großen Einfluss auf die Lebenswissenschaften. Maschinenbau, Elektrotechnik, Optik und vor allem die Informatik stellten nicht nur neue und immer ausgefeiltere Bilder, Modelle und Vorstellungen für den erkennenden Vergleich von biologischen Organismen zur Verfügung, sondern lieferten der Biologie auch ganz konkret neue methodische Werkzeuge. Die stürmische Entwicklung der Molekularbiologie der zweiten Hälfte des vergangenen Jahrhunderts, die heute letztlich alle biologischen Teildisziplinen geprägt hat, hätte ohne dieses Fundament vermutlich nie stattfinden können.

Maschinen und Maschinentypen änderten sich also im Laufe der Geschichte, ja es wurden gänzlich neue Typen hervorgebracht. Dennoch blieb der Vergleich mit technischen Systemen bis heute ein wichtiger Weg, um Lebendiges verstehen und erklären zu können. Oder anders ausgedrückt: Der Bezug auf Technik war für die Biologie über viele Jahrhunderte hinweg eine wichtige heuristische Triebkraft. So finden wir in der neuzeitlichen Auseinandersetzung zwischen Mechanizismus und Vitalismus (s. unten) beide Elemente wieder, nämlich zum einen den Technikvergleich, zum anderen die Erkenntnis, dass Belebtes und Unbelebtes grundsätzlich verschieden

seien. Aber erst mit dem Siegeszug der physikalischen Wissenschaften im 18. und der Chemie im 19. Jahrhundert wurde von den ursprünglich vielfältigen Wegen der Erklärung (Das Aristotelische Vier-Ursachen-Schema) der Schwerpunkt auf Kausalerklärungen (Wirkursachen) gelegt. Die Frage danach, ob es möglich sei, Bestandteile von lebenden Organismen oder die Materialien, aus denen sie aufgebaut sind, auch auf „anorganische" Weise hervorzubringen, erhielt zwar mit den beeindruckenden Erfolgen der chemischen Synthese eine erste Antwort. Die Debatte, ob und in welcher Weise lebende Organismen auf Chemie und Physik reduzierbar sind, dauert dagegen auch heute noch an.

Ein Grund dafür ist sicherlich die offensichtliche Funktionalität von lebenden Organismen, die man, anders als einen physikalischen oder chemischen Vorgang, eben nicht allein über Kausalerklärungen befriedigend erklären kann. Vielmehr muss man hierfür auch Zweckursachen („Wozu ist es gut?") heranziehen. Genau an dieser Stelle werden die Vergleiche mit Maschinen wieder wichtig – Maschinen sind ja offensichtlich „für etwas gut", sie erfüllen einen Zweck, und der heuristische Weg, eine biologische Erscheinung durch einen Vergleich mit einer passenden Maschine zu erklären, erlaubt daher nicht nur, den Vorgang zu verbildlichen, sondern schlägt gleichzeitig auch noch die Brücke zur Funktion.

Nehmen wir als Beispiel die in Durchmesser und Dicke kontrollierbare Linse im Wirbeltierauge, dann kann deren Funktion bestimmt werden als „fokussiert Licht, das die Hornhaut durchdringt, auf die Netzhaut". Wenn wir dies nun mit der Linse in einem Brennglas vergleichen, weil diese Lichtstrahlen bündeln kann, ereignet sich nun zweierlei: zum einen wird eine Struktur – die „Linse" des Auges – so beschrieben, dass sie eine Leistung hervorbringt, nämlich die Beugung und Brechung des Lichts. Zum zweiten wird explizit auf eine technische Form verwiesen – Linsen sind ja technische Gebilde und werden in Brillen, Lupen, Kameras oder Teleskopen verbaut.

1

Wir stellen also eine Gleichheitsbeziehung zwischen dem technischen Artefakt und der biologischen Struktur her. Das geht weit über die Linse als technisches Bild für das Auge hinaus. Wir können nun nämlich die Gesetze, die wir an technischen Linsen formuliert haben (also den gesamten Bereich der geometrischen und physikalischen Optik) einfach auf das Auge übertragen und damit dessen Funktion beschreiben. Und diese Übertragung bringt uns auf ganz neue Gedanken – plötzlich verstehen wir, warum ein etwas zu langer Augapfel dazu führt, dass jemand kurzsichtig ist oder warum ältere Menschen eine Lesebrille benötigen.

Dieser Gedankenweg (der historisch nicht so zielgerichtet verlief) – die technische Linse als (zunächst funktionelles) Bild für das Auge, die genauere und systematische Betrachtung dieses Bilds und die Rückübertragung der an diesem Modell gefundenen Gesetzmäßigkeiten auf das „Vorbild" Auge – ist zur zentralen Methode der modernen Biologie geworden. Genau dieser Gedankenweg ist mit dem Begriff Modellierung gemeint (Phasen der Modellierung, eine weitergehende Darstellung in ▶ Kap. 8 Modellbildung).

Phasen der Modellierung

Das Wort *Modell* stammt aus dem italienischen *modello,* womit eine Person gemeint ist, die in der Malerei als Vorbild dient. Aber schon in der Antike bezeichnet *modulus* den Maßstab, nach welchem die Proportionen von Baugliedern oder Baukörpern aufeinander bezogen werden können (etwa das Verhältnis von Säulenlänge und -durchmesser als Grundmaß für einen Tempel im dorischen oder ionischen Stil). Damit ist nicht das „Abbilden" die entscheidende Operation, sondern die Erzeugung von Vorbildern und Maßstäben, an denen letztlich etwas „ins Maß gebracht" wird. Wer modelliert, bildet also durchaus auch ab – wesentlich aber,

indem er „auf ein Maß bringt". Dies geht über den reinen Vergleich von Längen natürlich weit hinaus. Damit ist auch gleichzeitig klar, dass in der wissenschaftlichen Modellierung immer auch etwas gemessen wird. Modelle führen also letztendlich in der einen oder anderen Form zu Zahlen. Das ist wichtig, denn die Qualität eines Modells wird auch daran gemessen, wie genau die daraus abgeleiteten Vorhersagen sind – und dazu muss quantifiziert werden. Diese etymologischen Wurzeln deuten schon an, dass es nicht darum geht, etwas abzubilden, sondern dass man mithilfe dieser Abbildung in einem zweiten Schritt etwas vorhersagen möchte. Der Karlsruher Physiker Heinrich Hertz hat den Kern der Modellierung (1894) in einer berühmt gewordenen Passage so dargestellt:

> » … erlaubt uns, zukünftige Erfahrungen vorauszusehen. Das Verfahren … ist dieses: Wir machen uns innere Scheinbilder oder Symbole der äußeren Gegenstände, und zwar machen wir sie von solcher Art, dass die denknotwendigen Folgen der Bilder stets wieder die Bilder seien von den naturnotwendigen Folgen …

Entscheidend für den Erfolg einer Modellierung ist nicht nur der metaphorische Anfang (Adern sind wie Leitungen, Knochen sind wie Hebel), sondern vor allem auch das Gespür bei der sogenannten *Explikation* dieser anfänglichen Metapher. Denn hieraus gewinnt man Schlussfolgerungen, an welchen sich die Qualität der Modellierung überprüfen lässt (etwa bezüglich der sich aus dem Modell ergebenden Elastizität der Gefäßwände oder der Eigensteifigkeit der Knochen). Der Weg von der bildlichen Darstellung zum Werkzeug der quantitativen Vorhersage erfolgt also in charakteristischen Phasen, die mit Metapher, systematischer Explikation, Modellierung und Vorhersage (Implikation) beschrieben werden können und kurz am Beispiel des Blutkreislaufs erläutert seien (◘ Abb. 1.2): Ausgangspunkt der Modellierung ist eine möglichst gute und genaue *Beschreibung* eines Phänomens, hier etwa des Verlaufs von Arterien und Venen im menschlichen Körper (◘ Abb. 1.2a). Achtung: In dieser Beschreibung sind schon sehr viele Annahmen, bildliche Vorstellungen und Überlegungen versteckt – der von Harvey erstmals beschriebene Blutkreislauf lag nämlich nicht offen zutage, sondern musste in einer Verbindung aus mühsamer Beobachtung und für die damalige Zeit recht verwegenen Überlegungen erschlossen werden. In einer Zeit, als das Sezieren eines menschlichen Leichnams noch verboten war und daher heimlich, nachts, bei schummriger Beleuchtung stattfinden musste, war es ein heroisches Unterfangen, den Verlauf der Blutadern im menschlichen Körper kartieren zu wollen. Anhand eines oft blutigen und oft nicht mehr vollständigen (nicht ohne Grund verfügten im Mittelalter die Scharfrichter über die besten medizinischen Kenntnisse) Körpers zu entscheiden, ob sich Adern wirklich entsprachen oder nur aufgrund individueller Abweichungen oder der Umstände auf dem Richtplatz zufällig beieinanderlagen, war eine große wissenschaftliche Leistung, bei der genaue Beobachtung, gute Intuition beim Vergleichen, aber auch ziemlicher Scharfsinn beim Schlussfolgern gefordert waren. Die uns heute selbstverständlich erscheinende Vorstellung eines Kreislaufs konnte Harvey übrigens gar nicht beobachten (an lebenden Menschen kann man den Blutfluss in den Adern ja gar nicht verfolgen, an Leichen kann man

zwar den Verlauf der Adern sehen, das Blut fließt aber nicht mehr). Harvey hat diese Vorstellung aus einer logischen, aber für die damalige Zeit eigentlich sehr kühnen Überlegung abgeleitet: Da das Herz ständig Blut durch den Körper pumpt, müssten gewaltige Mengen an Blut erzeugt und gleichzeitig an anderer Stelle verbraucht werden. Da Menschen selbst beim Verlust kleiner Mengen von Blut ihr Leben verlieren, muss die Menge des Blutes andererseits begrenzt sein. Diese Widersprüche lassen sich zur Deckung bringen, wenn man annimmt, dass das Blut in einem geschlossenen Kreislauf durch den Körper wandert. Im nächsten Schritt wird nun das Phänomen (eigentlich die Beschreibung dieses Phänomens) in ein Bild *(Metapher)* übersetzt (◘ Abb. 1.2b). Typisch für diese Phase sind „Das-ist-so-wie-jenes"-Aussagen („Der Blutkreislauf des Menschen ist *so wie* ein in sich geschlossenes System kommunizierender Röhren"). Diese Abbildung ist vermutlich der intuitivste Schritt bei der gesamten Modellierung überhaupt. Ob die Wahl des Bildes gelungen war oder nicht, erweist sich nämlich oft erst viel später. Merkwürdigerweise lässt man das ursprüngliche Phänomen erst einmal links liegen, wenn man die Metapher gefunden hat. Der Anatom verlässt also den Seziertisch und beschäftigt sich in den nächsten zwei Phasen gar nicht mit den Adern in der vor ihm untersuchten Leiche, sondern mit dem Verhalten der kommunizierenden Röhren, die er als Bild für die Adern herangezogen hat. An diesen Röhren beobachtet und überlegt er, wie sich der Durchfluss verändert, wenn die Röhre enger oder weiter ist, was passiert, wenn mehr oder weniger Druck angelegt wird oder wenn man statt flüssigem Wasser zähen Honig durch die Röhre fließen lässt. Natürlich liest er auch nach, wie die alten Römer ihre Wasserleitungen gebaut haben und was die Physik über den Transport von Flüssigkeiten in Röhren herausgefunden und diskutiert hat. Am Ende dieser am Modell vorgenommenen *systematischen Explikation* wird er erkennen, dass eine doppelt so dicke Röhre nicht nur doppelt, sondern mehr als zehnmal so viel Wasser transportieren kann, dass der Transport mit dem Druck zu- und mit der Zähigkeit der Flüssigkeit abnimmt und dass der Fluss durch eine lange Röhre deutlich schwieriger zu bewerkstelligen ist als durch eine kurze.

Die in dieser systematischen Explikation gefundenen Gesetzmäßigkeiten lassen sich nicht nur in Worten, sondern auch in mathematischer Form beschreiben, und damit ist der Übergang zur *Modellierung* vollzogen (Abb. 1.2c). Aus der Metapher hat sich nun ein Modell entwickelt, mit dem man über mathematisches Schlussfolgern Vorhersagen ableiten kann. Etwa sagt das Gesetz von Hagen-Poiseuille voraus, dass der Volumenfluss in der vierten Potenz zunimmt, wenn der Radius steigt. Daraus lässt sich ableiten, dass (wohlgemerkt unter Annahme eines geschlossenen Kreislaufs) eine sich symmetrisch verzweigende Ader zwei Töchter bildet, deren Radius um

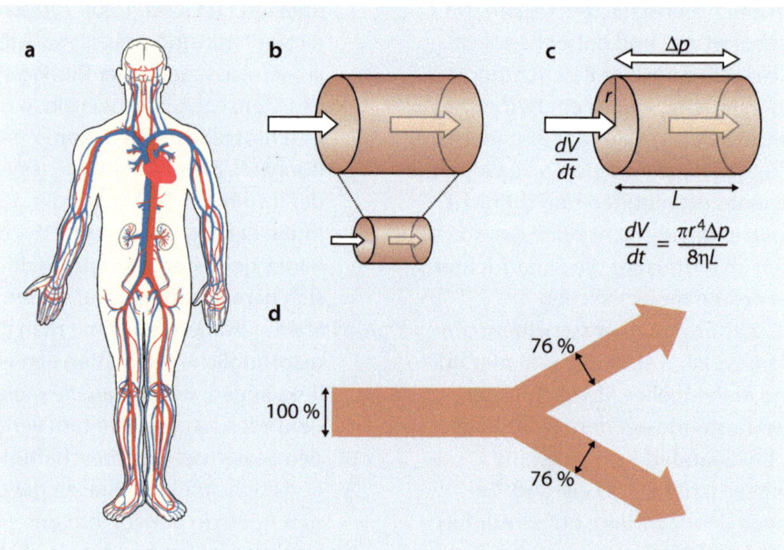

Abb. 1.2   Phasen der Modellierung am Beispiel des menschlichen Blutkreislaufs. **a** Stark vereinfachtes Schema von Arterien (rot) und Venen (blau) im menschlichen Organismus, die nach Harvey einen geschlossenen Kreislauf bilden. **b** Man stellt sich den Blutkreislauf „so wie" ein System von Röhren vor (Metapher). Nun überlegt man sich, was in Röhren geschieht, wenn man sie etwa verengt oder erweitert (systematische Explikation). **c** Nun folgt die Modellierung: Aufgrund von physikalischen Überlegungen leitet man Gesetzmäßigkeiten über den Volumenfluss in Abhängigkeit von Druckabfall (Δp), Viskosität der Flüssigkeit (η), Radius (r) und Länge (L) der Röhre ab. Dabei stellt man fest, dass der Volumenfluss mit der vierten Potenz des Radius ansteigt. **d** Aus der Modellierung lassen sich nun experimentell überprüfbare Voraussagen (Implikationen) ableiten, etwa über die Weite sich symmetrisch verzweigender Adern

ein Viertel geringer ist (◘ Abb. 1.2d). Mit dieser Ableitung *(Implikation)* des Modells kann nun der Anatom an den Seziertisch zurückkehren und nachmessen, ob das stimmt.

Dieser Kreislauf der Modellierung ist in der Regel kein Kreislauf, sondern eine Spirale, wobei die Präzision der Aussagen bei jeder Runde zunimmt. Dennoch muss man im Bewusstsein behalten, dass das Modell in unserer Vorstellung durch die Auseinandersetzung mit dem Gegenstand unserer Forschung entsteht. Das Modell „ist" nicht dieser Gegenstand. Herbert Stachowiak hat diese Beziehung in seinen berühmt gewordenen drei Kriterien von Modellen auf den Punkt gebracht (Stachowiak 1973):

1. *Abbildung:* Ein Modell ist stets eine Abbildung von etwas.
2. *Verkürzung:* Ein Modell erfasst nur jene Attribute des Originals, die relevant erscheinen.
3. *Pragmatismus:* Ein Modell ersetzt das Original in Bezug auf etwas, für einen bestimmten Zweck.

Wichtig ist dabei aber, dass jedes Modellieren mit dem dritten Aspekt beginnt – es muss schon bestimmt sein, was genau eigentlich zu modellieren ist, bevor geeignete Vergleichsgegenstände gefunden werden können.

Aber die aus dem Technikvergleich entstandene, systematische Suchstrategie zur Erklärung von Lebewesen entwickelte sich noch weiter. Nachdem viele grundsätzliche Gesetzmäßigkeiten von Lebewesen beschrieben und erklärt waren, oft sogar in mathematischer Weise mit quantitativen Beziehungen, wurde nämlich eine neue Stufe eingezogen. An die Stelle des technischen Artefakts trat nun immer häufiger ein schon genau bekanntes Lebewesen, von dem man dann vergleichend für andere, weniger bekannte Lebewesen Schlussfolgerungen

ableitete und an dem man, *stellvertretend für andere Lebewesen,* bestimmte Gesetzmäßigkeiten untersuchte. Durch diese Weiterentwicklung war der Schritt von der Modellbildung zu den Modellorganismen vollzogen, und damit sind wir beim Thema dieses Buchs angelangt.

1.1 Vom Lebewesen zum Modellorganismus

■ **Vitalismus versus Physikalismus/ Mechanizismus**

Der deutlich höhere Abstraktionsgrad und die darauf aufbauende Formalisierung sind nicht die einzigen Merkmale, die Physik und Biologie trennen. Neben die Typenbildung tritt das zweite Alleinstellungsmerkmal der Zweckmäßigkeit. Lebewesen erscheinen in hohem Maße funktional – sie *können* nur überleben, *weil* sie in der Lage sind, Widrigkeiten und Probleme zu überwinden und zu lösen. Darin scheint eine Art von „Intelligenz" auf, die man im Fall eines Würfels vergeblich sucht. Diese auf einen „Zweck" ausgerichtete Organisation von Lebewesen prägte die Biologie über lange Strecken ihrer Geschichte und führte zu dem Versuch, die Eigenständigkeit von Biologie als Wissenschaft durch die Annahme zu begründen, dass in Lebewesen eigene Gesetzmäßigkeiten gälten, die nicht durch die Gesetze von Physik und Chemie zu erklären seien, sondern über diese hinausgingen. Auch wenn dieser sogenannte Vitalismus aus heutiger Sicht ein Irrweg war, war er für die Entwicklung der Biologie fruchtbar, weil er einen neuen Forschungsweg in Gang setzte. Ziel dieses Forschungswegs war es, die in der Biologie augenfällige Zweckmäßigkeit mit den Gesetzmäßigkeiten der nichtbiologischen Naturwissenschaft in Einklang zu bringen. Das bedeutet nicht, dass man letztendlich Biologie als Spezialfall von Physik und Chemie behandelt (sog. Physikalismus oder wegen des Bezugs auf Maschinen auch Mechanizismus). Der Versuch, die Meiose quantenphysikalisch (oder, um eine geringere Fallhöhe zu nennen, proteinchemisch) zu erklären wäre, obwohl theoretisch machbar, nicht direkt fruchtbar, weil er eben nur Teile der Meiose erklären könnte, während die ganzen funktionalen Aspekte (Folgen der Meiose für die genetische Verschiedenheit und die Wechselwirkung der Nachkommen mit ihrer Umwelt) außen vor blieben. Wir müssten also schon ein Verständnis des zu erklärenden Vorganges (hier: Meiose) entwickelt haben, um etwa eine proteinchemische Erklärung anfertigen zu können. Vitalismus und Physikalismus/Mechanizismus scheinen also Extrempositionen zu formulieren, die zwar jeweils wahre Kerne enthalten, aber offenbar ebenso spezifisch blinde Flecken.

Der wahre Kern des Vitalismus ist das Augenmerk auf die Funktionalität von lebenden Organismen, sein blinder Fleck liegt darin, dass er ignoriert, dass die Gesetze von Physik und Chemie natürlich auch in lebenden Organismen gültig sind und den Rahmen bilden müssen, um lebende Organismen, ihren Aufbau, ihr Verhalten etc. zu erklären. In dieser Erkenntnis liegt der wahre Kern des Physikalismus/Mechanizismus. Sein blinder Fleck liegt wiederum darin, dass Funktionalität weder in der Physik noch in der Chemie vorkommen, und dass der Versuch, diese Besonderheit von lebenden Organismen zu ignorieren, daher keine wirkliche Erklärung *biologischer* Phänomene erlaubt, weil diese unvollständig bleiben muss. Gibt es einen „dritten Weg", der den Gegensatz von Vitalismus und Physikalismus überwindet?

Die Biologie hat diesen Weg schon längst eingeschlagen, aber dies ist nur wenigen bewusst. Dieser Weg, nach einem von W.E. Ritter (1919) geprägten Begriff als *Organizismus* bezeichnet, richtet das Augenmerk darauf, dass Lebewesen in vielschichtiger und dynamischer Weise organisiert sind. Als Grundeinheit des Lebens wird üblicherweise die Zelle angesehen, die sich ihrerseits in funktionelle Einheiten wie Organellen und Kompartimente untergliedert, die sich wiederum aus Komplexen von Makromolekülen

aufbauen. In der anderen Richtung sind Zellen zu Geweben zusammengefasst, die sich wiederum zu Organen zusammenschließen, welche jeweils bestimmte Funktionen erfüllen. Bei einem solch vielschichtigen System werden auf der Ebene des Ganzen neue Eigenschaften und Gesetzmäßigkeiten sichtbar, die sich auf der Ebene seiner Teile nicht finden lassen, in den Worten von W.E. Ritter (1919):

> » Wholes are so related to their parts that not only does the existence of the whole depend on the orderly cooperation and interdependence of its parts, but the whole exercises a measure of determinative control over its parts.

Das ist nicht neu – schon Kant formulierte:

> » In einem solchen Produkte der Natur wird ein jeder Teil, so, wie er nur durch alles Übrige da ist, auch als um der anderen und des Ganzen willen existierend, d.i. als Werkzeug (Organ) gedacht.

Kant sieht diese *natürliche* Zweckmäßigkeit eher als Eigenschaft unserer Beschreibung, was wir in ► Kap. 8 Modellbildung noch im Detail besprechen wollen. An dieser Stelle genügt es, wenn wir uns klarmachen, dass die Debatte um Physikalismus und Vitalismus in die Irre führt, weil es in der Biologie eigentlich gar nicht um *Lebewesen* geht, sondern um *Organismen* – und damit sind Lebewesen gemeint, *die als funktionale Einheiten strukturiert und beschrieben wurden.*

Die Begründung für diese These wird in ► Kap. 8 Modellbildung noch genauer dargelegt werden. Hier zunächst einmal eine stark verkürzte Darstellung, die sich mit einigen Gedanken von Ernst Mayr aus seinem Buch This is Biology auseinandersetzt, weil daraus auch recht schnell klar wird, warum Modellorganismen für die Biologie so wichtig sind. Mayr beginnt damit, dass er erst einmal klarstellt, dass es „Leben" als „Ding" oder „Objekt" gar nicht geben kann – allenfalls gibt es eine Aktivität, die „Leben" heißt:

» To elucidate the nature of this entity called 'life' has been one of the major objectives of biology. The problem here is that 'life' suggests some 'thing' – a substance or force – and for centuries philosophers and biologists have tried to identify this life substance or vital force, to no avail. In reality, the noun 'life' is merely a reification of the process of living. It does not exist as an independent entity. One can deal with the process of living scientifically, something one cannot do with the abstraction 'life'.

Diese vorsichtige – und gelegentlich als reduktiv verstandene – Auffassung von „Leben" ist deshalb wichtig, weil sie eine versteckte Mahnung enthält, dass es nämlich ein Irrweg wäre, die Besonderheit der Biologie mit einer „Lebenssubstanz" oder „Lebenskraft" begründen zu wollen. Der Irrweg besteht darin, dass sich Biologie gar nicht damit befasst, „was" Leben ist, sondern lediglich damit, „wie" Lebewesen sind; „Leben" bezeichnet damit nichts anderes als besondere Form, in der Lebewesen *tätig* sind (nämlich indem sie z. B. wachsen, sich ernähren, sich bewegen, oder sich fortpflanzen). Die „Substanz" (die Moleküle) und die „Kräfte" (die physikalischen Gesetze) können dafür getrost dieselben sein wie in der unbelebten Natur.

Biologie als eigenständige Wissenschaft beruht also auf der Besonderheit von „Leben" als *Aktivität*. Diese Aktivität entsteht aus der Verbindung zahlreicher physikalisch-chemischer Prozesse man denke etwa an die zahlreichen enzymatischen Reaktionen, die gleichzeitig in einer Zelle ablaufen und die natürlich alle den Gesetzen der Thermodynamik gehorchen, aber auf eine „geschickte" Weise miteinander verknüpft sind, oder um es mit einem Bonmot von Manfred Eigen zu sagen „*Life does not break the laws of physics, but it moves along their borders*". Die Besonderheit von „Leben" liegt also in biologischer Sichtweise in dieser besonderen Art, in welcher diese physikalisch-chemischen Prozesse verknüpft und organisiert sind. Wenn man nun, von der physiko-chemischen Beschreibung dieser Prozesse ausgehend, zur Ebene des ursprünglichen Lebewesens in seiner Lebendigkeit wieder zurückkehrt, erkennt man auf der Ebene dieser Gesamtheit Eigenschaften, die auf der physiko-chemischen Ebene nicht zu finden waren – diese werden häufig mit *Emergenz* bezeichnet, um deren besonderen Charakter zu markieren. Der Status solcher Phänomene ist aber umstritten. Biologie als Wissenschaft beschäftigt sich also damit, wie diese physikalisch-chemischen Prozesse sich so organisieren, dass dieses so entstandene Ganze „lebt" (Mayr 1997):

» The demise of vitalism, rather than leading to the victory of mechanicism, resulted in a new explanatory system. This new paradigm accepted that processes at the molecular level could be explained exhaustively by physicochemical mechanisms, but that such mechanisms played an increasingly smaller, if not negligible, role at higher levels of integration. There, they are supplemented or replaced by emerging characteristics of the organized systems. The unique characteristics of living organisms are not due to their composition, but rather to their organization.

Eine biologische Definition von „Leben" versuchen zu wollen, die über jene von Mayr gegebene Liste wesentlich hinausreicht, ist also ein vergebliches Unterfangen – jedenfalls dann, wenn wir vermuten, dass sich der Ausdruck ebenso auf Gegenstände bezieht wie z. B. „Tisch" oder „Bär". Ersichtlich lässt sich der Ausdruck „Bär" durch Vorführen von Beispielen und Gegenbeispielen einführen, indem wir im Zoo auf einen solchen zeigen und ihn von dem Hund vor dem Gehege oder dem Kamel im Nachbargehege abgrenzen. Nur durch die Verwendung des Artikels „das Leben" werden wir überhaupt dazu verleitet, darunter einen Gegenstand wie andere zu verstehen. Am ehesten noch scheint es sich im besten Sinne des Wortes um einen abstrakten, höherstufigen Ausdruck zu handeln – so wie etwa „Freiheit" oder „Solidarität". Es ist freilich weit fruchtbarer, die nominale Verwendung „das Leben" zu verlassen und das verbale „leben" und das attributive „lebendig" anzuschauen, denn dazu lässt sich nun Einiges mehr sagen. So werden wir, wenn wir erläutern wollen, was einer tut, der „lebt", etwa darauf verweisen, dass er vermutlich atmet, sich bewegt, gelegentlich redet und wahrnimmt, vielleicht etwas zu sich nimmt, wächst und sich gar vermehrt. Verstehen wir nun den Nominalausdruck „das Leben" als zusammenfassenden Begriff solcher Tätigkeiten, dann können wir damit durchaus auch definieren, welche Gegenstände lebendig sind: Es sind eben solche, die alle oder einige dieser Regungen oder Eigenschaften aufweisen. Es ist damit auch möglich, *biologisch* über lebendige Gegenstände – Lebewesen – zu reden, nämlich indem wir aufzeigen, wie die physikalisch-chemischen Prozesse organisiert sein müssen, damit der entstehende Organismus „lebt". Wiederum ist der Unterschied von Lebewesen und Organismus wichtig. Lassen wir also „das Leben" mal für eine Zeit links liegen und schauen uns an, was lebendige Organismen auszeichnet:

- **Entstanden, nicht gemacht.** Zunächst einmal sind lebende Organismen in einem *evolutionären* Prozess entstanden. Das klingt erst einmal trivial, ist es aber nicht. Es bedeutet nämlich, dass alle Vorformen dieser Organismen zu jedem Zeitpunkt dieser Geschichte *funktional* gewesen sein müssen. Ein „wegen Umbau geschlossen" kann es in der Evolution nicht geben. Bei einem technisch hergestellten Produkt ist das nicht so. Die Vorstufe eines Autos auf dem Montageband fährt nicht, will noch kein Motor verbaut ist. Wir erwarten dies auch gar nicht, und es ist auch überhaupt nicht notwendig, damit am Ende ein fahrfähiges Auto entsteht. Zudem werden Autos nicht durch Autos hervorgebracht:

Sowohl die Produktion als auch die Reproduktion von technischen Gebilden sind also grundlegend anders als bei lebenden Organismen.

- **Offen und doch autonom.** Lebende Organismen nehmen ständig Energie und Materie aus ihrer Umgebung auf. Dadurch können sie räumlich und zeitlich begrenzt dem zweiten Hauptsatz der Thermodynamik widerstehen und eine Ordnung aufbauen. Diese Ordnung ist nicht statisch, sondern dynamisch – innerhalb weniger Wochen tauschen sich fast alle Moleküle unseres Körpers aus, und dennoch wird während dieser ganzen Zeit unser individueller Körper erhalten. Die Identität unseres Körpers lässt sich also von den Molekülen abtrennen, die durch ihn hindurchgehen. Diese Identität entsteht durch die besondere Weise, in der der Fluss dieser Moleküle durch unseren Körper organisiert ist. Hier wird etwas sichtbar, was sich in seiner Eigenständigkeit *(Autonomie)* selbst erhalten kann. Wohlgemerkt: Diese Autonomie ist nicht dasselbe wie Autarkie – alle lebenden Organismen brauchen Energie und Materie von außen als notwendige Voraussetzung.

- **Selbststeuerung und Selbsthervorbringung.** Da die Umwelt eines Organismus ständigem Wandel unterworfen ist, müssen Organismen ihre Autonomie gegenüber Schwankungen dieser Umwelt behaupten. Dies geschieht durch eine Vielzahl von Regelkreisen, wobei die Stärke eines bestimmten Prozesses davon abhängt, wie aktiv die anderen Prozesse sind, mit denen er zusammenwirken muss. Ähnlich wie der Thermostat einer Zentralheizung durch Kopplung der Heizung an die aktuell gemessene Temperatur eine mehr oder minder konstante Situation erhält, sorgen in lebenden Organismen eine Vielzahl von Rückkopplungen dafür, dass trotz Schwankungen der Umwelt ein internes Gleichgewicht erhalten wird. Achtung: die Autonomie eines

Organismus darf man sich nicht als völlig konstantes Gleichgewicht vorstellen – ein Gleichgewicht stellt sich letztlich erst bei dessen Tod ein. Vielmehr bedingt die autonome Aktivität von Organismen, dass sie selber um solche thermodynamischen Gleichgewichte *oszillieren*.

- **Zweckmäßigkeit und kausale Strukturierung.** Die chemisch-physikalischen Prozesse „in" Organismen unterscheiden sich nicht grundsätzlich von denen in der unbelebten Natur (auch wenn viele Moleküle wie Nucleinsäuren, Proteine, Lipide oder Zucker nur unter Einfluss lebender Organismen gebildet werden können, jedenfalls auf unserer heutigen Erde). Organismen lassen sich jedoch als zweckmäßig organisiert verstehen, nämlich so, dass dieser Organismus *wächst* und sich in mehr oder minder ähnlichen Kopien *vermehrt*. Diese Zweckmäßigkeit war lange Zeit die härteste Nuss der Biologie und letztlich der Grund für die Blüte des Vitalismus im 19. Jahrhundert. Die Bedeutung von Darwins Werk liegt vor allem darin, dass er diese Zweckmäßigkeit ohne Zuhilfenahme intelligenter Lebenskräfte erklären konnte. Lebende Organismen, so beschrieben als seien sie für die besonderen Bedingungen ihrer jeweiligen Umwelt zweckmäßiger organisiert als ihre Konkurrenten, werden schneller wachsen und sich häufiger vermehren als diese Konkurrenten. Bei vielzelligen Organismen wird die Zweckmäßigkeit jedoch auch in der Weise sichtbar, wie sie sich im Verlaufe ihres Lebens in einem gesetzmäßig ablaufenden Prozess aus einer einfachen, in der Regel einzelligen, Vorstufe zu einem vielzelligen und vielschichtigen Ganzen entwickeln.

Diese Liste ist natürlich nicht abschließend; sie wird vielmehr für verschiedene Typen von lebenden Organismen unterschiedlich sein.

- **Warum sind Modellorganismen wichtig?**

Vielleicht fragen wir uns an dieser Stelle einmal, wie wir diese Aussagen über lebendige Organismen eigentlich gewonnen haben. Die Antwort ist: So wie man in der Biologie eben Erkenntnis gewinnt – indem man vergleicht, abstrahiert und folgert. Dazu verwendet man ursprünglich aus der Technik entlehnte Modelle, an denen man sich klarmacht, wie bestimmte Vorgänge in lebendigen Organismen ablaufen – man denke etwa an die Modellierung des Blutkreislaufs als geschlossenes System von Röhren (Phasen der Modellierung). Wie oben schon beiläufig erwähnt wurde, hat sich die Biologie mit fortschreitendem Wissen zunehmend von solchen technischen Modellen gelöst und ist auf lebendige Organismen als Modell für andere, weniger gut erforschte übergegangen. Solche Modellorganismen sind aus zwei Gründen besonders interessant:

- Sie sind selbst das Resultat einer funktionalen Modellierung, viele dieser Organismen werden schon seit vielen Jahrzehnten bearbeitet, manche „Klassiker" wie der Hühnchen-Embryo ja schon seit der Antike. Diese Modellorganismen sind also hinsichtlich gewisser Vorgänge oder Eigenschaften sehr gut bekannt und modelliert.
- Diese Modellorganismen werden nun dafür herangezogen, Vorgänge in anderen Organismen zu modellieren, die entweder weniger gut untersucht, schwieriger zu halten oder experimentell nicht zugänglich sind. Dies schließt übrigens auch ethische Beweggründe ein, man denke nur an das Thema Versuchstiere, die letztendlich Versuche am Menschen ersetzen sollen.

Beide Aspekte werden in diesem Buch auf die eine oder andere Weise im Zentrum stehen. Für beide gilt aber das, was für andere Modelle auch gilt: Modellorganismen sind verkürzte Abbildungen, die pragmatisch für bestimmte Zwecke eingesetzt werden. Wenn etwa *Mus musculus domesticus* für gewisse

Stoffwechselvorgänge des Menschen Wissen liefert, dass modellhaft relevant ist, muss dies noch lange nicht heißen, dass dasselbe auch für die Springmäuse (Dipodidae) gilt, obwohl auch diese „Mäuse" sind. Umgekehrt kann es sein, dass der Fadenwurm *Caenorhabditis elegans* hilft, die Genetik des Alterns beim Menschen zu verstehen, obwohl er noch nicht einmal demselben Stamm zugeordnet werden kann.

Wenn wir Modellorganismen erfolgreich einsetzen wollen, müssen wir diese eisernen Regeln befolgen:

- Mache Dir klar, für welchen Zweck der Modellorganismus eingesetzt werden soll *(Pragmatik)*.
- Mache Dir klar, hinsichtlich welcher Aspekte der Modellorganismus verglichen werden soll *(Verkürzung)*.
- Mache Dir klar, in welchen Aspekten Modellorganismus und zu modellierender Organismus ähnlich, aber nicht äquivalent sind *(Abbildung)*.

Es gibt hier nämlich ganz verschiedene Zwecke, und abhängig davon ist unsere notwendigerweise verkürzte Betrachtung des Modellorganismus zulässig oder eben nicht: Soll nur ein Standard für eine Beschreibung geliefert werden („Die Gastrulation der Stabheuschrecke verläuft im Prinzip so wie bei *D. melanogaster*"); soll eine Funktionserklärung gegeben werden („In Analogie zur Spaltöffnungs-Anlage bei *A. thaliana* muss man davon ausgehen, dass auch die Stomata-Anlagen beim Hirtentäschel durch Diffusion eines hemmenden Peptids in einem Mindestabstand gehalten werden"); wird gar eine evolutionäre Ableitung gebildet („Die Kernhülle als wichtigstes Mikrotubuli-Organisationszentrum der Pflanzen korrespondiert funktionell und teilweise auch molekular mit dem Spindelpolkörper, wie er bei der Bäckerhefe oder *Aspergillus* intensiv analysiert wurde); oder geht es um echt exploratives Modellieren von Vorgängen, die

wir noch kaum verstehen („Auf der Suche nach molekularen Komponenten, die für die Kälteresistenz der Antarktischen Eissegge verantwortlich sind, wurde die Antwort des Transkriptoms von *A. thaliana* auf einen Gefrierschock von −7 °C und 2 h Dauer untersucht").

Nur wenn wir verstehen, dass Modellorganismen ein durch mühsame Modellierung entwickeltes Werkzeug menschlicher Forschung sind, welches für ganz unterschiedliche Formen forschenden Handelns eingesetzt wird, sind wir vor Irrwegen der Abstraktion gefeit! Modellorganismen sind also nicht Lebewesen, die uns in der „freien Natur" über den Weg laufen, sondern eigentlich Gebilde geistiger und experimenteller Tätigkeit. Letztendlich wird also „Natur" durch „Technik" und „Kunst" ersetzt. Modellorganismen sind nicht „natürlich", sondern von Menschen „semi-technisch" erzeugt, „um" damit bestimmte Dinge tun zu können. Die Modellierung mithilfe eines Modellorganismus ist damit eigentlich ein System, das aus mehreren Elementen besteht:

- dem (wirklichen) Lebewesen (z. B. der Bäckerhefe *Saccharomyces cerevisiae*),
- dem experimentellen System (wozu neben dem Lebewesen auch die benötigten Vorrichtungen zur Messung und Kultivierung gehören),
- dem Experimentator (der die Zwecke der Modellierung formuliert und deren Erreichung kontrolliert),
- den Theorien und geistigen Konzepten („Modelle"), anhand derer die Wechselwirkung zwischen Lebewesen, Experimentalsystem und Experimentator geordnet wird.

Modellorganismen umfassen daher immer auch drei Ebenen von „Geschichte": Die biologische Geschichte ihres Werdens (Phylogenie, Ontogenie), die technische Geschichte ihrer „Zurichtung" (Präparation, Züchtung, Standardisierung) sowie die reflexive Geschichte ihrer Nutzung, um Erklärungen anzufertigen

(Theoriebildungen, Hypothesen, Diskussionen, Widerlegungen).

1.2 Für welche Fragen sind Modellorganismen zentral?

Nachdem die Biologie über Jahrhunderte damit beschäftigt war, die Vielfalt von Lebensformen gliedernd (und damit auch erklärend) zu beschreiben, ging es in den letzten beiden Jahrhunderten vor allem darum, hinter dieser Vielfalt allgemeine Gesetzmäßigkeiten zu finden. Wichtige Ergebnisse dieser Suche waren etwa die Erkenntnis, dass alles Leben in Zellen organisiert ist (Zelltheorie von Schwann und Schleiden), dass Eigenschaften von lebenden Organismen vererbt werden können, ohne notwendigerweise während der Lebensspanne eines Individuums sichtbar zutage zu treten (Theorie der dominant-rezessiven Vererbung von Mendel), oder dass die Umsetzung der in der DNA vererbten Information in Proteine (und damit in sichtbare Merkmale) bei allen lebenden Organismen nach demselben Code erfolgt (das von Matthäi und Nirenberg entwickelte Modell der „Codon-Sonne").

Auf dieser Basis geht es in der modernen Biologie vor allem darum, für die gefundenen Basensequenzen die biologische Funktion zu entschlüsseln *(Annotation),* die Entwicklung von Organismen im Verbund mit den räumlich-zeitlichen Mustern der Genexpression zu erklären *(Entwicklungsbiologie),* die Entstehung von Organismentypen in ihrem geschichtlichen Zusammenhang zu verstehen *(Evolutionsbiologie)* und schließlich *neue Methoden und Technologien* zur Erforschung und gezielten Manipulation von Lebewesen zu testen (gerade auch in Hinblick auf medizinische Forschung, an deren Ende letztendlich die therapeutische Behandlung von Menschen steht). Für diese vier Forschungsfelder sind Modellorganismen ein zentrales Werkzeug der Forschung.

■ Zuordnung Gen und Funktion

Die Fortschritte in der Sequenzierungstechnologie ab den 90er-Jahren des vergangenen Jahrhunderts erlaubten es, die Genomsequenzen zahlreicher Organismen zu lesen und in international vernetzten Datenbanken zugänglich zu machen. Mit nur geringer Verzögerung wurden auch andere Biomoleküle im Hochdurchsatz untersucht und mit den Genomsequenzen verknüpft. Für Proteine lässt sich das aufgrund des genetischen Codes noch relativ einfach durch Übersetzung bewerkstelligen. Andere Biomoleküle sind jedoch nur indirekt mit der Genomsequenz verbunden, weil sie durch das Zusammenspiel verschiedener Proteine umgesetzt oder verändert werden – für das Metabolom ist die Zuordnung also alles andere als trivial. Dasselbe gilt für andere phänotypische Merkmale von Organismen, wie etwa Wachstum, Gestalt oder Antwort auf Signale aus der Umwelt. Letztendlich ist die Übersetzung einer Gensequenz in eine entsprechende Aminosäuresequenz für sich allein genommen auch nicht sehr informativ, weil man das Problem der Funktionszuordnung (Annotation) nur verlagert hat. Solange ich nicht weiß, was dieses Protein innerhalb der organismischen Strukturierung und Beschreibung bewirkt, nutzt mir das Wissen um diese Sequenz erst einmal herzlich wenig.

Für Studierende der Biologie wirkt diese Aussage vielleicht befremdlich – man könnte doch die Sequenz einfach über eine BLAST-Analyse in gängige Datenbanken wie NCBI, EMBL oder Swiss-Prot einspeisen und prüfen, welche Hits zurückgespielt werden, um dann nachschauen, was über die Funktion dieser hinsichtlich ihrer Sequenz ähnlichen Proteine bekannt ist. Wenn man sich das aber genauer durchdenkt, wird man feststellen, dass wir mit diesem Vorgehen genau gemäß der oben geschilderten Sequenz *Vergleichen, Abstrahieren, Folgern* verfahren. Mit anderen Worten: Hinsichtlich dieser Sequenz ist das über die BLAST-Analyse gefundene Gen unserer Ausgangssequenz ähnlich, also können wir daraus folgern, dass die Funktionen beider Gene ebenfalls ähnlich sind. Da es sich aber um verschiedene Organismen handelt, müssen wir diese Übereinstimmung aus den ebenfalls mehr oder minder vorhandenen Verschiedenheiten durch Abstraktion gleichsam herausfiltern.

Wenn wir diesen für die moderne Biologie alltäglichen Vorgang unter diesem Blickwinkel betrachten, werden wir gleich feststellen, worin die Begrenzungen liegen: Je verwandter der Organismus ist, aus dem die Information über die Funktion stammt, umso wahrscheinlicher ist es, dass die Funktion meiner Ausgangssequenz ebenfalls übereinstimmt. Was aber, wenn ich etwas wirklich Neues gefunden habe und die über BLAST-Analyse gefundene ähnlichste Sequenz aus einem ganz anderen Organismus stammt? Was, wenn es zwar ähnliche Sequenzen gibt, aber keine Information darüber, welche Funktionen annotiert sind? Was hilft mir die Aussage, dass der nächste bekannte Verwandte meines aus Weinreben isolierten Proteins bei *Homo sapiens* mit der Entstehung von Epilepsie in Zusammenhang steht? Nicht besonders viel. Natürlich kann ich ein paar Jahre warten und hoffen, dass in der Zwischenzeit ein Labor in China oder USA weitere Verwandte meines Proteins aus anderen Pflanzen findet und dessen Sequenz nebst einer Aussage über die Funktion in den Datenbanken ablegt, aber wenn ich die Annotation jetzt und ohne fremde Hilfe vornehmen will, komme ich offensichtlich mit reiner Datenbankanalyse nicht wirklich weiter. Hier rücken nun Modellorganismen

ins Zentrum, weil sich dort die Zuordnung Gen-Funktion leichter vornehmen lässt.

Dabei gibt es zwei Wege – entweder beginnt man bei der Funktion und arbeitet sich zur Ebene des zugeordneten Gens vor (Vorwärtsgenetik), oder man beginnt bei der Gensequenz und manipuliert den Modellorganismus, indem man die Expression des fraglichen Gens entweder hochfährt oder ausschaltet und dann untersucht, welche phänotypischen Änderungen diese Manipulation zur Folge hat (reverse Genetik; Vorwärts- und reverse Genetik).

Vorwärts- und reverse Genetik

Für die Annotation von Genfunktionen braucht man Wissen jenseits der DNA-Sequenz, nämlich Wissen, das an einem lebendigen Organismus gewonnen wurde. Häufig ist das nicht der Organismus, aus dem das Gen stammt, sondern der nächst verwandte Modellorganismus. Welche Kriterien eine Lebensform zum Modellorganismus prädestinieren, wird in ► Abschn. 1.3 noch ausführlich erläutert. Eines dieser Kriterien ist jedoch die Möglichkeit, diesen Modellorganismus genetisch zu manipulieren. Dies ist für die Annotation von entscheidender Bedeutung, weil man hier eine *Korrelation* von Genfunktion und Phänotyp vornehmen muss. Dabei gibt es zwei Situationen: Entweder ist die Expression des fraglichen Gens inaktiviert und man untersucht am Modellorganismus, welche Funktionen nun ausgefallen sind (*Loss of Function*). Es kann aber auch die Expression des fraglichen Gens verstärkt sein oder das Genprodukt so verändert, dass es immer aktiv ist (*Gain of Function*).

So wie ein Tunnel von zwei Richtungen her gebohrt werden kann, gibt es bei der Annotation auch zwei Suchstrategien (◘ Abb. 1.3):

Die erste Strategie, Vorwärtsgenetik (*forward genetics*), ist historisch älter

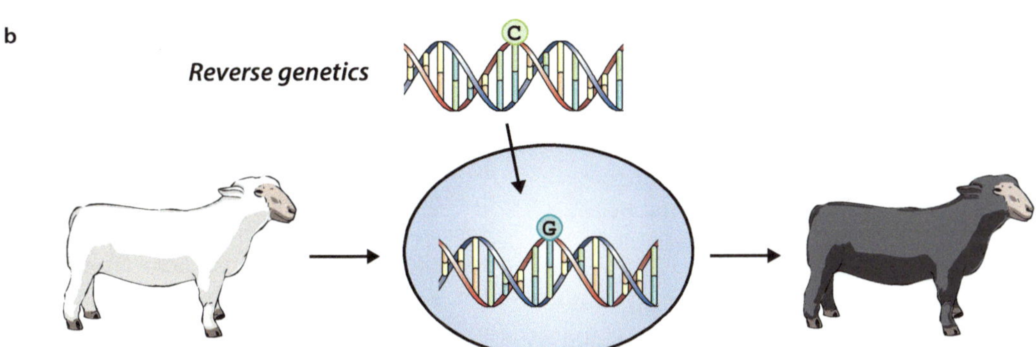

▪ Abb. 1.3 Annotation von Genfunktionen über Vorwärts- und reverse Genetik. **a** Der Weg vom Phänotyp (weißes Schaf) zu einer Mutation (hier ein vorzeitiges Stopcodon in einem Gen der Melaninbiosynthese) wird *Vorwärtsgenetik (forward genetics)* genannt. **b** Wenn man die befruchtete Eizelle eines weißen Schafs durch Eintransformation eines intakten Allels für dieses Melaninbiosynthese-Gen erfolgreich komplementieren kann, sodass ein schwarzes Schaf entsteht, wäre dies ein Beispiel für reverse Genetik *(reverse genetics)*. Beide Wege stellen eine Verknüpfung zwischen einem bestimmten Allel eines Gens und einem bestimmten Phänotyp (also der Funktion dieses Gens) her

(weil sie schon vor der Entwicklung von Techniken zur genetischen Transformation möglich war) und geht von Mutanten aus, bei denen die Funktion von Interesse verändert ist. Wenn man nun herausfindet, welches Gen hier betroffen ist, hat man damit gleichzeitig die Funktion dieses Gens entschlüsselt. Der Weg vom Phänotyp einer Mutante zur Identifizierung des mutierten Gens ist häufig sehr lang und verläuft über genetische Kartierung. Man untersucht also, wie das Merkmal der Mutante im Vergleich zu anderen Merkmalen, deren genetischer Ort schon bekannt ist, im Lauf eines Kreuzungsgangs rekombiniert und versucht den Ort des mutierten Gens so genau wie möglich einzugrenzen. Klassische Beispiele für diesen Weg wären die vielen Mutationen, die an *Drosophila* mithilfe von Röntgenbestrahlung erzeugt wurden und, schon lange bevor DNA als Erbsubstanz erkannt war, zu einer recht präzisen genetischen Karte für diesen Modellorganismus geführt hatten. Ein Beispiel für einen erfolgreichen

Vorwärtsgenetik-Ansatz wäre die Entschlüsselung des für den pflanzlichen Phototropismus verantwortlichen Photorezeptors, Phototropin (► Kap. 5 Arabidopsis). An diesem Beispiel können wir übrigens auch sehr schön sehen, dass man auch bei *Vorwärtsgenetik* beim letzten Schritt Sequenzinformation benötigt, nämlich dann, wenn unter den zumeist mehreren Genkandidaten in einem feinkartierten Genlocus das verantwortliche Gen identifiziert und danach durch Komplementation der Mutante gezeigt wird, dass eine intakte Version dieses Gens hinreichend ist, um die betroffene Funktion wieder zu heilen. Die zweite Strategie, reverse Genetik, geht in der Gegenrichtung vor – am Anfang steht also eine Gensequenz, deren Funktion unbekannt ist. Man erzeugt nun einen transgenen Organismus, bei dem dieses Gen beispielsweise unter Kontrolle eines konstitutiven Promotors exprimiert wird *(Gain of Function)*. Alternativ kann man über mehrere Verfahren wie RNai oder *targeted knock-out* die Expression dieses Gens unterbrechen *(Loss of Function)*. Bei Organismen, wo eine derart gezielte genetische Manipulation (noch) nicht möglich oder bei denen die genetische Transformation schwierig oder unmöglich ist (es wird gerne vergessen, dass dies für die Mehrzahl von Organismen zutrifft), wird häufig auch mit Mutantenkollektionen gearbeitet. Bei solchen Kollektionen sind durch ungerichtete Insertion eines Markers unterschiedliche Gene inaktiviert. Da man die Sequenz des Markers kennt, kann man nun relativ einfach die flankierende Sequenz erschließen und damit feststellen, in welches Gen dieser Marker eingebaut wurde. Da diese Mutantenkollektionen über öffentlich zugängliche Datenbanken durchsucht werden können, kann man also für das jeweilige Gen von Interesse nach der entsprechenden Mutante suchen und sich diese dann bestellen, um daran zu analysieren, wie sich diese Mutante vom entsprechenden Wildtyp unterscheidet. Ein Beispiel für dieses Vorgehen wären etwa die *Tos17*-Retrotransposon-Kollektionen, die für die funktionelle Genomik von Reis von zentraler Bedeutung sind (► Kap. 6 Reis).

Die ganze Information über die Annotation von Genen, die in den heute so viel genutzten Datenbanken öffentlich zur Verfügung steht, ist letztlich über solche Verfahren erzeugt worden. Aber trotz der inzwischen kaum noch überschaubaren Informationsflut in diesen Datenbanken sind noch viele Genfunktionen unbekannt. Selbst bei den gängigsten Modellorganismen ist immer noch etwa ein Viertel der proteincodierenden Gene nicht annotiert, was über den Zusatz *hypothetical protein* oder *unknown function* markiert wird. Natürlich umfasst Annotation inzwischen auch automatisierte Schritte. Kein Mensch gibt die zahllosen vorausgesagten Proteinsequenzen in die BLAST-Suchmaske ein und wartet darauf, welche Listen ähnlicher Proteine ausgegeben werden. Dies geschieht gewöhnlich über automatisierte Suchalgorithmen, die dann auch mehr oder minder benutzerfreundliche, gefilterte Information zurückgeben. Freilich, am Ende dieser automatisierten Phase folgt dann eine „manuelle" Bewertung der Information, und diese benötigt letztlich biologische Erfahrung, muss also von Menschen mit Expertise geleistet werden. Bei dieser Bewertung und Einordnung fließt auch die Einschätzung mit ein, inwiefern die aus dem Modellorganismus stammende Information über die Funktion des fraglichen Gens übertragbar ist.

■ **Verständnis von Entwicklung**

Während bei der Annotation von Genfunktionen die genetische Zugänglichkeit von Modellorganismen im Vordergrund steht, kommt es bei der Nutzung für entwicklungsbiologische Fragen vor allem darauf an, die

Entwicklung gut beobachten und experimentell manipulieren zu können. Eines der ältesten Modellorganismen, das Hühnchen, war schon von Aristoteles eingeführt worden und spielt bis heute eine wichtige Rolle, obwohl dieser Modellorganismus bis heute nicht gut transformierbar ist. Entscheidend war hier die Möglichkeit des „Fensterns", wobei man das befruchtete Ei vorsichtig an einer Stelle öffnet und so durch dieses Fenster zusehen kann, wie sich im Dotter um das als roter pulsierender Punkt sichtbare Herz (den sprichwörtlichen „springenden Punkt") herum ein Embryo herausbildet.

Viele unserer entwicklungsbiologischen Konzepte sind durch Arbeiten an Amphibien entwickelt worden, obwohl die meisten der hier maßgeblichen Modellorganismen wie der Krallenfrosch oder der Bergmolch bis heute genetisch nicht besonders gut erschlossen sind (▶ Kap. 7 Xenopus). Mutantenkollektionen, wie sie für die Annotation von Genfunktionen so wichtig sind, gibt es hier ebenso wenig wie effiziente Transformationsmethoden, ohne die reverse Genetik kaum denkbar ist, wobei man dies zumindest teilweise durch alternative Verfahren, wie die sogenannten Morpholinos, umgehen kann (▶ Kap. 7 Xenopus). Entscheidend für die Auswahl von Amphibien als Modell war vor allem die Möglichkeit, Embryogenese außerhalb des mütterlichen Organismus verfolgen zu können, ohne den Prozess durch die Beobachtung zu sehr zu stören. Gleichzeitig kann man hier Teile des Embryos entnehmen oder gar verpflanzen und dann beobachten, wie sich die Entwicklung verändert. Durch Verwendung unterschiedlich pigmentierter Embryonen kann man außerdem leicht feststellen, ob sich das verpflanzte Gewebe orts- oder herkunftsgemäß entwickelt. Schon im ersten Drittel des vergangenen Jahrhunderts entstanden so detaillierte Karten, in denen einzelnen Regionen des Eis bestimmte Entwicklungsschicksale zugeschrieben werden konnten (interessanterweise geht es auch hier, ähnlich wie bei der Annotation, um eine Zuordnung).

■ **Verständnis von Evolution**

Es gehört zu den Merkwürdigkeiten der Wissenschaftsgeschichte, dass die Biologie in den zwei Jahrtausenden nach Aristoteles eine im Wesentlichen zutreffende Klassifizierung hervorbringen konnte, die zwar viele Lebensformen in ihrer Funktion und Individualentwicklung richtig zu schildern vermochte, aber nicht erklären konnte, worauf diese Ähnlichkeiten zwischen Lebewesen ihrerseits beruhen. Diese Tatsache verliert jedoch etwas von ihrer Merkwürdigkeit, wenn wir bedenken, dass die Ähnlichkeit von Eltern und Nachkommen sehr leicht zur Annahme führt, dass der Typus eines Lebewesens unveränderlich sei. Schon Aristoteles wies ja mit seinem Satz *anthropos anthropon ginna* darauf hin, dass noch immer ein Mensch vom Menschen stamme, ebenso wie ein Frosch vom Frosch – und noch keiner von uns hat je ein Säugetier aus einem Vogelei kriechen sehen (mit der Ausnahme der mythischen Helena, deren Mutter Leda allerdings von einem Schwan begattet wurde).

Der Gedanke, dass Lebewesen einander ähnlich sind, weil sie von gemeinsamen Vorfahren abstammen, liegt für uns also auf der Hand. Damit ist jedoch noch nicht gesagt, dass sich die Typen ineinander umwandeln können. Neben der Ähnlichkeit von Eltern und Nachkommen waren aber auch nichtbiologische Faktoren dafür verantwortlich, dass die Konzeption einer Verwandlung von Arten zunächst nicht ernsthaft verfolgt wurde: Über viele Jahrhunderte lang stand dieser Gedanke nämlich in der Kritik, weil er der kirchlichen Lehre von der Schöpfungsgeschichte widersprach. Andererseits fehlte den auch vor der Grundlegung der modernen Evolutionstheorie durchaus schon diskutierten Ideen zu einer Transformation von Arten nicht nur jegliche empirische Evidenz, sondern vor allem auch ein überzeugendes Konzept, wie Transformation und Fortpflanzung zusammengeführt werden könnten. Noch Kant weist in der Kritik der Urteilskraft darauf hin, dass Transformation *(generatio heteronyma)* zwar nicht widersprüchlich sei – und insofern denkmöglich; dass sich aber in der Erfahrung dafür kein Beleg finde.

Auch das Konzept der *Homologie,* das sich später zusammen mit weiteren paläontologischen, geologischen und ökologischen Einsichten zu einem zentralen Pfeiler der Evolutionstheorie entwickelte, entstammte ursprünglich einer nichtevolutionären Anschauung. Als Homologie bezeichnen wir Ähnlichkeiten im Aufbau von Organismen, die nicht auf gleiche Nutzung, sondern auf Abstammung von gemeinsamen Vorfahren zurückzuführen sind. Arme und Vogelflügel sehen zwar unterschiedlich aus, sitzen jedoch an entsprechenden Stellen des Wirbeltierkörpers *(Homologiekriterium der Lage),* Wirbeltierzahn und Haifischschuppe erfüllen zwar unterschiedliche Funktionen, sind aber hinsichtlich ihrer Feinstruktur und vieler zellulärer und chemischer Details so ähnlich, dass es schwer vorstellbar wird, dass sie unabhängig voneinander genau auf dieselbe Weise entstanden sein könnten *(Homologiekriterium der spezifischen Qualität),* der Huf eines Pferdes lässt sich auf den ersten Blick nicht mit der fünffingrigen Hand der Wirbeltiere in Beziehung bringen, aber fossile Funde im Pariser Becken erlaubten es Georges Cuvier, zahlreiche Zwischenformen zu finden, die belegen, dass die modernen Pferde auf ihrem Mittelfinger gehen, während die anderen Finger zunehmend reduziert wurden (Homologiekriterium der Kontinuität). An diesen Kriterien können wir schon erkennen, dass bei der Konstruktion von Homologien sehr intensiv auf das „typisch biologische" Verfahren des Vergleichens zurückgegriffen wird.

Es ist bemerkenswert, dass Cuvier trotz dieser Kontinuität nicht sehen konnte oder wollte, dass die modernen Pferde durch eine Verwandlung solcher fünffingriger Formen entstanden sein müssen. Er betonte die Konstanz der Bauformen, weil jede Veränderung mit größerer Wahrscheinlichkeit eher schädlich als nützlich sein sollte. Die von ihm selbst an eindrücklichen Beispielen (etwa den fossilen Elefantenformen im Pariser Becken) gezeigte Verschiedenheit von fossilen und heute lebenden Typen erklärte er so, dass eine Serie von lokalen Katastrophen zum Aussterben von Formen führte, wonach neue Formen einwanderten. Aufgrund seiner vehementen Verteidigung der Artkonstanz wird er bis heute als Kronzeuge für kreationistische Theorien herangezogen. Er selbst vermied als Verfechter der Aufklärung einen solchen Bezug auf göttliche Schöpfungsakte.

Homologiekonzepte werden auch heute noch für phylogenetische Rekonstruktionen genutzt. Dabei spielen Modellorganismen eine wesentliche Rolle, und zwar sowohl als Systeme, an denen man Daten gewinnt für die Konstruktion der eigentlichen Stammbäume, wie auch deren Deutung über evolutionsbiologische Szenarien.

Freilich müssen wir uns im Klaren darüber sein, dass „Merkmale" nicht voraussetzungsfrei sind. Homologien fallen nicht vom Himmel, sie müssen mühsam und mit viel Erfahrung erschlossen werden. Selbst wenn man Sequenzen homologisiert, muss erst einmal über eine sogenannte Alinierung der Nucleotide festgestellt werden, welche Bereiche der verglichenen Sequenzen sich überhaupt entsprechen. Das „Merkmal" (etwa Nucleotid 283 in Exon 3 von Kinesin 1) wird erst dadurch zum „Merkmal", dass wir die Position innerhalb der Sequenz genau zuordnen können. Das klingt ein wenig nach einem Zirkelschluss und ist es zu einem gewissen Grade auch. Auf dieses Problem hat schon Herwig hingewiesen, in dem er lapidar feststellte (O. Hertwig, zitiert nach Weingarten 1992):

» Die Homologie soll auf gemeinsamer Abstammung beruhen, die gemeinsame Abstammung wird aber erst aufgrund der Homologien erschlossen; also liegt ein vollendeter methodischer circulus vitiosus vor.

Obwohl sie weder genetisch zugänglich sind noch hinsichtlich ihrer Embryonalentwicklung experimentelle Vorteile bieten, sind die fossilen Pferde der Cuvier'schen Reihe dennoch wichtige Modellorganismen gewesen, weil sich an ihnen durch Vergleich wichtige allgemeine Regeln evolutionären Wandels erkennen und untersuchen ließen. Inzwischen haben vor allem die unter dem Begriff *Next Generation Sequencing* populären methodische Fortschritte in der DNA-Analyse die anfangs recht enge Auswahl „entschlüsselter" Genome stark erweitert. Freilich meint hier der Begriff „entschlüsselt" nur, dass die gesamte Sequenz der DNA erfolgreich ausgelesen wurde. Von einer wirklichen „Entschlüsselung" kann eigentlich erst die Rede sein, wenn die Annotierung abgeschlossen ist (was streng genommen noch für keinen einzigen Modellorganismus bewältigt wurde). Trotz dieser Einschränkung lässt sich derzeit beobachten, dass nun zahlreiche lange Zeit vernachlässigte Modellorganismen auch auf molekularer Ebene betrachtet werden können, und dies eröffnet der Evolutionsforschung völlig neue Wege. Dabei zeigt sich, dass für evolutionsbiologische Fragestellungen ein bisher noch nicht genanntes Kriterium in den Vordergrund tritt: Vielfalt von rezenten Varietäten.

Eine Organismengruppe, von der wir viele unterschiedliche Formen kennen, lässt sich deutlich einfacher in einen phylogenetischen Zusammenhang einordnen als eine Gruppe, von der nur noch eine Art als sogenanntes lebendes Fossil untersucht werden kann. Der Grund liegt darin, dass es deutlich einfacher ist, Gemeinsamkeiten zu erkennen und die Abwandlungen von diesen Gemeinsamkeiten vergleichend zu erklären, wenn das Feld mit vielen Zwischenformen gut aufgelöst ist. Wenn nur eine einzige Form bekannt ist, ist der Abstraktionsgrad deutlich höher und man gelangt recht schnell zu sehr spekulativen Aussagen, weil Zwischenformen angenommen werden müssen, für die keine wirklichen Belege mehr angeführt werden können.

Evolutionsbiologische Modellorganismen sind daher typischerweise Gruppen, bei denen eine bestimmte phylogenetische Entwicklung möglichst vollständig und in annähernd gleichmäßiger Folge durch noch lebende (und damit einer molekulargenetischen Untersuchung zugängliche) Formen belegt ist. Berühmt geworden sind etwa die Volvocales, eine Gruppe der Grünalgen, wo man von einzelligen Formen wie *Chlamydomonas* bis hin zu Formen mit echter Vielzelligkeit wie der Kugelalge *Volvox* verschiedene Stufen einer Zelldifferenzierung anschauen kann. Es sei hier erwähnt, dass *Chlamydomonas* unabhängig von dieser evolutionsbiologischen Sichtweise als genetisches Modell sehr intensiv erschlossen wurde, was die molekulare und mechanistische Untersuchung dieser *Volvox*-Reihe stark befördert hat. Auch für andere, zunächst als genetische Modelle untersuchte Organismen lässt sich derzeit eine ähnliche Entwicklung beobachten – Wildarten der Fruchtfliege *Drosophila melanogaster* sind inzwischen ebenso in den Fokus gerückt wie verschiedene domestizierte und wilde Süßgräser, die man nun mithilfe der Modellpflanze Reis auch molekulargenetisch besser erschließen kann (▶ Kap. 6 Reis).

■ **Testen von Technologien und Methoden**

Bei der Annotierung ebenso wie bei entwicklungsbiologischen und evolutionsbiologischen Fragestellungen dienen Modellorganismen vor allem dazu, neue Erkenntnisse zu gewinnen. Dabei darf nicht vergessen werden, dass sie auch eine wichtige methodische Rolle spielen. Die meisten heute in der Biologie gebräuchlichen Methoden wurden letztendlich mithilfe von Modellorganismen entwickelt. Dies gilt, allerdings aus unterschiedlichen Gründen, für den gesamten Bereich der Molekularbiologie, aber auch für den Großteil der medizinischen Forschung.

In dem Jahrhundert zwischen 1850 und 1950 gelang es, die Regeln der Vererbung auf eine rationale (letztlich mathematische) Grundlage zu stellen. Nach wie vor blieb jedoch die klassische Züchtung über Erzeugung von genetischer Variabilität im Verbund mit Selektion der einzige Weg, wie man Vererbung manipulieren konnte. Nachdem man verstanden hatte, wie DNA als Erbsubstanz zu wirken vermag, wurde es möglich, die Umsetzung der genetischen Information in Merkmale zu untersuchen und natürlich auch direkter zu verändern. Der Weg vom Gen zum Merkmal ist am kürzesten, wenn man Enzyme als Beispiele heranzieht. Damit wurden Bakterien und Hefen zu den wichtigsten Modellorganismen der jungen Molekularbiologie. Die verhältnismäßig geringe Komplexität erlaubte es, den phänotypischen Effekt einer genetischen Manipulation leicht verstehen zu können, der kurze Generationszyklus machte es möglich, schon am nächsten Morgen zu sehen, welche Wirkung die genetische Manipulation vom Vortag zur Folge hatte, und die bei diesen Organismen auch in der Natur ausgeprägte Neigung, fremdes genetisches Material aufzunehmen und ins eigene Genom zu integrieren, erlaubte nicht nur binnen kurzer Zeit den Weg vom Gen zum Phän zu verstehen, sondern auch, diesen Weg technisch für eigene Zwecke zu verändern. Die Bedeutung von Laborstämmen von *Escherichia coli* (es wird gerne vergessen, dass diese „künstlich hergestellten" Stämme in der Natur, also dem menschlichen Darm, gar nicht mehr überlebensfähig wären) oder Bäckerhefe als Modellorganismen ist also überwiegend technischer Natur, und das ist bis heute so geblieben: Zahlreiche Methoden der modernen Biologie greifen auf diese Modellorganismen als technische Systeme zurück. Wenn wir unser *Insert* von Interesse in ein Plasmid einfügen und über Nacht hochwachsen lassen, wenn wir den Interaktionspartner eines Proteins über einen *Yeast wo Hybrid Screen* suchen oder wenn wir ein Protein von Interesse rekombinant exprimieren, dann nutzen wir dafür einen, oft sogar mehrere dieser mikrobiellen Modellorganismen, und das ist ein so selbstverständlicher Bestandteil des biologischen Alltags geworden, dass den meisten vermutlich nicht einmal bewusst ist, dass sie gerade

einen Modellorganismus in ihr Reaktionsgefäß hinein pipettieren.

Auch die medizinische Forschung greift intensiv auf Modellorganismen zurück, um Methoden oder Techniken zu testen. Hierbei geht es jedoch weniger um eine bessere technische Zugänglichkeit, sondern um ethische Fragen: Ziel der medizinischen Forschung ist letztendlich ja die erfolgreiche Behandlung von Menschen, und dies stellt besonders hohe Anforderungen an Sicherheit und Verlässlichkeit der Methodik. Neue Methoden an Menschen zu entwickeln verbietet sich vor allem deshalb, weil hier Personen als Mittel zum Zweck missbraucht würden. Modellorganismen, die dem Menschen zwar vergleichbar, aber nicht mit Personalität ausgestattet sind, erlauben einen Ausweg aus diesem Dilemma. Häufig werden für die medizinische Forschung daher Säuger (vor allem Mäuse, für chirurgische Zwecke häufig auch Schweine) eingesetzt, um hier die Entstehung von Krankheiten studieren oder neue Methoden der Therapie ausprobieren zu können. Erst wenn hier ein recht hoher Grad an Vorhersagbarkeit und Kontrolle erreicht ist, wird es möglich, diese neuen Techniken an Menschen zu erproben, und auch dies zunächst in einem sehr begrenzten Rahmen als klinische Studie mit Freiwilligen. Wie bei allen anderen Vergleichen der Biologie stellt sich hier die Frage nach der Übertragbarkeit. Wenn es darum geht, höhere kognitive Funktionen des menschlichen Gehirns zu verstehen oder zu therapieren, kann es schwierig sein, so etwas an Labormäusen zu untersuchen, bei denen diese kognitiven Funktionen gar nicht vorkommen. Andererseits muss man sich bei Versuchen mit höheren Primaten fragen (lassen), ob hier ethische Grenzen übertreten werden. Nicht ohne Grund werden solche Forschungen in Deutschland durch gesetzlich geregelte Abläufe streng geprüft. Für viele Fragestellungen, die vor allem zelluläre Aspekte betreffen, können inzwischen auch zelluläre Modelle genutzt werden, und diese Entwicklung wurde durch die Möglichkeit, induzierte pluripotente Stammzellen zu erzeugen und daraus sogenannte Organoide zu züchten, weiter vorangetrieben. Für andere Erscheinungen, die nur auf einer höheren Organisationsebene untersucht werden können, werden aber auch in der Zukunft Versuche mit Säugern als Modellorganismen nicht zu vermeiden sein. Dies betrifft nicht nur die schon erwähnten Leistungen des Gehirns, sondern auch ganzheitliche Phänomene wie Blutkreislauf, viele Aspekte der Immunität, aber auch Schmerzwahrnehmung.

1.3 Kriterien und Begrenzungen von Modellorganismen

Bei dem kurzen Überblick über die wichtigsten Einsatzgebiete von Modellorganismen wurde immer wieder klar, dass Modellorganismen aufgrund bestimmter Besonderheiten ausgesucht wurden (▶ Abschn. 1.2). Dabei sollte man nie vergessen, dass Modellorganismen zumeist in einem historischen Prozess entstanden sind, sodass, wie bei anderen historischen Prozessen auch, persönliche Entscheidungen oder Vorlieben hineinspielen: Der Seeigel hat sich vielleicht auch deshalb als wichtiges Modell der Entwicklung (an dem Boveri die Chromosomentheorie der Vererbung entwickeln konnte) etablieren können, weil es in Neapel eine gut ausgestattete zoologische Meeresstation gab, wo viele wichtige Persönlichkeiten der gerade entstandenen Entwicklungsbiologie oft (und wegen der schönen Landschaft auch gerne) Station machten. Trotz dieser Zufälligkeiten gibt es dennoch einige allgemeine Kriterien, die für viele Modellorganismen gelten. Diese lassen sich leicht ableiten, wenn wir uns ein Szenario vor Augen führen, bei dem ein Phänomen in einem experimentell nur schwer zugänglichen Organismus auftritt:

Während Körpergröße, Wachstum und Lebensspanne des Menschen begrenzt sind, können Mammutbäume über ihre ganze Lebenszeit, die bis zu 3000 Jahre beträgt, wachsen und so die enorme Größe von beinahe 100 m er-

reichen. Auch wenn dieser Baum enorm spannende und wichtige Forschungsfragen aufwirft, wäre er dennoch nur denkbar schlecht geeignet, diese Fragen experimentell zu untersuchen. Ein Experiment, dessen Ergebnis frühestens von der eigenen Enkelgeneration beobachtet werden kann, wäre wenig praktikabel, und aufgrund der enormen Größe dieses Versuchsobjekts würde man hinsichtlich Laborgröße, Personalausstattung und Materialmengen schnell an die Grenzen des Machbaren stoßen.

Was tun? Durch anatomischen Vergleich einer Vielzahl von Pflanzen konnte man *abstrahieren*, dass alle Pflanzen an ihren beiden Polen über Bildegewebe (Meristeme) wachsen. Diese Meristeme bleiben das ganze Pflanzenleben lang aktiv, weil die sich teilenden Zellen immer wieder durch ein sogenanntes *ruhendes Zentrum* nachgeliefert werden. Die Frage, wie der Mammutbaum seine gewaltige Größe erreichen kann, lässt sich also herunterbrechen auf die Frage, wie die Stammzellen im ruhenden Zentrum daran gehindert werden, sich so wie die anderen Zellen des Meristems durch Teilung zu verbrauchen. Eine zweite Frage wäre dann, wie die Teilung der Stammzellen – abhängig von der Menge durch Differenzierung in Organe „verbrauchter" Zellen – so moduliert wird, dass das Meristem dauerhaft erhalten bleibt. Aufgrund der (abstrahierten) Übereinstimmung in Bau und Wachstum der Pflanzen muss ich also nicht notwendigerweise den für einen experimentellen Zugang nicht geeigneten Mammutbaum heranziehen, um meine Frage zu stellen, sondern kann im Grunde jede andere Pflanze, die nach demselben Prinzip wächst, untersuchen. Um die Signale zu identifizieren, die das ruhende Zentrum steuern, bietet sich vor allem ein genetischer Ansatz an. Bei einer Mutante, der die hemmenden Signale fehlen, würde sich das ruhende Zentrum schnell verbrauchen, und das Meristem wäre endlich, weil sich alle Zellen schnell in Organe (etwa Blätter) differenzieren. Bei einer Mutante, der die fördernden Signale fehlen, würden hingegen keine

Organe gebildet, und das Meristem würde im Laufe der Entwicklung anschwellen. Genetik beruht auf Generationszyklen – je kürzer die Generationszeiten, umso schneller lässt sich das Experiment auswerten. Aus diesem Grund wurde die Frage nach dem ruhenden Zentrum an der Modellpflanze *Arabidopsis* untersucht und beantwortet (▶ Kap. 5 Arabidopsis).

Wenn wir nun wiederum von diesem Beispiel abstrahieren, lassen sich übergeordnete Kriterien für Modellorganismen leicht erschließen (wobei kein Modellorganismus alle diese Kriterien in gleicher Weise erfüllt; wie in ▶ Abschn. 1.2 dargestellt, stehen je nach Anwendungsbereich unterschiedliche Kriterien im Vordergrund):

Modellorganismen lassen sich gut im Labor anziehen und vermehren Modellorganismen werden zu Modellorganismen, weil sie experimentell gut zugänglich sind. Ein nur auf den ersten Blick triviales Kriterium; denn daraus folgt: Ein Organismus, den ich nicht im Labor in einer kontrollierten Weise anziehen und vermehren kann, ist experimentell nicht gut zugänglich. Selbst bei klassischen Modellorganismen entscheidet dieser Punkt über Wohl und Wehe des Experiments. Die meisten Experimente scheitern nicht aufgrund falscher Annahmen oder fehlerhafter Geräte, sondern schlicht und ergreifend daran, dass die untersuchten Modellorganismen nicht in dem Zustand sind, in dem man das Experiment überhaupt vernünftig durchführen kann. Pflanzen, die unregelmäßig gewachsen sind, machen es unmöglich, eine Wachstumsänderung aufgrund einer Mutation überhaupt sehen zu können, Mäuse, die aufgrund schlechter Ernährung nur ein schwaches Immunsystem aufweisen, werden auf die immunmodulierende Substanz, die ich testen möchte, gar nicht reagieren können, Hefezellen, die aufgrund eines fehlerhaft angesetzten Mediums nur langsam wachsen können, zeigen mir bei einem *Yeast Two Hybrid Screen* eine Interaktion nicht an und produzieren damit ein falsch

negatives Resultat. Die Hälterung und Vorbereitung eines Modellorganismus für ein Experiment erfordert nicht nur, dass man die Bedingungen standardisiert hat, sondern auch, dass man diesen Modellorganismus vorher so genau untersucht hat, dass man präzise feststellen kann, in welchem Zustand er sich überhaupt befindet. Diese Vorbereitungen sind übrigens gut investiert – viele Methoden der modernen Biologie sind kostspielig, und ungewollte experimentelle Variabilität aufgrund von ungenügend standardisierter oder suboptimaler Kultivierung oder Haltung oder Hälterung ist vermutlich einer der Hauptgründe für gescheiterte Experimente.

Modellorganismen pflanzen sich schnell fort Vor allem für genetische Untersuchungen ist die Generationsdauer entscheidend. Für die Annotierung von Genen waren und sind daher vor allem einzellige Systeme wichtig – natürlich gibt es Genfunktionen, die in einzelligen Modellen gar nicht vorkommen, und hier bleibt nichts anderes übrig, als vielzellige Organismen zu nutzen. Aber auch dann gewinnen selbst kleine Unterschiede in der Generationszeit an Bedeutung. Die Auswahl von *Arabidopsis thaliana* als Modell für die höheren Pflanzen (▶ Kap. 5 Arabidopsis) war im Wesentlichen der extrem kurzen Generationsdauer von nur sechs Wochen geschuldet, dasselbe gilt für andere genetische Modelle wie *Drosophila*, Hefe (▶ Kap. 3 Hefe) oder *Caenorhabditis*. Es gibt natürlich auch Modellorganismen, die deutlich längere Generationszyklen aufweisen, aber diese Organismen werden dann häufig für andere Anwendungen eingesetzt. Beispiele wären etwa die Transplantation von Embryonalgewebe im Rahmen von entwicklungsbiologischen Untersuchungen (*Xenopus,* ▶ Kap. 7 Xenopus) oder genetische Mausmodelle für menschliche Krankheiten.

Modellorganismen lassen sich gut beobachten Die Möglichkeit, ein Hühnerei zu fenstern und so die Entwicklung des Embryos zu beobachten, stand Pate für den ersten historisch belegten Modellorganismus, das Hühnchen des Aristoteles. Aber auch noch heute ist dies ein wichtiges Kriterium geblieben. Der Zebrafisch als Modell für die Wirbeltierentwicklung hat sich auch deshalb durchsetzen können, weil sich mithilfe von fluoreszierenden Markern die gesamte Entwicklung des weitgehend transparenten Embryos unter dem Mikroskop über alle Raumdimensionen hinweg verfolgen lässt. Die Möglichkeit, etwas gut beobachten zu können, hängt natürlich mit dem Kriterium der leichten Kultivierbarkeit zusammen. Ein Organismus, der nur unter großen Mühen zur Fortpflanzung gebracht werden kann, entzieht sich damit auch weitgehend der Beobachtung.

Modellorganismen sind genetisch gut zugänglich Vor allem für die Annotierung genetischer Funktionen über reverse Genetik ist die Transformierbarkeit von Modellorganismen ein zentrales Kriterium. Beispielsweise setzte sich *Arabidopsis* vor allem auch deshalb als pflanzliches Modellsystem durch, weil man hier über schlichtes Eintauchen der Blüten in eine Suspension von *Agrobacterium* recht gute Transformationsraten erzielt, was bislang bei keiner anderen Pflanze funktioniert (▶ Kap. 5 Arabidopsis). Für Vorwärtsgenetik sind dagegen umfangreiche und gut charakterisierte Mutantenkollektionen von zentraler Bedeutung, in der Regel mit hoch aufgelösten genetischen Karten und Genomsequenzen. Lange vor der Entdeckung der DNA als Erbsubstanz und lange vor der Möglichkeit genetischer Transformation trugen die von Morgan über Röntgenstrahlung erzeugten Mutantenkollektionen dazu bei, dass sich *Drosophila melanogaster* als Modellorganismus etablieren konnte. Es sei hier aber noch angemerkt, dass genetische Zugänglichkeit nicht für alle Modellorganismen gleichermaßen von Bedeutung ist – gerade für den Bereich der Entwicklungsbiologie wurde und wird häufig mit Modellorganismen gearbeitet, die nicht gut transformierbar sind oder für die nur wenige Mutanten zur Verfügung stehen. Hier sind oft andere Kriterien wichtiger: Lässt sich die Embryonalentwicklung gut beobachten? Kann man leicht Gewebe von einer Region des Embryos in eine andere verpflanzen? Häufig konnte für diese schon lange etablierten Modellorganismen erst in verhältnismäßig jüngerer Zeit ein genetischer Zugang eröffnet werden, etwa im Zuge von Genomprojekten.

Modellorganismen sind physiologisch gut charakterisiert Dieser Punkt wird gerne übersehen, weil dies keine Eigenschaft des Organismus selbst ist, sondern eher mit der Geschichte seiner Modellierung zu tun hat, also streng genommen ein Ergebnis der Arbeit mit diesem Organismus darstellt. Ob eine Annotierung gelingt oder nicht, hängt ganz entscheidend davon ab, ob man den beobachteten Phänotyp bei Aktivierung oder Inaktivierung der entsprechenden Genfunktion überhaupt deuten kann. Es wäre naiv anzunehmen, dass jedem Gen nur eine Funktion zukommt. In der Regel treten eine ganze Reihe von Effekten auf *(Pleiotropie)*, die oft so komplex sind, dass es sehr schwierig werden kann, dieses Wirkungsgefüge zu durchschauen. Die Aufgabe einer Annotation wird damit recht umfassend – es geht letztlich nicht nur darum, die Funktion eines einzelnen Gens zu ergründen, sondern das gesamte dynamische Geflecht seiner Wechselwirkungen. Je mehr man über das Zusammenwirken verschiedener Funktionen in einem Organismus weiß, umso genauer und umfassender kann man verstehen, wie sich dieses Zusammenwirken verändert, wenn ein bestimmtes Gen aus- oder hochschaltet wird. Für die meisten gängigen Modellorganismen gibt es eine reiche und detaillierte Literatur, wo über viele Jahrzehnte hinweg die Physiologie beschreibend und erklärend charakterisiert wurde. Dieses Wissen ist ungeheuer wertvoll – selbst die umfassendste Hochdurchsatzanalyse, ganz gleich ob auf Ebene von Genomik, Transkriptomik, Proteomik oder Metabolomik, bleibt vollkommen wertlos, wenn man nicht mithilfe dieser physiologischen Charakterisierung die beobachteten

Muster interpretieren kann. An diesem Beispiel lässt sich übrigens sehr gut erkennen, dass ein Modellorganismus eben nicht eine in der Natur vorkommende Lebensform ist. Ein Modellorganismus ist diese Lebensform im Verbund mit der gesamten an dieser Lebensform vorgenommenen Forschungsarbeit.

Modellorganismen werden von Vielen untersucht Dieses Kriterium mag auf den ersten Blick merkwürdig erscheinen; denn es wirkt vollkommen von der jeweiligen Lebensform abgelöst und betrifft eigentlich nur die menschliche Tätigkeit mit dieser Lebensform. Ist eine Lebensform nicht aus sich selbst heraus zum Modellorganismus prädestiniert? Ja und nein – natürlich ist *E. coli* als molekularbiologischer Modellorganismus geeignet, weil diese Zellen sehr einfach fremde DNA aufnehmen und weitergeben, genauso wie die Transparenz des Zebrafischembryos ideale Bedingungen für die Beobachtung der Embryogenese anbietet. Andererseits hängt die Erkenntnis, die ich an diesem Modellorganismus gewinnen kann, entscheidend davon ab, welche Werkzeuge für diesen Organismus zur Verfügung stehen, wie gut seine Physiologie charakterisiert wurde und wie weit sein Genom schon annotiert ist. In anderen Worten: Der Modellorganismus wird umso ertragreicher, je mehr Forschungsarbeit zuvor schon investiert wurde. Und dies hat nichts, aber auch gar nichts mit der Biologie dieser Lebensform zu tun, sondern ist letztendlich eine rein kulturelle (technische) Komponente. Es geht hier also um die Netzwerke derjenigen, die sich mit diesem Modellorganismus befassen. Dies hat zum einen ganz pragmatische Facetten: Eine Mutantenkollektion zu erstellen und in einer öffentlich zugänglichen Datenbank abzulegen ist zunächst einmal eine sehr aufwendige, aufreibende und auch ein wenig langweilige Aufgabe, die mit viel Routinetätigkeiten und einfach sehr viel repetitiver Arbeit einhergeht.

Wer dies tut, hat selbst zunächst wenig Nutzen davon. Der Nutzen entsteht erst in dem Moment, wenn jemand mit einer bestimmten Fragestellung diese Mutantenkollektion durchsucht. Plötzlich wird dann die zuvor völlig uninteressante Mutantenlinie XY2345 zum hoch spannenden Forschungsgegenstand, bei dem das Gen für Cyclin B1 ausgefallen ist, sodass man nun die Bedeutung von Cyclin B1 für die Entwicklung der Maus studieren kann. An dieser Überlegung wird schnell klar, dass ein Modellorganismus eigentlich ein soziales Projekt einer bestimmten Forschungsgemeinschaft ist. Je größer diese Gemeinschaft, umso einfacher lassen sich solche gemeinsamen Werkzeuge wie Datenbanken und Kollektionen verwirklichen. Solche Einflüsse sozialer Gängigkeit kennt man auch aus anderen Bezügen unter dem Begriff *Network Payoff* – wenn sich ein bestimmtes Rechner-Betriebssystem durchsetzt, heißt das nicht notwendigerweise, dass es das Beste der auf dem Markt erhältlichen Systeme ist (häufig gerade nicht), es heißt schlicht, dass es das System ist, das von den meisten genutzt wird, sodass der Austausch von Informationen mit der großen Mehrheit einfach zu bewerkstelligen ist. Selbst der spannendste und von seinen biologischen Eigenschaften her ideale Organismus wird nicht zu einem guten Modellorganismus, wenn es nicht gelingt, ein entsprechendes Netzwerk aufzubauen.

Grenzen der Übertragbarkeit Bei der Arbeit mit Modellorganismen greifen wir immer wieder auf den Vergleich als zentrale Methode zurück. Damit das nicht auf den Holzweg führt, müssen wir uns immer wieder fragen, inwieweit das, was wir hier vergleichen, überhaupt vergleichbar ist. Solange ich eng miteinander verwandte Organismen vergleiche, ist das verhältnismäßig unproblematisch – die Schlussfolgerung, dass ein beim Hirtentäschel gefundenes Gen dieselbe Funktion ausübt wie sein beim Modell *Arabidopsis* ausführlich untersuchtes Homolog, erscheint solide, vor allem, wenn die Sequenzen ein hohes Maß an Übereinstimmung zeigen.

Häufig werden jedoch Vergleiche über große evolutionäre Distanzen hinweg gezogen. Dies hat oft methodische Gründe. Beispielsweise ist es ein gängiger Ansatz, Signalproteine zu finden, indem man eine Hefemutante, bei der diese Signalfunktion fehlt, mit einer cDNA-Bank aus dem Organismus von Interesse transformiert und dann nach Klonen sucht, bei denen die Funktion wiederhergestellt wurde. Ein typisches Beispiel war die Identifizierung eines Osmosensors aus *Arabidopsis,* der durch einen solchen Komplementationsscreen einer osmosensitiven Hefemutante gefunden wurde. Die Mutante war nicht in der Lage, in Gegenwart von Kochsalz zu wachsen, sodass sich vor diesem Hintergrund die funktionell komplementierten Klone leicht aufspüren ließen. Dies war erfolgreich, weil die zellulären Mechanismen der Osmoregulation evolutionär sehr alt und daher zwischen verschiedenen Organismen vermutlich konserviert sind. Weniger sinnvoll wäre ein entsprechender Ansatz, wenn man etwa den Blaulichtrezeptor von *Arabidopsis* auf diesem Wege suchen wollte, diese Funktion tritt bei der Hefe einfach nicht auf.

Problematischer als solche Fälle, bei denen bestimmte Funktionen einfach fehlen und der entsprechende Ansatz daher von vorneherein gar nicht infrage kommt, sind solche Fälle, wo es eine scheinbare funktionelle Übereinstimmung gibt, die aber nicht auf Homologie, sondern auf Konvergenz beruht – diese Thematik wurde oben schon im Zusammenhang mit der Rolle von Modellorganismen für die Evolutionsbiologie diskutiert. Dieses Problem tritt relativ häufig auch bei der Arbeit mit Modellorganismen auf und ist dort weniger leicht zu erkennen, weil evolutionäre Überlegungen nicht im Brennpunkt stehen. Die Schwierigkeit der funktionellen Zuordnung hat damit zu tun, dass unterschiedliche Lebensformen bei aller grundsätzlichen Gemeinsamkeit

auch ganz unterschiedliche Strategien entwickelt haben, um ihr Überleben zu sichern. Diese Unterschiede sind oft sehr tiefgreifend und betreffen sogar zelluläre Details. Dieser Punkt lässt sich beispielhaft am Cytoskelett demonstrieren: Aufgrund ihrer photosynthetischen Lebensweise sind Pflanzen dazu gezwungen, ihre Oberfläche nach außen zu vergrößern, während tierische Lebensformen in der Regel ihre Oberflächen nach innen vergrößern, um so ihre Beweglichkeit zu erhalten (man denke an die Mikrovilli im Darm oder die Alveolen der Lunge). Als Konsequenz dieser architektonischen Randbedingung haben Pflanzen feste Zellwände entwickelt, was zur Folge hat, dass sie unbeweglich sind. Dies spiegelt sich in funktionellen, organisatorischen und molekularen Unterschieden des Cytoskeletts wider – während die Actinfilamente bei tierischen Zellen vor allem mit Zellbewegung befasst sind, haben sie bei Pflanzenzellen ganz andere, teilweise neue Funktionen, beispielsweise die Steuerung des Phytohormontransports, übernommen. Dabei wurden bisweilen sogar neuartige Proteine entwickelt, häufig aber auch Proteine, die auch bei tierischen Zellen vorkommen, in einen ganz neuen *funktionalen Kontext* gerückt. Wenn ich beim Vergleichen diesen funktionalen Kontext ignoriere, werde ich zu falschen Schlüssen gelangen. Bildlich ausgedrückt: Die Worte des Lebens stimmen oft überein, aber jede Lebensform hat ihre eigene „Grammatik". Diese „Grammatik" muss ich kennen, wenn ich die Bedeutung der Worte verstehen will. Gerade beim Vergleich über große evolutionäre Distanzen hinweg muss also der jeweilige funktionalen Kontext sehr sorgfältig betrachtet werden, um sinnvolle Schlussfolgerungen ziehen zu können.

Besonders tückisch sind Fälle, wo dieser funktionale Kontext auch zwischen nahe verwandten Organismen unerwartet groß ist. So etwas kommt gar nicht so selten vor und hat damit zu tun, dass die Lebensformen, die zu Modellorganismen weiterentwickelt wurden, ja nicht im Labor entstanden sind, sondern als Ergebnis eines natürlichen Evolutionsprozesses. Sie sind also an eine bestimmte ökologische Situation angepasst und unterscheiden sich hinsichtlich dieser Anpassung von verwandten Organismen, die eben an andere ökologische Gegebenheiten angepasst sind. Diese Anpassung betrifft häufig gerade die Eigenschaften, die eine Lebensform zum Modellorganismus prädestinieren. Viele der in der Genetik eingesetzten Modellorganismen sind aus ökologischer Sicht sogenannte r-Strategen, die auf ein punktuelles Nahrungsangebot mit einer schnellen und effizienten Fortpflanzung reagieren (also auf maximales Populationswachstum hin optimiert sind). Hefe, *Arabidopsis, Drosophila* oder *Caenorhabditis* sind klassische Beispiele für solche Modellorganismen. Dies bedeutet aber auch, dass die Entwicklung dieser Organismen auf schnelle Reproduktion hin optimiert ist und daher nicht notwendigerweise modellhaft für die entsprechende Gruppe verläuft. Beispielsweise ist die stereotype Zelldifferenzierung in der Embryogenese von *Arabidopsis* zwar ungemein praktisch, wenn es darum geht, die Funktion der hier beteiligten Transkriptionsfaktoren zu annotieren, sie ist aber für die mit hoher Entwicklungsplastizität ausgestatteten Pflanzen eher untypisch und vermutlich als Folge der Therophytenstrategie von *Arabidopsis* zu deuten. Wie in ▶ Kap. 5 zu dieser Modellpflanze noch ausgeführt wird, bedurfte es recht ausgefallener Laser-Ablationsexperimente, um zu zeigen, dass sich hinter dieser Stereotypie der „Modellpflanze" eigentlich doch dieselben, eher flexiblen Mechanismen verbergen, wie sie bei anderen Pflanzen typisch sind.

Schließlich sollte noch ein Problem bedacht werden, dass aus der besonderen *Form von Kontrolle* besteht, die wir als Standardisierung angesprochen haben. Auf der einen Seite ist diese notwendig: Nur wenn wir das Material sehr gut kennen, sein Verhalten unter definierten Bedingungen beurteilen und dieses Verhalten experimentell hervorrufen können, sind wir überhaupt in der Lage, kausale oder funktionale Abhängigkeiten sicher zu identifizieren. Auf der anderen Seite bedeuten aber Kontrolle und Standardisierung immer auch Ausschluss: Wir lassen eine bestimmte Varianz nicht mehr zu und erhalten damit zusehends ein System, das für mein Experiment ideal ist, dem aber andererseits „in der Natur" nichts mehr entspricht. Wir forschen also in einer dialektischen Spannung: Auf der einen Seite brauchen wir artifizielle und bewusst artifiziell gemachte Organismen, um in einem experimentellen Zusammenhang Erklärungen zu gewinnen; auf der anderen Seite wollen wir diese Erklärung irgendwann auch auf natürliche Vorgänge anwenden. Diese Dialektik aus Erklärungsstärke und Anwendungsstärke kann zu Fehlurteilen Anlass geben, insbesondere dann, wenn wir das Labor fälschlicherweise mit der Natur selber identifizieren.

1.4 Idee und Aufbau des Buchs

In dieser Einführung versuchten wir darzulegen, was die Besonderheit der Biologie im Gegensatz zu den anderen Naturwissenschaften ausmacht und warum Vergleichen für biologische Forschung so wichtig ist. Daraus haben wir abgeleitet, warum Modellorganismen zu einer (vielleicht sogar der) zentralen Methode der modernen Biologie geworden sind, und dann beispielhaft die wichtigsten Anwendungen dieser Methode geschildert. Schließlich haben wir noch die Kriterien bestimmt, die beim Weg von einer natürlich entstandenen Lebensform zum Modellorganismus entscheidend sind und auch noch auf die Begrenzungen und Fallstricke bei der Arbeit mit Modellorganismen hingewiesen.

Diese allgemeinen Überlegungen werden nun in den folgenden Kapiteln an konkreten Beispielen im Detail entwickelt. Es kann hier nicht darum gehen, alle Organismen, die momentan in der Biologie als Modelle bearbeitet werden, darzustellen, vielmehr soll beispielhaft (gewissermaßen als Modell) gezeigt werden, wie sich mithilfe von Modellorganismen biologische Erkenntnis gewinnen und anwenden lässt. Dabei wird schnell klar werden, dass hierfür eine vielschichtige, integrierte Betrachtungsweise notwendig ist. Was in den ersten Semestern der meisten Biologie-Curricula oft als voneinander getrennte Themenbereiche gelehrt wird, muss hier miteinander verknüpft und vernetzt werden. Das Buch eignet sich also nicht nur dafür, eine zentrale Methode der modernen Biologie zu verstehen, sondern zwingt auch dazu, die Grenzen der einzelnen Disziplinen (Zellbiologie, Histologie, Morphologie, Biochemie, Molekularbiologie, Genetik, Botanik, Zoologie) zu überschreiten und einen ganzheitlichen Zugang zur modernen Biologie zu gewinnen.

Um diese Ziele umzusetzen, ist das Buch in zwei Teile gegliedert:

Steckbriefe von Modellorganismen In einer evolutionär inspirierten Reihung (Prokaryoten, Pilze, Pflanzen, Tiere) werden zunächst Steckbriefe gängiger Modellorganismen dargestellt. Nach einem kurzen Überblick wird dargestellt, für welche Art von Forschung der jeweilige Organismus eingesetzt wird und welche Gründe hier eine Rolle spielen. Nachdem auf methodische Ansätze und Besonderheiten bei der Arbeit mit diesem Modellorganismus eingegangen wurde, werden wichtige Aspekte seiner Biologie, vor allem auch die Stationen im Lebenszyklus geschildert und auch klassische Beispiele vorgestellt, wo die Arbeit mit diesem Modell die Biologie entscheidend vorangebracht hat. Nach einem Blick auf verwandte Organismen, die ebenfalls als Modellorganismen eingesetzt werden, schließt jeder Steckbrief mit einer kritischen Betrachtung der jeweiligen Limitierungen und Fallstricke und einer Liste mit Quellen zur weiteren Vertiefung.

Wissenschaftstheoretischer Hintergrund zur Modellbildung In den Lebenswissenschaften wird den wissenschaftstheoretischen Grundlagen oft weniger Aufmerksamkeit geschenkt als in anderen Disziplinen wie etwa der Physik. Da wir es in der Biologie mit sehr vielschichtigen und komplexen Phänomenen zu tun haben, kommt es daher häufig zu Fehlinterpretationen oder suboptimal konzipierten Ansätzen. Gerade in der Medizin wimmelt es von „falschen Kausalitäten", die dann in die falsche Richtung führen. Daher ist es gerade auch für den Umgang mit Modellorganismen wichtig, dass über die wissenschaftstheoretischen Grundlagen reflektiert wird und nicht nur aus „dem Bauch heraus" agiert. Im zweiten Teil des Buchs wird daher versucht, einige der wichtigsten Grundsätze zu vermitteln.

Literatur

Hertz H (1894) Die Prinzipien der Mechanik. J. A. Barth, Leipzig

Mayr E (1997a) This is biology. Harvard University Press, Cambridge

Michael W (1992) Organismuslehre und Evolutionstheorie. Kovač, Hamburg, S 206

Ritter WE (1919) The unity of the organism. Or, the organismal conception of life. Badger, Boston

Schleiden MJ (1838) Beiträge zur Phytogenesis. Arch Anat Physiol wiss Med 5:137–176

Stachowiak H (1973) Allgemeine Modelltheorie. Springer, Wien

Weiterführende Literatur

Mayr E (1997) This is biology. Harvard University Press, Cambridge (gut zu lesende Darstellung über das Verhältnis von Biologie zu den anderen Wissenschaften und zur Auseinandersetzung zwischen Vitalismus und Mechanizismus)

Steckbriefe

Inhaltsverzeichnis

Bakterien

Tilman Lamparter

2

Überblick für schnelle Leser

Bakterien sind die Modellorganismen schlechthin. Viele Bakterien können gut in Kultur gehalten werden, sie wachsen schnell und es ist einfach, genetische Experimente zu machen. Fast alle Gene und Proteine eukaryotischer Organismen haben ein prokaryotisches Homologes, für viele eukaryotische Proteine wurden bakterielle Homologe untersucht, die sich für biochemische Untersuchungen meist besser eignen. In diesem Kapitel wird zunächst darauf eingegangen, wie in der Evolution Pro- und Eukaryoten zusammenhängen. Dann wird kurz der Aufbau der bakteriellen Zellwand und der Unterschied zu eukaryotischen Zellwänden behandelt. Danach werden fünf Beispiele angesprochen, in denen Bakterien als Modelle für allgemeine Prozesse in Pro- und Eukaryoten eingesetzt wurden. Im ersten Beispiel geht es um bakterielle Chemotaxis, die sehr gut bei *Escherichia coli* untersucht ist. Diese gilt als Modell für regulatorische Prozesse, die nicht über differenzielle Genaktivierung gesteuert werden. Bei der Chemotaxis wird geradlinige Bewegung und Richtungsänderung durch Taumeln kombiniert. An der Signaltransduktion der Chemotaxis sind Rezeptoren, Histidin-Kinasen und Respons-Regulatoren beteiligt, die Adaptation erfolgt über die Methylierung der Rezeptorproteine. Im zweiten Beispiel wird auf die Entdeckung der Cellulose-Synthase eingegangen. Cellulose ist ein wirtschaftlich wichtiges pflanzliches Produkt, das Enzym für die Cellulose-Biosynthese war aber lange Zeit unbekannt. Erst nachdem die Gene für bakterielle Cellulose-Synthasen in *Acetobacter* und *Agrobacterium* sequenziert werden konnten, gelang auch die Identifizierung des pflanzlichen Gens in Baumwolle. Als drittes Beispiel dient die Infektion von Pflanzen durch *Agrobacterium fabrum*. Dieses Bodenbakterium schleust Gene in Pflanzen ein und verursacht so Tumore, die wiederum Substanzen produzieren, die vom Bakterium verwertet werden. Dieser Prozess ist molekular sehr gut verstanden. Viele Erkenntnisse zur Infektion, zur Hormonwirkung bei Pflanzen und zur Genetik ließen sich daraus ableiten. Im vierten Beispiel geht es um die Verwendung bakterieller Photorezeptoren als Modellproteine. Für alle bekannten eukaryotischen Photorezeptoren gibt es Homologe in Bakterien oder Archaebakterien. Die vielfältigen Lichtreaktionen sind in Bakterien weniger gut untersucht als in Eukaryoten, aber die bakteriellen Photorezeptoren lassen sich einfacher untersuchen. Diese gelten als Modellproteine für biophysikalische Messungen, um zum Beispiel lichtinduzierte Änderungen der Proteinkonformation aufzuklären. Hier werden die Photorezeptoren Bacteriorhodopsin, Phytochrom und Photolyasen besprochen. Im fünften Teil geht es um die Photosynthese, den biologischen Prozess, in welchem Sonnenlicht zur Biosynthese genutzt wird, die Grundlage allen Lebens. Cyanobakterien dienen als Modellorganismen für die oxygene Photosynthese. Da pflanzliche Plastiden über die Endosymbiose aus Cyanobakterien hervorgegangen sind, gibt es eine gute Übereinstimmung zwischen diesen Gruppen von Organismen.

2.1 Warum Bakterien als Modelle?

Der genetische Code, die Replikation, Transkription und Translation oder Genregulation wurden an Bakterien entdeckt und danach für Eukaryoten bestätigt bzw. erweitert. Bakterien haben für die Forschung viele Vorteile: Sie haben kleine Zellen, sie können sehr schnell vermehrt werden, es lassen sich einfach Mutanten herstellen, homologe Rekombination ist einfach, ihr Genom ist kleiner als die der Eukaryoten, die Prozesse sind einfacher, es muss keine Kompartimentierung berücksichtigt werden usw.

Viele Bakterien werden untersucht, weil sie Krankheiten bei Pflanzen, Tieren und Menschen auslösen. Die Entwicklung von Antibiotika ist von zentralem medizinischem Interesse. Wenn man die molekularen Prozesse einer Infektion aufklärt, lassen sich Angriffspunkte finden, die Infektion zu hemmen. Oft ist mit einer Infektion ein Transfer pathogener Substanzen zur Wirtszelle verbunden, in welchen Typ-I- bis Typ-VI-Sekretionssysteme involviert sind. Solche Untersuchen haben modellhaften Charakter, weil man die Erkenntnisse auf andere Bakterien übertragen kann. In diesem Kapitel werden Beispiele besprochen, die von allgemeiner Bedeutung für Bakterien sind oder die dazu geführt haben, dass noch unverstandene Prozesse bei Eukaryoten gezielt untersucht werden konnten.

Bakterienzellen sind typischerweise 1–5 µm groß, also deutlich kleiner als typische eukaryotische Zellen, und sind rund oder länglich geformt. Somit können die meisten Zellen in einem normalen Lichtmikroskop erkannt werden, während für Detailstrukturen entweder Elektronenmikroskopie oder hochauflösende Lichtmikroskopie herangezogen werden muss. Die Zellen kommen entweder einzeln vor oder sind in Filamenten hintereinander verkettet. Es gibt Cyanobakterien wie *Fischerella,* die verzweigte Filamentstrukturen ausbilden, aber komplexere Gewebe, ein zentrales Merkmal der Eukaryoten, können Bakterien nicht ausbilden. Vermutlich sind nur Zellen mit Zellkern und/oder weiteren Zellkompartimenten für die Ausbildung von echten Geweben geeignet.

Da es keine Organelle gibt, ist der Zellaufbau der Bakterien viel einfacher als der der Eukaryoten. Bei photosynthetischen Bakterien findet man Endomembranen, Thylakoide, die als Einfaltungen der Plasmamembran betrachtet werden. Ribosomen haben eine Größe von 70S gegenüber den 80S-Ribosomen im Cytoplasma der Eukaryoten (Abb. 2.1).

2.2 Die drei Domänen des Lebens

Zunächst sollen die Stellung der Bakterien im Stammbaum des Lebens sowie ein paar allgemeine Merkmale von Bakterien dargestellt werden. Die Sequenzen der ribosomalen RNA bieten die Grundlage für Studien zur Verwandtschaft aller Organismen untereinander, weil Ribosomen in allen Zellen vorhanden sind und weil die Sequenzen für große Abstände gut genug konserviert sind. Wenn wir Stammbäume betrachten, die auf der Basis dieser 16S- bzw. 18S-rRNA (prokaryotische bzw. eukaryotische Homologe) entstanden sind, wird klar:

- Es lassen sich drei Domänen des Lebens unterscheiden: Eukaryoten, Archaebakterien und Bakterien.
- Archaebakterien und Eukaryoten bilden eine Schwestergruppe und sind demnach enger verwandt. Allerdings sehen die Verwandtschaftsverhältnisse anders aus, wenn andere Sequenzen zugrunde gelegt werden. Oft ergibt sich dann eine engere Verwandtschaft zwischen Eukaryoten und Bakterien. Eukaryoten enthalten scheinbar ein Gemisch aus archaebakteriellen und eubakteriellen Genen.
- Die bakteriellen Sequenzen sind untereinander sehr viel verschiedener als die Sequenzen der Eukaryoten (Tiere, Pflanzen, Algen, Protisten, Pilze) oder der Archaebakterien untereinander.

Phylogenetisch betrachtet gibt es vielfältige Zusammenhänge zwischen prokaryotischen und eukaryotischen Genen. Das Verständnis dieser Zusammenhänge ist besonders dann wichtig, wenn wir Bakterien als Modellorganismen für Eukaryoten heranziehen:

Das Genom der eukaryotischen Urzelle geht auf Bakterien- und Archaebakterien-Genome zurück. Die genauen Verhältnisse werden noch diskutiert. Es ist nicht einfach zu rekonstruieren, wie die erste eukaryotische Zelle vor 1,8 Mrd. Jahren entstanden ist. Entweder gab es eine Fusion aus einer archaebakteriellen und einer eubakteriellen Zelle, oder eine

2

■ Abb. 2.1 Stammbaum der ribosomalen RNA, 16S- bzw. 18S-Untereinheiten. Die Zuordnung zu Domäne und Gruppe ist für jede Art angegeben. Die Farbe der Verbindungen steht für die Zugehörigkeit zur Domäne, Cyanobakterien und Plastiden sind hellblau bzw. grün dargestellt

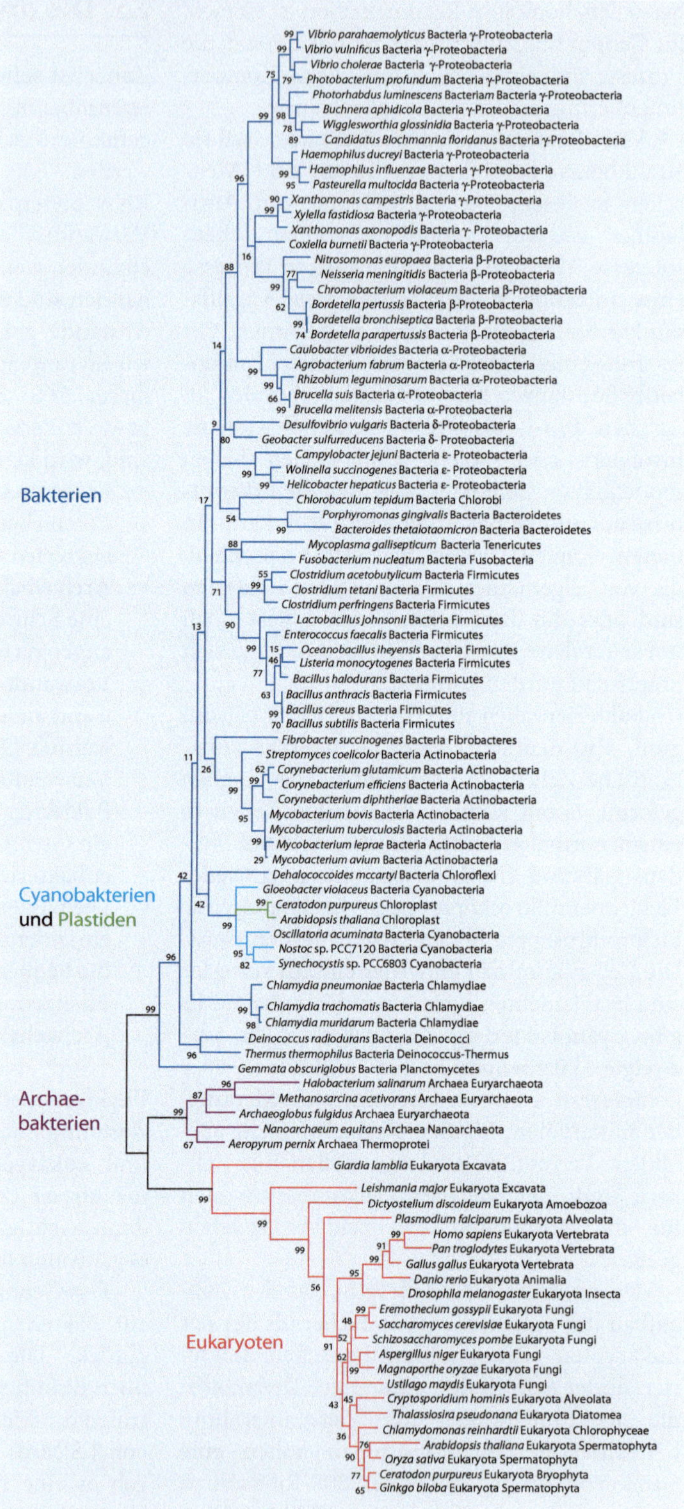

Tab. 2.1 Zeiträume der Evolution

	Vor Mrd. Jahren
Entstehung der Erde	4,54
Erste Bakterien	3,5
Erste Cyanobakterien	3
Entstehung der Eukaryoten	1,8
Endosymbiose der Plastiden	1,5

archaebakterielle Zelle wurde von einer eubakteriellen Zelle als Endosymbiont aufgenommen (■ Tab. 2.1; Lopez-Garcia und Moreira 2015).

Dann wurden von einer eukaryotischen Zelle α-Proteobakterien als Endosymbionten aufgenommen, die sich in der Wirtszelle zu Mitochondrien entwickelt haben. Nur etwa 25 Gene der vermutlich mehreren tausend Gene des Endosymbionten sind in Mitochondrien verblieben, die anderen Gene sind entweder verloren gegangen oder in den Zellkern gewandert.

Eine Linie, aus der sich die Pflanzen und Algen entwickelt haben, hat ein Cyanobakterium als Endosymbionten aufgenommen. Dieser Endosymbiont hat sich zu den Plastiden aller Pflanzen und Algen entwickelt. Von den mehreren tausend Genen des Endosymbionten sind etwa 150 in den Plastiden verblieben, die anderen sind entweder in den Zellkern importiert worden oder verloren gegangen.

Das gesamte Genom einer eukaryotischen Zelle hat demnach drei oder vier prokaryotische Wurzeln: Ein Archaebakterium, ein nicht genau spezifizierbares Eubakterium, ein α-Proteobakterium sowie (bei Pflanzen und Algen) ein Cyanobakterium. Dies ist der Grund dafür, dass sich zu beinahe jedem eukaryotischen Gen bzw. Protein ein prokaryotisches Pendant findet.

2.3 Zellmembranen und Zellwand

Der Aufbau der Plasmamembran lässt sich durch das typische Bilayermodell beschreiben: In einer Lipiddoppelschicht sind verschiedene Transmembranproteine eingelagert. Außerhalb

dieser Membranen befindet sich die Zellwand aus Murein. Diese setzt sich aus Polymerketten aus alternierenden *N*-Acetylglucosamin- und *N*-Acetylmuraminsäure-Einheiten, ß-1–4-verknüpft, zusammen. Die Ketten sind über kurze Peptide, die an *N*-Acetylglucosamin hängen, kovalent verknüpft. Die Bakterienzellwand unterscheidet sich damit prinzipiell von den Zellwänden der Pflanzen oder Pilze, deren Strukturen durch die Hauptkomponenten Cellulose bzw. Chitin vorgegeben werden. Diese bestehen zwar auch aus ß-1–4-verknüpften Polymeren, mit Glucose bzw. *N*-Glucosamin als Untereinheiten. Allerdings gibt es bei diesen eukaryotischen Zellwandpolymeren keine kovalenten Querverknüpfungen; die Polymere werden über Wasserstoffbrücken untereinander stabilisiert. Es scheint, als ob die geringe Größe der Bakterienzelle die kovalente Querverknüpfung möglich und nötig macht.

Dabei unterscheidet sich der Aufbau der Zellwand grampositiver und gramnegativer Bakterien deutlich voneinander. Bei ersteren ist die Zellwand dicker und kompakter, und Teichonsäuren können eingelagert sein, die Quervernetzung besteht aus mehr Aminosäuren (■ Abb. 2.2). Letztere besitzen eine dünnere Zellwand und eine zusätzliche Membran außerhalb dieser Zellwand. Diese Membran entspricht nicht dem Idealbild einer Bilayermembran, sie ist reich an Lipopolysacchariden und relativ permeabel gegenüber kleinen Substanzen.

2.4 Bakterielle Chemotaxis

Die Chemotaxis von Bakterien, speziell die des Modellbakteriums *Escherichia coli*, ist ein molekular sehr gut untersuchtes System. Man kann die Chemotaxis als Modell für viele bakterielle Regulationsprozesse betrachten, kann aber auch Vergleiche mit der Chemotaxis eukaryotischer Zellen anstellen, die anders funktioniert. „Taxis" bedeutet gerichtete freie Bewegung, „chemo" bedeutet, dass chemische Substanzen die Richtung vorgeben, in die sich die Bakterien bewegen. Je nach Art

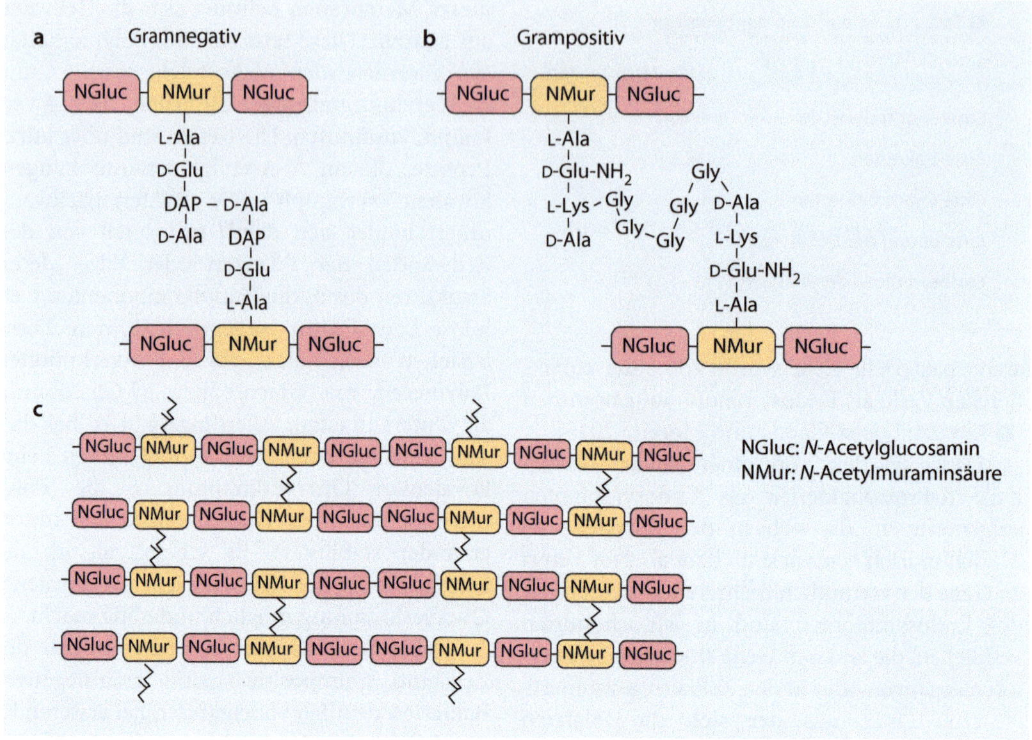

Abb. 2.2 Bakterielle Zellwand, Beispiele für Anordnung der Kohlenhydratketten und Quervernetzung mit Peptiden einer gramnegativen (**a**) und einer grampositiven Zellwand (**b**); in (**c**) ist gezeigt, wie mehrere Ketten einer gramnegativen Zellwand verknüpft sind

können sich die Zellen mit bis zu 200 µm s^{-1} schwimmend fortbewegen. Bei positiver Chemototaxis, ausgelöst durch Nährsubstanzen, schwimmt das Bakterium von einer niedrigeren zu einer höheren Konzentration, bei negativer Chemotaxis, ausgelöst durch schädigende Substanzen, bewegt es sich von höheren zu niedrigeren Konzentrationen. Die Zellen sind allerdings zu klein um die Richtung, in der die Substanz vorliegt, ohne Weiteres zu orten. Die Richtungserkennung könnte über einen intrazellulären Konzentrationsgradienten zwischen vorderer und hinterer Seite erfolgen. Allerdings ist dieser Konzentrationsgradient wegen der kleinen Größe der Zellen sehr klein. Wenn sich eine Zelle 1 mm entfernt von der Quelle einer Substanz befindet, unterscheiden sich bei einer Zellgröße von 1 µm die Konzentrationen zwischen vorne und hinten um 0,2 % (■ Tab. 2.2). Dieser Unterschied geht vermutlich im Rauschen unter und kann somit nicht von der Zelle als Information genutzt werden. Tatsächlich haben sich auch in der Evolution andere Mechanismen entwickelt, um Konzentrationsgradienten wahrzunehmen.

Dies geschieht durch ständige Bewegung und einen zeitlichen Vergleich der Stoffkonzentrationen. Durch einen Regelkreis ermittelt die Zelle kontinuierlich, ob die Stoffkonzentration zu- oder abnimmt und passt sich an den Konzentrationsbereich an (■ Abb. 2.3). Die Richtung der höheren Substratkonzentration kann durch dieses Prinzip wesentlich besser erkannt werden, weil die relevanten Konzentrationsunterschiede größer sind (■ Tab. 2.2). Die Bakterien erkaufen sich diese Möglichkeit mit dem Energieverbrauch, der mit der ständigen Bewegung verbunden ist.

◼ Tab. 2.2   Abschätzung für Konzentrationsunterschiede, die für Chemotaxis relevant sein können. Die Überlegungen gehen von einer 1-mm-Entfernung zwischen Vorderseite des Bakteriums und dem Ursprung der Substanz und einem Bakteriendurchmesser von 1 μm aus. Außerdem wird vereinfachend angenommen, dass die Konzentration mit dem Quadrat der Entfernung abnimmt. Wenn sich das Bakterium mit einer Geschwindigkeit von 50 μm s^{-1} von der Substanz weg bewegt, gilt die hintere Spalte

	Vorne	Hinten	Nach 1 s
Entfernung zur Substanz	1 mm	1,001 mm	1,05 mm
Quadrat der Entfernung	1 mm²	1,002 mm²	1,1025 mm²
Unterschied		0,2 %	10 %

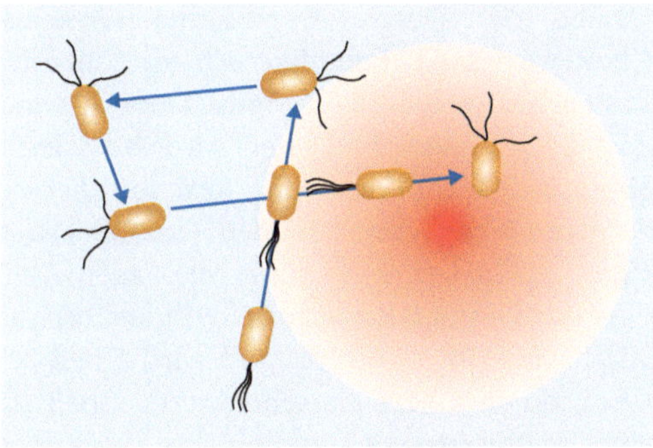

◼ Abb. 2.3   Schema für Chemotaxis. Die anziehende Substanz ist in Rot dargestellt. Das Bakterium ändert oft seine Richtung, wenn die Konzentration während der Bewegung sinkt, und selten, wenn die Konzentration steigt

Es gibt mehrere Arten von Bewegung bei Bakterien. Die Chemotaxisbewegung wird durch Flagellen vorangetrieben. Flagellen sind fadenförmige Fortsätze, die sich bei Bakterien in verschiedener Anzahl pro Zelle finden. Flagellen werden aus Fla-Protein-Untereinheiten aufgebaut, die sich der Länge nach außerhalb

der Zelle aneinanderreihen und an deren Zellende mit einem Flagellummotor verbunden sind. Unmittelbar hinter dem Motor befindet sich ein Knick in der Flagelle (◼ Abb. 2.4). Der Motor sorgt für ständige Rotation der Flagelle, die Energie für diesen Antrieb stammt aus dem Protonengradienten, der bei normalen Stoffwechselbedingungen entlang der Plasmamembran ausgebildet wird. Proteorhodopsin ist ein Transmembranprotein, welches im Licht Protonen aus der Zelle pumpt. Dieses Protein wurde in *E. coli* exprimiert. Mit solchen transgenen Zellen kann man die Rolle des Protonengradienten eindrücklich schildern. Durch Hemmung der Atmung der Bakterien durch Azid wird die Rotation des Flagellums gestoppt, wenn man Licht anschaltet, dreht sich die Flagelle wieder (Walter et al. 2007). In dem Artikel von Walter et al. wird auch ein Video veröffentlicht, in dem zu sehen ist, wie die Flagelle sich in Licht dreht (besser gesagt, die Zelle rotiert, weil die Flagelle am Substrat verankert ist), während im Dunkeln keine Rotation erfolgt (► http://www.pnas.org/content/suppl/2007/01/25/0611035104.DC1).

Wie funktioniert nun die Regulation der Chemotaxis? Die geradlinige Bewegung eines Bakteriums wird immer wieder durch Taumeln unterbrochen, welches in einer zufälligen Richtungsänderung resultiert. Wenn das Bakterium auf eine anziehende Substanz zu schwimmt, wird das Taumeln abgeschaltet oder reduziert. Wenn es sich weg von der anziehenden Substanz bewegt, taumelt es öfter (◼ Abb. 2.3). In der Summe resultiert dieses mehr oder weniger Taumeln in einer Bewegung zur anziehenden Substanz hin, auch wenn jedes Taumeln die Bewegungsrichtung zufällig ändert. Taumeln wird bei *E. coli* durch CheY ausgelöst, einen Respons-Regulator, der mit dem Protein FliM interagieren kann. FliM ist ein Teil der Flagellenbasis (◼ Abb. 2.4), und durch die Interaktion mit CheY wird eine Richtungsänderung der Rotationsrichtung der Flagelle ausgelöst. Der Respons-Regulator CheY kann an einem Aspartat-Rest phosphoryliert werden, die Interaktion mit FliM erfolgt in der phosphorylierten Form. Der Phosphatrest wird von

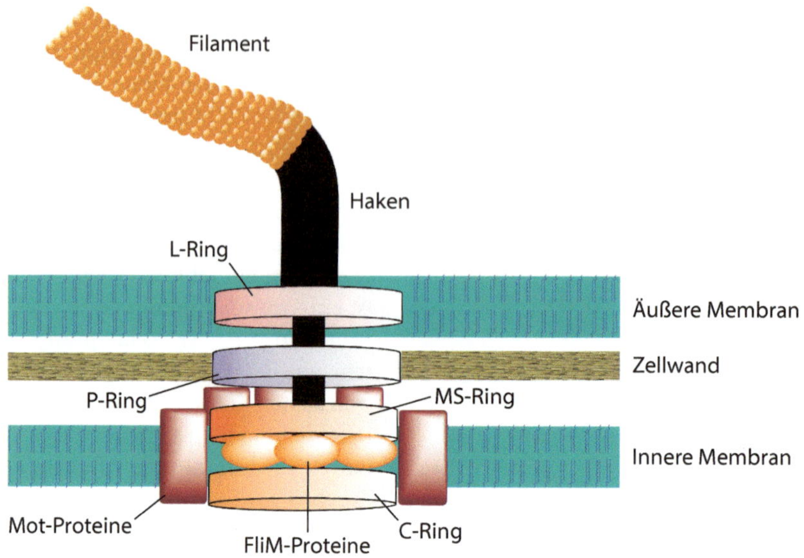

Abb. 2.4   Schema der Flagellenbasis

CheA auf CheY übertragen. CheA ist eine Histidin-Kinase, die in ihrer Aktivität durch einen membranständigen Rezeptor, ein *Methylaccepting Chemotaxis Protein* (MCP), moduliert wird. Die MCPs sind Transmembranproteine, die an der Außenseite der Membran ein bestimmtes Substrat erkennen, welches Chemotaxis steuert. Auf der Innenseite der Membran wird die Aktivität der CheA-Histidin-Kinase durch Bindung einer anziehenden Substanz reduziert. In diesem Fall liegt weniger CheY in der phosphorylierten Form vor, und das Taumeln lässt nach. Die Signalkaskade verläuft also folgendermaßen: anziehende Substanz → bindet an MCP → inaktiviert CheA → CheY ist weniger phosphoryliert → weniger Interaktion mit FliM → weniger Taumeln (Abb. 2.5). Diese Signalkaskade reicht alleine allerdings nicht aus, weil sich bei der Bewegung auch die Konzentration der Substanz ändert. Es könnte daher entweder eine Sättigung erreicht werden, bei der ein Mehr an Substanz nicht in einem Weniger an Phosphorylierung resultiert, oder das Bakterium könnte in einem Bereich niedriger Konzentration keine Konzentrationsunterschiede mehr erkennen. Die Erkennung des Gradienten erfordert daher eine Anpassung an Substratkonzentrationen. Diese Anpassung wird durch Methylierung und eine Rückkopplungsschleife des MCP-Rezeptors erreicht (Abb. 2.5). Durch die Methyl-Transferase CheR wird MCP kontinuierlich an Glutamat-Resten methyliert. Diese Modifikation bewirkt, dass MCP unempfindlicher wird bzw. mehr Substrat braucht, um eine Reaktion hervorzurufen. Wenn durch Binden eines Substrats CheA inaktiviert wird, führt dies auch dazu, dass der Respons-Regulator CheB dephosphoryliert wird (im Grundzustand wird CheB wie CheY durch CheA phosphoryliert). CheB hat eine Methylesterase-Funktion, im phosphorylierten Zustand wird das MCP demethyliert. CheB und CheR bestimmen also antagonistisch den Methylierungszustand von MCP. Bei hoher Substratkonzentration wird MCP wenig oder gar nicht demethyliert, es liegt in stark methyliertem Zustand vor und ist demzufolge gegenüber dem Substrat wenig empfindlich, bei niedrigen Substratkonzentrationen ist es genau umgekehrt. Das System passt sich so dem Konzentrationsbereich an, in dem es sich befindet. Da es sich bei der Anpassung um eine langsamere Reaktion handelt als bei der Regulation des Taumelns, sind die Bakterien trotz der

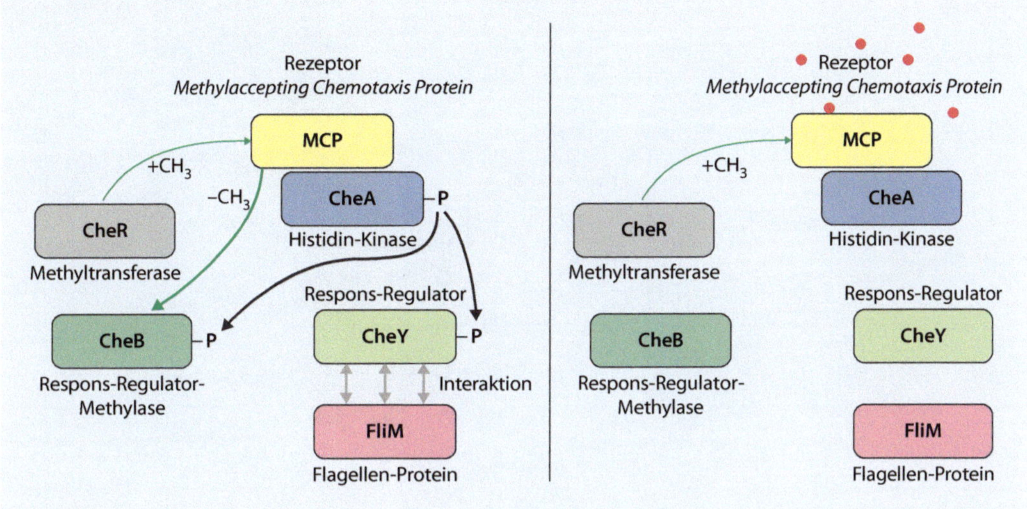

Abb. 2.5 Schematische Darstellung der Regulation der bakteriellen Chemotaxis. Links ist die Situation ohne äußere Stimulation dargestellt, rechts in Gegenwart einer anziehenden Substanz (runde Symbole). Schwarze Pfeile zeigen die Übertragung von Phosphat an, grüne Pfeile Methylierung oder Demethylierung von MCP (*Methylaccepting Chemotaxis Protein*). Durch die Interaktion von CheY-P mit FliM wird Taumeln ausgelöst

Anpassung in der Lage, auf steigende oder sinkende Konzentrationen zu reagieren.

2.5 Cellulose-Synthase wurde in Bakterien entdeckt

Die Zellwände der Bakterien bestehen zwar aus Murein, viele Bakterien können aber auch das Polymer Cellulose synthetisieren. Cellulose bildet die Hauptkomponente der Zellwand von Pflanzen und Algen und stellt einen sehr wichtigen Rohstoff für den Menschen dar. Bei Bakterien wird Cellulose ebenfalls in den extrazellulären Raum exkretiert, nicht jedoch in die Zellwand eingebaut, sondern für die Ausbildung von Biofilmen oder für den Kontakt zu anderen Zellen wie zum Beispiel zu Pflanzenzellen bei der Infektion durch *Agrobacterium fabrum* benutzt. Wie man heute weiß, ist das Cellulose synthetisierende Enzym, die Cellulose-Synthase, bei Bakterien und Pflanzen homolog. Es handelt sich um ein Transmembranprotein mit acht Transmembran-Helices, welches auf der cytoplasmatischen Seite UDP-Glucose als Substrat bindet, während nach außen Cellulose-Fibrillen abgegeben werden. Die Gene für Cellulose-Synthasen waren lange Zeit unbekannt. Das lag unter anderem daran, dass es nicht gelang, die Cellulose-Synthese der Pflanzen in vitro nachzuvollziehen. Damit war der biochemische Weg über die Reinigung des Enzyms verbaut. Außerdem gelingt es nicht, Mutanten von Pflanzen zu isolieren, die keine Cellulose synthetisieren. Solche Mutanten wären letal. Die Enzymaktivität der bakteriellen Cellulose-Synthase konnte jedoch auch in vitro etabliert werden. Die ersten Studien wurden mit *Acetobacter xylinum* und *Agrobacterium fabrum* durchgeführt. Nach anfänglichen Schwierigkeiten wurde klar, dass eine lösliche Zellsubstanz zugegeben werden muss. Diese Substanz wurde als cyclisches di-GMP identifiziert. Wie sich später zeigte, ist c-di-GMP ein wichtiger *Second Messenger* für Bakterien, der bei Stress aktiviert wird und unter anderem Biofilm-Bildung auslöst (■ Abb. 2.6).

Die Aktivierung der Cellulose-Synthase war die erste molekulare Wirkung, die für c-di-GMP gefunden wurde.

2

◨ Abb. 2.6   Cyclisches di-GMP, ein wichtiger Second Messenger bei Bakterien

Wie wurden die bakteriellen Cellulose-Synthase-Gene identifiziert? Ein weiterer Vorteil der Bakterien besteht darin, dass diese sehr gut ohne Cellulose leben können. Man kann daher ohne Probleme Mutanten isolieren, die keine Cellulose mehr synthetisieren. Solche Mutanten wurden von *A. xylinum* und *A. fabrum* durch Einsatz der mutagenen Substanz Ethylmethansulfat bzw. mithilfe von Transposonen hergestellt. Bei *A. xylinum* sind cellulosefreie Mutanten an der flachen, glatten Wuchsform der Kolonien zu erkennen, bei *A. fabrum* wurde Cellulose mithilfe von *Calcofluor white* nachgewiesen. *Calcofluor white* lagert sich in Cellulose ein und lässt sich über Fluoreszenz nachweisen. Nach Untersuchung mehrerer tausend Mutanten konnten einige identifiziert werden, die keine Cellulose produzieren. Durch Komplementation wurde dann das Gen für Cellulose-Synthase identifiziert (Matthysse et al. 1995). Dazu wurde eine Cosmid-Bank für *A.-xylinum-* oder *A.-fabrum*-DNA in Mutanten eintransformiert. Cosmide sind phagenbasierte Vektoren, in die man bis 40 kDa große DNA-Fragmente einbringen kann. Markierung mit Streptomycin- bzw. Tetracyclin-Resistenz erlaubte die Isolierung der Transformanden. Die Identifizierung von Linien, die Cellulose synthetisieren, erfolgte bei *A. xylinum* über das Aussehen der Kolonie und bei *A. fabrum* über *Calcofluor white*. Ein Cosmid aus *A. fabrum* konnte in allen fünf Komplementationsgruppen (also in fünf genetisch verschiedenen Mutanten) Cellulose-Synthese ermöglichen. Letztendlich konnten die bscABCD- (die Bezeichnung für *A. xylinum*) bzw. celABC- (die Bezeichnung für *A. tumefaciens*) Operone mit vier bzw. drei *Open Reading Frames* identifiziert und sequenziert werden. Auf der Grundlage von Sequenzhomologien und weiteren biochemischen Versuchen wurde vermutet, dass *bscA* bzw. *celA* für Cellulose-Synthase codiert und die anderen Sequenzen für andere Funktionen notwendig sind.

Mit den bscA-/celA-Sequenzen war es dann möglich, die pflanzlichen Cellulose-Synthase-Gene zu identifizieren. Da ein direkter Nachweis über Southern Blot oder Northern Blot zu unspezifisch war und keine pflanzlichen Genomsequenzen vorlagen, musste ein Weg gefunden werden, um Cellulose-Synthase-Sequenzen anzureichern. Eine solche Anreicherung ist bereits durch die Natur in Form von reifenden Baumwollsamen gegeben. Bei diesen Samenfasern wird die Produktion anderer Zellwandpolymere am Ende der Wachstumsphase gestoppt, und die Zellen produzieren fast reine Cellulose. Die Syntheserate für Cellulose steigt während der Entwicklung einer Faser um den Faktor 100 an. In diesem Endstadium wurde eine cDNA-Bank hergestellt. Dazu wird mRNA isoliert und durch Reverse Transkriptase in DNA umgewandelt; diese wird in Plasmide eingebracht und in *E. coli* kloniert. Unter 250 Klonen, die sequenziert wurden, waren zwei mit einer Homologie zu den bakteriellen *celA*-Sequenzen. Durch anschließende Northern und Southern Blots konnte gezeigt werden, dass die Expression mit der Produktion von Cellulose während der Entwicklung der Samenfasern zeitlich korreliert und dass mindestens zwei Cellulose-Synthase-Gene in Baumwolle vorhanden sind. Die aus der DNA-Sequenz abgeleitete Aminosäuresequenz deutet darauf hin, dass das Protein acht Transmembran-Helices besitzt, so wie die bakteriellen Homologe. Die nachfolgenden Studien bestätigten dann die Funktion des Proteins als Cellulose-Synthase. Mittlerweile ist die Struktur einer bakteriellen Cellulose-Synthase aufgeklärt, bei welcher sogar die Bildung der Cellulose-Fibrillen nachvollzogen werden kann (▣ Abb. 2.7).

2.6 Infektion durch *Agrobacterium fabrum*

Der Transfer von Genen von *Agrobacterium fabrum* zu Pflanzen kann als Modell für viele biologische Prozesse betrachtet werden. Die Infektion wird zum Beispiel durch Phenole, die von der verwundeten Stelle einer Pflanze abgegeben werden, induziert. Hier ist wie bei der Chemotaxis eine Histidin-Kinase involviert. Damit hat die Signalperzeption und -weiterleitung Ähnlichkeit mit der Chemotaxis und zahlreichen anderen Kaskaden, die Zwei-Komponenten-Systeme beinhalten. Die Infektion hat Gemeinsamkeit mit der Konjugation, dem Transfer von Plasmiden in andere bakterielle Zellen. In beiden Fällen werden Typ-IV-Sekretionssysteme benutzt, um die Zellbarrieren zu überwinden. Durch die Infektion werden lediglich zwei Gene für Auxin und ein Gen für Cytokinin eingebracht; Auxin und Cytokinin zusammen bewirken die Induktion des Tumorwachstums. Dies lässt Schlussfolgerungen für die Phytohormon-Biosynthese in der Pflanze zu. Dass ein Genprodukt für die erhöhte Cytokinin-Produktion ausreicht, bedeutet nicht, dass die spezifische Biosynthese von Cytokinin durch ein Enzym katalysiert wird. Die anderen Enzyme sind konstitutiv in der Pflanzenzelle vorhanden. Die beiden Genprodukte IaaM und IaaH synthetisieren Indol-3-essigsäure (*indole-3-acetic acid,* IAA) aus Tryptophan. Es wurde kontrovers diskutiert, ob IAA auch in der (nichtinfizierten) Pflanze aus Tryptophan synthetisiert wird. Mehrere solcher Stoffwechselwege sind mittlerweile nachgewiesen. Allerdings sind in der Pflanze mindestens drei Enzyme für die IAA-Synthese notwendig. *Agrobacterium fabrum* hat also einen Weg gefunden, diesen Biosyntheseweg abzukürzen.

Voraussetzung für den Gentransfer ist das Vorhandensein des Ti-Plasmids (Tumorinduzierendes Plasmid). Auf diesem Plasmid liegen Virulenzgene, die T-DNA, die in die Pflanze transferiert wird, sowie Gene für den Opin-Metabolismus. Der Gentransfer wird induziert durch phenolische Substanzen wie Acetosyringon oder Kohlenhydrate, die von der verwundeten Pflanze in den Boden abgegeben werden. Damit wird in *Agrobacterium fabrum* die Histidin-Kinase VirA stimuliert, die wiederum ihr Phosphat auf den Respons-Regulator VirG überträgt. VirG ist ein Transkriptionsfaktor, der im phosphorylierten Zustand die Expression der Vir-Gene stimuliert (▣ Abb. 2.8). Über neusynthetisierte Cellulose und cyclische ß-1–2-Glucane wird der Kontakt zwischen Bakterien und Pflanzenzelle verfestigt, *rat*-Mutanten von *Arabidopsis,* bei denen Zellwandkomponenten defekt sind, werden schlechter infiziert.

VirD2 ist eine Relaxase, die an der *left border* und *right border* der T-DNA einen der beiden DNA-Stränge durchtrennt und damit die Bildung von Einzelstrang initiiert. Das

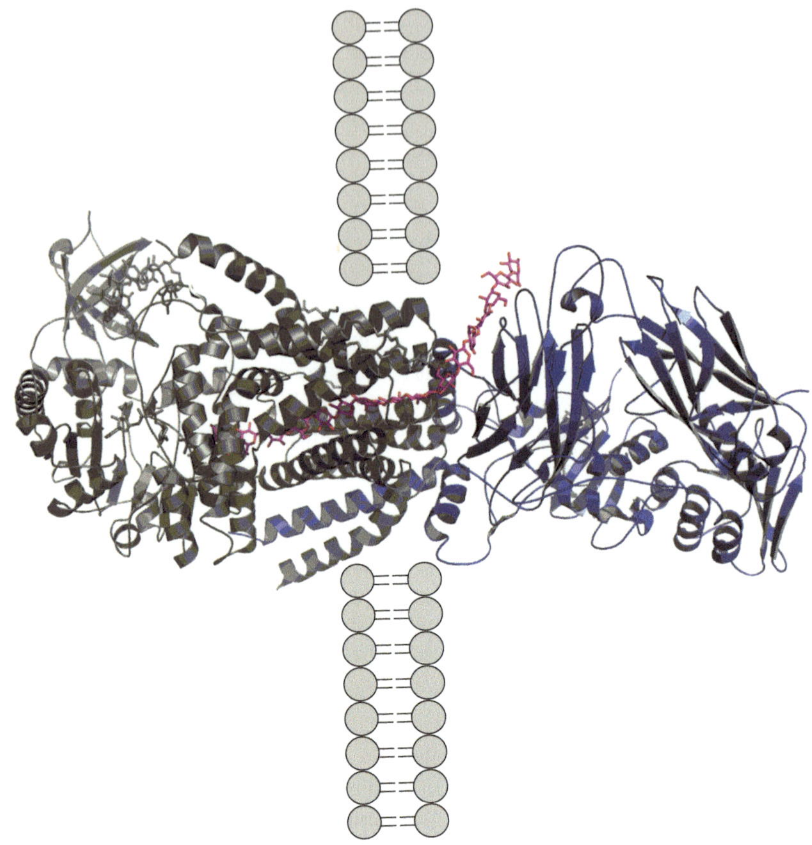

Abb. 2.7   Struktur der Cellulose-Synthase-Untereinheiten BcsA (grau) und BcsB (blau) von *Rhodobacter sphaeroides*. In Magenta ist die wachsende Cellulosekette zu sehen. Die Membran ist durch die grauen Symbole gekennzeichnet, links davon ist innerhalb der Zelle. (PDB Code 5EIY; unter diesem Code sind Koordinaten in der Protein Data Bank – PDB; ▶ https://www.rcsb.org/ – frei zugänglich abgelegt, diese können z. B. mit dem Programm Pymol grafisch dargestellt werden)

VirD2-Protein verknüpft sich kovalent mit der Einzelstrang-T-DNA und begleitet diese bis in den Zellkern der Pflanze (Abb. 2.8). VirB-Proteine bilden einen Pilus von der Art des Typ-4-Sekretionssystems, durch welchen die DNA in die Pflanzenzelle eingeschleust werden kann. Parallel dazu werden auch VirE2-Proteine eingeschleust, die in der Pflanzenzelle an die Einzelstrang-DNA binden und diese schützen. Freie Einzelstrang-DNA würde schnell abgebaut, weil sie von Viren stammen könnte. VirD2 wie auch VirE (bakterielle Proteine!) enthalten Kerntranslokationssequenzen, sodass die DNA einfach in den Zellkern der Pflanze

gelangen kann. Wie die DNA in das Pflanzengenom eingebaut wird, ist noch nicht genau bekannt. Der Einbauort ist zufällig. In der pflanzlichen DNA entsteht ein Doppelstrangbruch, und das pflanzliche Reparatursystem baut die T-DNA ein.

Es gibt verschiedene Ti-Plasmide und verschiedene T-DNAs. Im bestuntersuchten C58-Ti-Plasmid befinden sich auf der T-DNA acht Gene. Dabei sind die Gene für IaaH und IaaM, die in der Pflanze die Synthese von IAA aus Tryptophan katalysieren, ein Gen für Isopentenyl-Transferase, das Enzym für Cytokinin-Biosynthese, zwei weitere Gene

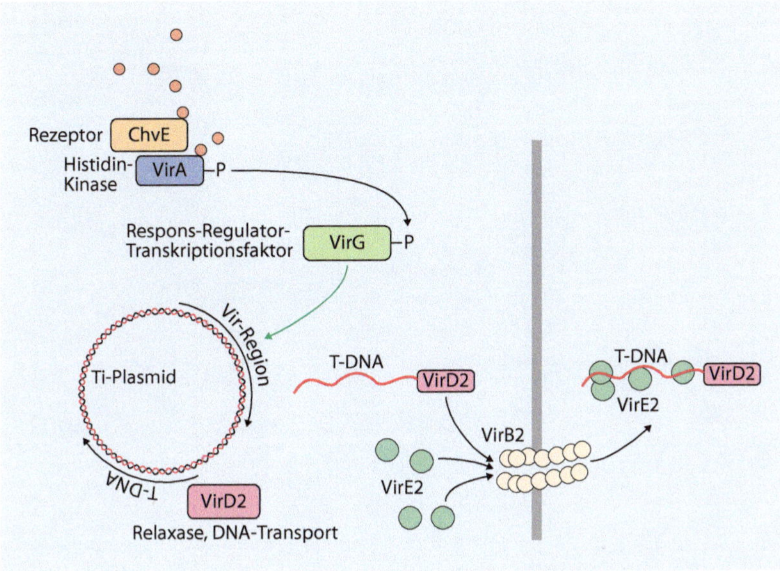

Abb. 2.8 Gentransfer von *Agrobacterium fabrum* in die Pflanzenzelle. Die Schritte links von der senkrechten Linie laufen in *Agrobacterium* ab, rechts davon in der Pflanzenzelle. Der Transfer der T-DNA in den Zellkern erfolgt aufgrund von Kerntranslokationssequenzen auf VirD2 und VirE2, der Einbau bedingt einen Doppelstrangbruch im pflanzlichen Genom

für Tumorwachstum und ein Gen für die Octopin-Dehydrogenase. Octopin wird durch einen enzymatischen Schritt aus Pyruvat und Arginin synthetisiert (Abb. 2.9). Von den zwanzig proteinogenen Aminosäuren hat Arginin den höchsten Stickstoffanteil. Pyruvat nimmt im Stoffwechsel eine zentrale Stellung ein und ist in ausreichenden Mengen verfügbar. Andere Ti-Plasmide codieren für ein Enzym, welches Nopalin synthetisiert (Abb. 2.9). Auch hier wird wieder Arginin als Substrat verwendet, das zweite Substrat ist α-Ketoglutarat. Für Octopin bzw. Nopalin gibt es in der Pflanze keine weitere Verwendung. (Octopin kommt allerdings in großen Konzentrationen im Muskelgewebe wirbelloser Tiere wie z. B. Oktopus vor, daher der Name.) Diese Substanzen werden aus den Tumorzellen ausgeschieden und in den Boden sezerniert. *Agrobacterium* besitzt auf dem Ti-Plasmid ein weiteres Gen für Octopin-Dehydrogenase oder Nopalin-Dehydrogenase. Das Enzym arbeitet auch in umgekehrter Richtung, damit können aus den Opinen Arginin, Pyruvat bzw. α-Ketoglutarat freigesetzt werden.

Als Resultat der Infektion kann sich *Agrobacterium* folglich mit Produkten aus dem Stickstoff- und Kohlenstoffhaushalt der Pflanze versorgen. Der Fluss von „organischem Stickstoff" verläuft in diesem Fall anders herum als bei den mit *Agrobacterium* eng verwandten Rhizobien. Rhizobien können mit Pflanzen (v. a. Leguminosen) in Symbiose leben, entweder in Wurzelknöllchen oder in den Stängeln. Diese Symbiose erlaubt es den Pflanzen indirekt, molekularen Stickstoff zu verwerten. Die Bakterien können mithilfe von Nitrogenasen atmosphärischen Stickstoff zu NH_3 reduzieren, dieses wird in Glutamin eingebaut und von der Pflanze verstoffwechselt. Im Austausch für die Stickstoffreduktion erhalten die Bakterien von der Pflanze zum Beispiel Malat, womit sie ihren Energiehaushalt aufrechterhalten können. Zwei völlig verschiedene Arten der Bakterien – Pflanze Interaktion sind also bei den eng miteinander verwandten Rhizobien (Abb. 2.1) verwirklicht. Beide Interaktionen sind wirtschaftlich von großem Interesse, einmal wegen der

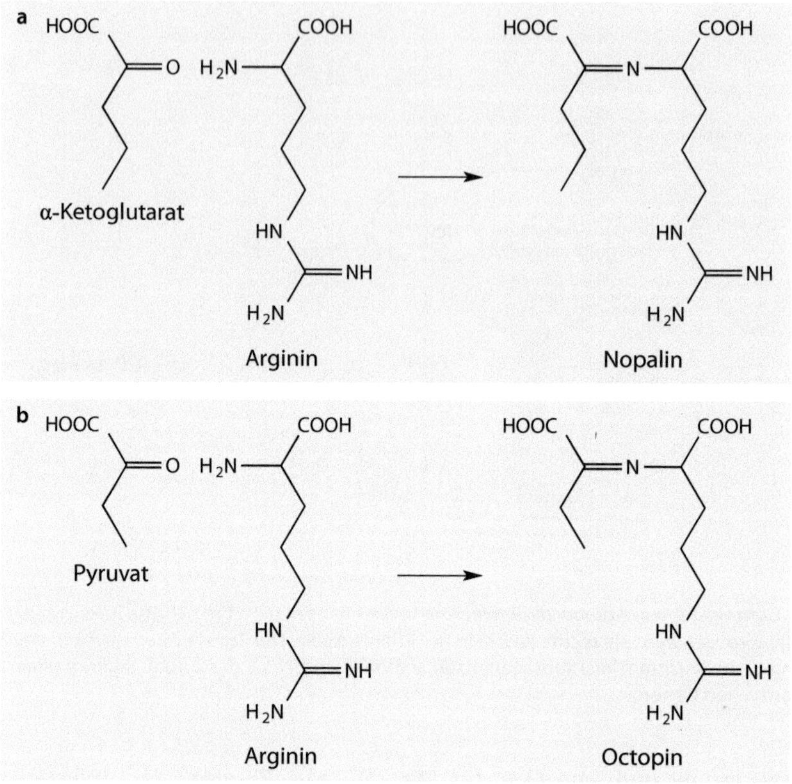

Abb. 2.9   Die Synthese von Nopalin (**a**) bzw. Octopin (**b**) durch infizierte Pflanzenzellen

Möglichkeit, Gene in Pflanzen einzubringen, einmal wegen der Gründüngung, die als Ersatz für das energieaufwendige Haber-Bosch-Verfahren eingesetzt werden kann.

2.7 Bakterielle Photorezeptoren als Strukturmodelle

Von vielen eukaryotischen Photorezeptoren gibt es homologe Proteine in Prokaryoten. Dies bestätigt die obere Feststellung, dass alle eukaryotischen Gene aus Prokaryoten abstammen. Es gibt allerdings in beiden Richtungen Ausnahmen. In biochemischer und biophysikalischer Hinsicht sehr gut untersucht sind die untereinander homologen prokaryotischen Proteine Bacteriorhodopsin, *Sensory*-Rhodopsin und Halorhodopsin. Diese Transmembranproteine besitzen Retinal als Chromophor und fungieren entweder als lichtbetriebene Protonenpumpen oder als Photorezeptoren für Phototaxis, also die Steuerung der Bewegung zum Licht hin oder vom Licht weg. Bacteriorhodopsin gilt neben dem Myoglobin als eines der bestuntersuchten Proteine überhaupt. Die meisten Untersuchungen wurden mit Bacteriorhodopsin aus dem halophilen *Halobacterium salinarum* (einem Archaebakterium) durchgeführt. *Halobacterium* lässt sich wegen seiner Salztoleranz (5 M NaCl) einfach in steriler Kultur halten. Bacteriorhodopsin wird in den Archaebakterien in solchen Mengen synthetisiert, dass Salzlagunen dadurch purpurrot aussehen. Durch einen Lichtblitz wird eine schnelle Isomerisierung des Bacteriorhodopsin-Chromophors induziert, dies bewirkt Konformationsänderungen im Protein, die in einem Protonentransfer von innen nach außen resultieren. Dieser Protonengradient kann zur Energiegewinnung genutzt werden. Es handelt sich also um eine einfache Photosynthese. Bei den strukturell verwandten *Sensory*-Rhodopsin-Molekülen handelt es sich um Proteine, die über eine Histidin-Kinase an die Signaltransduktion der Flagellen andocken. Diese Koppelung erlaubt eine Phototaxis-Bewegung zum Licht hin oder vom Licht weg.

Bacteriorhodopsin homologe Proteine kommen in vielen Archaea, Bakterien, Algen und Pilzen vor. Auch in zahlreiche Meeresbakterien kommen solche Proteine vor, die hier auch Proteorhodopsin genannt werden (▶ Abschn. 2.4). Das Rhodopsin im Auge der Tiere ist nicht mit Bacteriorhodopsin verwandt, obwohl beide Gruppen von Proteinen sieben Transmembran-Domänen und einen Retinal-Chromophor besitzen. Umgekehrt kommen keine Rhodopsin-Homologe in Bakterien vor. Möglicherweise sind Rhodopsin und Bacteriorhodopsin trotz der geringen Ähnlichkeit aus einem gemeinsamen Vorfahren entstanden, und Rhodopsin hat sich in der Evolution als GPCR so weit von seinen Wurzeln entfernt, dass eine Gemeinsamkeit nicht mehr durch Computer-Algorithmen zu erkennen ist.

Eine weitere Gruppe von Photorezeptoren oder photorezeptorähnlichen Proteinen sind die Photolyasen und Cryptochrome. Diese besitzen ein FAD als Chromophor; Lichtabsorption leitet eine sogenannte Photoreduktion ein, bei welcher FAD vom oxidierten in den reduzierten oder semi-reduzierten Zustand übergeht. Cryptochrome steuern zahlreiche Prozesse bei Tieren und Pflanzen, während die verwandten Photolyasen DNA-Schäden reparieren. Sie benötigen dazu ebenfalls Licht, welches die Übertragung eines Elektrons von FAD zur geschädigten DNA initiiert und so die Reparatur einleitet. Von Photolyasen und Cryptochromen liegen zahlreiche Kristallstrukturen vor, die meisten von bakteriellen Proteinen. In zwei Fällen ist es auch gelungen, DNA-Protein-Kokristalle von Photolyasen zu vermessen. Damit ist die Interaktionsstelle klar, und man kann den Weg des Elektrons von FAD zur DNA nachvollziehen. Ebenfalls

ließ sich der Weg der Elektronen während der Photoreduktion nachvollziehen. Im typischen Fall fungieren drei Tryptophan-Reste, die in bestimmten Gruppen von Cryptochromen und Photolyase konserviert sind, als Elektronenüberträger. Alle Photolyasen besitzen einen Antennen-Chromophor wie MTHF oder 8-HDF.

Agrobacterium fabrum besitzt zwei Photolyasen, PhrA und PhrB. PhrA wurde über die Genomsequenz identifiziert, es handelt sich hier um einen Vertreter der Klasse-III-CPD-Photolyasen. Die Kristallstruktur zeigt, dass der Antennenchromophor von PhrA, MTHF, an einer anderen Stelle im Protein sitzt als bei anderen Photolyasen. Da Klasse-III-CPD-Photolyasen eng verwandt sind mit pflanzlichen Cryptochromen, lag die Vermutung nahe, dass auch die pflanzlichen Cryptochrome einen Antennenchromophor an dieser Stelle binden.

PhrB wurde nicht als photolysehomologes Protein gefunden, dafür ist die Homologie zu gering, sondern über Transposon-Mutagenese, bei der nach Mutanten mit veränderter Lichtregulation der Bewegung gesucht wurde. Die Mutante, in der das Transposon im 3′-Bereich des Gens inserierte, zeigte einen wenig ausgeprägten Lichteffekt, der Wildtyp einen stark ausgeprägten. Dies deutet auf eine Rolle als Photorezeptor hin, und tatsächlich wurde für ein verwandtes Protein, CryB, in einem verwandten Bakterium, *Rhodobacter sphaeroides*, eine solche Photorezeptor-Funktion nachgewiesen. Biochemische Untersuchungen brachten andere interessante Aspekte zum Vorschein: Zunächst zeigte sich, dass PhrB einen Eisen-Schwefel- (Fe-S-)Cluster enthält. Dann wurde die Kristallstruktur ermittelt, anhand derer die vier Fe-S bindenden Cystein-Reste identifiziert werden konnten (◘ Abb. 2.10). Außerdem zeigte sich, dass PhrB einen neuen Antennenchromophor enthält, 6,7-Dimethyl-8-ribityllumazin (DMRL). Danach kam die eigentlich interessante Entdeckung: PhrB kann (6–4)-Photoprodukte reparieren, es ist eine (6–4)-Photolyase. *Agrobacterium fabrum* enthält somit zwei verschiedene Photolyasen, die

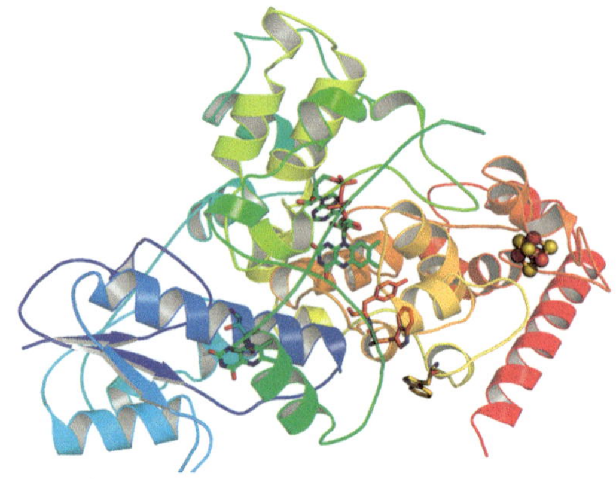

Abb. 2.10   Die erste bakterielle (6–4)-Photolyase, PhrB aus *Agrobacterium fabrum*. Die Proteinstruktur ist in einem transparenten Modus dargestellt. Der Fe-S-Cluster ist rechts (Kugelmodus), FAD in der Mitte und 6,7-Dimethyl-8-ribityllumazin (DMRL) links. Der Elektronentransfer verläuft über zwei Tryptophan- und einen Tyrosin-Rest, diese sind in Orange dargestellt (PDB Code 4DJA)

beide Arten von UV-Schäden der DNA reparieren können. Bis zu dieser Entdeckung war die Meinung verbreitet, dass (6–4)-Photolyasen nur in Eukaryoten vorkommen. Tatsächlich sind die eukaryotischen und prokaryotischen (6–4)-Photolyasen phylogenetisch nur entfernt miteinander verwandt. Die Fe-S-BCP-Proteine stehen an der Basis der Evolution der Photolyasen und Cryptochrome.

Eine weitere Gruppe von weit verbreiteten Photorezeptoren sind die Phytochrome. Diese wurden aufgrund ihrer „Photoreversibilität" vergleichsweise früh in Pflanzen entdeckt: 1959 erfolgte der erste Nachweis von Phytochrom in Pflanzen. Photoreversibilität bedeutet, dass zwei verschiedene Formen vorliegen, die durch Licht beliebig oft ineinander überführt werden können. Die beiden Formen, Pr und Pfr, absorbieren hellrotes bzw. dunkelrotes Licht. Daher bewirkt eine Bestrahlung mit Hellrot, dass Pr in Pfr konvertiert, eine Bestrahlung mit Dunkelrot, dass Pfr in Pr konvertiert. In der Pflanze ist Pfr die aktive Form, und durch geschickte Bestrahlung lassen sich Effekte in Pflanzen entweder an- oder abschalten.

Lange Zeit blieben bakterielle Phytochrome unentdeckt; es herrschte die Meinung vor, diese Proteine wären in Eukaryoten entstanden. Im Jahr 1997, mit der Sequenzierung des ersten cyanobakteriellen Genoms von *Synechocystis* PCC 6803, wurde das erste bakterielle Phytochrom entdeckt. Dank der zahlreichen Bakterien-Genomsequenzen kennt man inzwischen deutlich mehr bakterielle Phytochrome als pflanzliche (◘ Abb. 2.11). Kurz nach der Entdeckung der Phytochrome in Bakterien wurden auch Pilz-Phytochrome gefunden und charakterisiert.

Die Evolution der Phytochrome ergab auch interessante Änderungen in den Eigenschaften der Proteine. Man geht davon aus, dass ursprüngliche Phytochrome Biliverdin als Chromophor verwenden. Die kovalente Bindung des Biliverdins erfolgt über ein Cystein im *N*-terminalen Bereich des Proteins. Dieses Cystein ist in der Gruppe der Biliverdin bindenden Phytochromen konserviert. Dazu gehören mit Ausnahme der cyanobakteriellen Phytochrome alle bakteriellen Phytochrome sowie die Pilz- und Heterokonten-Phytochrome. Die cyanobakteriellen Phytochrome benutzen Phycocyanobilin. Dieser Chromophor wird an ein Cystein in der sogenannten GAF-Domäne gebunden, an Position 250 bis 330. Auch dieses Cystein ist in der entsprechenden Gruppe konserviert. Pflanzliche Phytochrome besitzen einen Chromophor, der ähnlich aufgebaut ist wie Phycocyanobilin, das sogenannte Phytochromobilin (PΦB), sowie die gleiche Chromophor-Bindestelle. Es ist daher naheliegend anzunehmen, dass pflanzliche Phytochrome – über die Endosymbiose des Plastiden – von Cyanobakterien abstammen. Phylogenetische Analysen, die von verschiedenen Arbeitsgruppen durchgeführt wurden, kommen allerdings zu unterschiedlichen Ergebnissen. In manchen Fällen wird dieser Ursprung bestätigt, in anderen Fällen widersprechen die Stammbäume einer cyanobakteriellen Herkunft. Natürlich kann nur eine dieser Varianten richtig sein. Weitere Gründe sprechen dafür, dass die Cyanobakterienherkunft richtig ist, diese Hypothese hat sich allerdings in der Wissenschaft

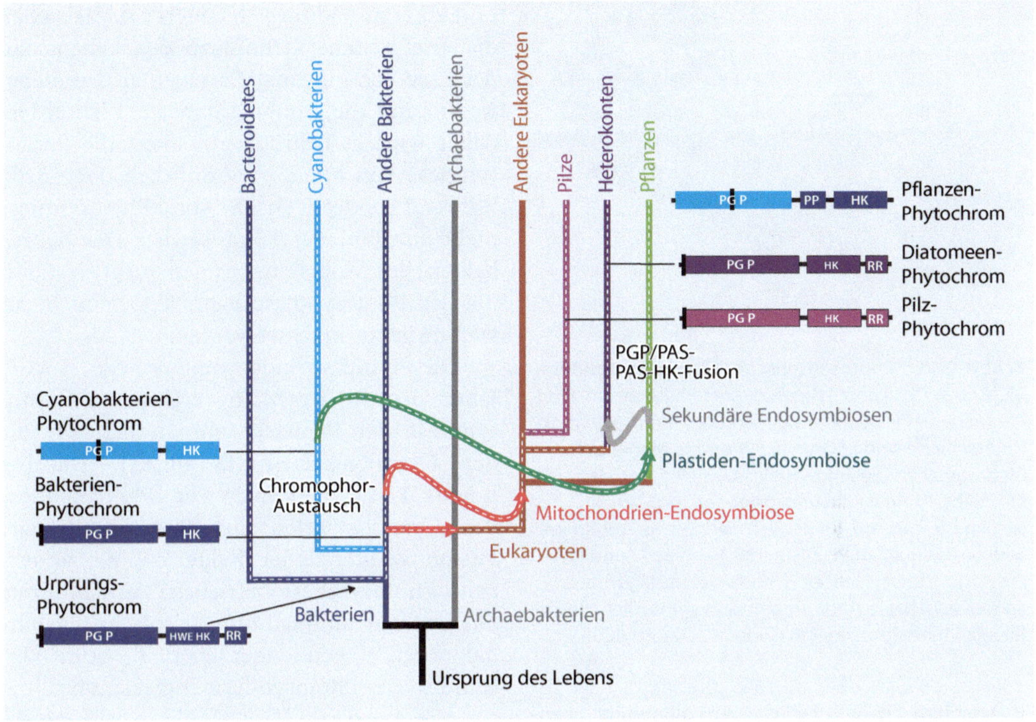

Abb. 2.11 Evolution von Phytochrom. Gestrichelte Linien (für BV-bindende bzw. PCB- und PΦB-bindende Phytochrome) geben den vermuteten Verlauf der Phytochrom-Evolution an. Der Domäneaufbau für exemplarische Phytochrome ist schematisch durch waagrechte Balken dargestellt. PCM *(Photosensory Core Module)* steht für PAS-GAF-PHY-Tridomäne. HK steht für Histidin-Kinase, HWE-HK für eine bestimmte Art von Histidin-Kinase und RR für Respons-Regulator; PP der Pflanzenphytochrome steht für PAS-PAS-Domäne. Die Chromophor-Bindestelle ist durch einen senkrechten Strich dargestellt. Die PCM der Pflanzen, aber nicht der Heterokonten (Braunalgen, Diatomeen etc.), ist über Plastiden-Endosymbiose einem Cyanobakterium entsprungen. Die Histidin-Kinase-Domäne der Pflanzenphytochrome hat vermutlich einen anderen Ursprung, der Zeitpunkt der vermuteten Fusion ist im Stammbaum angegeben. Heterokonten und mehrere Algengruppen gehen auf sekundäre Endosymbiose mit Rotalgen oder Grünalgen zurück. Rotalgen, Grünalgen, Pflanzen sowie eine weitere Gruppe gehören zu den Archaeplastida. Diese Details sind im Stammbaum nicht angegeben

noch nicht durchgesetzt. Pilzphytochrome stammen vermutlich direkt von den Bakterien ab, die zur Bildung der eukaryotischen Zelle führten. In Cyanobakterien gibt es darüber hinaus auch eine andere Gruppe von Biliproteinsensoren, die mit den Phytochromen verwandt sind, aber einen anderen Domänenaufbau haben, die sogenannten Cyanobakteriochrome. Diese decken zusammen mit den Phytochromen das gesamte Spektrum sichtbaren Lichts ab. Echte bakterielle Phytochrome sind lichtregulierte Histidin-Kinasen. Die Signaltransduktion ähnelt daher der von VirA oder CheA.

Auch bakterielle Phytochrome wurden als Modellproteine für die Phytochromstruktur eingesetzt. Zurzeit sind Strukturen von elf verschiedenen bakteriellen PCM und einem pflanzlichen PCM bekannt. PCM steht für photosensorisches Chromophormodul, das ist der *N*-terminale Teil des Proteins, in dem der Chromophor eingebaut wird und in welchem die Photoreversibilität verankert ist. In den Strukturen fehlen die *C*-terminalen Histidin-Kinasen, weil es bisher noch nicht gelungen ist, Phytochrome in ihrer gesamten Länge zu kristallisieren. Trotzdem ist es

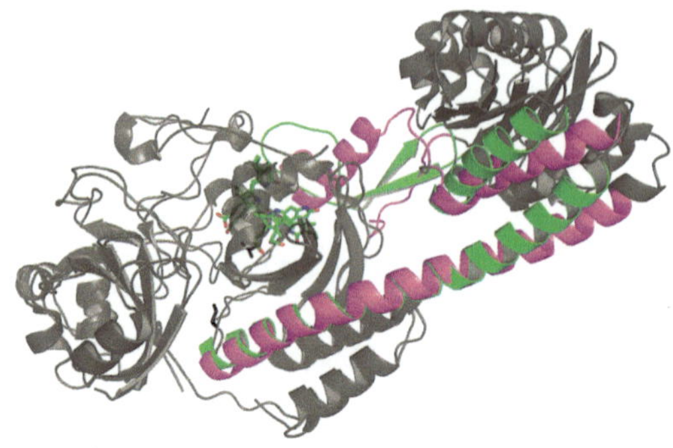

Abb. 2.12 Photosensorisches Chromophormodul (PCM) von *Deinococcus-radiodurans*-Phytochrom. Eine Pr- und eine Pfr-Struktur wurden überlagert. Wichtige Unterschiede sind in Grün für Pr und in Magenta für Pfr dargestellt. Die lange Helix, die sich durch das Bild zieht, ist im Pr-Zustand gebogen und streckt sich im Pfr-Zustand. Im Bereich der „Zunge" (oben im Bild) findet man im Pr-Zustand ß-Faltblätter und im Pfr-Zustand zwei Helices, d. h. die Sekundärstruktur ändert sich. Diese Änderungen sind vermutlich gleich für alle Phytochrome (PDB Codes 4QOJ und 5C5K)

inzwischen möglich, nachzuvollziehen, welche lichtinduzierten Änderungen in der PCM ablaufen. Die zentralen Änderungen sind in (■ Abb. 2.12) zu sehen, wo eine Pr- und eine Pfr-Struktur überlagert wurden. Darüber hinaus eignen sich bakterielle Phytochrome wegen der großen Mengen, die man exprimieren und reinigen kann, sehr gut für biophysikalische Untersuchungen wie Ultrakurzzeitspektroskopie oder Schwingungsspektroskopie. Einige Methoden wurden für pflanzliche und bakterielle Phytochrome eingesetzt, und es zeigte sich meist, dass die Vorgänge vergleichbar sind.

2.8 Cyanobakterien als Modelle für Photosynthese

Ein wichtiger Schritt in der Evolution war die Endosymbiose der Cyanobakterien, die zur Entstehung der Plastiden geführt hat – so sind die ersten photosynthetischen Eukaryoten entstanden. Aus diesen Algen entwickelten sich über Jahrmillionen unter anderem die Landpflanzen. Cyanobakterien, Algen und Pflanzen nutzen Sonnenlicht zur Synthese von Biomasse und zur Produktion von Sauerstoff. Sie stellen die energetische Grundlage des Lebens auf der Erde dar. Für uns Menschen als Landlebewesen sind die Landpflanzen am wichtigsten, daher wird in Lehrbüchern meist die Photosynthese von Pflanzen ausführlich dargestellt, während andere Arten von Phytosynthese mehr am Rande erwähnt werden. Der Beitrag bakterieller Modellorganismen zum Verständnis der Photosynthese kann jedoch nicht als wichtig genug erachtet werden.

Die Plastiden-Endosymbiose liegt 1,5 Mrd. Jahre zurück. Trotzdem verläuft die Photosynthese der Pflanzen sehr ähnlich wie die der Cyanobakterien (■ Tab. 2.3). Darüber hinaus kann man auch die Photosynthese der Cyanobakterien auf eine evolutionäre Fusion verschiedener Bakterien, die anoxygene Photosynthese betrieben, zurückführen. Die Untersuchungen, zum Beispiel an Purpurbakterien, tragen daher ebenfalls zum Verständnis der Photosynthese insgesamt bei.

Alle Arten von Photosynthese basieren auf lichtgetriebenem Elektronentransport. Daran ist ein Protonentransport gekoppelt, welcher eine Energiegewinnung ermöglicht. Dieses Prinzip von Energieumwandlung hat sich in der Evolution durchgesetzt und erhalten. (Eine weitere Art der Energieumwandlung über das oben erwähnte Bacteriorhodopsin verläuft über einen direkten Protonentransport, ist aber wenig effektiv.) Von den Pigmenten der Photosynthesekomplexe ist allerdings nur ein kleiner Teil direkt am Elektronentransport beteiligt, während der größere Teil die absorbierte Energie an benachbarte Pigmente weitergibt. Sowohl beim Elektronentransport als auch bei der Energieübertragung spielt der Abstand zwischen den beteiligten Molekülen eine zentrale Rolle. Für den Elektronentransport wird dies am Beispiel eines Lichtschalters deutlich: Nur wenn der Abstand zwischen den Kontakten klein genug ist, kann Strom, also Elektronen, fließen. Bei biologischen und chemischen Systemen liegen Abstände zwischen Elektronendonor und Acceptor zwischen 4 und 20 Å, Redoxpotenziale der beiden Komponenten sind natürlich ebenfalls wichtig. Der

◻ Tab. 2.3 PS I und PS II, Photosystem 1 und 2; PC, Plastocyanin

	Cyanobakterien	Plastiden der Pflanzen
Art der Photosynthese	Sauerstoff	Sauerstoff
Pigmente	Chlorophyll a, Carotinoide (manche Cyanobakterien besitzen Chlorophyll b)	Chlorophyll a und b, Carotinoide
Elektronentransport	Wasser – PS II – Cytb6f-Komplex – PC oder Cytochrom – PS I – NADP	Wasser – PS II – Cytb6f-Komplex – PC – PS I – NADP
Antennen	Phycobilisomen aus Phycoery-thrin, Phycocyanin u. a. mit Bilin-Chromophoren	LHCI und II (*Light-Harvesting-Chlorophyll*-Komplexe) mit Chlorophyll a und b
CO_2 Fixierung	Ribulosebisphosphat-Carboxylase/Oxygenase (RubisCO)	RubisCO, bei C4-Pflanzen ist die PEP-CO vorgeschaltet

Energietransfer zwischen beteiligten Chromophoren hängt von deren spektraler Überlappung, ihren chemischen Eigenschaften sowie ihrer Ausrichtung und dem Abstand zwischen beiden ab. Energietransfer in der Photosynthese verläuft als Förster-Energietransfer, wenn die Abstände so klein sind, dass es zur elektronischen Kopplung der beiden Moleküle kommt, gilt das Prinzip des sogenannten Dexter-Energietransfer. Bei dem Förster-Energietransfer sinkt die Effizienz der Übertragung mit der sechsten Potenz des Abstands zwischen Donor und Empfänger.

Die Formeln für Energietransfer zwischen benachbarten Pigmenten bei Förster-Energietransfer lauten:

$$k_{ET} = k_D \frac{R_0^6}{r^6} = \frac{R_0^6}{\tau_D \cdot r^6}$$

$$k_{ET}, R_0^6 \propto \kappa^2 = (\cos\theta_{DA} - 3\cos\theta_D \cos\theta_A)^2$$

Abstände zwischen Molekülen lassen sich natürlich nicht ohne Weiteres bestimmen. Die Elektronenmikroskopie ist in der Regel noch zu ungenau um kleine Moleküle zu erkennen, und biophysikalische Methoden zur Abstandsbestimmung können sehr aufwendig sein. Die zuverlässigste Methode ist die Röntgenkristallstrukturanalyse, die ein 3D-Bild der Elektronendichten liefert, woraus sich natürlich auch Abstandsinformation ableiten lässt. Auf der Basis der 3D-Struktur lassen sich die Pigmente ansprechen, die am Energietransfer beteiligt sind, und von denen unterscheiden, die an der Elektronenübertragung beteilig sind. Vor der Auflösung der Struktur konnte man nicht eindeutig sagen, welche Faktoren am Elektronentransfer beteiligt sind, daher sind in Lehrbüchern diese Moleküle noch mit Zeichen abgekürzt, die nichts mit den Molekülnamen zu tun haben (z. B. A A_0 A_1 im Photosystem 1). Die Aufklärung einer 3D-Struktur ist unter Umständen ebenfalls sehr aufwendig. Bis man einen Proteinkristall erhält, können mehrere Jahre bis Jahrzehnte vergehen, die Bestimmung der Struktur benötigt weitere Zeit. In diesem Bereich ergibt sich die Verwendung von Modellorganismen automatisch.

Die erste Struktur eines Photosynthesekomplexes, ein Reaktionszentrum aus *Rhodopseudomonas viridis*, wurde von Hartmut Michel, Johann Deisenhofer und Robert Huber 1985 publiziert (Deisenhofer et al. 1985). *Rhodopseudomonas* ist ein Purpurbakterium, welches anoxygene Photosynthese betreibt, also keinen Sauerstoff produziert. Photosynthesekomplexe sind Membranproteinkomplexe, und die Kristallisation von Membranproteinen ist deutlich schwieriger als die löslicher Proteine. Wegen der Bedeutung dieser Kristallstruktur für das Verständnis der Photosynthese erhielten Michel, Deisenhofer und Huber 1988 den Nobelpreis für Chemie.

Die oxygene Photosynthese der Cyanobakterien, Pflanzen und Algen arbeitet mit zwei Photosystemen, PS I und PS II. Das Zusammenwirken beider Photosysteme ist notwendig, um das positive Redoxpotenzial der Wasserspaltung zu überwinden. Die Photosysteme PS I und PS II wurden aus *Thermosynechococcus elongatus,* einem thermophilen Cyanobakterium, kristallisiert. Diese Strukturauflösung wurde über viele Jahre verbessert. Inzwischen liegen auch Strukturen von pflanzlichen Photosystemen vor, aber viele zentrale Erkenntnisse zur oxygenen Photosynthese gehen auf die cyanobakteriellen Photosysteme zurück (Abb. 2.13; PDB Code 1JBO für PS I und 3ARC für PS II).

Beide Photosysteme enthalten zahlreiche Chlorophyllmoleküle und andere Pigmente, wie zum Beispiel Carotinoide (Tab. 2.4). Zwei zentrale Chlorophylle haben die Funktion, Elektronen zu übertragen. Diese Chlorophylle haben immer eine spezielle Anordnung zueinander, deshalb werden sie auch als *Special Pair* bezeichnet. Ihre Tetrapyrrolringsysteme sind parallel zueinander ausgerichtet und die π-Elektronensysteme gekoppelt. Dadurch

ist die Absorption dieser Chlorophylle zum Langwelligen verschoben. Freies Chlorophyll hat ein Absorptionsmaximum bei etwa 660 nm, während das Absorptionsmaximum des *Special Pair* im PS II bei 680 nm und das im PS I bei 700 nm liegt, dies wird durch die Bezeichnungen P680 bzw. P700 zum Ausdruck gebracht.

Die anderen Chlorophylle im PS I oder PS II übertragen ihre Energie auf die zentralen Chlorophylle. Die Abstände zwischen den Chlorophyllen im PS I und PS II liegen bei 10 Å bis maximal 22 Å.

Der Elektronentransfer innerhalb der Photosysteme soll hier kurz nachgezeichnet werden. Die Wasserspaltung und Bildung von Sauerstoff ist bereits eine endogene Funktion des PS II, man kann sogar in PS-II-Kristallen die Bildung von Sauersoff nachweisen. Die Wasserspaltung findet am Mangan-Cluster auf der lumenalen Seite statt. Die Elektronen werden auf einen Tyrosin-Rest der D2-Untereinheit übertragen und gelangen von dort auf das *Special Pair* P680. Dieses ist der eigentliche Motor des PS-II-Elektronentransfers. Lichtabsorption (oder Energietransfer) bringt ein Elektron des *Special Pair* in den angeregten Zustand, es wird auf den Elektronenakzeptor Phäophytin, ein Chlorophyll ohne zentrales Mg^{2+}-Atom,

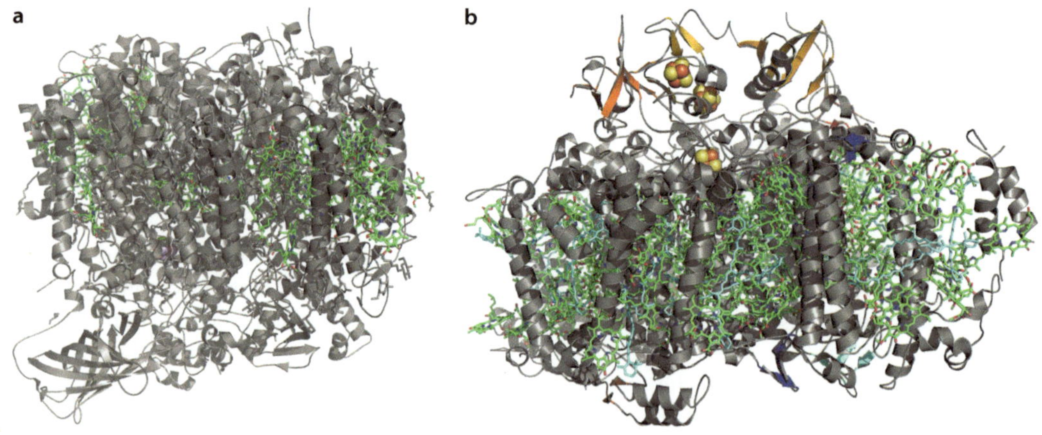

Abb. 2.13   Cyanobakterielle Photosysteme II (**a**) und I (**b**). Chlorophylle sind grün, Carotinoide blau dargestellt. Fe-S-Cluster des PS I sind durch orange/ockerfarbene Kugeln dargestellt. Der Mangan-Komplex im PS II (hier entsteht der Sauerstoff) ist durch rote und violette Kugeln dargestellt (PDB Codes 1JBO und 3ARC)

◼ Tab. 2.4 Cofaktoren der cyanobakteriellen PS I und PS II (Anzahl)

	Chlorophyll A	Carotinoide	Wichtige weitere Cofaktoren
PS I	96	22	2 Phyllochinone 3 Eisen-Schwefel-Cluster
PS II	36	12	1 Phäophytin 12 Carotinoide 1 Mangan-Cluster

übertragen. Aufgrund der Symmetrie des *Special Pair* und der beiden Phäophytin-Moleküle im PS II gibt es zwei mögliche parallele Wege des Elektronentransfers. Schließlich fließen die Elektronen auf das endogene Plastochinon A, welches Elektronen auf das zweite, mobile Plastochinon B überträgt. Dieses kann die Tasche des PS II verlassen und die Elektronen an den nächsten Komplex, den Cytochrom-b6-f-Komplex übertragen. Von diesem Komplex werden Elektronen mithilfe von Plastocyanin auf PS I übertragen. Bei Cyanobakterien kann bei Cu^{2+}-Mangel das Plastocyanin, ein Cu^{2+}-Protein, durch Cytochrom b ersetzt werden, bei Pflanzen gibt es diese Möglichkeit nicht. Im PS I gelangen die Elektronen auf das *Special Pair* P700 und werden aus dem angeregten Zustand zunächst auf ein weiteres Chlorophyll A0 übertragen. Als Zwischenüberträger fungieren Phyllochinon-Moleküle, die die Elektronen auf die Eisen-Schwefel-Cluster übertragen. Von diesen fließen die Elektronen auf der stromalen Seite auf Ferredoxin, welches im typischen Fall NADP zu NADPH reduziert.

Die Photosynthese der Cyanobakterien kann nicht nur wegen der Strukturaufklärung wichtige Erkenntnisse liefern. Viele Cyanobakterien lassen sich gut transformieren, man kann ortsgerichtete Mutagenese durchführen und damit die Funktion einzelner Aminosäuren untersuchen. Es gibt außerdem Prozesse bei Cyanobakterien, die man bei Pflanzen nicht findet. Als zusätzliche Antennen besitzen Cyanobakterien Phycobiliproteine, die an das PS II binden. Es gibt Cyanobakterien, die sich über die Farbe der Phycobiliproteine an die Farbe der Lichtumgebung anpassen, ein Prozess, der chromatische Adaptation genannt wird. Warum haben Pflanzen diese Möglichkeit verloren?

2.9 Fazit

Aus zahlreichen Gründen sind Bakterien sehr gut als Modellorganismen geeignet. Sie liefern nicht nur Erkenntnisse über die Biologie der Prokaryoten, sondern tragen auch zum Verständnis der Eukaryoten-Biologe bei. Eukaryoten sind aus Prokaryoten entstanden. Letztere hatten deutlich mehr Zeit, sich zu diversifizieren. Auf den ersten Blick sieht die Welt für den Menschen aus wie eine Welt der Pflanzen und Tiere. In phylogenetischen Stammbäumen lässt sich aber erkennen, dass bakterielle Gene und Proteine um einiges vielfältiger sind als die der Eukaryoten. Es steckt also noch deutlich mehr Potenzial in den Prokaryoten, als man auf den ersten Blick vermuten würde.

Übersicht

Es gibt $5 \cdot 10^{30}$ bakterielle Zellen auf der Erde, sie besitzen eine größere Biomasse als Tiere und Pflanzen zusammen. Im menschlichen Körper gibt es 10-mal mehr Bakterienzellen als menschliche Zellen.

Literatur

Deisenhofer J, Epp O, Miki K, Huber R, Michel H (1985) Structure of the protein subunits in the photosynthetic reaction center of Rhodopseudomonas-viridis at 3A resolution. Nature 318:618–624

Lopez-Garcia P, Moreira D (2015) Open questions on the origin of eukaryotes. Trend Ecol Evol 30:697–708

Matthysse AG, White S, Lightfoot R (1995) Genes required for cellulose synthesis in Agrobacterium tumefaciens. J Bact 177:1069–1075

Walter JM, Greenfield D, Bustamante C, Liphardt J (2007) Light-powering Escherichia coli with proteorhodopsin. Proc Natl Acad Sci USA 104:2408–2412

Hefen

Jörg Kämper

© Springer-Verlag GmbH Deutschland, ein Teil von Springer Nature 2019
P. Nick et al., *Modellorganismen*, https://doi.org/10.1007/978-3-662-54868-4_3

3

Trailer

Die Bäckerhefe *Saccharomyces cerevisiae* wird von vielen Wissenschaftlern als DER Modellorganismus für eukaryotische Zellen schlechthin angesehen. Hefe verbindet das Beste aus zwei Welten:

- Als einzelliger Mikroorganismus wächst sie schnell und unkompliziert, und die Funktion von Genen kann durch gezielte Genomveränderungen (reverse Genetik) wie auch durch Mutagenese (Vorwärts-Genetik) untersucht werden.
- Trotz eines kompakt aufgebauten Genoms mit nur 6600 Genen sind viele grundlegende zelluläre Prozesse zwischen Hefe und komplexer aufgebauten höheren Eukaryoten konserviert, sodass die mit Hefe gewonnenen Erkenntnisse direkt übertragen werden können; exemplarisch wird in diesem Kapitel die Aufklärung des sekretorischen Wegs beschrieben.

Hefe stellt sich aber auch immer wieder als Pionierorganismus für die Entwicklung neuer Technologien dar. So wurden viele der Methoden, die unter den Überbegriffen Proteomics, Genomics, Transcriptomics, Metabolomics zusammengefasst sind, mit Hefe entwickelt oder an Hefe als *proof of principle* angewendet.

3.1 Wofür wird *Saccharomyces cerevisiae* eingesetzt?

Der Ascomycet *Saccharomyces cerevisiae*, die Bäckerhefe, Weinhefe, Sprosshefe, oder einfach Hefe, wird seit der Antike beim Backen und Brauen eingesetzt; die ältesten belegten Funde von Bier stammen aus der Zeit von 3500–2900 v. Chr. aus dem heutigen Iran. Im Laufe der Jahrtausende haben sich bei den verschiedenen Anwendungen spezielle Hefen der Gattung *Saccharomyces* etabliert; eine Hefe, die zum Backen verwendet wird, unterscheidet sich genetisch deutlich von einer Brauhefe. Teile unserer heutigen Brauhefe, *Saccharomyces carlsbergensis*, stammen von einer Hefe aus Patagonien ab, die schon bei sehr niedrigen Temperaturen aktiv ist. Diese Hefe wurde wahrscheinlich im 15. Jahrhundert von den Seefahrern eingeschleppt, und überlebte in den kühlen Kellern der Brauereien, wo sie mit der heimischen Hefe „verschmolz" und ein Brauen bei niedrigen Temperaturen ermöglichte.

Hefen werden großtechnisch auch bei der Produktion von Bio-Kraftstoff (Ethanol) verwendet, für die Absorption von Schwermetallen, oder, in reiner Form, als probiotische Nahrungsergänzung.

Die ersten mikroskopischen Beobachtungen an Hefen stammen von Antoni van Leeuwenhook aus Leiden von 1680, und auf den Zusammenhang zwischen Hefen und alkoholischer Gärung schloss Cagnaird-Latour 1835. Als experimenteller Organismus wurde *S. cerevisiae* um 1935 eingeführt und entwickelte sich schnell zu *dem* eukaryotischen Modellorganismus schlechthin. Wie ist diese Popularität zu erklären? Hefe verbindet das Beste aus zwei Welten: Sie lässt sich einfach und schnell wie ein Bakterium kultivieren, hat aber alle Eigenschaften einer eukaryotischen Zelle. Hefezellen teilen sich unter optimalen Bedingungen alle 90 min, das heißt, es lassen sich große Mengen in kurzer Zeit anziehen. Ähnlich wie Bakterien können sie in Flüssigmedien angezogen werden, in kleinen Schüttelkolben oder in Fermentern mit mehreren tausend Litern Volumen.

3.2 Vorteile von *Saccharomyces cerevisiae* als eukaryotischer Modellorganismus

Die Mühelosigkeit, mit der sich Hefe im Labor anziehen lässt, macht natürlich keinen Modellorganismus aus. David Botstein und Gerald Fink, zwei Pioniere der Hefeforschung, haben 1988 in der Fachzeitschrift „Science" die Bedeutung von Hefe als Modellorganismus sehr treffend formuliert:

» Wir sind der Meinung, dass die Leistungsfähigkeit der Hefe-Molekularbiologie als Modell für die Biologie aller Eukaryoten in der Leichtigkeit begründet liegt, mit der die Zusammenhänge zwischen Genstruktur und Proteinfunktion hergestellt werden können (Übers. des Autors).

Worin ist der Enthusiasmus dieser beiden – zugebenerweise als Hefeforscher vielleicht ein wenig befangenen – Forscher begründet?

Der große Vorteil des Hefesystems liegt letztlich in der „Leichtigkeit" begründet, mit der das Genom gezielt verändert werden kann.

Bereits 1977 gelang es Gerry Fink gemeinsam mit seinen Studenten Albert Hinnen und James Hicks, *S. cerevisiae* mit rekombinanten DNA-Molekülen zu transformieren; Hefe war der erste eukaryotische Organismus, in den Fremd-DNA eingefügt werden konnte (interessanterweise war das für das Bakterium *Escherichia coli* auch erst 1973 durch Stanley Cohen und seine Mitarbeiter gelungen). Damit war der Grundstein für die sogenannte reverse Genetik gelegt: Die Möglichkeit, ein Gen in einem Organismus (Hefe) gezielt zu verändern, um damit die Funktion des Proteins, das von dem Gen codiert wird, zu studieren. Das funktioniert prinzipiell auch in anderen Organismen, aber nicht mit der enormen Effizienz wie bei *S. cerevisiae:* Wie wir später sehen werden, liegt die Rate, mit der rekombinante DNA-Moleküle über homologe Rekombination gezielt an eine bestimmte Region im Genom eingefügt werden können, bei fast 100 %. In der Praxis werden mit einem Mikrogramm DNA eines Vektors mehrere tausend Hefetransformanten erzielt, und fast alle enthalten die DNA an derselben, vorbestimmten Stelle: Solche Transformations- und Rekombinationsfrequenzen werden in anderen Modellorganismen nicht annähernd erreicht. Da die Transformation in der Regel mit haploiden Hefezellen durchgeführt wird, können die Auswirkungen der eingefügten Veränderung auf die Zelle sofort erkannt

werden, da es, anders als bei diploiden Organismen, keine Komplementation durch eine weitere, intakte Genkopie gibt.

Hefe hat den typischen Zellaufbau einer eukaryotischen Zelle. Die Zellwand besteht aus Glucanen, Mannanen und Proteinen, und damit unterscheidet sie sich natürlich von pflanzlichen und tierischen Zellen. Hefezellen besitzen als Eukaryoten einen Zellkern und einen Nucleolus; auch der sekretorische Weg ist typisch für Eukaryoten mit dem endoplasmatischem Retikulum, dem Golgi-Apparat und sekretorischen Vesikeln. Hefen besitzen Peroxisomen für den oxidativen Abbau und Mitochondrien zu Atmung. Viele dieser Strukturen sind in ihrer Funktion und ihrem Aufbau denen der höheren eukaryotischen Zellen sehr ähnlich, sodass Experimente, die mit Hefe durchgeführt werden, viel zum Verständnis der zellulären Strukturen der eukaryotischen Zelle *per se* beitragen.

Grade für die Analyse von Prozessen wie der mitochondrialen Atmungskette ist Hefe besonders geeignet, da Hefe bei Ausfall der Atmungskette (was für die meisten Zellen letal wäre) über den weniger effizienten anaeroben Abbau von Nährstoffen (Gärung) Energie gewinnen kann. Die entsprechenden Mutanten sind leicht zu erkennen, da sie aufgrund des geringeren Energiegewinns deutlich langsamer wachsen und deshalb kleiner *(petit)* bleiben.

3.3 Biologie und Entwicklung von *Saccharomyces cerevisiae*

3.3.1 Lebenszyklus von Saccharomyces cerevisiae

Obwohl Hefe ein einzelliger Organismus ist, gibt es drei verschiedene spezialisierte Zelltypen: haploide **a** und α Zellen, und die diploiden **a**/α-Zellen. Sowohl die beiden haploiden als auch die diploiden Zelltypen können sich durch *Sprossung* mitotisch teilen und produzieren dadurch klonale (genetisch identische) Nachkommen. Die beiden haploiden

Zelltypen zeichnen sich durch unterschiedliche Kreuzungstypen, **a** und α, aus, die miteinander zur diploiden **a**/α-Zygote fusionieren können. Die **a**/α-Zellen teilen sich mitotisch, unter Hungerbedingungen können die Zellen aber die Meiose durchlaufen, wodurch wieder insgesamt vier haploide Zellen (zwei von jedem Kreuzungstyp) entstehen. Die Zellen, die sogenannten Ascosporen, stellen Dauerformen dar und besitzen eine schützende Sporenhülle; die vier Ascosporen, die durch ein meiotisches Ereignis entstehen, bleiben dabei in einer Hülle, dem Ascus, gemeinsam eingeschlossen (◘ Abb. 3.1a).

Der Vorteil dieser verschiedenen Zelltypen für den Experimentator liegen auf der Hand: die haploiden Zellen eigenen sich hervorragend zur phänotypischen Analyse von Mutationen; der Phänotyp eines mutierten Gens wird nicht durch eine weitere Genkopie komplementiert und wird direkt ausgeprägt. Gleichzeitig ist es möglich, mit Hefezellen klassische Kreuzungsexperimente durchzuführen, um zum Beispiel verschiedene Mutanten miteinander zu kreuzen und so Doppelmutanten zu erzielen, oder um nach einer Mutagenese Komplementationsgruppen zu bestimmen (s. ▶ Abschn. 3.4.4).

Die **a**- und α-Zellen produzieren beide unterschiedliche *Peptidpheromone,* über welche die Zellfusion eingeleitet wird (◘ Abb. 3.1b): **a**-Zellen sekretieren den 12 Aminosäuren langen **a**-Faktor, α-Zellen den 13 Aminosäuren langen α-Faktor. Mit Pheromonen bezeichnet man generell Signalmoleküle, die zur Kommunikation zwischen Organismen dienen, während Hormone als Signalmoleküle in einem multizellulären Organismus fungieren. Die Pheromone werden von den **a**- und α-Zellen durch spezifische Rezeptoren erkannt, die zur Klasse der G-Protein-gekoppelten 7-Transmembranrezeptoren (GPC-Rezeptoren) gehören; dieser Rezeptortyp ist bei Eukaryoten weit verbreitet und spielt eine Rolle bei einer Vielzahl von Signaltransduktionssystemen, beispielsweise bei Licht- Geruchs- und Geschmacksreizen, aber auch bei die Perzeption von Hormonen oder Neurotransmittern. Die beiden GPC-Rezeptoren der Hefe, Ste2p und Ste3p, wurden bereits 1985 durch die Analyse von sterilen Mutanten identifiziert; wenn die Rezeptoren nicht funktionell sind, können die Hefen sich nicht mehr sexuell fortpflanzen, da sie ihren Partner nicht mehr erkennen können. Ste2p und Ste3p waren die ersten Gene für GPC-Rezeptoren, die je in einem Organismus kloniert wurden. Seitdem fungiert *S. cerevisiae* als wegbereitendes experimentelles System für die Untersuchung der GPC-Rezeptor-initiierten Signalwege, deren Steuerung und Vernetzung.

Die Pheromonrezeptoren sind mit trimeren G-Proteinen assoziiert; Pheromonbindung führt zur Dissoziierung der α- und β,γ-Untereinheiten; die membrangebundenen β,γ-Proteine rekrutieren Ste5, das als „Gerüst“ für Ste11p, Ste7p und Fus3p fungiert; die drei Proteine bilden eine sogenannte MAP-Kinase-Kaskade, eine bei allen Eukaryoten hoch konservierte Signalkaskade, die zur Phosphorylierung von weiteren regulativen Proteinen führt, die letztlich die Kreuzungsreaktion steuern.

Die wechselseitige Bindung der Pheromone an die Rezeptoren führt dazu, dass beide Zellen den Zellzyklus in der G1-Phase, bevor die DNA repliziert wird, anhalten; dadurch wird sichergestellt, dass bei der Zellfusion und der damit verbundenen Fusion der beiden Zellkerne *(Karyogamie)* die Zellen genau einen Chromosomensatz aus den beiden „Elternzellen“ erhalten. Durch die Pheromonstimulation werden auch alle Faktoren induziert, die für die Zellfusion und die Kernfusion notwendig sind. Initiiert wird der Prozess, indem die beiden Kreuzungspartner aufeinander zuwachsen, sie bilden den sogenannten „Shmoo“ als Folge einer polarisierten Zellwand-Neusynthese (◘ Abb. 3.1b). Nach dem Kontakt der beiden Zellen kommt es zuerst zur Zellfusion und dann zur Fusion der beiden haploiden Zellkerne im Kontaktbereich der fusionierten Zellen. Von diesem Bereich bildet sich durch Knospung dann auch die erste Tochterzelle der Zygote, die sich durch mitotische Zellteilungen weiter vermehren kann. Tatsächlich findet man in

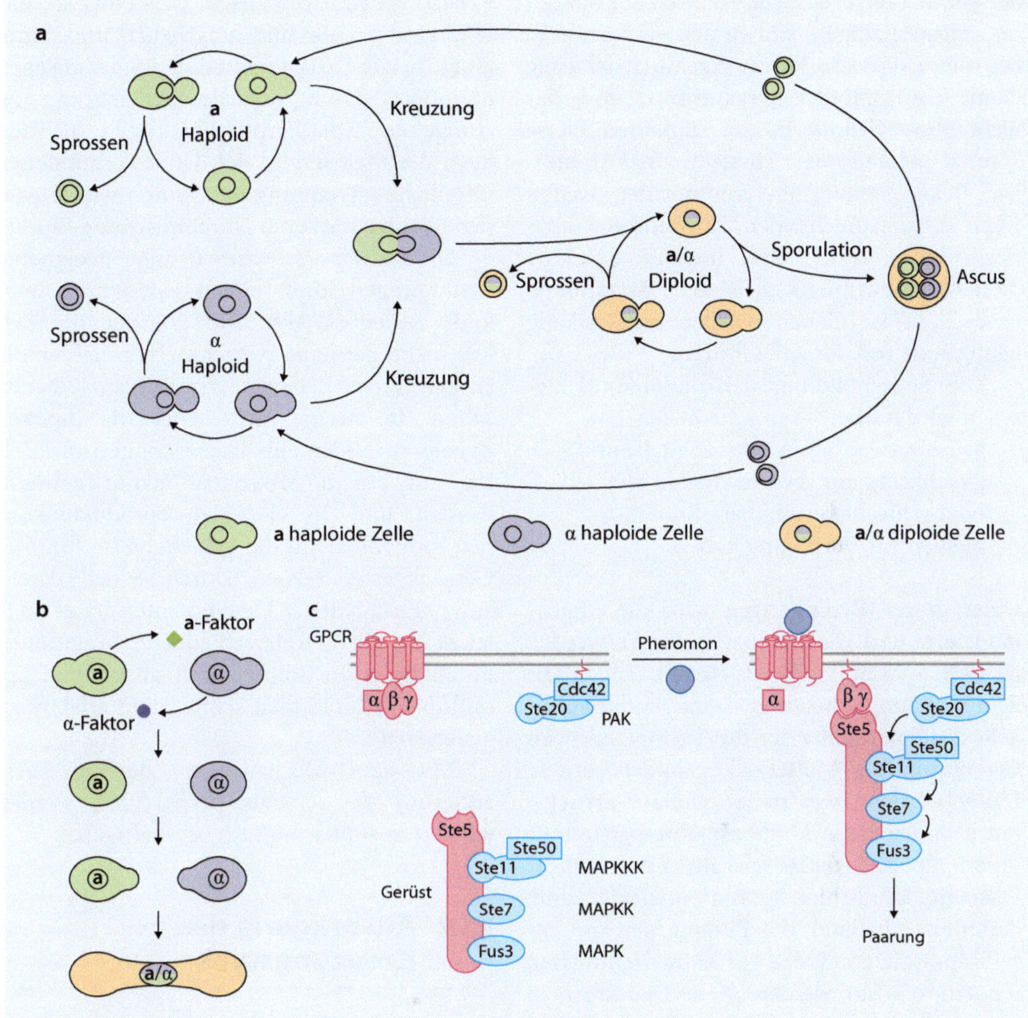

▣ Abb. 3.1   a Lebenszyklus der Hefe *Saccharomyces cerevisiae*. Haploide Hefezellen (Kreuzungstyp MATa oder MATα) können sich durch Sprossung teilen. Hefezellen mit unterschiedlichem Kreuzungstyp können fusionieren und bilden nach der Fusion eine diploide Zelle. In der Natur findet man fast ausschließlich diploide Zellen, die sich ebenfalls durch Sprossung vermehren. Unter bestimmten Bedingungen (wenn nicht genug Nährstoffe zur Verfügung stehen) entstehen aus einer diploiden Zelle durch zwei meiotische Teilungen vier haploide Sporen, die gemeinsam in einer Hülle, dem Ascus, eingeschlossen sind. Die Sporen können wieder zu haploiden Sprosszellen auskeimen. **b** Fusion von haploiden Hefen mit verschiedenem Kreuzungstyp (a und α). Die Verschmelzung von Zellen mit unterschiedlichem Kreuzungstyp wird durch Peptidpheromone, die von den a und α-Zellen sekretiert werden, eingeleitet. Die Zellen bilden im Pheromongradienten einen sogenannten „Shmoo", wachsen aufeinander zu und verschmelzen letztlich. **c** Die Pheromone binden an für das jeweilige Pheromon spezifische, membranständige Rezeptoren. Diese 7-Transmembranrezeptoren sind mit trimeren G-Proteinen assoziiert; durch die Bindung dissoziieren die α- und β,γ-Untereinheiten; die membrangebundenen β,γ-Proteine rekrutieren Ste5p, das als „Gerüst" für Ste11p, Ste7p und Fus3p fungiert; die drei Proteine bilden eine sogenannte MAP-Kinase-Kaskade, eine bei allen Eukaryoten hoch konservierte Signalkaskade, die zur Phosphorylierung von weiteren regulativen Proteinen führt, welche die Kreuzungsreaktion steuern. (a Verändert nach Steensels et al. 2014; b und c verändert mit freundlicher Genehmigung Dr. Pryciak, University of Massachusetts Medical School)

der Natur (auf Früchten, Pflanzen und anderen zuckerhaltigen Substraten) ausschließlich diese diploide Form; eigentlich ist Hefe damit ein diploider Organismus, und das nicht ohne Grund: In der diploiden Phase können Mutationen effizient über homologe Rekombinationsereignis mit der zweiten Kopie des entsprechenden Chromosoms repariert werden. Wäre Hefe haploid, bestände diese Reparaturmöglichkeit nicht, Mutationen in essenziellen Genen würden zwangsläufig häufig zum Tod der Zelle führen.

Die Sporenbildung der diploiden Hefezellen wird initiiert, wenn die Zellen

- keine verwertbare Stickstoffquelle und
- gleichzeitig nur unzureichende Mengen oder schlecht verwertbare Kohlenstoffquellen zur Verfügung haben.

Unter diesen Bedingungen wird die Meiose induziert, und die haploiden Kerne werden in den Sporen verpackt (◘ Abb. 3.1a). Die Sporenbildung benötigt eine ungewöhnliche Zellteilung, bei der die Tochterzellen im Cytoplasma der Mutterzelle gebildet werden. Dabei werden zwei neue zelluläre Strukturen gebildet: neue Membran-Kompartimente innerhalb des Cytoplasmas, aus denen sich die Plasmamembran der Sporen entwickelt, und, daran anschließend, die Bildung der Sporenzellwand, die die Spore vor Umwelteinflüssen schützt. Warum werden diese Dauerformen ausgerechnet unter „Mangelbedingungen" gebildet? Es wird vermutet, dass die Hefe, wenn die verwertbaren Nährstoffe auf einer Frucht, ihrem bevorzugten Lebensraum, verbraucht sind, die Dauerformen benutzt, um durch Insekten an neue Standorte gebracht zu werden. Tatsächlich ist Hefe die bevorzugte Nahrung von Fruchtfliegen, und im Gegensatz zu den normalen Hefezellen können die Hefe-Ascosporen den Verdauungstrakt der Insekten passieren und so verbreitet werden. Eine weitere Frage ist, warum die Bildung der Dauerformen an die Meiose gekoppelt ist; hier wird diskutiert, dass die Insekten-Vektoren dazu beitragen, die genetische Vielfalt der Hefe zu erhalten, da Hefe in der Lage ist, den

Kreuzungstyp zu wechseln (aus einer **a**-Zelle wird eine α-Zelle und umgekehrt) und damit fähig ist, die Neukombination des genetischen Materials durch sexuelle Vermehrung zu „umgehen". Die Verbreitung durch Insekten nach der Meiose und der damit verbundenen räumlichen Trennung der Sporen würde wieder zu einer stärkeren Durchmischung führen.

Die Ascosporen keimen unter geeigneten Bedingungen und bilden wiederum haploide Zellen (◘ Abb. 3.1a). Werden die Zellen nicht getrennt, verschmelzen häufig die ausgekeimten Zellen sofort wieder, teilweise schon im Ascus, um wieder die diploide Zygote zu bilden. Im Labor können die Zellen mit einem Mikromanipulator getrennt werden, und die vier Meioseprodukte können individuell auf die Vererbung bestimmter Gene getestet werden. Durch sexuelle Kreuzung verschiedener Hefemutanten ist es auch leicht möglich, unterschiedliche Mutationen miteinander zu kombinieren und Hefen mit multiplen Mutationen schnell und effektiv zu generieren.

Mit dem Mechanismus, der zur Veränderung des Kreuzungstyps führt, werden wir uns in ▶ Abschn. 3.3.3 beschäftigen.

3.3.2 Ausprägung des Kreuzungstyps

Die **a**- und α-Hefezellen sind morphologisch nicht zu unterscheiden, und wir wissen ja inzwischen, dass der Unterschied in der Ausprägung der **a**- und α-Pheromone und der dazu passenden Rezeptoren liegt. Man könnte demnach vermuten, dass α-Zellen die Gene für das α-Pheromon und den Rezeptor für das **a**-Pheromon besitzen, und **a**-Zellen entsprechend **a**-Pheromon und den α-Rezeptor. Tatsächlich besitzen beide Zelltypen jedoch beide Rezeptorgene und beide Pheromongene, die, je nach Zelltyp, entsprechend exprimiert werden.

Die übergeordnete Kontrollinstanz, die entscheidet, welche Pheromon-Rezeptor-Kombination exprimiert wird, sind die

Kreuzungstyp- oder MAT-Loci *MATa* und *MATα*. Beide MAT-Loci codieren für Transkriptionsfaktoren vom Homeodomänentyp, der *MATa*-Locus codiert dabei für die **a1** und **a2** Proteine, *MATα* codiert für die Proteine α1 und α2. Interessanterweise konnte bis heute für das **a2**-Protein keine Funktion nachgewiesen werden. Zusammen mit Mcm1p, einem weiteren Transkriptionsfaktor, der außerhalb der MAT-Loci codiert wird, werden die für die verschiedenen Zelltypen der Hefe spezifischen Gene durch eine kombinatorische Kontrolle der Faktoren reguliert.

In den haploiden **a**-Zellen und α-Zellen werden generell haploidspezifische Gene exprimiert, darunter der in den haploiden Zellen exprimierte Regulator Rme1p, der *Repressor of Meiosis,* der die Meiose in haploiden Zellen verhindert. Zusätzlich dazu werden in den **a**-Zellen die **a**-spezifischen Gene (wie das **a**-Pheromongen und der Rezeptor für das α-Pheromon) und in den α-Zellen entsprechend die α-spezifischen Gene exprimiert (Abb. 3.2).

Die *Homeodomäne* der MAT-Proteine ist eine konservierte Domäne bei Transkriptionsfaktoren, die häufig eine wichtige Rolle bei Entwicklungsprozessen spielen, benannt nach den „homeotischen" Mutanten in der Fruchtfliege *Drosophila melanogaster;* die *antennapedia*-Mutation (im Antennapedia-Homeobox-Transkriptionsfaktor) führt dazu, dass die Fliegen statt der Fühler ein zusätzliches Beinpaar besitzen. Das Proteinmotiv wurde 1984 in der Arbeitsgruppe des Schweizer Entwicklungsbiologen Walter Gehring identifiziert (McGinnis et al. 1984), und im gleichen Jahr auch im α2-Protein identifiziert (Shepherd et al. 1984); im folgenden Jahr konnte dann in der Arbeitsgruppe von Ira Herskowitz gezeigt werden, dass es sich bei den Proteinen aus den MAT-Loci um Transkriptionsfaktoren handelt (Johnson und Herskowitz 1985), wie es schon 1974 von MacKay und Manney postuliert worden war. Auch bei der funktionellen und mechanistischen Analyse dieser wichtigen Klasse von eukaryotischen Regulatorgenen,

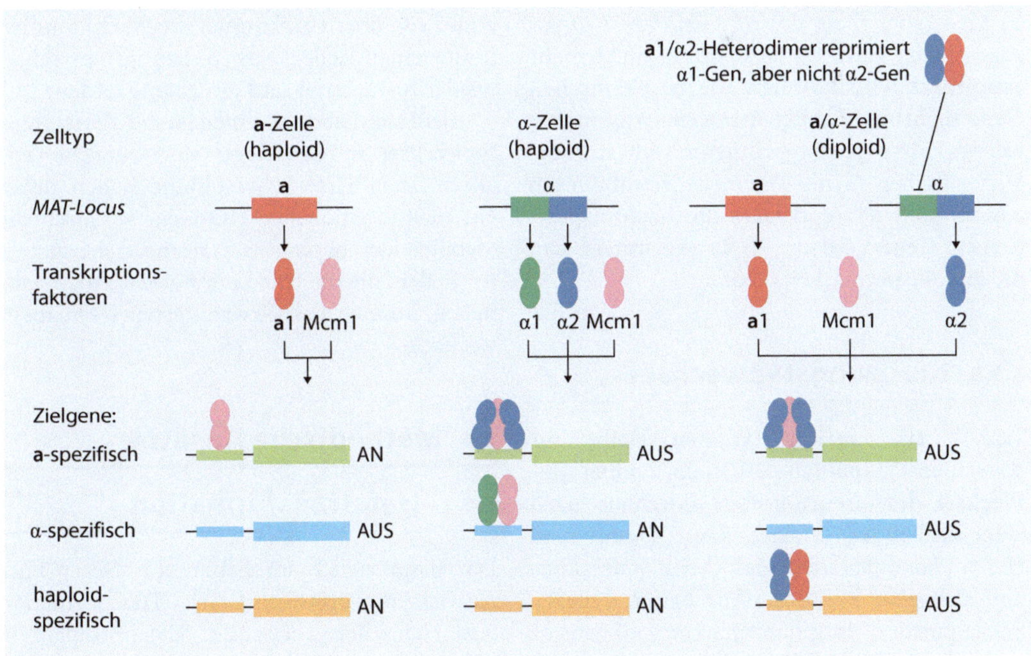

 Abb. 3.2   Kombinatorische Genregulation durch die MAT-Loci zur Kontrolle des Zelltyps. Erläuterungen im Text

und speziell bei der Kombinatorik von verschiedenen Transkriptionsfaktoren bei der Genregulation, hat *S. cerevisiae* eine wichtige Rolle gespielt.

In den **a**-Zellen hat **a1** eigentlich keine Funktion: Die **a**-spezifischen Gene werden durch Mcm1p induziert. Da der Aktivator für die α-spezifischen Gene fehlt, werden sie nicht exprimiert. Die haploidspezifischen Gene brauchen hingegen keinen Aktivator für die Expression und sind daher eingeschaltet (■ Abb. 3.2).

In den α-Zellen assoziiert das α2—Protein mit Mcm1p, wodurch die Mcm1p-abhängige Expression der a-spezifischen Gene verhindert wird; zusätzlich induziert Mcm1p gemeinsam mit α2 an die Promotoren der α-spezifischen Gene, wodurch diese aktiviert werden.

Nach der Fusion der haploiden Zellen zu diploiden Zellen haben wir nun beide Kreuzungstyp-Loci in einer Zelle vereint vorliegen, was dazu führt, dass die Proteine beider Kreuzungstypen in neuen Kombinationen miteinander interagieren können. So führt der Komplex aus **a1** und α2 dazu, dass das α1 Gen (aber nicht das α2-Gen) im α-Locus abgeschaltet wird. Da α1 dadurch nicht mehr exprimiert wird, können die α-spezifischen Gene nicht mehr durch α1/Mcm1p induziert werden. Mcm1p/α2 reprimieren weiterhin die **a**-spezifischen Gene. Die neue Kombination aus α2 und **a1** reprimiert die haploidspezifischen Gene, und die Zelle exprimiert nun die diploidspezifischen Gene.

3.3.3 Kreuzungstypwechsel

Wie bereits erwähnt, können Hefen ihr „Geschlecht" spontan wechseln, wobei der Wechsel des Kreuzungstyps durchaus nach jeder Zellteilung erfolgen kann. Damit sind Hefen *homothallisch*, das heißt, sie können sich geschlechtlich ohne einen weiteren Sexualpartner fortpflanzen (im Gegensatz zu heterothallischen Pilzen, die immer einen Sexualpartner mit einem anderen, stabilen Kreuzungstyp brauchen). Hefe besitzt neben dem eigentlichen MAT-Locus zusätzlich rechts (HMRa) und links (HMLα) noch jeweils einen Locus mit **a**- und α-Genen, die jedoch im Gegensatz zu denen der mittleren „Kassette" nicht exprimiert werden. Eine spezifische Nuclease (HO, spezifisch für die homothallischen Hefen) erkennt ein spezielles Motiv an der Grenze der mittleren, aktiven Kassette und schneidet dort die DNA, was die homologe Rekombination mit einer der beiden inaktiven Kassetten (und damit den Transfer) initiiert; dabei wird präferenziell die „ungleiche" Kassette transferiert, das heißt eine aktive α-Kassette wird mit der **a**-Kopie ausgetauscht, und umgekehrt. Die beiden inaktiven Kopien bleiben nach der Rekombination erhalten (■ Abb. 3.3).

Welchen Vorteil haben Hefezellen davon, wenn sie den Kreuzungstyp wechseln können? Die Sporulation führt zu haploiden Zellen, und Mutationen in essenziellen Genen, die in der diploiden Zelle durch ein Dominant/rezessiv-Verhältnis komplementiert wurden, können nach der Meiose zum Tod der haploiden Zellen führen. Aber selbst wenn nur eine Zelle überlebt, können die Nachkommen dieser einen Zelle nach Kreuzungstypwechsel wieder fusionieren und die Zygote bilden.

Bei Hefe-Laborstämmen ist der Kreuzungstypwechsel in der Regel unerwünscht. Die allermeisten Hefe-Laborstämme haben daher ein nichtfunktionelles HO-Gen, wodurch die Stabilität der haploiden Stämme sichergestellt ist. Zellen, die die HO-Endonuclease nicht enthalten, können den Kreuzungstyp nicht mehr wechseln.

3.4 Methodische Ansätze

3.4.1 Hefetransformation

Das ursprünglich im Labor von Gerry Fink entwickelte Protokoll zur Transformation von Hefezellen verwendet Hefeprotoplasten, das heißt Hefezellen, bei denen die Zellwand enzymatisch entfernt wurde. Zuerst wurde dafür ein Extrakt aus Schnecken-Darm

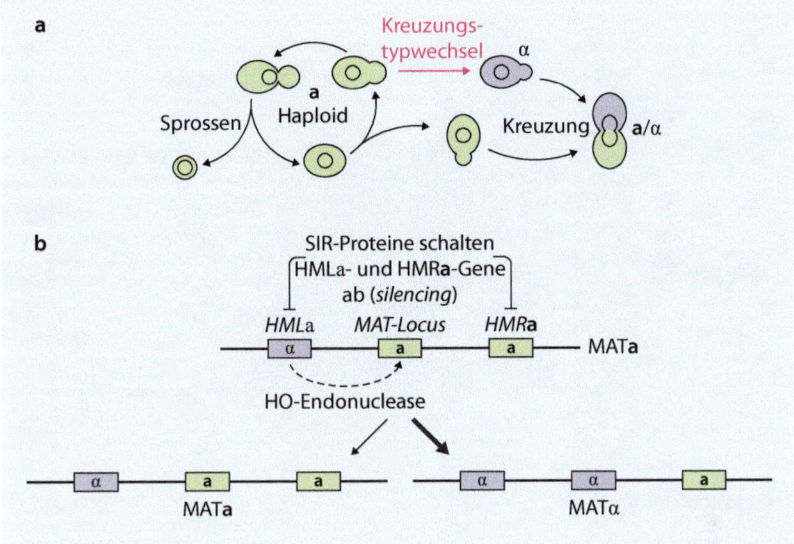

▣ Abb. 3.3 **a** Wechsel des Kreuzungstyps in einem heterothallischen Hefestamm. **b** Die Endonuclease HO induziert eine Rekombination zwischen der zentralen, aktiven MAT-Kassette und einer der flankierenden, abgeschalteten MAT-Kassetten. Dabei wird bevorzugt eine MAT-Kopie mit einer veränderten Spezifität ausgewechselt, sodass es zum Kreuzungstypwechsel kommt. (Verändert nach Steensels et al. 2014)

(snail gut extract) verwendet; inzwischen werden Enzymgemische verwendet, die von Pilzen (oft *Trichoderma*-Spezies) gewonnen werden, die auf anderen Pilzen parasitieren und deren Zellwand abbauen können. Für den Abbau der Zellwand müssen die Hefen osmotisch stabilisiert werden (meist mit Sorbitol), die eigentliche Transformation erfolgt nach Zugabe der DNA durch die Inkubation mit Polyethylenglycol (PEG) und einem Hitzeschritt. Man nimmt an, dass PEG die Anheftung der DNA an die Zellmembran vermittelt; vermutlich wird die DNA über Endosomen durch die Zellmembran aufgenommen. Allerdings sind die Details genauso wenig bekannt wie die Mechanismen, über die die DNA den Zellkern erreicht und dann (über die Kernporen) in den Zellkern transportiert wird.

1983 wurde dann von Hisao Ito und seinen Mitarbeitern ein Protokoll veröffentlicht, mit dem die Hefezellen mit intakter Zellwand transformiert werden können. Dabei werden die intakten Zellen mit Lithiumacetat behandelt; für die Transformation ist weiterhin PEG absolut notwendig. Mit optimierten LiAc-Methoden ist es durchaus möglich, mehr als $1 \cdot 10^7$ Hefetransformanten pro µg transformierter DNA zu erhalten.

DNA in Hefezellen einzuführen ist offensichtlich recht einfach, und trägt definitiv zu „der Leichtigkeit, mit der die Zusammenhänge zwischen Genstruktur und Proteinfunktion hergestellt werden kann" (Botstein und Fink 1988) bei. Aber fast wesentlicher ist die außergewöhnliche Effizienz der Hefezellen, die transformierte DNA über homologe Rekombination ins Genom an eine genau vorherstimmbare Position zu integrieren.

Voraussetzung für die *homologe Rekombination* ist, dass die homologen Bereiche an den Enden der linearen transformierten DNA liegen. In ▣ Abb. 3.4 haben wir einen Hefevektor (Vektoren bezeichnen DNAs, mit denen ein Organismus transformiert werden kann), der zwei verschiedene Hefegene besitzt: das *URA3*-Gen und das *HIS3*-Gen. Transformiert werden sollen Hefezellen, die Mutationen in den endogenen *ura3*- und *his3*-Genen besitzen, wodurch diese Zellen nicht mehr in der Lage sind, auf einem Medium ohne Zugabe von

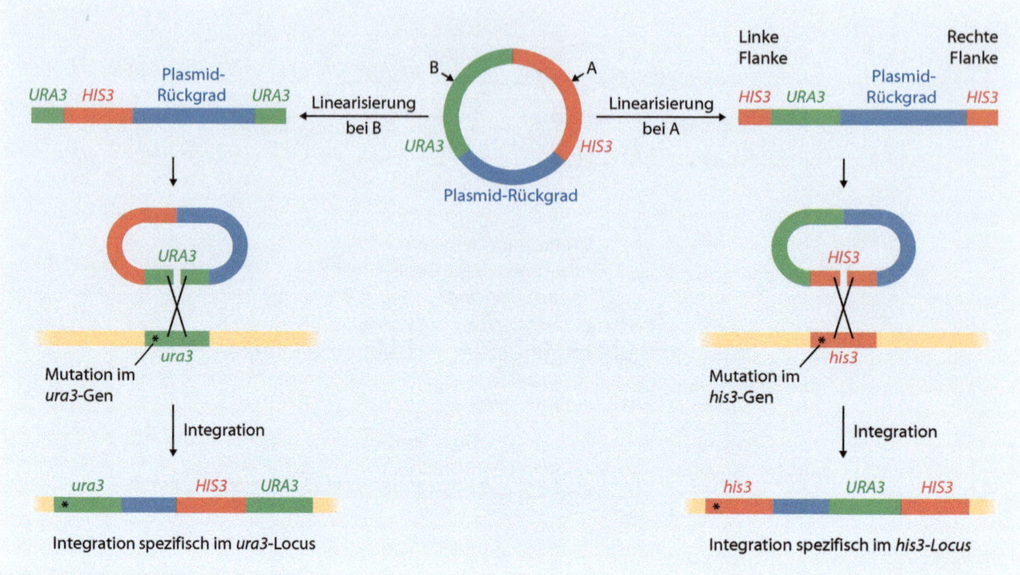

◘ **Abb. 3.4**   Homologe Rekombination bei der Transformation mit integrativen Hefevektoren. Die homologen Enden eines linearisierten Plasmids bestimmen den Integrationsort im Genom: Haben die Enden Homologien zum *URA3*-Gen, integriert der Vektor fast ausschließlich im *ura3*-Gen; homologe Bereiche zum *HIS3*-Gen hingegen führen zur Integration in diesen Locus

Histidin und Uracil zu wachsen. Wie wir gleich sehen werden, sind solche „Auxotrophiemarker" bei den Laborhefen weit verbreitet und werden generell zur Selektion der Zellen, die die transformierte DNA aufgenommen haben, verwendet. In diesem speziellen Fall wird die Transformation der Hefezellen dazu führen, dass die Zellen auf einem histidin- und uracilfreien Medium wachsen können. Allerdings können wir die Integration der transformierten DNA vorherbestimmen: Schneiden wir den ursprünglich zirkulären Vektor mit einem Restriktionsenzym innerhalb des *URA3*-Gens, wird die DNA mit hoher Effizienz in den genomischen *ura3*-Locus integrieren.

Schneiden wir hingegen mit einem Restriktionsenzym innerhalb des *HIS3*-Gens, wird die DNA in den genomischen *his3*-Locus integrieren.

Bei Hefe hat man sich geeinigt, das Wildtyp-Gen kursiv mit drei Großbuchstaben zu schreiben *(URA3)*, Mutationen, die zum Verlust der Funktion führen, mit kleinen Buchstaben *(ura3)*, Proteine werden nicht

kursiv, mit nur einem Großbuchstaben und einem nachgestellten „p" bezeichnet (Ura3p).

Die Integration der DNA in die Chromosomen des Empfängerorganismus führt zu stabilen Transformanten; in ähnlicher Form (allerdings mit sehr unterschiedlichen Effizienzen, speziell bei der homologen Rekombination) ist dieser Transformationsmodus für viele Organismen etabliert.

Für die homologe Rekombination sind nur sehr kurze Bereiche in der Größenordnung von 50 Basenpaaren notwendig. Standardmäßig werden Deletionen von Genen in Hefe mit Konstrukten durchgeführt, bei denen ein selektionierbarer Marker rechts und links von 50 Basenpaaren homologer DNA flankiert wird; solche Konstrukte lassen sich leicht über PCR-Reaktionen herstellen, die homologen Bereiche werden dabei über die beiden Primer eingeführt.

In der Regel haben die Hefe-Laborstämme neben den bereits erwähnten *ura3*- und *his3*-Mutationen noch weitere Mutationen, die in ◘ Tab. 3.1 aufgeführt sind. Ein Hefestamm,

◉ **Tab. 3.1** Marker für die Transformation von Hefeplasmiden		
Selektionsmarker für Hefe		
Auxotrophiemarker		
Gen	Enzym	Selektion
HIS3	Imidazolglycerolphosphat-Dehydrogenase	Histidin
LYS2	α-Aminoadipat-Reduktase	Lysin
LEU2	ß-Isopropylmalat-Dehydrogenase	Leucin
TRP1	Phosphoribosylanthranilat-Isomerase	Tryptophan
URA3	Orotidin-5-phosphat-Decarboxylase	Uracil
Dominante Marker		
NAT	Nourseothricin-Acetyltransferase	Nourseothricin
KAN	Aminoglycosid-Phosphotransferase	G418
HYG	Hygromycin-Phosophotransferase	Hygromycin

der fünf unterschiedliche Mutationen enthält, kann entsprechend mit fünf verschiedenen Plasmiden transformiert werden. Zusätzlich zu den Auxotrophiemarkern gibt es eine Reihe von dominanten Markergenen, die ähnlich wie bei bakteriellen Transformationssystemen zu Resistenz gegen bestimmte Antibiotika führen, auf die Transformanten dann selektioniert werden können. Häufig wird das bakterielle Kanamycin-Resistenzgen verwendet, das über einen Hefepromotor exprimiert wird und die Resistenz gegen das Antibiotikum G418 vermittelt.

Hefen können, ähnlich wie Bakterien, auch mit autonom replizierenden Plasmiden transformiert werden. Diese Plasmide integrieren nicht in die chromosomale DNA, sondern replizieren autonom im Zellkern (◉ Abb. 3.5).

Die sogenannten YEp-Plasmide *(yeast episomal plasmids)* enthalten den Replikationsursprung (ARS, *autonomously replicating sequence,* Startpunkt für die DNA-Replikation) der 2-µm-DNA, einem natürlich in fast allen Hefestämmen präsenten Hefeplasmid. Die YRp-Plasmide *(yeast replicating plasmids)* enthalten ARS-Sequenzen die von den Hefechromosomen stammen. Beide Plasmide

werden als *High-copy*-Plasmide bezeichnet, die Kopiezahlen zwischen 50 und 100 Kopien pro Zelle erreichen können. Dabei ist zu beachten, dass auch bei diesen Plasmiden die Replikation an den Zellzyklus gekoppelt ist, also letztlich nur vor der Zellteilung abläuft. Die Hefeplasmide verbleiben allerdings bei der Zellteilung präferenziell im Zellkern der Mutterzelle; die Tochterzelle geht „leer" aus, und die Plasmide in der Mutterzelle werden verdoppelt. Erst ab relativ hohen Kopiezahlen bekommt die Tochterzelle bei der Zellteilung auch ein Plasmidmolekül ab, dessen Kopiezahl sich dann auch wieder schrittweise bei jeder Zellteilung erhöht. Entsprechend diesem Verteilungsmodus sind die Plasmide sehr instabil und können in den Zellen nur unter permanentem Selektionsdruck propagiert werden.

Die gleichmäßige Verteilung der Plasmide bei der Zellteilung kann durch die Präsenz eines Zentromers (CEN) zusätzlich zum ARS-Bereich sichergestellt werden. Diese YCp-Plasmide *(yeast centromere plasmids)* sind deutlich stabiler, allerdings wird durch den symmetrischen Verteilungsmodus auch die Kopiezahl reduziert: Die Plasmide werden typischerweise in einer Kopie propagiert. Der letzte Typ von Plasmiden, die

3

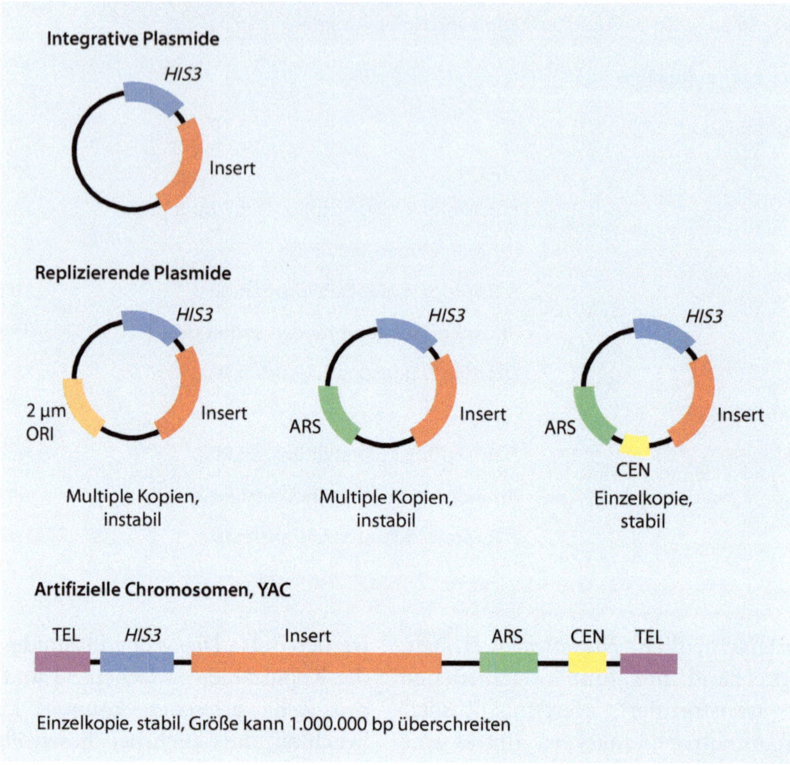

▣ Abb. 3.5   Hefe-Transformationsvektoren. Integrative Plasmide werden über homologe Rekombination (▣ Abb. 3.4) stabil ins Genom integriert. Autonome Replikation von Plasmiden wird durch einen Replikationsursprung ermöglicht: ARS-Sequenzen haben chromosomalen Ursprung, 2-µm-ORI-Sequenzen stammen von natürlich vorkommenden Hefeplasmiden (2-µm-Plasmide) ab. ARS- und 2-µm-Plasmide haben multiple Kopien, sind aber instabil. Enthalten die Plasmide zusätzlich ein Zentromer (CEN), wird die Kopiezahl auf ca. eine Kopie pro Zelle reduziert, und die Plasmide sind deutlich stabiler, das heißt sie gehen auch ohne Selektionsdruck nichts sofort verloren. Durch zusätzliche Telomerbereiche an den Enden linearer Plasmide entstehen artifizielle Hefe-Chromosomen (*yeast artificial chromosomes,* YACs), in die sehr große DNA-Fragmente (über eine Million Basenpaare) integriert werden können

YACs *(yeast artificial chromosomes)* sind linear und besitzen, zusätzlich zu den CEN- und ARS-Bereichen, Telomere (TEL), die die Replikation der Enden von Chromosomen ermöglichen. Mit YACs können sehr große DNA-Bereiche (mehrere 100.000 Basenpaare) kloniert und in den Hefezellen propagiert werden.

Zwei der bei der Selektion von Transformanten verwendeten Marker, *ura3* und *ade2,* haben noch zusätzliche Eigenschaften, die bei verschiedenen Screeningverfahren (▶ Abschn. 3.4.4) eingesetzt werden können. Die Transformation eines *ura3*-Hefestammes mit einem frei replizierenden YRp-Plasmid, das das *URA3*-Gen trägt, führt dazu, dass die Transformanten auf uracilfreiem Minimalmedium wachsen können; wir können also auf die *Präsenz* des Plasmids selektionieren. Zellen, die ein funktionelles *URA3*-Gen enthalten, sind jedoch sensitiv gegen das Antibiotikum 5-Fluororotsäure (5-FOA). 5-FOA wird durch URA5p/URA10p zu 5-Fluororotmonophosphat umgesetzt (▣ Abb. 3.6), das dann durch URA3p zu 5-Fluoruracilmonophosphat und durch weitere Enzyme zu 5-Fluoruracil-triphosphat umgesetzt wird; letzteres ist ein potenter Inhibitor der DNA- und

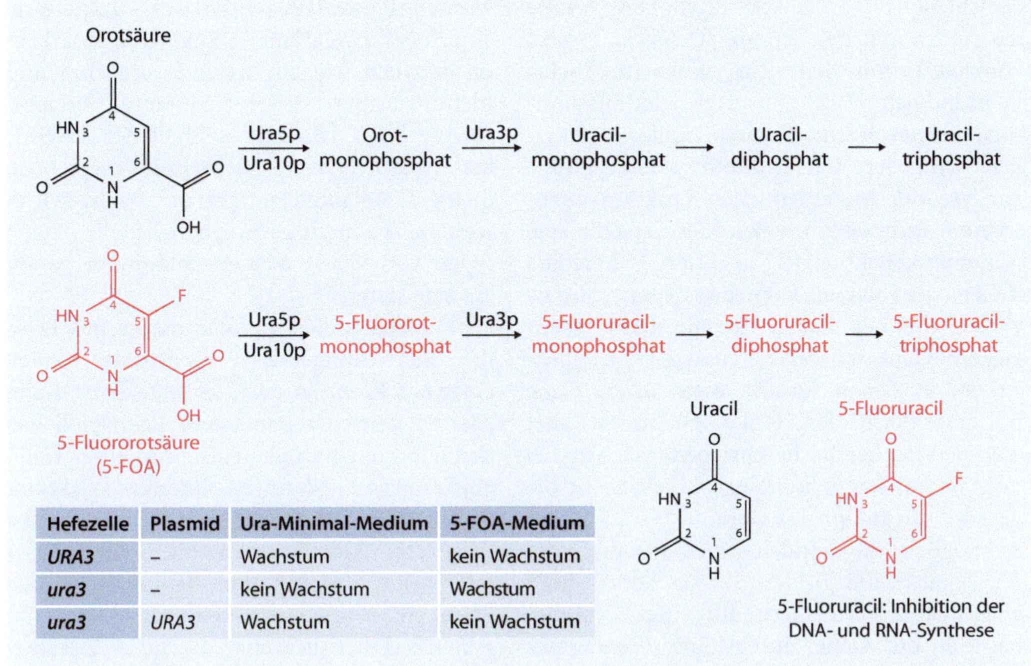

Hefezelle	Plasmid	Ura-Minimal-Medium	5-FOA-Medium
URA3	–	Wachstum	kein Wachstum
ura3	–	kein Wachstum	Wachstum
ura3	*URA3*	Wachstum	kein Wachstum

Abb. 3.6 Gegenselektion des URA3-Gens mit 5-FOA. 5-Fluororotsäure (5-FOA) wird durch Ura5p/Ura10p zu 5-Fluororotmonophosphat umgesetzt, das dann durch Ura3p zu dem toxischen 5-Fluoruracil-monophosphat umgesetzt wird. Haben die Zellen kein funktionelles URA3-Gen, unterbleibt die Umsetzung, und die Zellen überleben, vorausgesetzt, es wird Uracil zugesetzt

RNA-Synthese und führt zum Absterben der Zellen. Mit 5-FOA ist somit eine *Gegenselektion* auf den Verlust der *URA3*-Plasmide möglich: Die Zellen überleben auf den 5-FOA-Selektionsplatten nur, wenn sie die Plasmide verloren haben.

Das *ADE2*-Gen wird, wie wir gesehen haben, als Selektionsmarker verwendet, kann aber zusätzlich als „Farbmarker" verwendet werden.

Hefezellen, die die *ade2*-Mutation tragen, sind rot; durch die Mutation kommt es zur Akkumulation von Phosphoribosylaminoimidazol (AIR), welches normalerweise von Ade2P metabolisiert wird. AIR selber ist zwar farblos, wird aber in den Hefezellen, wenn sie aerob wachsen, zu einem roten Pigment oxidiert. Werden die Zellen mit einem (instabilen) YRp-Plasmid mit dem *ADE2*-Gen transformiert, werden die Zellen weiß. Lässt man den Selektionsdruck weg (indem die Hefen auf Medium mit Adenin plattiert werden), geht das YRp-*ADE2*-Plasmid leicht verloren, die Nachkommen sind wieder rot; als Folge erscheint die Kolonie „sektoriert": Die roten Sektoren entstehen aus den Hefezellen, die das Plasmid verloren haben, die Zellen der weißen Sektoren besitzen das Plasmid noch.

3.4.2 Deletionsmutanten in Hefe: ein Großprojekt für die Hefe-Community

1996 wurde das komplette Genom der Bäckerhefe publiziert. Basierend auf der Sequenz wurden mehr als 6000 offene Leserahmen (ORFs) identifiziert; vier Jahre später war immer noch für etwa 30 % der ORFs keine Funktion bekannt. In einem beispiellosen Gemeinschaftsprojekt von insgesamt 13 verschiedenen Hefe-Arbeitsgruppen wurde das *Saccharomyces* Genome Deletion Project konzipiert, mit dem Ziel, einen möglichst vollständigen Satz von Hefedeletionsstämmen zu erzeugen; dadurch sollte es möglich sein, den ORFs durch phänotypische Analyse der Mutanten eine Funktion zuzuordnen. Insgesamt wurden vier verschiedene Mutantenkollektionen generiert: haploide Zellen der beiden Kreuzungstypen, homozygote, diploide Zellen für alle nicht essenziellen Gene sowie heterozygote diploide Zellen, in denen für die essenziellen Gene nur einer der beiden Genkopien ausgeschaltet wurde. Wie bereits beschrieben, reichen bei Hefe bereits kurze homologe Bereiche für die gezielte Integration ins Genom. Dadurch war es möglich, die Gendeletionen (jeweils vom ATG-Startcodon bis zum Stopcodon) über eine PCR-basierte Methodik durchzuführen, bei der die Gene durch eine dominantes Kanamycin-Resistenzgen zu Selektion ersetzt wurden. Zusätzlich wurde jede Mutante mit einer oder zwei 20mer-Sequenz(en) markiert, die letztlich wie ein Barcode die eindeutige Identifizierung jeder Mutante erlauben (◘ Abb. 3.7a). Die Anwesenheit der Barcodes kann durch Hybridisierung mit einem hochdichten Oligonucleotidarray nachgewiesen werden, wodurch es möglich ist, die Phänotypen von vielen Mutantenstämmen parallel zu analysieren.

Die barcodierten Stämme ermöglichen die Beurteilung des Wachstumsverhaltens einzelner Klone in einer gemeinsamen Kultur aller Hefedeletionsmutanten. Prinzipiell werden alle Mutanten gemeinsam in einer Kultur angezogen, die dann bestimmten Selektionsbedingungen ausgesetzt wird. Abhängig vom deletierten Gen werden die Zellen besser oder schlechter mit den Bedingungen klarkommen. Nach einer definierten Zeit werden die Zellen geerntet, die DNA extrahiert und über eine PCR-Reaktion spezifisch die

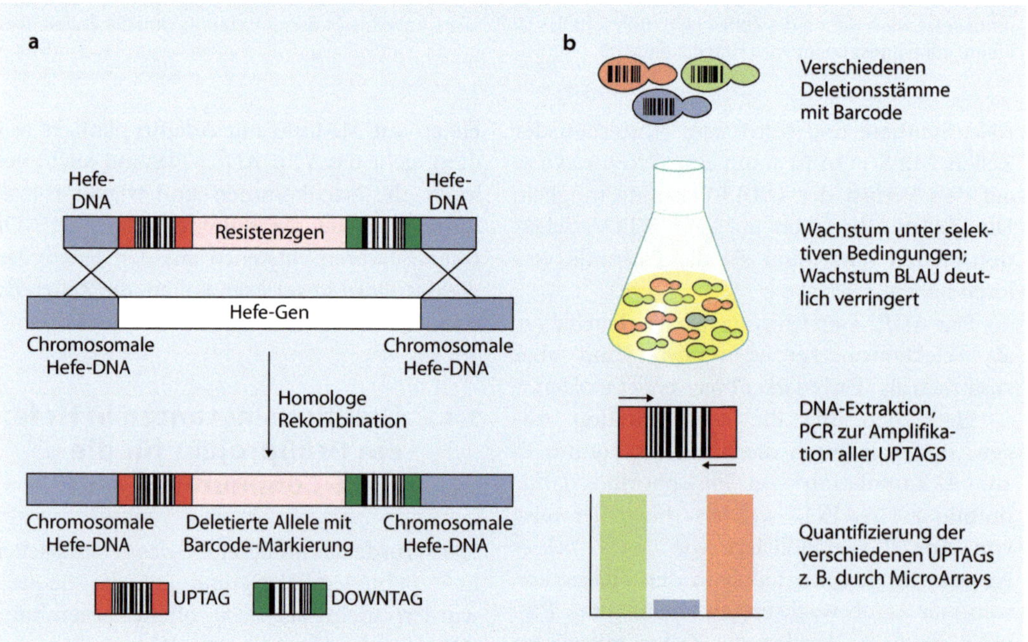

◘ **Abb. 3.7**   Das Hefegenom-Deletionsprojekt. **a** Schema zur Generierung genspezifischer Deletionen, die mit einem Barcode aus UPTAGS und DOWNTAGS versehen werden. **b** Die spezifischen Tags erlauben die Identifizierung von einzelnen Deletionsmutanten, die unter spezifischen Bedingungen (z. Bsp. Hitzestress) Selektionsvor- oder Nachteile haben

Barcode-Sequenzen amplifiziert. Die Konzentration der einzelnen Barcode-Sequenzen kann dann über die Hybridisierung mit einem Oligonucleotidarray (DNA-Chip) nachgewiesen werden. Das Hybridisierungssignal gibt dann an, wie gut die einzelnen Mutanten gewachsen sind: Wenn die Signale im Vergleich zu einer Referenz, die *vor* der Kultur unter selektiven Bedingungen genommen wurde, unverändert sind, bewirkt die Mutation keine Wachstumsnachteile unter selektiven Bedingungen; Wachstumsdefizite zeigen sich entsprechend in einer Abnahme (oder im Verlust) des Hybridisierungssignals (◘ Abb. 3.7b).

Das sogenannte *Drug-induced Haploinsufficient Profiling* (HIP) ist ein Assay, bei dem die heterozygote Mutantenkollektion verwendet wird, um Zielgene für Arzneimittel zu identifizieren. Der HIP-Assay basiert auf dieser Beobachtung: Wenn in einer heterozygoten Mutante durch die Mutation die Gendosis eines Arzneimittelzielgens verringert ist, kann dies zu einer erhöhten Arzneimittelempfindlichkeit führen. Der Assay ist komplett „vorurteilslos" und erfordert keine Vorkenntnisse über den Wirkmechanismus einer Verbindung; allerdings ist es notwendig, dass die untersuchte Verbindung das Zellwachstum verändert. Daher eignet er sich besonders zur Identifizierung von Zielgenen mit Indikationen in der Onkologie oder mit einer Funktion als Antimykotika. Die Robustheit dieses Assays wurde durch die Identifizierung der Targets bereits gut charakterisierter Verbindungen, aber auch von Verbindungen mit unbekannten Targets demonstriert. Beispielsweise konnte die Lanosterol-Synthase als Zielprotein für die Wirkung von Molsidomin, einem potenten Vasodilatator, der seit Jahrzehnten zur Behandlung von Angina pectoris Verwendung fand, identifiziert werden.

3.4.3 Reverse Genetik

Durch gezielte Deletion in haploiden Hefezellen kann die Funktion des entsprechenden Gens direkt bezüglich Morphologie, Veränderungen im Metabolismus, Wachstum, Veränderungen in Bezug auf externe Stimuli (Pheromone, Nährstoffe etc.), oder bezüglich Veränderungen im zellulären Aufbau (Mitochondrien, Vakuolen, Nuclei etc.) charakterisiert werden. Solche revers-genetischen Ansätze haben viel zum funktionellen Bezug zwischen Gen und Funktion der codierten Proteine beigetragen. Doppel-, Triple- oder Quadruple-Mutanten können durch die Verwendung mehrerer Marker bei der Transformation sukzessiv hergestellt werden; alternativ können durch die Kreuzung von Mutanten (oder Doppelmutanten) Nachkommen mit den gewünschten Genotypen erzeugt werden. Dadurch ist es möglich, verschiedene Gene in funktionelle Zusammenhänge zu stellen: Wenn unabhängige Mutanten in Gen A und Gen B denselben Phänotyp haben und die Doppelmutante in A und B den gleichen Phänotyp zeigt, kann man davon ausgehen, dass beide Gene in einem funktionellen Zusammenhang stehen, zum Beispiel in einem gemeinsamen Stoffwechselweg oder Signalweg liegen. Falls die Gene unabhängig voneinander zum selben Phänotyp führen, sollte sich dieser in Doppelmutante verändern, meist verstärken. Durch die revers-genetischen Ansätze lässt sich, vereinfacht gesagt, die Frage beantworten, welche Funktion ein bestimmtes Gen im Organismus hat.

3.4.4 Vorwärts-Genetik

Wenn wir uns aber für die Frage interessieren, welche Gene für ein bestimmtes biologisches Phänomen eine funktionelle Rolle übernehmen, welche Gene in einem funktionellen Zusammenhang stehen, liegt die Stärke des Hefesystems in Mutantenscreens. Die Vorteile das Systems liegen auf der Hand: Als einzelliger Organismus lassen sich große Mengen Mutanten auf engem Raum (in der Regel auf Agarmedien-Platten), und, bedingt durch die schnelle Verdopplungsrate, in kurzer Zeit zu durchsuchen (screenen), und durch die einfachen Chromosomensätze in haploiden Zellen zeigt sich direkt der Phänotyp. Eine

Herausforderung für den Hefegenetiker ist es nun, sich eine Methode auszudenken, mit der Zellen mit dem angestrebten Phänotyp leicht identifiziert werden können; es kann durchaus vorkommen, dass nur eine Zelle unter einer Million die gewünschte Mutation trägt. Im einfachsten Fall können die Mutanten auf entsprechenden Medien gescreent (durchsucht) werden. Wenn wir uns für Mutanten interessieren, die einen Defekt in der Synthese in der Purin-Biosynthese haben (um den Purin-Stoffwechselweg zu untersuchen), können wir nach Mutanten suchen, die nicht mehr in der Lage sind, auf einem Nährmedium *ohne* Adenin zu wachsen. Praktisch wird das so durchgeführt, dass die Mutanten auf einer Medienplatte *mit* Adenin so ausplattiert werden, dass gut trennbare Einzelkolonien entstehen (◘ Abb. 3.8). Diese Kolonien werden dann mittels eines Samtstempels auf eine Medienplatte *ohne* Adenin überstempelt; dort können dann Mutanten mit einem Defekt in der Synthese von Adenin nicht mehr wachsen.

In der Regel erzielt ein solcher Mutageneseansatz eine Vielzahl von Mutanten, die alle den gleichen Phänotyp zeigen (in unserem Fall können sie nicht mehr auf adeninfreiem Medium wachsen). Die erste Frage, die sich stellt, ist, ob es Mutanten gibt, in denen dasselbe Gen betroffen ist, bzw. ob in unterschiedlichen Mutanten verschiedenen Gene mutiert sind. Da Hefe ja einen sexuellen Zyklus hat, ist es relativ einfach, festzustellen, ob Mutanten zu einer sogenannten Komplementationsgruppe (die Mutanten sind im selben Gen betroffen) gehören oder nicht (s. auch Die Identifizierung des sekretorischen Wegs in Hefe).

Dazu werden die Mutanten (Kreuzungstyp MATa) mit einem kompatiblen (Kreuzungstyp MATα) Wildtyp-Stamm gekreuzt (◘ Abb. 3.8b); wenn die resultierenden diploiden Zellen auf adeninfreiem Medium wachsen können, kann man folgern, dass die Mutationen rezessiv sind, das heißt der Phänotyp durch eine Kopie des Wildtyp-Allels komplementiert werden kann. Durch Sporulation der diploiden Zellen erhält

man die verschiedenen Mutanten sowohl im MATa- als auch im MATα-Hintergrund, wodurch im nächsten Schritt verschiedene Mutanten gegeneinander gekreuzt werden können. Wenn die diploiden Zellen aus einer Kreuzung den Mutantenphänotyp ausprägen (kein Wachstum auf adeninfreiem Medium), müssen beide Mutanten im selben Gen getroffen sein; liegen die Mutationen in verschiedenen Genen, können die mutierten Gene durch die jeweiligen Wildtyp-Allele komplementiert werden, und die Zellen wachsen auch auf adeninfreiem Medium (◘ Abb. 3.8b). Für Hefe konnten so elf verschiedene Komplementationsgruppen in adeninbedürftigen Mutanten identifiziert werden.

Als Nächstes stellt sich natürlich die Frage, welches Gen in einer Mutante betroffen ist. Hier ermöglichen die autonom replizierenden Hefeplasmide mit der verbundenen hohen Transformationsfrequenz eine exzellente Möglichkeit, die mutierten Gene durch Komplementation zu identifizieren, grade wenn die Mutationen einen selektierbaren Phänotyp haben.

Bei unserem Beispiel würde eine Mutante in Medium mit Adenin angezogen und mit einer genomischen Plasmidbank (autonom replizierend) transformiert. Solch eine Plasmidbank besteht aus YRp-Plasmiden, in die genomische Fragmente aus einem Hefe-Wildtyp-Stamm kloniert wurden, und zwar so, dass das gesamte Genom mit allen Genen statistisch abgedeckt ist (◘ Abb. 3.8). Wenn nun einer der Transformanden ein Plasmid mit der Wildtyp-Kopie des mutierten Gens enthält, kommt es zur Komplementation, das heißt die Funktion des mutierten Gens wird durch die Genkopie auf dem Plasmid übernommen. Im Falle der adeninbedürftigen Mutanten lassen sich die komplementierten Mutanten leicht selektieren: Im Gegensatz zur ursprünglichen Mutante sind sie in der Lage, wieder auf adeninfreiem Medium zu wachsen.

YRp-Plasmide können leicht aus den Hefezellen isoliert werden, und das komplementierende Gen kann im Idealfall durch direkte Sequenzierung des Inserts bestimmt werden.

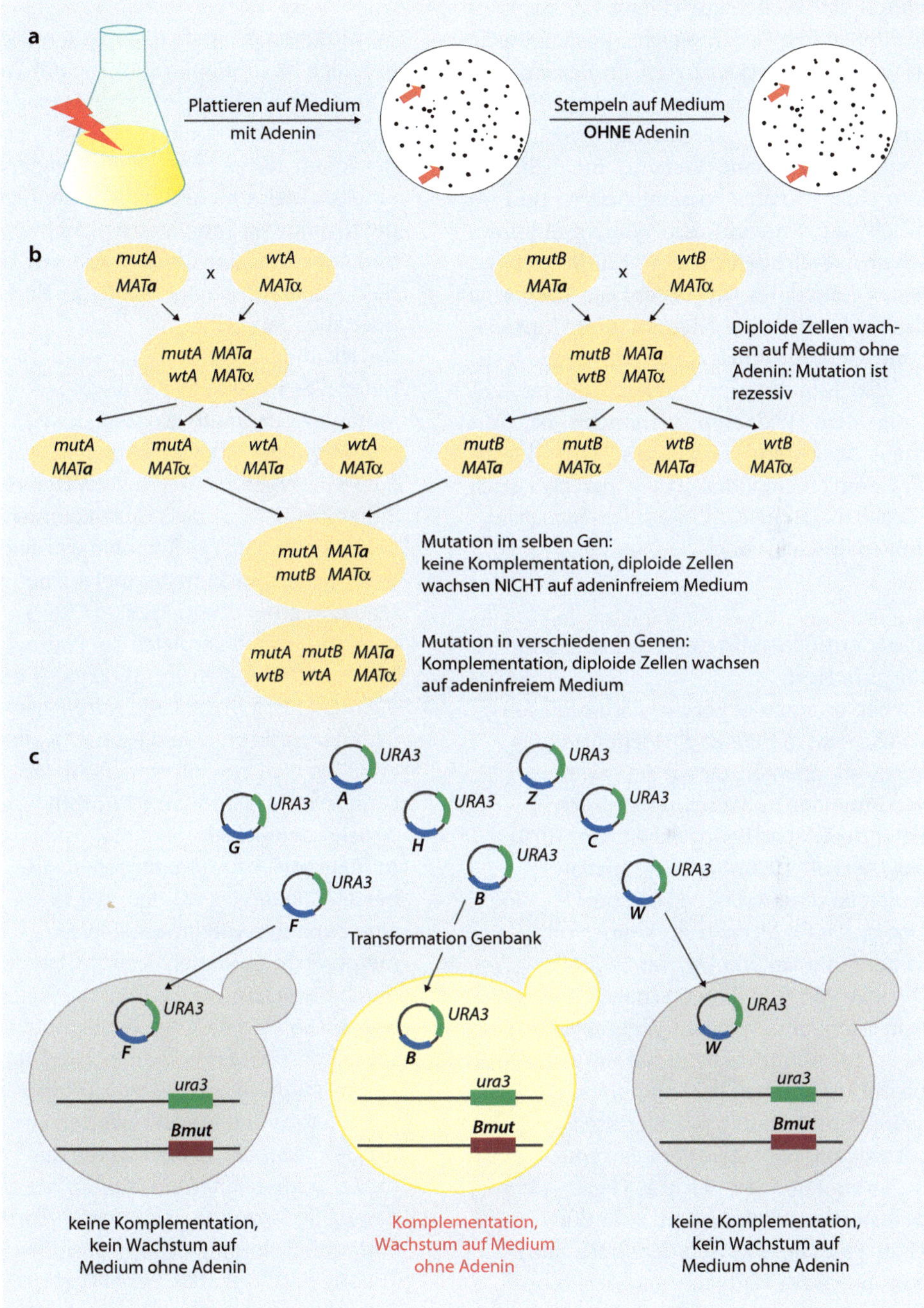

Abb. 3.8 Vorwärts-Genetik. **a** Screening auf Mutanten im Adeninstoffwechsel; **b** Kreuzung zur Analyse der verschiedenen Komplementationsgruppen; **c** Identifizierung der Mutation durch Transformation und Komplementation mit einer Genbank

3

Durch die Weiterentwicklung der Sequenziertechniken ist es möglich, kostengünstig ganze Genome zu sequenzieren, im Besonderen, wenn schon ein Genom als Vorlage für die Assemblierung der Sequenzen vorhanden ist. Es wäre also ohne Weiteres möglich, das Genom einer Mutante zu sequenzieren und im Vergleich zur Sequenz des Wildtyp-Stammes zu schauen, welches Gen eine Mutation trägt. Dabei ist allerdings zu bedenken, dass eine Mutagenese zu einer Vielzahl von Mutationen im Genom führt. Die Schwierigkeit ist dann, die Mutation zu finden, die tatsächlich mit dem Phänotyp verbunden ist, was durchaus langwierig sein kann. Die „klassische" Komplementationsanalyse hat also auch im Zeitalter der *Next-Generation-Sequencing*-Techniken durchaus noch Bedeutung.

Die Identifizierung des sekretorischen Wegs in Hefe

Ein hervorragendes Beispiel für die Effizienz von Screens in Hefe ist die Identifizierung von Komponenten, die für die Sekretion von Proteinen notwendig sind, durch Peter Novick und Randy Schekman (1979), Novick et al. (1980); Randy Schekman erhielt für diese Arbeiten 2013 den Nobelpreis für Medizin (zusammen mit James Rothman und Thomas Südhof). Die Idee von Novick und Schekman war, temperatursensitive Mutanten zu erzeugen und dann zu testen, ob die Mutanten in der Lage sind, saure Phosphatase bzw. Invertase zu sekretieren, zwei sekretierte Enzyme, deren Funktion sehr leicht auf Festmedien getestet werden kann, und zwar durch einen Farbtest (Aktivität der Phosphatase) bzw. durch die Fähigkeit, auf Saccharose zu wachsen (Hefe kann Saccharose nicht direkt aufnehmen, das Disaccharid muss erst durch die sekretierte Invertase zu Fructose und Glucose gespalten werden). Was sind nun temperatursensitive (ts-) Mutanten? In haploiden Zellen würde die Mutation in einem essenziellen Gen natürlich zwangsläufig zum Tod der Zellen führen. Eine ts-Mutation führt dazu, dass die Funktion des codierten Proteins bei der sogenannten permissiven Temperatur erhalten bleibt, während das Protein bei der restriktiven Temperatur nicht mehr funktionell ist, zum Beispiel dadurch, dass das Protein nicht mehr richtig gefaltet ist oder abgebaut wird.

Novick und Schekman mutagenisierten Hefezellen mit einem chemischen Mutagen, Ethylmethylsulfonat (EMS), plattierten die mutagenisierten Zellen auf Festmedien aus und inkubierten die Zellen bei 22 °C, sodass Einzelkolonien sichtbar wurden. Die Kolonien wurden dann mit einem Samtstempel auf neue Medienplatten übertragen und bei 37 °C inkubiert. Durch Vergleich der Platten wurden 87 Kolonien von 1600 identifiziert, die nicht mehr in der Lage waren, bei 37 °C zu wachsen. Von diesen 87 waren dann letztlich zwei nicht mehr in der Lage, Invertase und saure Phosphatase zu sekretieren. Elektronenmikroskopische Aufnahmen von Mutantenzellen, die bei 37 °C inkubiert wurden, zeigte eine Zunahme von intrazellulären membrangebundenen Vesikeln, bei denen durch histochemische Färbung gezeigt werden konnte, dass sie die akkumulierte saure Phosphatase enthalten. Die Zahl der Vesikel nahm bei permissiver Temperatur wieder ab, und die akkumulierten Enzyme wurden sezerniert. Damit waren die ersten beiden Mutanten identifiziert, bei denen die Sekretion von Proteinen nicht mehr möglich ist; gleichzeitig wurde die Theorie bestätigt, dass Vesikel bei der Sekretion von Proteinen involviert sind. Diese Vorarbeiten waren die Grundlage für den eigentlichen Screen, mit dem 23 verschiedene, sekretionsrelevante Gene identifiziert werden konnten: Novick und Schekman stellten nämlich fest, dass die

Hefezellen durch die Akkumulation der Vesikel einen höhere Dichte besitzen, wodurch es möglich war, die Mutanten durch eine Dichtegradientenzentrifugation, mit der Zellen aufgrund ihrer Dichte aufgetrennt werden können, von Wildtyp-Zellen zu separieren. Durch diesen „Trick" mit der Dichtegradientenzentrifugation gelang es, 188 neue Mutanten anzureichern. Durch Kreuzung mit kompatiblen Wildtyp-Zellen erhielt man die verschiedenen Mutanten im MATa- und im MATα-Hintergrund, und durch die anschließende Komplementationsanalyse konnten die ursprünglichen 188 Mutanten auf 23 Komplementationsgruppen, respektive 23 unterschiedliche, betroffene Gene, eingegrenzt werden. In den folgenden Jahren wurde die Funktion dieser *Sec*-Gene aufgeklärt; die Arbeiten können als das Fundament für unser Verständnis des sekretorischen Wegs, nicht nur in Hefezellen, gelten.

James Rothman, der gemeinsam mit Randy Schekman den Nobelpreis erhielt, konnte Jahre später zeigen, dass die Proteinmaschinerie für den Transport von Vesikeln, die er unabhängig in Hamsterzellen gefunden hatte, von zur Hefe homologen Genen codiert wird. Diese Entdeckung ebnete den Weg für Hefe als Modell zum Studium menschlicher genetischer Erkrankungen mit Defekten im zellulären Proteintransport, wie speziellen Formen von Diabetes und Hämophilie.

Auch in biotechnologischen Anwendungen finden die Entdeckungen von Schekman und Novick Verwendung; so wurden Hefen speziell für die Sekretion von heterologen Proteinen optimiert. Mit solchen Hefestämmen wird heute ein Großteil des weltweit eingesetzten Insulins und Hepatitis-B-Impfstoffs gewonnen.

3.4.5 Suppressorscreens

Durch Weiterentwicklungen der „einfachen" Mutageneseansätze, wie sie zur Identifizierung der *Sec*-Gene des sektretorischen Wegs geführt haben, können zwei Gene in denselben oder einen verwandten funktionellen Kontext gesetzt werden. Solche Screens haben einen wichtigen Beitrag zur Aufklärung grundlegender biologischer Prozesse wie zum Beispiel der Regulation des Zellzyklus geleistet.

Unter einer Suppressormutation versteht man eine Mutation in einem Gen, die den Phänotyp eines zweiten mutierten Gens aufhebt oder supprimiert (◘ Abb. 3.9a). Durch eine erste Mutagenese wird ein bestimmter Mutantenphänotyp erzielt, und durch eine zweite Mutagenese wird dieser Mutantenphänotyp wieder rückgängig gemacht. Vorstellbar ist, dass durch die erste Mutation die Struktur eines Proteins so verändert wird, dass es mit einem Interaktionspartner nicht mehr interagieren kann. Durch die zweite Mutation wird dann die Struktur des Interaktionspartners so verändert, dass die beiden Proteine wieder miteinander interagieren können (Interaktionssuppression). Durch die erste Mutation könnte auch ein bestimmter Stoffwechselweg blockiert werden, und durch die zweite Mutation könnte ein alternativer Stoffwechselweg aktiviert werden (Bypath-Suppressor; ◘ Abb. 3.9b).

CDC7 codiert eine Kinase mit einer Funktion bei der Initiation der DNA-Replikation. Cdc7p modifiziert den MCM-Komplex, der aus sechs Proteinen besteht, die für die Initiation und Progression der DNA-Synthese notwendig sind. Eine spezifische Mutation in *MCM5* mit dem Namen *bob1* supprimiert die letale Mutation von *cdc7*; wahrscheinlich wird durch die *bob1*-Mutation eine Konformationsänderung im MCM-Komplex induziert, die normalerweise erst durch die Modifikation durch die Cdc7-Kinase erfolgt (Hardy et al. 1997).

Eine weitere Möglichkeit zur Suppression ist, eine Mutation nicht durch eine weitere Mutation zu supprimieren, sondern durch

3

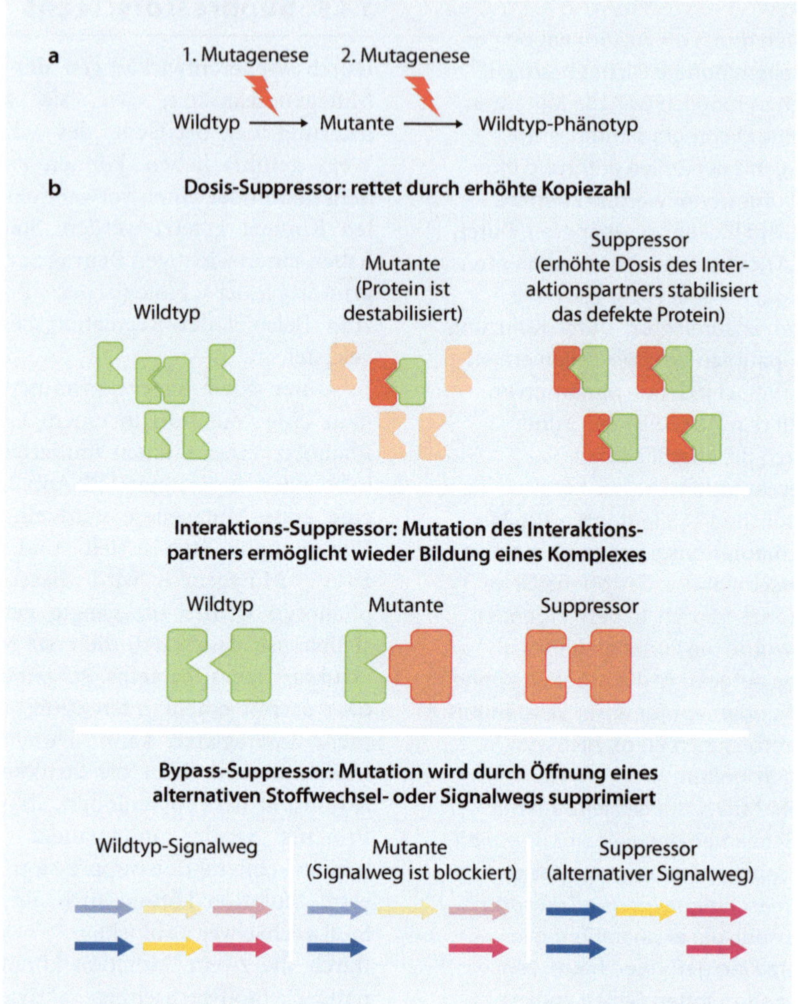

◘ Abb. 3.9   Suppressormutanten erlauben, Mutanten in denselben oder einen verwandten funktionellen Kontext zu setzen. **a** Unter einem Suppressor versteht man eine Mutation, die die phänotypische Expression eines weiteren mutierten Gens unterdrückt. **b** Erklärung der Funktionsweise von Suppressormutationen

die Erhöhung der Kopiezahl eines Proteins (Multikopiesuppression, ◘ Abb. 3.9b). Dazu werden die Mutanten mit einer YEp-Genbank transformiert. Wie wir bereits gesehen haben, replizierende YEp-Plasmide mit einer hohen Kopiezahl; durch die erhöhte Gendosis kommt es zu einer verstärkten Proteinexpression der auf den Plasmiden codierten Gene. Vorstellbar ist, dass durch die erste Mutation das codierte Protein unstabil und dadurch nicht mehr funktionell ist. Durch die erhöhte

Expression eines Interaktionspartners, der durch die Interaktion die Stabilität, und damit die Funktion, des „Mutantenproteins" wieder herstellt, kommt es dann zur Suppression des Phänotyps. Mit dieser Methodik wurden wichtige Komponenten der Zellzyklusregulation identifiziert.

CDC28 codiert in Hefe für eine Kinase, die als „Masterregulator" für die Progression sowohl des mitotischen als auch des meiotischen Zellzyklus notwendig ist. *CDC28* ist ein essenzielles Gen; temperatursensitive $cdc28^{ts}$-Mutanten können bei 22 °C wachsen, nicht aber bei 37 °C. $cdc28^{ts}$-Mutantenzellen wurden nun mit einer YEp-Genbank transformiert; dadurch wurden die ersten G1-Cycline, Cln1p und Cln2p, in Hefe identifiziert (Hadwiger et al. 1989). G1-Cycline regulieren zellzyklusabhängig die Substratspezifität (und damit die Funktion) der CDC28-Kinase. Wie sich herausstellte, haben *CLN1* und *CLN2* redundante Funktionen; *CLN1* kann die Funktion von *CLN2* übernehmen, und umgekehrt. Durch einen „einfachen" Mutantenscreen hätten somit weder *CLN1* noch *CLN2* identifiziert werden können, da sich der Phänotyp erst zeigt, wenn beide Gene mutiert sind.

3.4.6 Synthetisch-letale Screens

Auch durch die sogenannten synthetisch-letalen Screens können Funktionszusammenhänge von Genen hergestellt werden. Die Idee bei synthetisch-letalen Mutationen ist, dass die Mutation eines Gens (A^{mut}) nicht letal ist, genauso wenig wie die Mutation in einem zweiten Gen, B^{mut}. Erst die Doppelmutation $A^{mut}\,B^{mut}$ ist ein letales Ereignis für die Zellen. ◩ Abb. 3.10 gibt einige Erklärungsmöglichkeiten für die Funktionszusammenhänge von synthetisch-letalen Genen.

Die Screens zur Identifizierung solcher synthetisch-letaler Genkombinationen sind recht komplex aufgebaut.

Ausgangsstamm ist ein Hefestamm mit der Mutation im Gen A (A^{mut}), zusätzlich besitzt der Stamm die *ura3*-Mutation zur Selektion (und Gegenselektion) von Plasmiden und die *ade2*-Mutation (in diesen Zellen akkumuliert durch die *ade2*-Mutation AIR, und die Zellen sind rot). Dieser Stamm wird mit einem autonom replizierenden YRp- (oder YEp-) Plasmid transformiert, das den *URA3*-Marker, das *ADE2*-Gen und eine zusätzliche Wildtyp-Kopie von Gen A trägt. Die Transformanten können auf Medium ohne Uracil wachsen *(URA3)*, und die Zellen sind weiß *(ADE2)*. Diese Zellen werden mutagenisiert,

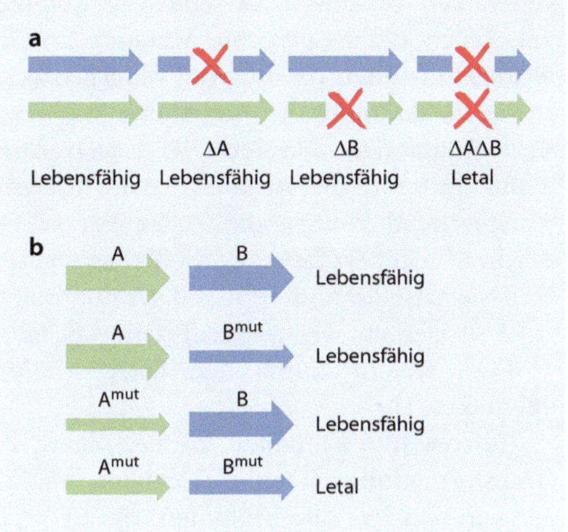

◩ **Abb. 3.10**   Interpretation von synthetisch letalen Interaktionen. **a** Die Mutationen führen zum Ausfall der Funktion der Gene (Null-Allele): Mutanten in A oder B werden durch einen alternativen Weg „gerettet"; erst wenn beide Wege mutiert sind, kommt es zur Letalität. **b** Die Mutationen führen zu einer reduzierten Funktion der Proteine: A und B sind Komponenten eines gemeinsamen Weges; solange die Funktion nur eines der beiden Proteine beeinträchtigt ist, sind die Zellen lebensfähig; reduzierte Funktion beider Proteine ist letal

mit dem Ziel, Gen B, den synthetisch-letalen „Partner" von Gen A, zu identifizieren. Falls eine Zelle nun eine zusätzliche Mutation in Gen B enthält, kann die Zelle trotz der letalen Kombination $A^{mut}\,B^{mut}$ überleben, da es ja noch eine zusätzliche Kopie von Gen A auf dem Plasmid gibt und B^{mut} alleine ja nicht letal ist. Allerdings darf das Plasmid nicht verloren gehen: ohne die Komplementation durch Gen A würden die Zellen sterben. Genau das macht man sich nun bei dem Screen zunutze: Nach der Mutagenese zieht die Zellen auf Medienplatten ohne Uracil an (Selektion auf das Plasmid), und stempelt die Kolonien dann auf Medienplatten mit 5-FOA. 5-FOA ist für Zellen, die das Plasmid mit dem *URA3*-Gen tragen, toxisch; um zu überleben, MÜSSEN die Zellen das Plasmid verlieren (Gegenselektion). Zellen, die das Gen A auf dem Plasmid nicht benötigen, verlieren entsprechend die Plasmide und können so auf 5-FOA-Medium wachsen;

3

durch den Plasmidverlust sind die Kolonien rot. Zellen, die die gesuchte Mutation im Gen B tragen, können das Plasmid hingegen nicht verlieren, da, ohne die zusätzliche Kopie von Gen A auf dem Plasmid, die Zellen Amut Bmut sind, und das ist ja ein letales Ereignis. Entsprechend können die Zellen auf 5-FOA Medium nicht wachsen: entweder sie sterben, weil sie das Plasmid verlieren (Amut Bmut), oder sie sterben, weil sie das Plasmid behalten (5-FOA sensitiv durch den *URA3*-Marker) (◨ Abb. 3.11).

Interessante Mutanten können durch die Transformation mit einer Genbank charakterisiert werden: Die Mutanten, die ein Plas-mid mit einer komplementierenden DNA enthalten, sind nicht mehr von dem Plasmid mit Gen A abhängig, entsprechend können die komplementierten Mutanten über ihr Wachstum auf 5-FOA Medium identifiziert werden. Die Gene können dann durch Isolie-rung und Sequenzierung der Plasmid-DNA identifiziert werden.

Synthetisch-letale Interaktionen haben einen weiteren wichtigen Beitrag zum Ver-ständnis des Sekretionswegs in Hefe geleistet. Wir haben bereits die Screeningmethode zur Identifizierung der Gene, die für die Sekre-tion *per se* notwendig sind, kennen gelernt. Wie aus ◨ Abb. 3.12 ersichtlich, wurde der

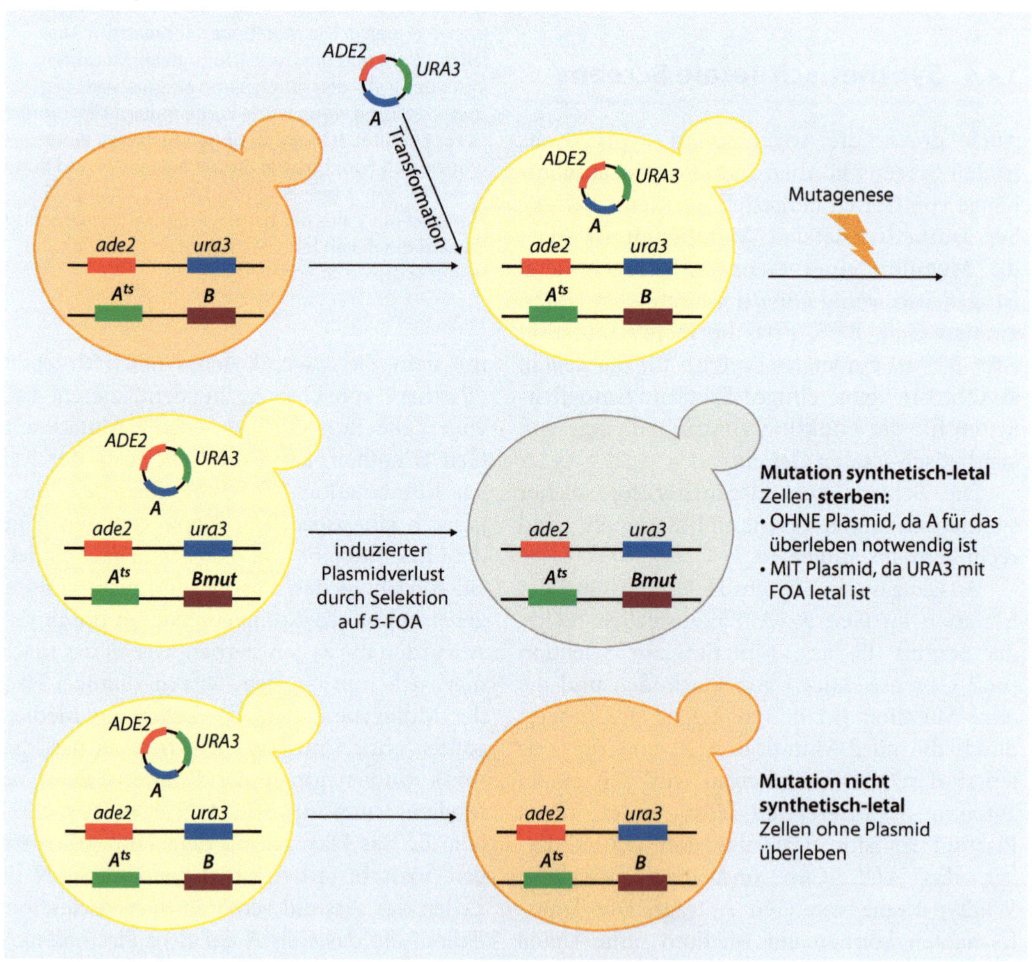

◨ **Abb. 3.11** Screen auf synthetisch letale Interaktionen. Erläuterung im Text

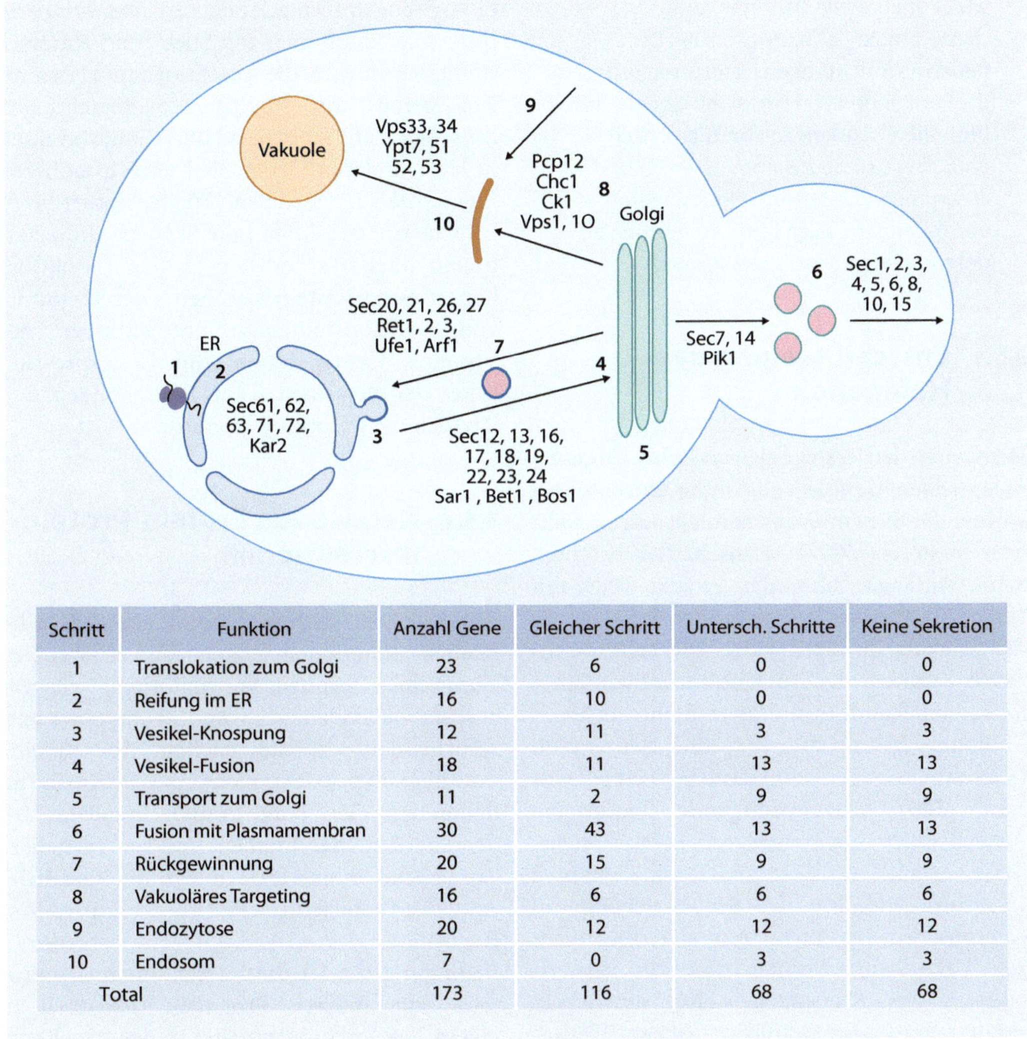

Schritt	Funktion	Anzahl Gene	Gleicher Schritt	Untersch. Schritte	Keine Sekretion
1	Translokation zum Golgi	23	6	0	0
2	Reifung im ER	16	10	0	0
3	Vesikel-Knospung	12	11	3	3
4	Vesikel-Fusion	18	11	13	13
5	Transport zum Golgi	11	2	9	9
6	Fusion mit Plasmamembran	30	43	13	13
7	Rückgewinnung	20	15	9	9
8	Vakuoläres Targeting	16	6	6	6
9	Endozytose	20	12	12	12
10	Endosom	7	0	3	3
Total		173	116	68	68

◘ Abb. 3.12   Identifizierung der sekretorischen Mutanten, Einteilung von synthetisch-letalen Interaktionen in funktionelle Gruppen. (Abb. verändert nach Hartman et al. 2001)

Hefesekretionsweg in zehn verschiedene biochemische Schritte unterteilt. Fast die Hälfte aller synthetisch-letalen Wechselwirkungen, die für die sekretionsrelevanten Gene identifiziert wurden, betrifft Gene innerhalb einer dieser funktionellen Kategorien, etwa ein Viertel betrifft Gene zwischen den verschiedenen Schritten, und ein Viertel betrifft zusätzlich Gene, die nicht an der Sekretion beteiligt sind (Zusammengefasst bei Hartman et al. 2001).

3.5 Hefe als „Pionierorganismus"

2011 schrieben Botstein und Fink in einem Artikel über die Rolle von Hefe als Modellorganismus im 21. Jahrhundert:

» Hefe hat sich von einem führenden Modell für die eukaryotische Zellbiologie zu einem Pionierorganismus entwickelt, durch den es möglich war, völlig neue Fachrichtungen

3

wie „Funktionelle Genomik" und „Systembiologie" zu entwickeln. Die neuen Fachrichtungen betrachten nicht die Funktionen von einzelnen Genen und Proteinen, sondern konzentrieren sich darauf, wie diese zusammenwirken und zusammenarbeiten, um Eigenschaften von lebenden Zellen und Organismen zu determinieren (Übers. des Autors).

3.5.1 Entschlüsselung des Hefegenoms

Hefe war der erste eukaryotische Organismus, dessen Genom vollständig entschlüsselt wurde. An diesem Pionierprojekt waren weltweit mehr als 600 Wissenschaftler beteiligt. Seine Anfänge nahm das Projekt 1989 mit einem EU-Konsortium, veröffentlicht wurde die Sequenz im April 1996. Die erste publizierte Sequenz der 16 Chromosomen eines haploiden Stammes umfasste mehr als zwölf Millionen Basenpaare, die erste Annotation (Vorhersage der codierenden Sequenzen) ergab 5885 proteincodierende Sequenzen. Aktuell (2019) geht man von 6604 Genvorhersagen aus, von denen 5177 experimentell verifiziert sind. Mit der Sequenzierung des Genoms wurden nicht nur die Techniken zur DNA-Sequenzierung und zur Assemblierung der Sequenzen weiter entwickelt, sondern auch die bioinformatischen Methoden zur Genvorhersage und zur Annotation, dem Prozess, bei dem einem Gen möglichst viel Information zugeordnet wird. Heutzutage sind Datenbanken wie die *Saccharomyces* Genome Database (SGD) eine wichtige Ressource nicht nur für Wissenschaftler, die mit Hefe als Organismus arbeiten. Beispielsweise gibt es für mehr als 4100 menschliche Gene orthologe Gene in der Bäckerhefe, und für viele dieser Gene ist die Funktion konserviert. Um etwas über „mein" Gen im Menschen zu erfahren, empfiehlt es sich durchaus, sich die Funktion des entsprechenden homologen Gens in Hefe anzuschauen (Skrzypek et al. 2018). Die SGD bietet umfassende integrierte biologische Informationen für *Saccharomyces cerevisiae*, kombiniert mit Such- und Analyse-Werkzeugen, um die gesammelten Daten zu analysieren, um funktionelle Beziehungen zwischen den Sequenzen und Genprodukten in Hefe, anderen Pilzen, aber auch in höheren Eukaryoten herzustellen. Zu den integrierten Informationen gehören die Sequenz, Informationen über das codierte Protein (Funktion, konservierte Proteindomänen), der Phänotyp von Deletionsmutanten, Interaktionen des Proteins, Genregulation und Genexpression unter den verschiedensten Bedingungen und letztlich die wichtigste Literatur.

3.5.2 Netzwerke: Protein-Protein-Interaktionen

Mit welchen Methoden kann ein Gen oder Protein funktionell charakterisiert werden? Zum einen können wir natürlich, wie wir gesehen haben, einiges vom Phänotyp der entsprechenden Mutante ableiten. Aber alleine der Phänotyp reicht nicht, die Prozesse, an denen ein Gen oder Protein involviert ist, detailliert zu beschreiben und zu verstehen. Zusätzliche Informationen wie die Lokalisierung des Proteins in der Zelle, die Expression/Regulation des Gens unter verschiedenen Bedingungen oder die Interaktionen des Proteins mit anderen Proteinen (eventuell in einem Proteinkomplex) sind in der Regel notwendig, um die Funktion eines einzelnen Gens oder Proteins zu verstehen. Zum Verständnis komplexerer Vorgänge kann man allerdings die einzelnen Komponenten schlecht isoliert betrachten; die verschiedenen zellulären Prozesse sind miteinander verzahnt, beeinflussen sich gegenseitig, beruhen aufeinander.

An Hefe wurden zahlreiche Techniken entwickelt (und erfolgreich verwendet), die darauf abzielen, Gene und Proteine einer Zelle in der Gesamtheit zu beschreiben bzw. abzubilden. So wurden fast alle offenen Leserahmen des Hefegenoms mit dem Gen für das Grün fluoreszierende Protein fusioniert, wodurch es möglich ist, für jedes Protein die

Lokalisierung in der Zelle (und damit auch potenzielle Interaktionen) zu bestimmen.

Das von Stanley Fields und Ok-kyu Song (1989) entwickelte Hefe-zwei-Hybrid-System *(yeast two-hybrid system)* beruht auf der Interaktion von zwei Proteinen, von denen das eine an die DNA-Bindedomäne des GAL4-Transkriptionsfaktors (BD), das andere an die Transaktivierungsdomäne (AD) von GAL4 fusioniert wird. Isoliert haben AD und BD keine Funktion; wenn die beiden fusionierten Proteine allerdings interagieren, wird ein funktioneller Transkriptionsfaktor gebildet, der dann in der Lage ist, Reportergene zu aktivieren, deren Aktivität entweder durch Farbassays oder über Wachstumsassays detektiert werden kann (◘ Abb. 3.13a). Das System wird sehr erfolgreich eingesetzt, um Interaktionspartner für Proteine zu identifizieren, und zwar sowohl im heterologen System (beispielsweise die Interaktoren für ein menschliches Protein) als auch im homologen System (Interaktionen der Hefeproteine untereinander).

In einem systematischen Ansatz wurden sämtliche offenen Leserahmen von Hefe auf autonom replizierenden Plasmiden a) mit der BD-Domäne und b) der AD-Domäne von GAL4 fusioniert. Die BD-Plasmide wurden in Hefen mit dem **a**-Kreuzungstyp, die AD-Plasmide in Hefen mit dem α-Kreuzungstyp transformiert (Ito et al. 2001). Durch die Kreuzung von **a**- und α-Zellen kommen zwei Proteine in einer Zelle zusammen; wenn die beiden Proteine interagieren, wird das Reportergen aktiviert (◘ Abb. 3.13b) Durch die systematische Kreuzung *aller* AD-Fusionen mit *allen* BD-Fusionen konnte ein Netzwerk von Protein-Protein-Interaktionen aufgestellt werden; das Netzwerk erlaubt es, Proteinkomplexe zu definieren und bestimmten zellulären Funktionen zuzuordnen Uetz et al. (2000) (◘ Abb. 3.13c).

Ein komplementärer Ansatz zur globalen Identifizierung von Proteinkomplexen bedient sich einer biochemischen Methode, der Co-Immunpräzipitation. Prinzipiell wird dabei ein Gen mit einem kurzen Epitoptag versehen, worüber das Protein mit hochspezifischen immobilisierten Antikörpern aufgereinigt werden

kann. Die sogenannte TAP- *(tandem affinity purification-)*Tag-Methode ist eine Weiterentwicklung der Co-Immunpräzipitation, bei der die Proteine mit einem Doppeltag versehen werden, das zwei sukzessive Präzipitationen unter sehr schonenden Bedingungen erlaubt. Dadurch ist es möglich, mit einem getagten „Köderprotein" den Proteinkomplex, mit dem das Protein assoziiert ist, hochspezifisch aufzureinigen. Die Proteine der gereinigten Komplexe können anschließend durch massenspektroskopische Methoden identifiziert werden. Auch dieser Ansatz wurde in großem Stil durchgeführt: Insgesamt wurden über 1700 Gene mit dem TAP-Tag fusioniert, fast 600 Proteinkomplexe aufgereinigt und deren Komponenten identifiziert (Gavin et al. 2002). Insgesamt konnten durch den Ansatz 232 verschiedene Multiproteinkomplexe identifiziert werden, 344 Proteinen konnte aufgrund der Interaktion eine neue zelluläre Funktion zugewiesen werden (darunter 231, für die keine Funktion bekannt war). Im Gegensatz zu den auf binären Interaktionen beruhenden Komplexen, die über das Hefe-zwei-Hybrid-System beschrieben worden sind, entsprechen die TAP-Tag-Komplexe tatsächlich den Komplexen, wie sie in der Zelle vorliegen. Beide Ansätze sind komplementär zu sehen und erlauben es, letztlich ein globales Netzwerk von Protein-Protein-Interaktionen aufzustellen, das nicht nur einzelne, funktionelle Komplexe definiert, sondern auch die Interaktion zwischen verschiedenen Komplexen aufzeigt (◘ Abb. 3.14).

3.5.3 Netzwerke: Geninteraktion

Die Methodik des synthetisch-letalen Screenings haben wir ja schon kennengelernt. Anstelle die genetische Interaktion für ein bestimmtes Gen über einen Screen zu bestimmen, kann die Methodik auch systematisch eingesetzt werden, zumal bereits Kollektionen der allermeisten Hefegene im MAT**a**- und MATα-Hintergrund zur Verfügung stehen. Durch systematische (robotisch unterstützte) Kreuzung der verschiedenen Mutanten wurden 5,4 Mio. haploide Doppelmutanten hergestellt (Tong et al. 2001). Wenn die Doppelmutante

3

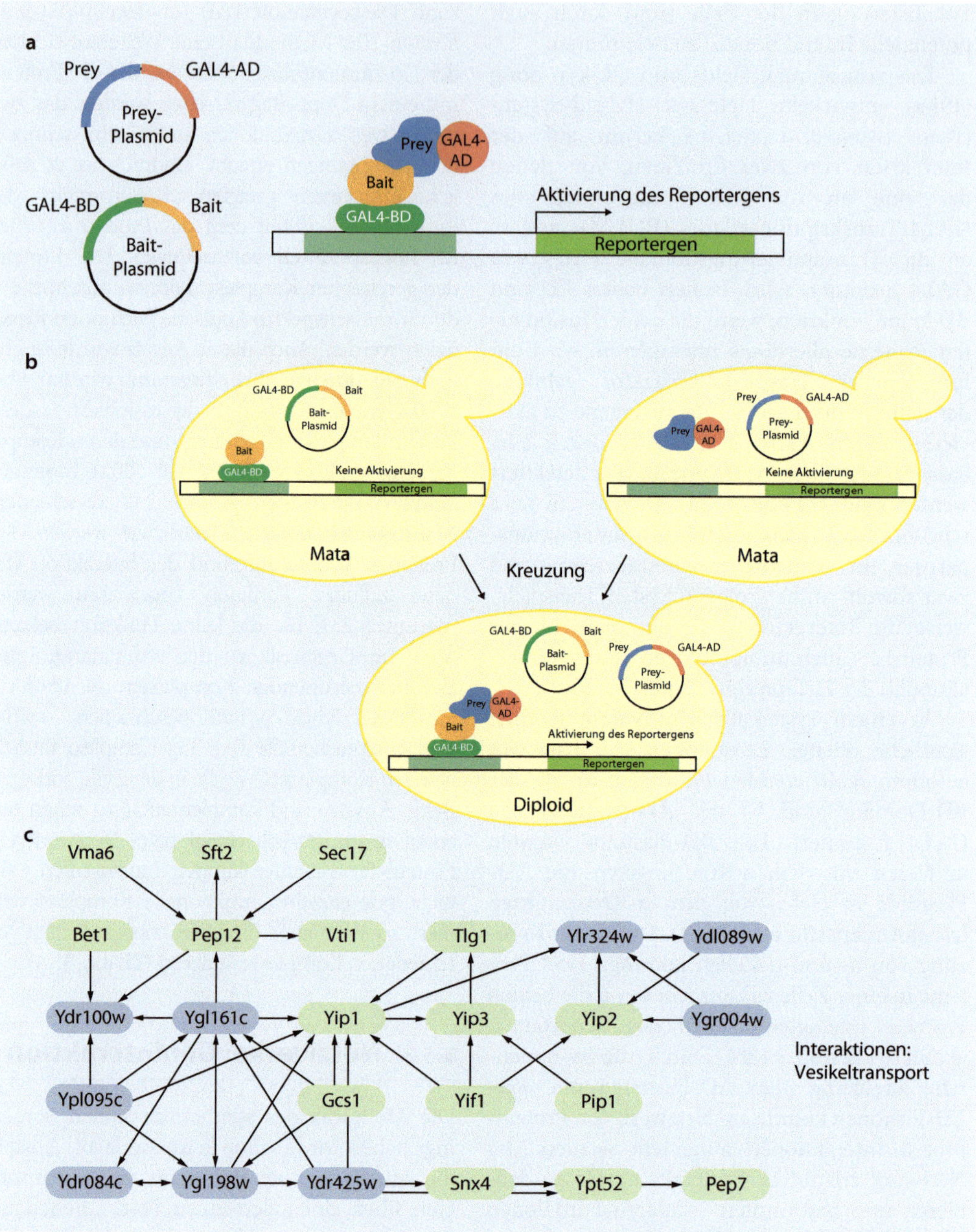

◼ Abb. 3.13 Das Hefe-zwei-Hybrid-System. **a** Prinzip der Rekonstitution eines aktiven Transkriptionsfaktors, wenn die *Bait*- und *Prey*-Proteine miteinander interagieren. **b** Globale Interaktionsanalyse von Proteinen durch Kreuzen von Hefestämmen, die *Bait*-Plasmide tragen, mit Hefestämmen, die *Prey*-Plasmide tragen. **c** Binäres Netzwerk von Protein-Protein-Interaktionen zur Darstellung von Proteinkomplexen. (c verändert nach Ito et al. 2001)

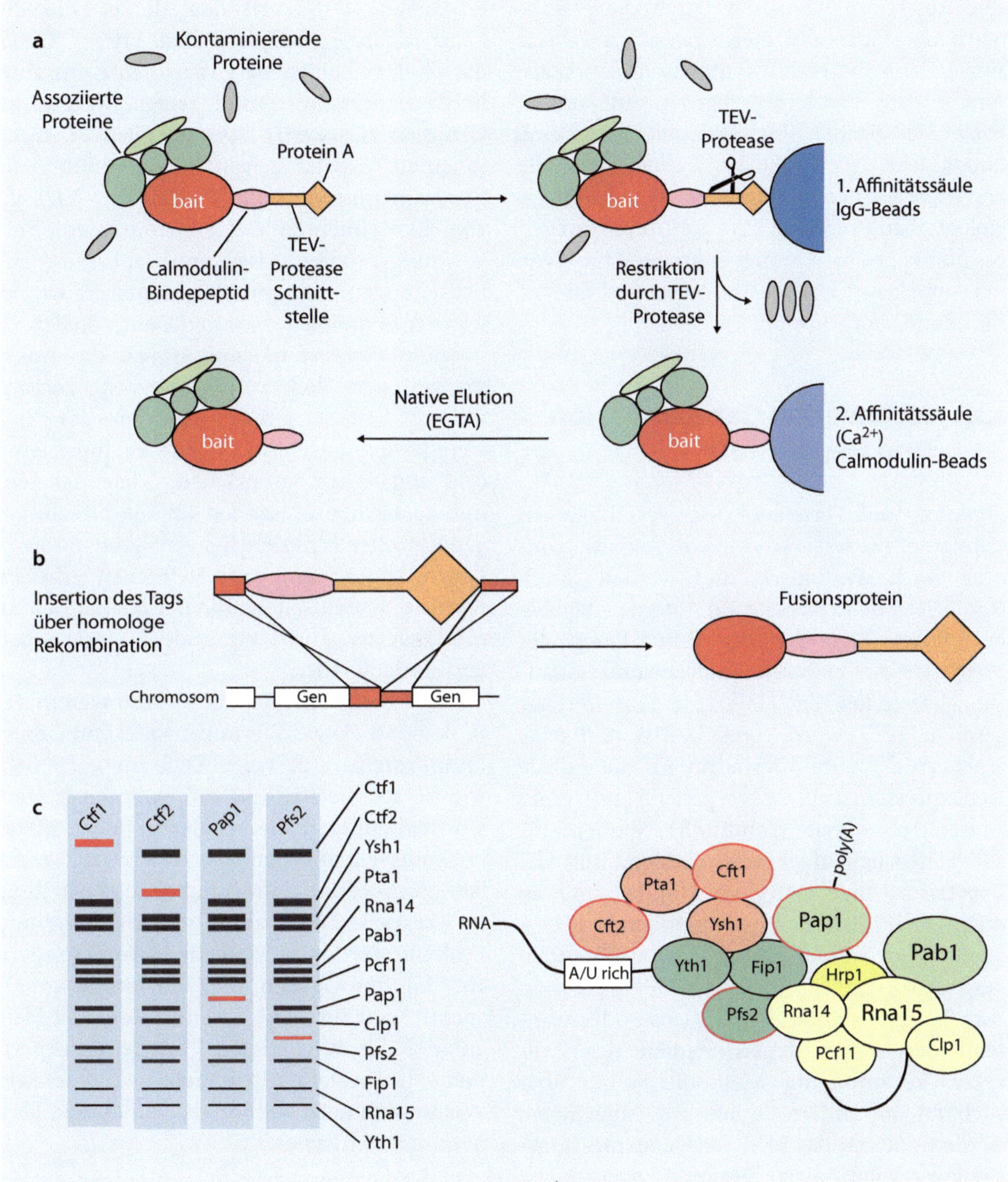

◼ Abb. 3.14 TAP-Tag zur systematischen Aufreinigung von Proteinkomplexen durch Co-Immunpräzipitation. **a** Das TAP-Tag ermöglicht die Aufreinigung über zwei sukzessive Immunpräzipitationen über ein Protein-A-Tag und ein Calmodulin-Bindeprotein-Tag. **b** Die TAP-Tags werden über homologe Rekombination mit den 3′-Enden der Hefegene fusioniert. **c** Die Immunpräzipitation mit verschiedenen TAP-Tag-markierten Proteinen aus dem gleichen Komplex liefert ein fast identisches Muster bei der gelelektrophoretischen Auftrennung der kopräzipitierten Proteine

eine Abweichung von der durch die Phänotypen der Einzelmutanten erwarteten Fitness aufzeigt (im Extremfall synthetische Letalität), spricht man von einer digenen Interaktion. Über die digenen Interaktionen kann eine funktionelle „genetische Landschaft" der Zelle berechnet werden, bei der Gene aus denselben biologischen Prozessen bzw. Stoffwechselwegen zusammenliegen; dadurch kann auch für Gene mit unbekannter Funktion eine funktionelle Zuordnung vorgenommen werden.

3.5.4 Netzwerke: Genexpression und Regulation

Funktion und Vernetzung der verschiedenen zellulären Prozesse sind nicht statisch, sondern hoch dynamisch und werden durch eine Vielzahl externer und interner Signale beeinflusst. Auch bei der Entwicklung der Methoden zur globalen Analyse von regulativen Netzwerken hat Hefe eine Vorreiterrolle gespielt. 1997 wurde von DeRisi und Mitarbeitern der erste Microarray für die globale Genexpressionsanalyse vorgestellt: Auf einer Glasmatrix waren (robotisch) Sonden für alle Hefegene aufgebracht worden, und die Expression aller Hefegene konnte simultan durch Hybridisierung von markierter cDNA quantifiziert werden. In den darauffolgenden Jahren wurden für Hefe die Genexpression zum Beispiel während der Meiose oder während der verschiedenen Stadien des Zellzyklus bestimmt; die Methodik konnte aber auch 1:1 auf andere Organismen übertragen werden und hat das Feld der Genexpressionsanalyse revolutioniert. Die Microarrayanalyse wurde in den letzten Jahren durch die Weiterentwicklung von Hochdurchsatz-Sequenziertechniken durch RNA-Seq verdrängt, bei der die RNA (exakter, die cDNA) einer Zelle in einem Umfang sequenziert wird, der eine quantitative und qualitative Aussage der Abundanz der einzelnen Transkripte zulässt. Parallel zur Weiterentwicklung der Technik wurden auch Methoden entwickelt, die

erhobenen Daten zu analysieren, wie die Clusteranalyse von Eisen et al. (1998). Gene, die über verschiedene Experimente ein ähnliches Expressionsmuster zeigen, werden zu Gruppen (Clustern) zusammengefasst. Gene in einem Cluster zeigen häufig funktionelle Zusammenhänge auf. Durch die Vielzahl von Experimenten mit Hefemutanten, Entwicklungsprofilen, Reaktion auf Umweltbedingungen, Reizen, Substanzen ist es wiederum möglich, Netzwerke aufzustellen.

Eine Herausforderung ist es, die Information aus den verschiedensten genomweiten Untersuchungen (wobei wir nur wenige kennengelernt haben) zu integrieren und zugänglich zu machen. Viele der bioinformatischen Methoden für die Integration genomweiter funktioneller Analysen sind mit Daten, die anhand von Hefezellen erhoben wurden, entwickelt worden, und können in modifizierter Form für andere Organismen verwendet werden.

Eine der großen Herausforderungen in der Biologie ist es, das Zusammenspiel von Genen und Proteinen in einer Zelle zu verstehen, wie sie auf die Vielzahl von externen Reizen, Umweltbedingungen reagieren, den Metabolismus entsprechend verändern, die zelluläre Homöostase aufrechterhalten, Zellteilung und sexuelle Entwicklung steuern. Gene und Proteine werden nicht mehr isoliert, sondern als Teil des Ganzen verstanden und untersucht. Auch für diese Systembiologie ist Hefe anhand der aufgezeigten Vorteile als experimentelles System nicht mehr wegzudenken. Wir werden nach wie vor viel von diesem kleinen Einzeller lernen.

Literatur

Botstein D, Fink GR (1988) Yeast: an experimental organism for modern biology. Science 240:1439–1443
Botstein D, Fink GR (2011) Yeast: an experimental organism for 21st Century biology. Genetics 189:695–704
DeRisi JL, Iyer VR, Brown PO (1997) Exploring the metabolic and genetic control of gene expression on a genomic scale. Science 278:680–686

Eisen MB, Spellman PT, Brown PO, Botstein D (1998) Cluster analysis and display of genome-wide expression patterns. Proc Natl Acad Sci USA 95:14863–14868

Fields S, Song O (1989) A novel genetic system to detect protein-protein interactions. Nature 340:245–246

Gavin AC, Bosche M, Krause R, Grandi P, Marzioch M, Bauer A, Schultz J, Rick JM, Michon AM, Cruciat CM, Remor M, Hofert C, Schelder M, Brajenovic M, Ruffner H, Merino A, Klein K, Hudak M, Dickson D, Rudi T, Gnau V, Bauch A, Bastuck S, Huhse B, Leutwein C, Heurtier MA, Copley RR, Edelmann A, Querfurth E, Rybin V, Drewes G, Raida M, Bouwmeester T, Bork P, Seraphin B, Kuster B, Neubauer G, Superti-Furga G (2002) Functional organization of the yeast proteome by systematic analysis of protein complexes. Nature 415:141–147

Hadwiger JA, Wittenberg C, Richardson HE, de Barros Lopes M, Reed SI (1989) A family of cyclin homologs that control the G1 phase in yeast. Proc Natl Acad Sci USA 86:6255–6259

Hardy CF, Dryga O, Seematter S, Pahl PM, Sclafani RA (1997) mcm5/cdc46-bob1 bypasses the requirement for the S phase activator Cdc7p. Proc Natl Acad Sci USA 94:3151–3155

Hartman JLt, Garvik B, Hartwell L (2001) Principles for the buffering of genetic variation. Science 291:1001–1004

Ito H, Fukuda Y, Murata K, Kimura A (1983) Transformation of intact yeast cells treated with alkali cations. J Bacteriol 153:163–168

Ito T, Chiba T, Ozawa R, Yoshida M, Hattori M, Sakaki Y (2001) A comprehensive two-hybrid analysis to explore the yeast protein interactome. Proc Natl Acad Sci USA 98:4569–4574

Johnson AD, Herskowitz I (1985) A repressor (MAT alpha 2 Product) and its operator control expression of a set of cell type specific genes in yeast. Cell 42:237–247

McGinnis W, Levine MS, Hafen E, Kuroiwa A, Gehring WJ (1984) A conserved DNA sequence in homoeotic genes of the Drosophila Antennapedia and bithorax complexes. Nature 308:428–433

Novick P, Schekman R (1979) Secretion and cell-surface growth are blocked in a temperature-sensitive mutant of *Saccharomyces cerevisiae*. Proc Natl Acad Sci USA 76:1858–1862

Novick P, Field C, Schekman R (1980) Identification of 23 complementation groups required for post-translational events in the yeast secretory pathway. Cell 21:205–215

Shepherd JC, McGinnis W, Carrasco AE, De Robertis EM, Gehring WJ (1984) Fly and frog homoeo domains show homologies with yeast mating type regulatory proteins. Nature 310:70–71

Skrzypek MS, Nash RS, Wong ED, MacPherson KA, Hellerstedt ST, Engel SR, Karra K, Weng S, Sheppard TK, Binkley G, Simison M, Miyasato SR, Cherry JM (2018) *Saccharomyces* genome database informs human biology. Nucleic Acids Res 46:D736–D742

Steensels J, Snoek T, Meersman E, Picca Nicolino M, Voordeckers K, Verstrepen KJ (2014) Improving industrial yeast strains: exploiting natural and artificial diversity. FEMS Microbiol Rev 38:947–995

Tong AH, Evangelista M, Parsons AB, Xu H, Bader GD, Page N, Robinson M, Raghibizadeh S, Hogue CW, Bussey H, Andrews B, Tyers M, Boone C (2001) Systematic genetic analysis with ordered arrays of yeast deletion mutants. Science 294:2364–2368

Uetz P, Giot L, Cagney G, Mansfield TA, Judson RS, Knight JR, Lockshon D, Narayan V, Srinivasan M, Pochart P, Qureshi-Emili A, Li Y, Godwin B, Conover D, Kalbfleisch T, Vijayadamodar G, Yang M, Johnston M, Fields S, Rothberg JM (2000) A comprehensive analysis of protein-protein interactions in *Saccharomyces cerevisiae*. Nature 403:623–627

Weiterführende Literatur

Feldmann H (Hrsg) (2012) Yeast: molecular and cell biology. Wiley-VCH, Weinheim

Aspergillus nidulans als Modellsystem für filamentöse Pilze

Reinhard Fischer

© Springer-Verlag GmbH Deutschland, ein Teil von Springer Nature 2019
P. Nick et al., *Modellorganismen*, https://doi.org/10.1007/978-3-662-54868-4_4

Überblick für schnelle Leser

Filamentöse Pilze spielen eine enorm wichtige Rolle in der Natur. Gemeinsam mit Bakterien sind sie maßgeblich am Abbau organischen Materials beteiligt und zeichnen sich insbesondere durch den Abbau von Polymeren wie Cellulose und Lignin aus. Sie sind also unersetzlich, um den Kohlenstofffluss auf der Erde zu garantieren. Neben dieser Rolle im Nährstoffkreislauf spielen Pilze aber auch eine wichtige Rolle als symbiontische Lebenspartner der meisten Landpflanzen (Mykorrhiza). Einige Pilze, wie die Rost- und Brandpilze, leben dagegen auf Kosten anderer Pflanzen, sind pathogen und verursachen weltweit enorme Ernteausfälle, die in der Vergangenheit zu Hungersnöten geführt haben. Auch Tiere und der Mensch können von einigen Pilzen befallen werden. Dazu gehören harmlosere Nagelmykosen, aber auch meist tödlich verlaufende systemische Pilzinfektionen. Schließlich werden Pilze schon seit Tausenden von Jahren in der Lebensmittelherstellung (Schimmelkäse, Sojasauce) eingesetzt, dienen seit ca. hundert Jahren zur industriellen Herstellung der gesamten, weltweit verwendeten Citronensäure und werden vielfältig in der modernen Biotechnologie (Penicillinherstellung) verwendet. Alle genannten Aspekte werden in vielen Laboratorien sowohl an Universitäten als auch in der Industrie mit modernsten Methoden analysiert, um zum Beispiel Pilze in der nachhaltigen Landwirtschaft einzusetzen, Enzyme zu produzieren, neue Antibiotika und Antimykotika zu entwickeln oder neue, pharmakologisch wirksame pilzliche Sekundärmetabolite zu entdecken. Daneben werden Pilze in der Grundlagenforschung als Modelle eingesetzt, um allgemeine eukaryotische Funktionen wie den Zellzyklus, die Funktion des Cytoskeletts oder die Ausbildung von Polarität zu studieren. Das Reich der Pilze ist also sehr vielseitig und extrem artenreich. Dabei sind nicht alle Arten gleichermaßen gut für die Arbeit im Labor geeignet, da viele Pilze sehr langsam wachsen, oder genetisch recht instabil sind. Die modernen molekularbiologischen Methoden erfordern außerdem eine leichte Transformierbarkeit und, wenn möglich, einen sexuellen Vermehrungszyklus, um genetische mit molekularen Methoden kombinieren zu können. Ein Pilz, für den diese Parameter zutreffen, ist *Aspergillus nidulans*. Dieser Pilz wächst bei 37 °C ausgehend von einer einzigen Spore innerhalb von 2 Tagen zu einer centgroßen Kolonie heran, die ebenfalls wieder asexuelle Sporen bildet (◘ Abb. 4.1). Die Sporen sind einkernig und haploid und damit hervorragend für Mutageneseexperimente geeignet. Neben dem asexuellen Entwicklungszyklus kann sich *A. nidulans* auch mit anderen Stämmen paaren und besitzt einen sexuellen Zyklus. Das Genom wurde bereits 2005 komplett sequenziert, und viele moderne molekularbiologische, biochemische und zellbiologische Methoden stehen für die Analysen zur Verfügung. Der Stoffwechsel von *A. nidulans* ist ebenfalls sehr interessant, da neben Penicillin viele andere Sekundärmetabolite gebildet werden. *Aspergillus nidulans* hat mit *A. fumigatus* einen pathogenen, mit *A. niger* und *A. oryzae* zwei industriell sehr bedeutsame Verwandte. Dementsprechend werden viele Aspekte der Pilzbiologie mit *A. nidulans* als Modellorganismus untersucht. So wurde der Organismus durch die Analyse des Zellzyklus, die Entdeckung von γ-Tubulin, die Untersuchung der Steuerung von Entwicklungsvorgängen sowie die Analyse des Sekundärstoffwechsels bekannt. Bei einigen der genannten Aspekte wie der Analyse zellbiologischer Vorgänge spielen die Bäckerhefe *Saccharomyces cerevisiae* oder die Spalthefe *Schizosaccharomyces pombe* führende Rollen, aber andere Phänomene wie die Bildung von Sekundärmetaboliten sind auf filamentöse Pilze beschränkt und werden deshalb in *A. nidulans* und anderen Produzenten sehr erfolgreich analysiert.

Abb. 4.1   Foto einer Agarplatte, die mit *Aspergillusnidulans*-Kolonien bewachsen ist. Aus jeder Spore ist nach zwei Tagen Inkubation bei 37 °C eine centgroße Kolonie gewachsen, die bereits wieder viele Millionen asexuelle, grüne Sporen gebildet hat

4.1 Der Aufbau der Zelle

Das vegetative Wachstum von *A. nidulans* erfolgt durch Hyphen, röhrenartige, langgestreckte Zellen, die sich kontinuierlich an der Spitze verlängern (■ Abb. 4.2). Wenn die Zellen eine bestimmte Länge erreicht haben, wird in einigem Abstand von der Spitze eine Querwand eingezogen, die in der Mitte einen Porus offen lässt. So bleiben die Tochterzellen durch eine Cytoplasmabrücke verbunden und werden deshalb als Zellkompartimente bezeichnet. Ältere Kompartimente wachsen nicht mehr, können aber lokal eine neue Wachstumszone generieren, was zu einer Verzweigung führt. Die Gesamtheit der verzweigten Hyphen bezeichnet man als Mycel. Da die Kompartimente durch den Porus verbunden bleiben, spricht man von einem Syncytium. Die Einheit des Cytoplasmas birgt die Gefahr, dass bei einer Verletzung der Hyphe das Cytoplasma „ausläuft". Das wird durch ein spezielles Organell, den Woroninkörper, verhindert. Dieses Organell wird

aus einem Peroxisom gebildet, das vor allem mit einem einzigen Protein gefüllt ist. Dieses Protein wird in so großen Mengen im Peroxisom angehäuft, dass es auskristallisiert und damit eine stabile Struktur bildet. Die Woroninkörper sind mit den Septen assoziiert und verschließen bei Verletzung eines Nachbarkompartiments den Porus wie der Stopfen in einer Badewanne.

Die Hyphen von *A. nidulans* – wie die der meisten anderen Pilze – sind von einer dicken Zellwand umgeben. Die Zellwand besteht aus verschiedenen Zuckerpolymeren mit unterschiedlichen Anteilen und enthält als charakteristische Komponente Chitin. Im Falle von *A. nidulans* besteht die Zellwand zu 60 % aus verschiedenen Glucanen, 30 % Galactomannanen und ca. 7 % Chitin. Die Zellwände der Pilze sind damit komplexer zusammengesetzt als die Zellwände der Pflanzen (Cellulose) oder Bakterien (Peptidoglycan). Da viele der Polymere in anderen Organismen – vor allem bei höheren Eukaryoten – nicht vorkommen, ist die Zellwand-Biosynthese ein Ziel für Antimykotika

4

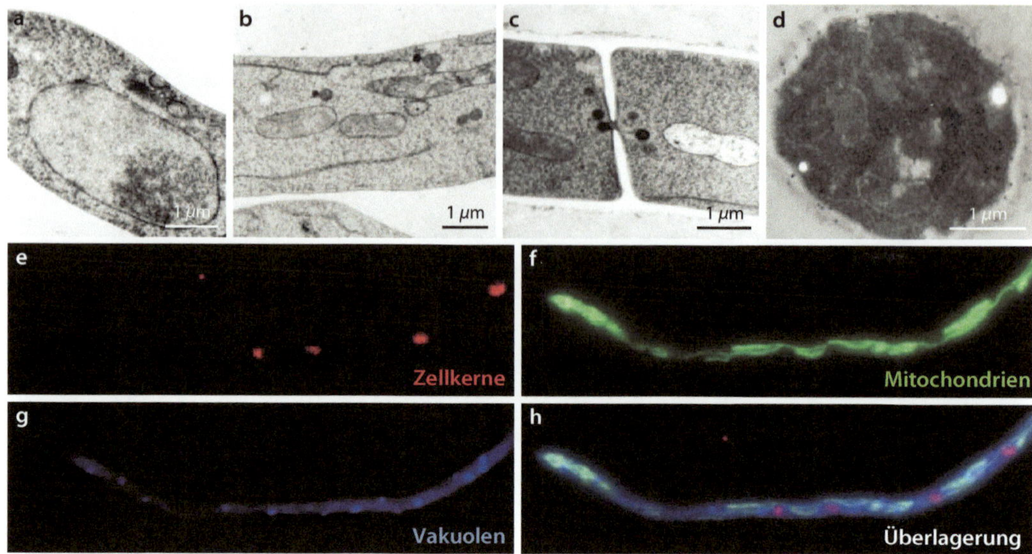

■ **Abb. 4.2**   Aufbau der Hyphen von *A. nidulans*. Elektronenmikroskopische Aufnahmen von Schnitten der Kompartimente: **a** Zellkern, **b** mehrere Mitochondrien wurden angeschnitten, sodass die inneren Membransysteme sichtbar sind, **c** die Zellwand, das Septum mit einem zentralen Porus und einige (stark kontrastierte) Woroninkörper auf jeder Seite des Septums, **d** Immunogoldfärbung eines Mannoproteins von *A. nidulans*. Die kleinen schwarzen Punkte sind die Goldpartikel, die gut in der Zellwand sichtbar sind. **e–h** Darstellung von Zellkernen, Mitochondrien und Vakuolen in lebenden Kompartimenten. Die Zellkerne wurden mit Rot fluoreszierendem Protein (DsRed) angefärbt, die Mitochondrien mit Grün fluoreszierendem Protein (GFP) und die Vakuolen mit einem Farbstoff. Die Überlagerung der Bilder zeigt die Anordnung der Organellen zueinander. Die Zellkerne sind sehr gleichmäßig verteilt. Die Mitochondrien bilden ein tubuläres Netzwerk und sind an der Hyphenspitze konzentriert. (**a**, **b** und **c** entstammen dem Lehrbuch Munk: Mikrobiologie, Spektrum Verlag; **d** wurde entnommen aus Jeong et al. 2004)

(ähnlich Penicillin, das in die bakterielle Peptidoglycansynthese eingreift). So wurden in den 1970er-Jahren die ersten Echinocandine (Lipopeptide) bei der Analyse von pilzlichen Sekundärmetaboliten entdeckt. Seitdem wurden mehrere semisynthetische Analoga wie zum Beispiel Caspofungin (auf dem Markt zugelassen seit 2001) oder Anidulafungin (seit 2006) entwickelt, die heute gegen Pilzinfektionen eingesetzt werden. Echinocandine hemmen die Glucan-Synthase und werden auch als Penicilline der Antimykotika bezeichnet.

Ein weiterer Unterschied zu höheren Eukaryoten besteht in der Zusammensetzung der Cytoplasmamembran. Während die Phospholipiddoppelschicht bei Tieren durch Cholesterol und bei Pflanzen durch Phytosterol implementiert wird, enthalten pilzliche Membranen Ergosterol. Dieser wichtige Unterschied bietet einen Angriffspunkt für das Antimykotikum Voriconazol, das in die Ergosterol-Biosynthese eingreift.

Die Kompartimente von *A. nidulans* enthalten in der Regel mehrere Zellkerne, viele Mitochondrien, das ER, einen Golgiapparat, mehrere ungleich große Vakuolen und viele Arten von sekretorischen oder endocytotischen Vesikeln. Damit enthalten Pilzkompartimente wie höhere Eukaryoten die volle Ausstattung von Organellen.

4.2　**Wachstum**

Das Wachstum von *A. nidulans* erfolgt an der Spitze, die sich bei optimalen Wachstumsbedingungen in jeder Minute um 0,3–1,0 µm verlängert. Dies erfordert zum einen die Vergrößerung der Zellmembran, und zum anderen auch ein „Aufweichen" und den Neueinbau von Zellwandkomponenten. Beides wird durch einen kontinuierlichen Fluss sekretorischer Vesikel gewährleistet, die Chitin-Synthasen und andere Zellwand-Biosyntheseenzyme enthalten, andererseits natürlich auch zur Membranvergrößerung beitragen (◙ Abb. 4.3). Die Vesikel werden im endoplasmatischen Retikulum gebildet, von wo sie zum Golgiapparat zur Modifikation der Enzyme gelangen. Der Golgiapparat ist anders als bei höheren Eukaryoten nicht ein einziges Kompartiment, sondern in einem Hyphenkompartiment befinden sich viele sogenannte Golgiäquivalente. Nach der Proteinmodifikation im Golgi werden wiederum Vesikel gebildet, die dann zu einer besonderen Struktur an der Spitze der Hyphe transportiert werden. Diese im Phasenkontrastmikroskop als „Körperchen" sichtbaren Strukturen werden als „Spitzenkörper" bezeichnet. Elektronenmikroskopische Aufnahmen zeigen, dass es sich dabei um eine Akkumulation von Vesikeln, aber auch von Cytoskelettelementen handelt. Die genaue Zusammensetzung und Organisation ist noch unbekannt, aber interessanterweise besteht dieses Organell offensichtlich aus verschiedenen Populationen von Vesikeln. Während Chitin-Synthasen in sehr kleinen Vesikeln (ca. 60 nm im Durchmesser) transportiert werden, die im Innern des Spitzenkörpers zu finden sind, wurde eine Untereinheit einer Glucan-Synthase in größeren Vesikeln in einem äußeren Ring des Spitzenkörpers lokalisiert. Diese Zone wurde als „Spitzenring" bezeichnet. Von beiden Strukturen werden die Vesikel über das Actincytoskelett mithilfe von Myosinmotoren entlang von Actinfilamenten bis zur Membran transportiert, wo sie schließlich fusionieren und ihren Inhalt nach außen abgeben. Berechnungen haben ergeben, dass

6–20 Vesikel pro Sekunde fusionieren müssen, um das Wachstum zu erklären. Deshalb spielt auch die Endocytose eine Rolle im polaren Wachstum der Pilze. Zum einen wird überschüssige Membran wieder internalisiert, zum anderen werden aber auch membranständige Proteine wieder aufgenommen und dann abgebaut oder wieder zur Membran zurückgebracht. Während die Rolle von Actin für den Vesikeltransport und damit das Wachstum essenziell ist, ist die Rolle von Mikrotubuli und deren assoziierten Motoren etwas komplexer. Zum einen tragen sie zum Langstreckentransport der Vesikel hin zum Spitzenkörper bei, wenn Hyphen sehr schnell wachsen, und sind auch für die Teilung und die Verteilung der Zellkerne essenziell, zum anderen sind sie aber auch für die Richtung des Wachstum wichtig. Sie transportieren sogenannte Zellendmarkerproteine, die an der Hyphenspitze durch einen Prenylrest in der Membran verankert werden. Wenn das erste Protein angekommen ist, rekrutiert sich ein ganzer Proteinkomplex, zu dem dann auch Formin, eine Actin-Polymerase, gehört. Durch die Anordnung der Zellendmarkerproteine an der wachsenden Spitze wird also die Positionierung des Actincytoskeletts erreicht. Umgekehrt regulieren die Zellendmarkerproteine auch die Mikrotubuli. Mikrotubuli wachsen am sogenannten Plus-Ende durch Anlagerung von αβ-Tubulindimeren. Die Anlagerung wird durch eine Tubulin-Polymerase begünstigt, die am Ende des Tubulus sitzt. Wenn die Mikrotubulienden den Cortex in der Hyphenspitze erreichen, wird die Aktivität der Polymerase durch Interaktion mit einem Zellendmarkerprotein gedrosselt. Dadurch wird gewährleistet, dass die Mikrotubuli nicht entlang des Cortex weiterwachsen und in der Folge von der Spitze rückwärts wachsen würden. Eine interessante Frage betrifft die Aufrechterhaltung der Zellendmarkerprotein-Komplexe, obwohl sehr viele Vesikel mit der Membran fusionieren und dadurch die Zellendmarkerprotein-Komplexe verdrängen. Neueste Experimente haben gezeigt, dass das tatsächlich passiert, dass die Komplexe aber nur temporär aufrechterhalten

4

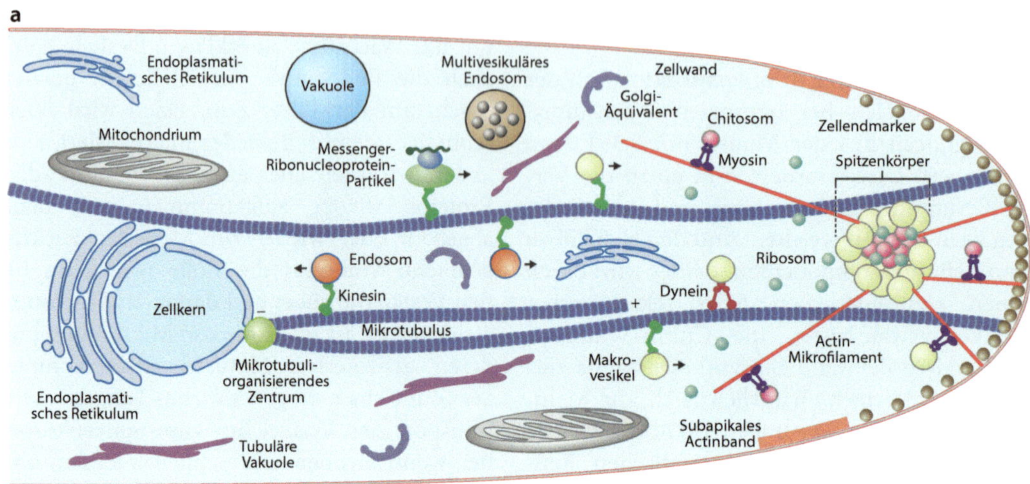

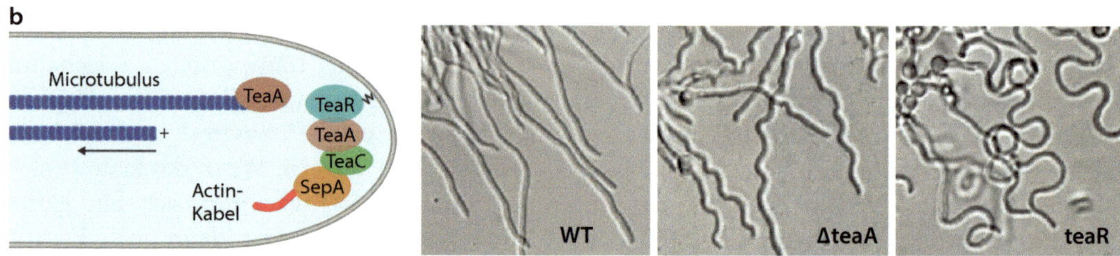

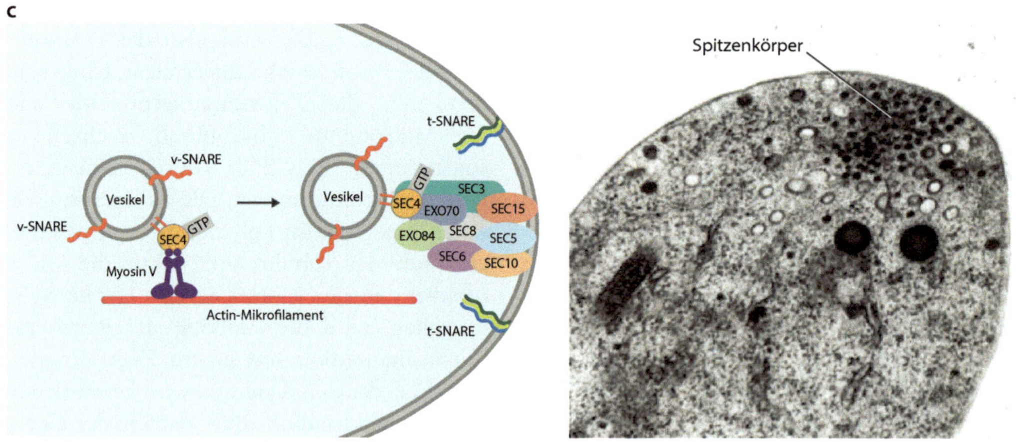

Abb. 4.3   Polares Wachstum. **a** Schema einer Hyphenspitze mit den Organellen, den Cytoskelettelementen, dem Spitzenkörper und den Zellendmarkern; **b** Zellendmarker sind für das gerichtete Wachstum wichtig. Die mikroskopischen Bilder zeigen Hyphen eines Wildtyps und einer *teaA*- und einer *teaR*-Mutante. Die Mutanten wachsen zickzackförmig oder in Kurven (Bilder nach Takeshita et al. 2008); **c** Schema der Vesikelfusion an der Hyphenspitze. Das elektronenmikroskopische Bild zeigt die Anhäufung der Vesikel im Spitzenkörper nahe der Membran. (Nach Munk, Mikrobiologie, Spektrum Verlag)

und kontinuierlich neue an der Spitze gebildet werden.

■ Spitzenkörper und Wachstum nur an der Hyphenspitze

In den Zwanzigerjahren des letzten Jahrhunderts entdeckte H. Brunswick an der Spitze der Hyphen der Basidiomyceten *Coprinus* durch Färbung eine Struktur. In den Fünfzigerjahren, als die Phasenkontrastmikroskopie in der Biologie eingeführt wurde, wurde die Struktur in *Polystictus* von Manfred Girbardt (Universität Jena) als stark lichtbrechend beschrieben. Da die Struktur immer an der wachsenden Spitze zu erkennen war, wurde sie als Spitzenkörper bezeichnet und mit dem polaren Wachstum in Verbindung gebracht. In späteren Versuchen gelang es mit Laserpinzetten, den Spitzenkörper in der Zelle auf eine Seite zu drängen. Prompt verlängerte sich die Hyphe fortan an dieser Stelle. So konnte man mäandrierend wachsende Hyphen erzeugen. Nach Einführung der Transmissionselektronenmikroskopie in das Forschungsfeld wurde klar, dass es sich beim Spitzenkörper um eine Ansammlung von Vesikeln handelt. Man geht davon aus, dass der Spitzenkörper eine Transitstation für Vesikel ist, die im Cytoplasma gebildet werden und Enzyme enthalten, die für die Zellwand-Biosynthese benötigt werden. Tatsächlich konnten Chitin-Synthasen im Spitzenkörper nachgewiesen werden.

In einem zweiten Ansatz wurde 1969 elegant nachgewiesen, dass das pilzliche Wachstum tatsächlich vor allem an den Hyphenspitzen stattfindet (■ Abb. 4.4). Salomon Bartnicki-Garcia, damals an der University of Riverside in Kalifornien, fütterte wachsende Kulturen von *Mucor rouxii* mit tritiummarkiertem N-Acetyl-D-glucosamin und führte anschließend eine Autoradiographie der Hyphen durch. Dadurch konnte er zweifelsfrei zeigen, dass neues, radioaktives Zellwandmaterial nur an der Hyphenspitze eingebaut wird (Bartnicki-Garcia und Lippman 1969).

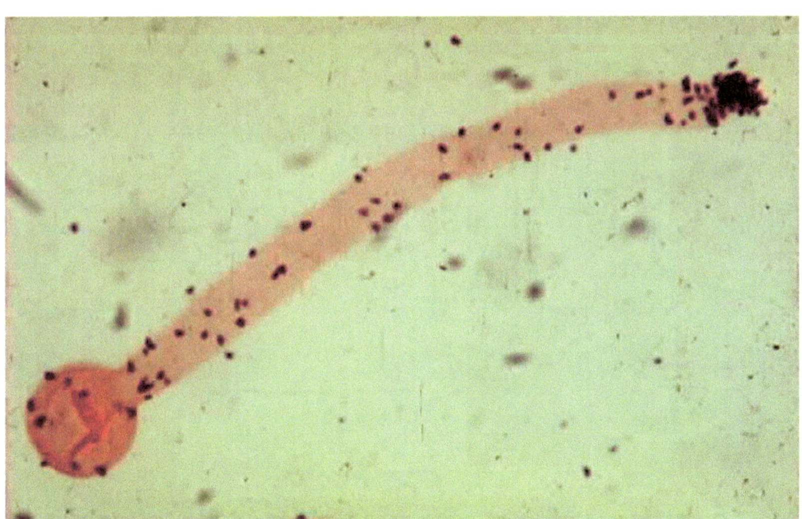

■ **Abb. 4.4**   Klassisches Experiment zum Nachweis des Spitzenwachstums in *Mucor rouxii*. Ausgekeimte Sporen von *M. rouxii* wurden während des Wachstums mit radioaktiv markiertem N-Acetylglucosamin fünf Minuten inkubiert, sodass neu gebildete Zellwand (Chitin und Chitosan) markiert wurde. Die Markierung ist vorwiegend an der Spitze zu sehen. Das Bild wurde freundlicherweise von S. Bartnicki-Garcia (Ensenada, Mexiko) zur Verfügung gestellt. (s. auch Bartnicki-Garcia und Lippman 1969)

4.3 Analyse des Cytoskeletts

A. nidulans besitzt wie alle anderen Eukaryoten Mikrotubuli und Actin. Intermediärfilamente, wie man sie bei höheren Eukaryoten findet, fehlen hingegen. Im Gegensatz zur Bäckerhefe, bei der Mikrotubuli außerhalb der Mitose nur von geringer Bedeutung sind, besitzt *A. nidulans* ein ausgeprägtes Mikrotubulicytoskelett, das aus mehreren langen Bündeln besteht, die longitudinal ausgerichtet sind. Die Bildung erfolgt von den Mikrotubuli organisierenden Zentren (MTOCs) an den Zellkernen (Spindelpolkörper; ◨ Abb. 4.5). Diese Zentren sind noch nicht im Detail untersucht, sind aber vermutlich wie bei der Bäckerhefe aus einer Vielzahl verschiedener Proteine aufgebaut

(mehr als 19 in *S. cerevisiae*). Der Proteinkomplex ist in die Zellkernmembran eingebettet und besteht aus mehreren Lagen, einem inneren Plaque, der die Mitosespindel bildet, einem zentralen Plaque, der für die Verdopplung des Komplexes benötigt wird, und einem äußeren Plaque, der Mikrotubuli in das Cytoplasma polymerisiert. Neben diesen Zentren wurden in *A. nidulans* weitere MTOCs an den Septen entdeckt. Sie besitzen einige zentrale Proteine der Spindelpolkörper, aber sind vermutlich doch unterschiedlich aufgebaut, da sie keine Mitosespindeln bilden müssen und auch nicht in eine Zellkernmembran eingebettet sind. Die genaue Zusammensetzung wird derzeit untersucht.

Die Mikrotubuli dienen als Schienen für viele Transportvorgänge. So werden sie

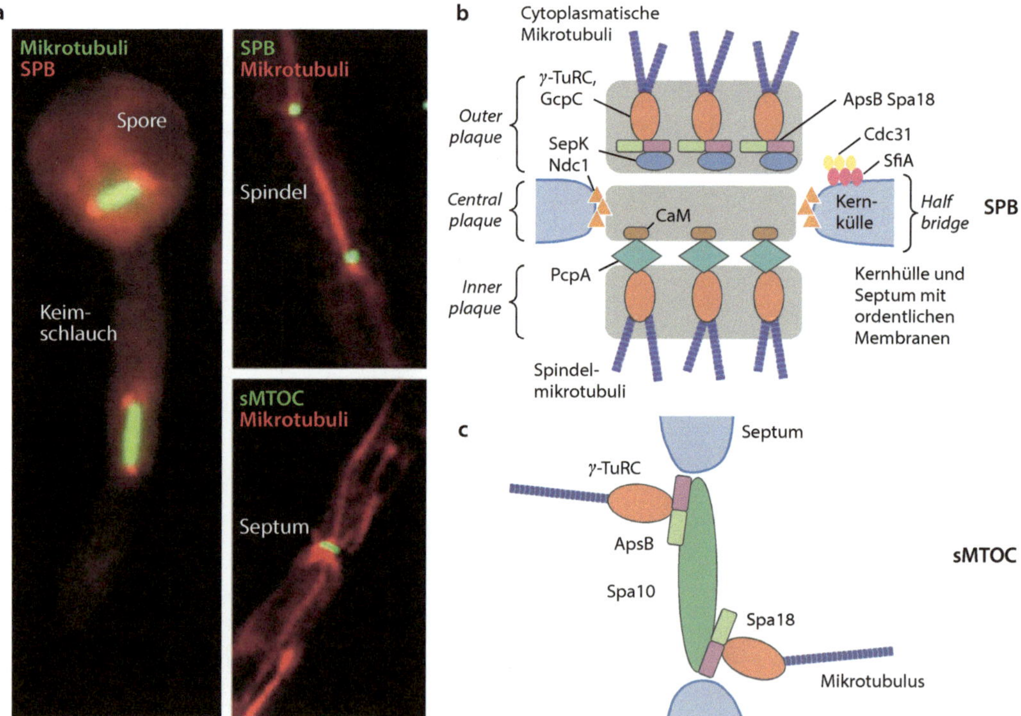

◨ **Abb. 4.5** Darstellung der Mikrotubuli-organisierenden Zentren (MTOCs) in *A. nidulans*. Die mikroskopischen Bilder zeigen einen Keimling, in dem Tubulin mit GFP und das Spindelpolkörper- (SPB-)Protein ApsB mit Rot fluoreszierendem Protein (RFP) markiert wurden (**a**). Im Keimling laufen die Mitosen synchron ab, sodass hier zwei Mitosespindeln zu sehen sind. **b** Eine Mitosespindel am Ende der Mitose. Die SPBs bilden auch astrale Mikrotubuli. **c** Ein MTOC am Septum (sMTOC). Hier wurde Tubulin mit RFP markiert und ApsB mit GFP. Die Hyphen messen ca. 3 µm im Durchmesser. Die Schemen illustrieren den Aufbau der Spindelpolkörper und der septalen MTOCs. (Bilder nach Zhang et al. 2017)

für die Verteilung der Zellkerne benötigt oder auch für den Transport von exo- oder endocytotischen Vesikeln. Wie oben bereits erwähnt, transportieren sie auch die Zellenmarkerproteine an die Spitze der wachsenden Hyphe, bestimmen somit die Organisation des Actincytoskeletts und damit die Wachstumsrichtung. Actin findet man in zwei Formen, als kurze Filamente an der Hyphenspitze und als sogenannte Actinplaques am Cortex entlang der Hyphe.

4.4 Zellbiologie

Die Geschichte der Zellbiologie von *A. nidulans* ist untrennbar mit Ron Morris und seinen Schülern an der Rutgers University, USA, verbunden. Als Mediziner hat R. Morris zu Beginn seiner Karriere einen ungewöhnlichen Schritt gewagt, nämlich die Untersuchung des eukaryotischen Cytoskeletts in *A. nidulans* mit genetischen Methoden. Zur damaligen Zeit war die Zellbiologie eine beschreibende Wissenschaft. Mikrotubuli konnten visualisiert und Prozesse wie die Mitose beschrieben werden. Nachdem es R. Morris gelungen war nachzuweisen, dass *A. nidulans* Tubulin enthält, hat er eine Reihe von Mutanten erzeugt, bei denen mikrotubuliabhängige Prozesse gestört waren. Die Mutanten wurden in den Folgejahren molekularbiologisch analysiert und haben zu einem tieferen Verständnis der Mitose und der Zellkernwanderung beigetragen sowie zur Entdeckung von γ-Tubulin geführt.

Die molekularbiologische Analyse des Cytoskeletts und deren Funktionen wurden durch die Isolierung von Mutanten eingeleitet. Da es sich oft um essenzielle Gene handelt, hat R. Morris einen Mutantenscreen nach temperatursensitiven (ts) Stämmen vorgenommen (◘ Abb. 4.6). *A. nidulans*-Sporen wurden mutagenisiert, bei 30 °C zu Kolonien heranwachsen gelassen und anschließend durch Replikaplattierung nach Stämmen gesucht, die nicht mehr bei 42 °C wachsen können (◘ Abb. 4.8). Durch eine zweite

Analyse der ts-Mutanten hinsichtlich der Zellkerne wurden drei Mutantenklassen isoliert. Stämme, bei denen die Zellkerne bei restriktiver Temperatur keine Mitose durchführen konnten, wurden mit *never-in-mitosis, nim,* bezeichnet. Dann gab es Stämme, die zwar noch Mitose initiierten aber nicht vollendeten. Diese Mutanten wurden *block-in-mitosis, bim,* genannt. Schließlich hat R. Morris eine Klasse von Mutanten isoliert, bei denen die Mitose ungestört ablief, die Zellkerne sich aber nicht verteilt haben, *nuclear-distribution, nud* (◘ Abb. 4.7). Die Mutanten wurden zunächst klassisch analysiert. Durch Kreuzung mit Wildtypstämmen wurde gezeigt, dass der beobachtete Phänotyp auf die Mutation eines einzelnen Gens zurückgeführt werden kann. Durch Kreuzung von Mutanten mit identischem Phänotyp konnten verschiedene Gene definiert werden, zum Beispiel *nudA, nudE, bimC, bimE, nimA.* Durch Herstellung von diploiden Stämmen wurde gezeigt, dass die Mutationen rezessiv waren. Die anschließende molekulare Analyse und Klonierung der Gene durch Komplementation hat ergeben, dass zum Beispiel *nudA* für Dynein codiert. Dadurch wurde Dynein in *A. nidulans* entdeckt. *bimC* codiert für ein Kinesin, das in der Mitose wichtig ist. Dieses Kinesin war namengebend für die *bimC*-Klasse der Kinesin-Motorproteine.

4.5 Die Entdeckung von γ-Tubulin

Wenn komplexe Vorgänge analysiert werden sollen, an denen viele Komponenten beteiligt sind, kann ein Mutageneseansatz ein erster Schritt zur molekularen Analyse sein. Ausgehend von ersten Genen und Proteinen werden dann meist weitere Komponenten wie zum Beispiel interagierende Proteine isoliert. Dabei ist eine Suppressoranalyse eine genetische Möglichkeit, solche interagierenden Proteine zu identifizieren. Das hat zur Entdeckung von γ-Tubulin geführt. R. Morris hatte bei der Analyse von Tubulin eine Reihe von Mutanten isoliert, die gegenüber

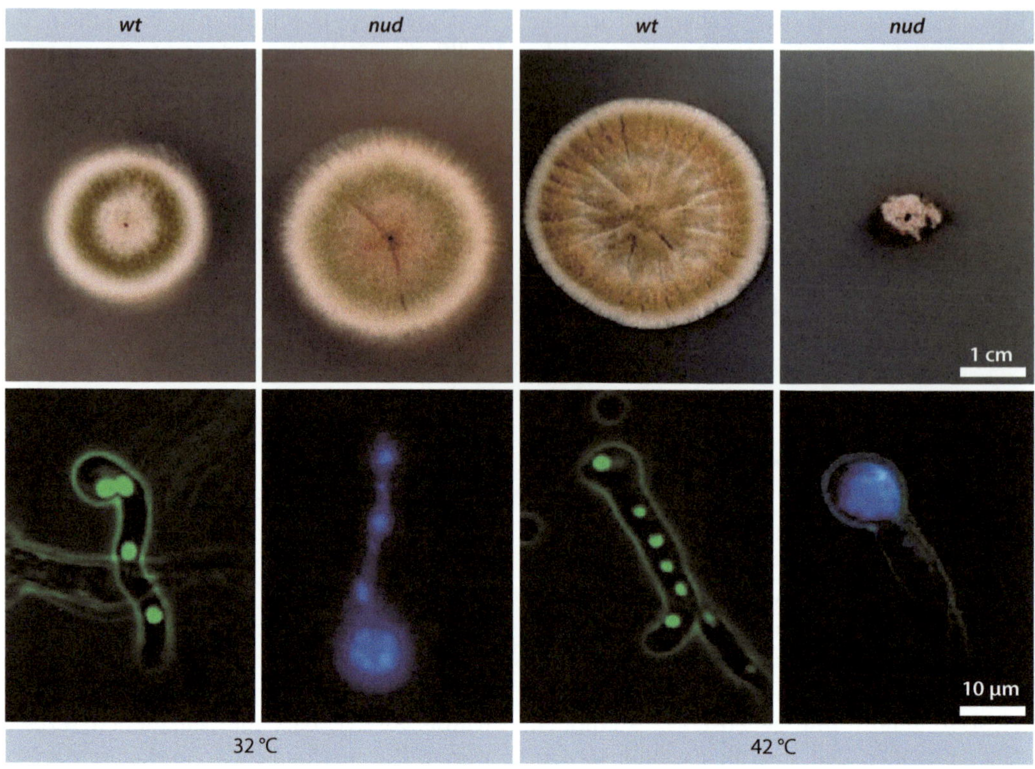

■ Abb. 4.6   Temperatursensitive Zellkernwanderungsmutante von *A. nidulans*. Die obere Reihe zeigt Kolonien eines Wildtyps und einer *nuclear-distribution*-Mutante, in der das Motorprotein Dynein mutiert ist. Während der Wildtyp bei 32 °C und bei 42 °C wachsen kann, ist das Wachstum der Mutante bei 42 °C gehemmt. In der unteren Reihe sind mikroskopische Bilder von ausgekeimten Sporen der Stämme zu sehen. Im Wildtyp wurden die Zellkerne mit GFP, in der Mutante mit DAPI gefärbt

einem Fungizid (Benomyl), das Tubulin angreift, resistent waren. Das entsprechende Gen wurde *benA* genannt und codiert für β-Tubulin. Diese Stämme waren nicht nur gegenüber Benomyl resistent, sondern auch temperatursensitiv. Das ließ vermuten, dass die Mutation nur eine kleine Änderung im Protein und keinen Komplettausfall betraf. Vermutlich wurde durch den Austausch einer Aminosäure die Konformation des Proteins leicht verändert. Diese Mutante wurde verwendet, um erneut eine Mutagenese durchzuführen und nach Stämmen zu suchen, bei denen die erste Mutation aufgehoben wurde (■ Abb. 4.8). Durch genetische Analyse wurden Stämme ausgeschlossen, bei denen die Mutation revertiert war oder bei denen

innerhalb von *benA* eine zweite Mutation zum Ausgleich der ersten Mutation führte (intragenischer Suppressor). Die verbleibenden Suppressorstämme sollten eine Mutation in einem anderen Gen tragen (extragenischer Suppressor). Die molekulare Analyse ergab, dass in einem der Suppressorstämme α-Tubulin verändert war. In einem anderen Stamm wurde ebenfalls ein Gen identifiziert, das für ein Tubulin codierte. Allerdings war die Ähnlichkeit sowohl zu anderen α- als auch zu anderen β-Tubulinen mit je ca. 60 % nicht sehr hoch. Deshalb handelte es sich offensichtlich um eine neue Tubulinklasse, γ-Tubulin. Das Protein wurde danach in allen Eukaryoten gefunden. Es stellt eine zentrale Komponente von Mikrotubuli organisierenden Zentren dar.

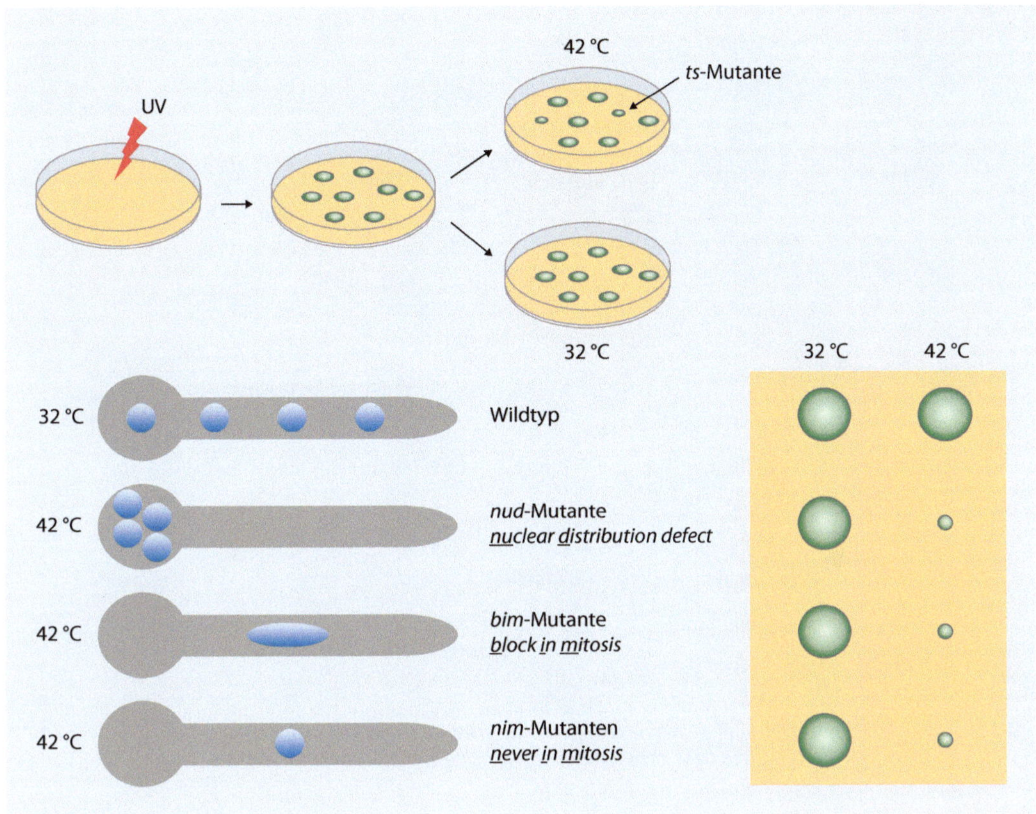

Abb. 4.7   Schema der Isolierung von temperatursensitiven Mutanten. (Nach Fischer 1999)

4.6 Mutantenscreen mit anschließender Genomsequenzierung

Die Analyse von Mutanten stellt eine hervorragende Möglichkeit dar, biologische Phänomene molekularbiologisch zu untersuchen und neue Komponenten zu finden. Alternativ wird heute sehr häufig ein revers-genetischer Ansatz verfolgt, in dem bereits bekannte Gene in anderen Organismen analysiert werden. Dadurch kann nur selten etwas ganz Neues entdeckt werden. Die genetische Analyse hat allerdings den Nachteil, dass die Mutantenanalyse sehr aufwendig ist und teilweise mehrere Jahre in Anspruch nehmen kann. Die heutigen Sequenziermethoden, mit denen komplette Genomsequenzen schnell und ökonomisch entschlüsselt werden können, führen allerdings zu einer Renaissance der Mutageneseansätze. In *A. nidulans* können sehr leicht Mutanten erzeugt werden. Durch einfache Kreuzungsversuche können die Mutanten schnell klassifiziert werden, sodass der beobachtete Phänotyp auf die Mutation eines Gens zurückgeführt werden kann und nicht aus der Kombination mehrerer Mutationen resultiert. Die primären Mutanten enthalten allerdings viele tausend Mutationen, von denen die meisten stumm sind. Um durch eine Genomsequenzierung dennoch nur die entscheidende Mutation zu finden, bedient man sich eines Tricks: Die Mutante wird mit einem Wildtyp gekreuzt und wieder eine Mutante mit dem beobachteten Phänotyp von den Nachkommen ausgewählt. Diese wird dann erneut mit einem Wildtyp gekreuzt und ca. 20 Nachkommen mit dem Mutantenphänotyp ausgewählt. Alle 20 Stämme sollten also die gleiche Mutation tragen (■ Abb. 4.9).

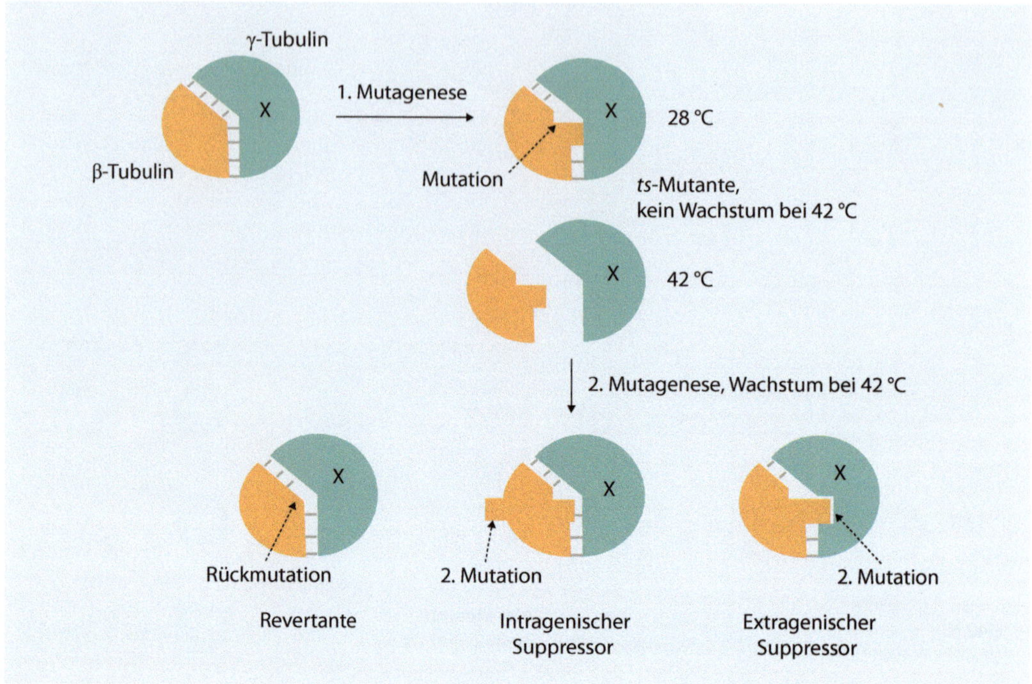

Abb. 4.8 Eine Suppressoranalyse, um interagierende Proteine zu finden. Durch solch einen Screen wurde γ-Tubulin entdeckt. (Entnommen aus Fischer 1999)

Durch die Kreuzung mit dem Wildtyp haben aber alle Stämme verschiedene Mutationen verloren, je nachdem, welche Chromosomen oder Chromosomenstücke von der Mutante oder vom Wildtyp stammen. Wenn jetzt genomische DNA aller 20 Stämme vereint, gemeinsam sequenziert und mit der Wildtyp-DNA Sequenz verglichen wird, sollte idealerweise nur eine Mutation in allen *Reads* vorkommen (die DNA wird durch viele Millionen kleine *Reads* sequenziert, sodass jede Stelle des Genoms viele Male in den kleinen Sequenzen vertreten ist). Wenn jetzt das entsprechende Gen in einem Wildtyp deletiert wird oder die gleiche Mutation in einen Wildtyp eingeführt wird, wie sie in der Sequenzierung bestimmt wurde, sollte der Stamm den gleichen Mutantenphänotyp aufweisen wie die ursprüngliche Mutante. Die gesamte Prozedur kann in wenigen Monaten durchgeführt werden.

4.7 Konidiophorenbildung als Beispiel eukaryotischer Entwicklungsbiologie

Ein faszinierender Aspekt der Biologie von *A. nidulans* – wie der meisten Pilze – ist die Bildung verschiedener Sporen. Wenn *A. nidulans* in Flüssigkultur gezüchtet wird, verlängern und verzweigen sich die Hyphen und bilden Mycelbällchen. Wenn der Pilz allerdings auf eine Agaroberfläche aufgebracht wird und die Hyphen mindestens 20 h vegetativ gewachsen sind, beginnt ein komplexes Differenzierungsprogramm, in dessen Verlauf Tausende von asexuellen Sporen (Konidien) gebildet werden. Die Sporen werden an Sporenträgern (Konidiophoren) generiert und dienen der Verbreitung des Pilzes zur Eroberung neuer Habitate. Wenn die Differenzierung eingeleitet wurde, wird zunächst aus einem Hyphenkompartiment ein Stielchen in den Luftraum

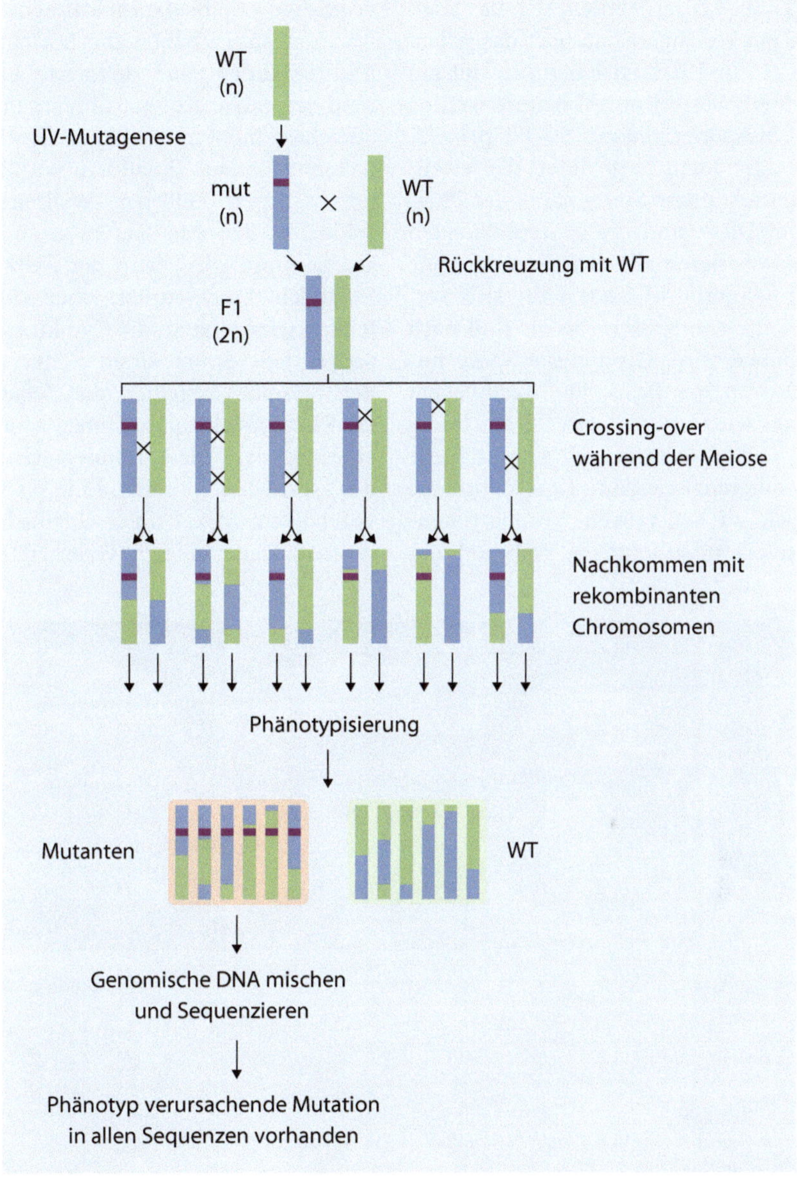

Abb. 4.9 Bestimmung einer Mutation im Genom durch Genomsequenzierung. Ein haploider (n) Wildtyp (WT) wird durch UV-Licht mutagenisiert (mut), wodurch Tausende von Mutationen im Genom entstehen. Eine Mutante, zum Beispiel eine Entwicklungsmutante, wird selektiert, und die Phänotyp verursachende Mutation soll bestimmt werden. Um die Zahl der Hintergrundmutationen, also der Tausenden Mutationen, die nicht den Phänotyp verursachen (stumme Mutationen oder Mutationen in anderen Genen), zu reduzieren, wird die Mutante mit einem Wildtypstamm gekreuzt. Dadurch wird die Phänotyp verursachende Mutation möglicherweise mit Chromosomen aus dem Wildtyp zusammengebracht (Neu- und Rekombination). Die Wildtypchromosomen enthalten keine Mutationen (grün). Die Kreuzung eines Stammes mit der Mutation kann nochmals wiederholt werden. Aus den Nachkommen werden dann mehrere Mutanten (hier sechs) und mehrere Wildtypstämme (hier auch sechs) ausgewählt, die genomische DNA jeweils der Mutanten und der Wildtypen gemischt und sequenziert. Die Phänotyp verursachende Mutation sollte in allen Reads der Mutanten-DNA auftauchen

gebildet (■ Abb. 4.10). Nachdem sich das Stielchen ca. 70 µm verlängert hat, hört das polare Wachstum auf und das Stielchen schwillt am Ende zu einem Vesikel an. Von dort werden in einem Knospungsvorgang 50–70 primäre Sterigmata oder Metulae gebildet, die jeweils zwei bis drei sekundäre Sterigmata oder Phialiden bilden. Diese sind die sporenbildenden Zellen und generieren alle zwei Stunden eine neue Spore (Konidium), sodass die sich verlängernde Kette von Sporen (bis zu 100) nach oben geschoben wird. Die jüngste Spore findet sich also an der Basis. Die Komplexität des Vorgangs wird bei genauerer Betrachtung ersichtlich. Zwei wesentliche Unterschiede der sich differenzierenden Kompartimente im Vergleich zu vegetativen Kompartimenten sind sofort offensichtlich. Während das

vegetative Spitzenkompartiment unendlich wachsen kann, haben die Stielchen, Metulae und Phialiden eine definierte Länge. Während vegetative Kompartimente und auch das Stielchen mehrere Zellkerne enthalten, enthalten Metulae, Phialiden und Sporen nur jeweils einen Zellkern. Während der Zellzyklus in den Metulae in nach zwei Mitosen gestoppt wird, wird der Zellzykus in den Phialiden beschleunigt, aber die Zellkernteilung wird jetzt an die Cytokinese gekoppelt, sodass jede Spore einen Zellkern erhält. In den Sporen verbleiben die Zellkerne in der G1-Phase. Molekulare Untersuchungen haben ergeben, dass viele hundert Gene während der asexuellen Sporenbildung im Vergleich zu vegetativem Mycel unterschiedlich exprimiert werden. Dabei spielen Transkriptionsfaktoren

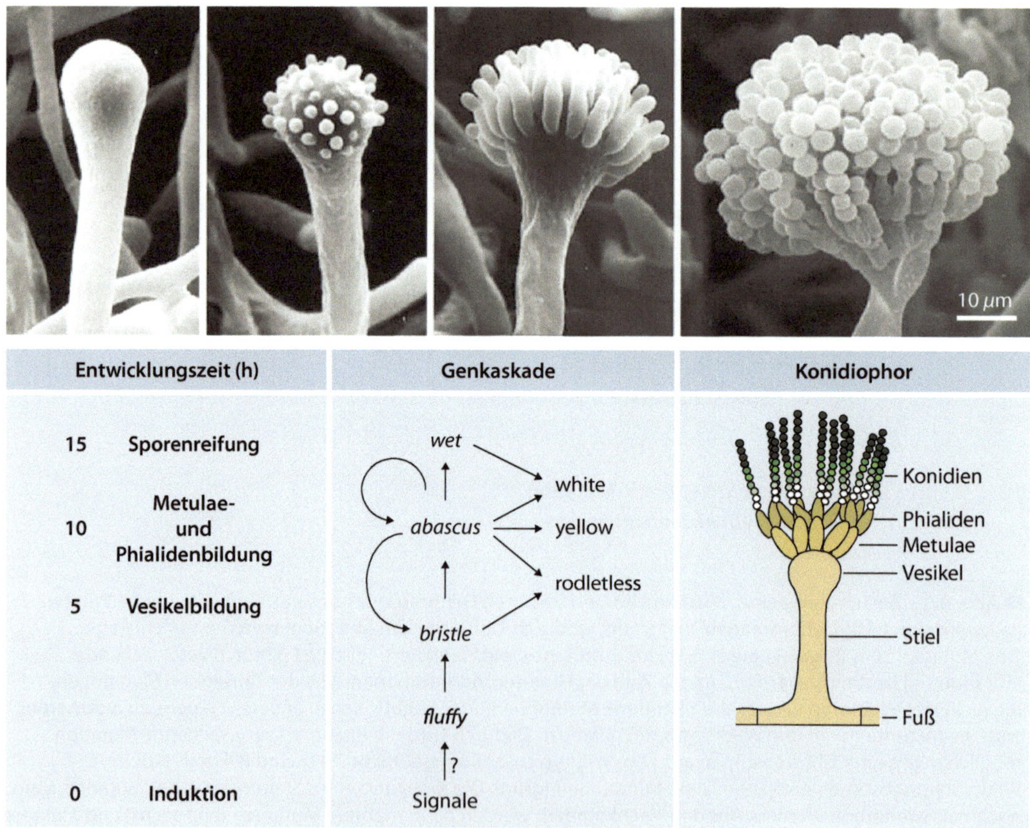

■ **Abb. 4.10**   Rasterelektronenmikroskopische Darstellung der Konidiophorentwicklung und Schema der Genkaskade, die die Entwicklung steuert. (Nach Fischer und Timberlake 1995)

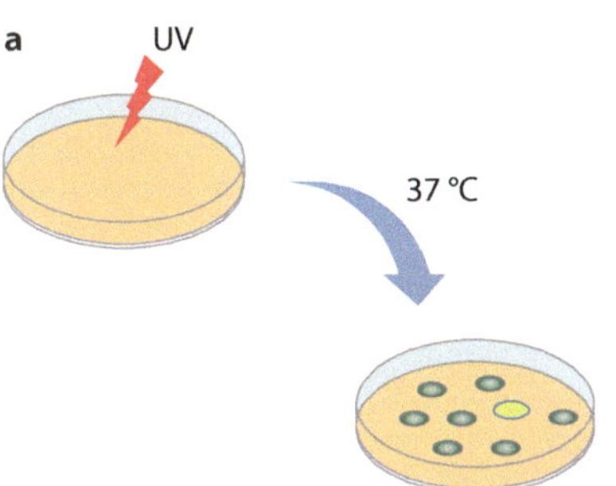

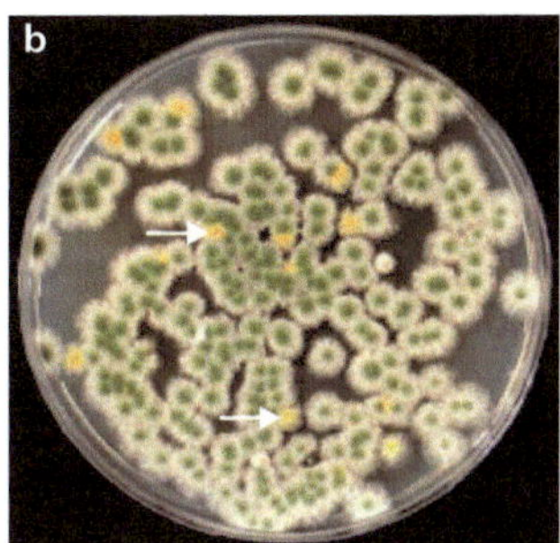

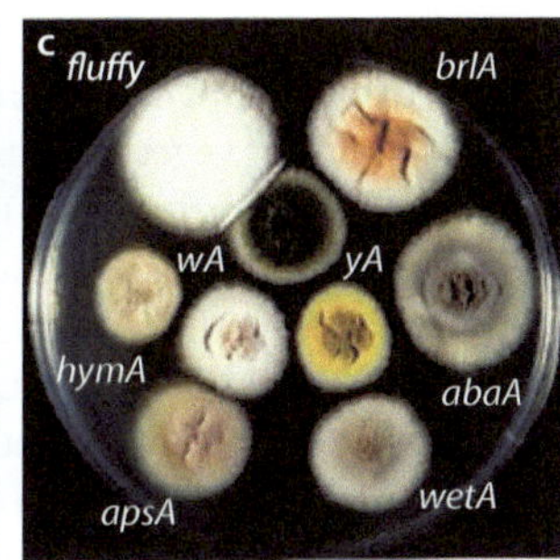

▫ Abb. 4.11 Mutagenese von Sporen von *A. nidulans* zur Isolierung von Entwicklungs- und Pigmentmutanten. **a** und **b** Sporen werden mit UV-Licht bestrahlt und auf Agarplatte ausplattiert. **b** Die veränderten Kolonien sind leicht auf der bewachsenen Agarplatte zu erkennen. Die Pfeile zeigen auf gelbe Pigmentmutanten. **c** Zusammenstellung einiger Entwicklungsmutanten. (Nach Krüger et al. 1997)

eine wichtige Rolle, die differenziell exprimiert werden und die Expression vieler anderer Gene steuern. Viele der Gene wurden durch Mutagenese und anschließende Komplementation entdeckt. Durch UV- oder chemische Mutagenese wurden dazu viele Entwicklungsmutanten erzeugt (▫ Abb. 4.11). Dabei wurde zunächst darauf Wert gelegt, dass das vegetative Wachstum nicht beeinträchtigt, sondern die Entwicklung spezifisch während eines Zeitpunktes der Entwicklung gestört ist. So wurde zum Beispiel eine Mutante isoliert, die das Entwicklungsprogramm noch einleitete, bei der die Konidiophorenbildung aber auf der Stufe der Stielchen blockiert war. Da die Kolonieoberflächen deshalb aussahen, als hätte der Pilz Borsten, wurde die Mutante *Bristle*-Mutante genannt. Das entsprechende Gen, *brlA*, wurde durch Komplementation mit einer Wildtypgenbank kloniert und codiert für einen Zn-Finger-Transkriptionsfaktor. Wie nachfolgende Untersuchungen zeigten, kontrolliert dieses Gen viele andere Regulatoren und Gene, die für die Konidiophorbildung benötigt werden. Es ist ein sogenannter *Masterregulator*. Die Analyse vieler weiterer Mutanten und die anschließende detaillierte Untersuchung der Interaktionen hat ein komplexes Bild der Entwicklungsregulation ergeben. Eine zentrale Kaskade von Entwicklungsregulatoren steuert Gene für die Pigment-Biosynthese, aber auch zum Beispiel Gene zur Steuerung des Zellzyklus im Konidiophor.

4.8 Entwicklungsmutanten von *A. nidulans*

Die Analyse der asexuellen Entwicklung ist vor allem mit zwei Namen verknüpft, John Clutterbuck (Glasgow University, UK) und William E. Timberlake (Athens University, USA). J. Clutterbuck hat Ende der 1960er-Jahre mit der Isolierung und klassischen Charakterisierung einiger Entwicklungsmutanten den Grundstein für eine moderne Analyse gelegt. Die molekulare Analyse, die auch die parallele Entwicklung vieler molekulargenetischer Methoden wie zum Beispiel der Transformation erforderte, wurde wesentlich von W. E. Timberlake vorangetrieben. Viele der Schüler dieser Labors haben die Thematik bis heute weiter verfolgt und mit ihren Forschungen zu einem detaillierten Verständnis der Entwicklungsbiologie von einfachen Eukaryoten beigetragen.

4.9 Sexuelle Entwicklung und Genetik von *A. nidulans*

Viele Schimmelpilze bilden ähnliche asexuelle Sporenträger wie *A. nidulans*. Daneben ist *A. nidulans* aber auch in der Lage, sexuelle Sporen (Ascosporen) zu bilden. Diese Sporen werden in Fruchtkörpern (Cleistothecien) gebildet und dienen vor allem der Überdauerung ungünstiger Umweltbedingungen. Die Fähigkeit zur sexuellen Sporenbildung hat unter anderem zur weiten Verbreitung des Pilzes in der Forschung geführt. Die gleichen Eigenschaften, vegetative und sexuelle Vermehrung, findet man auch in der Bäcker- und der Spalthefe oder auch in *Drosophila*. Die sexuelle Entwicklung wird durch die Fusion zweier Hyphen eingeleitet. Dabei kommen Zellkerne verschiedener Individuen in einem Kompartiment zusammen und bilden ein *Heterokaryon*. Die Zellkerne verschmelzen zunächst nicht, sondern der heterokaryotische Zustand kann lange aufrechterhalten werden, sodass das heterokaryotische Mycel zu Kolonien heranwächst und stabil vermehrt werden kann. Wenn die sexuelle Entwicklung eingeleitet wird, entstehen zunächst spezielle, sehr dickwandige Zellen, die sogenannten Hülle-Zellen (▪ Abb. 4.12). Sie bilden kleine, nestartige Strukturen, in deren Innerem dann sich eine hakenförmige Hyphe bildet. Sie entwickelt sich zur Ascusmutterzelle und enthält jeweils einen Zellkern von jedem Kreuzungspartner. Die beiden Zellkerne verschmelzen schließlich, um direkt im Anschluss durch Meiose vier neue Zellkerne zu generieren. Diese teilen sich nochmals mitotisch und werden durch Abgrenzung des Cytoplasmas und Bildung von stabilen Zellwänden in die Ascosporen verpackt. Die acht Ascosporen sind also wieder haploid. Nach Abschluss der Ascosporenbildung teilt sich jeder Zellkern jeweils noch einmal mitotisch, sodass reife Ascosporen immer zwei identische Zellkerne enthalten. Die Ascosporen können jahrzehntelang im Boden überdauern, um dann bei günstigen Nährstoffbedingungen

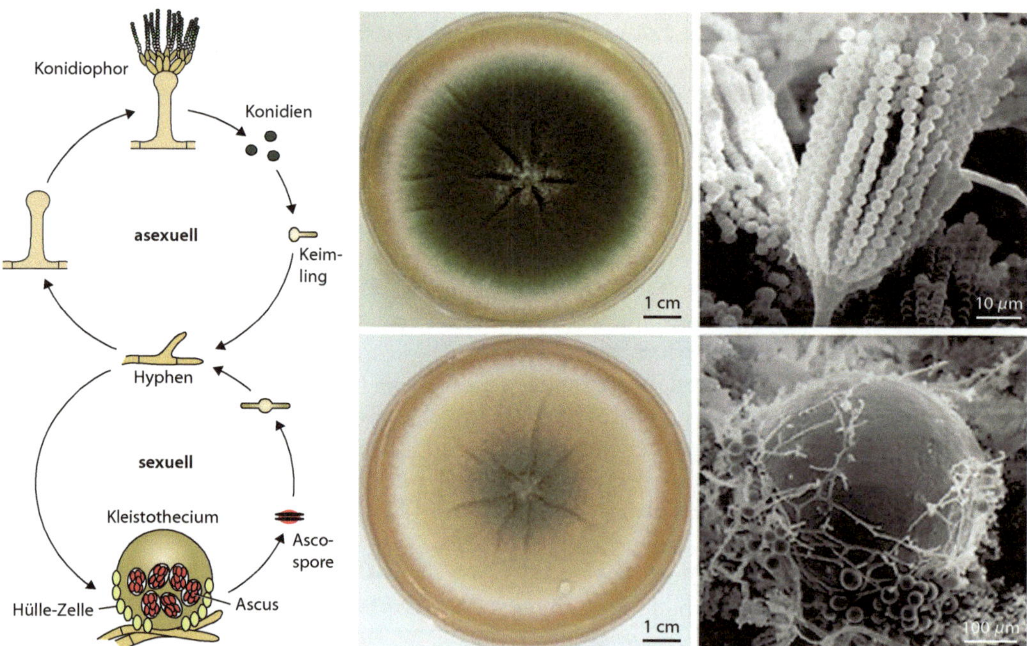

▪ **Abb. 4.12**   Bei guter Nährstoffversorgung bilden Hyphen innerhalb von 20 h asexuelle Konidophoren mit Tausenden von Konidien. Die Konidiophore stehen dicht an dicht auf der Kolonieoberfläche, sodass die gesamte Kolonie grün erscheint. Bei Nährstoffmangel bildet der Pilz sexuelle Kleistothecien, in denen durch Meiose Ascosporen entstehen. Die Entscheidung zwischen den beiden Entwicklungswegen wird auch durch Licht beeinflusst. Wird eine Kolonie im Licht inkubiert, erscheint sie aufgrund der Konidiosporen grün, wächst sie im Dunkeln, werden vorwiegend sexuelle Kleistothecien gebildet, sodass die Kolonie gelblich erscheint. Für den sexuellen Zyklus ist kein Kreuzungspartner erforderlich, da *A. nidulans* ein homothallischer Pilz ist. Die Agarplatten wurden zentral beimpft und eine Woche bei 37 °C im Licht (oben) oder im Dunkeln (unten) inkubiert. (Nach Krüger et al. 1997)

wieder auszukeimen. Im Labor kann der sexuelle Zyklus innerhalb von zwei Wochen abgeschlossen werden. Dadurch können die Eigenschaften der Elternstämme neu kombiniert werden, sodass die sexuelle Vermehrung ein wichtiges Mittel bei der Stammherstellung und der molekularen Analyse von Phänomen darstellt.

In den 1970er-Jahren war die Generierung von Mutanten und deren anschließende genetische Analyse ein wichtiges Forschungsgebiet. So wurden nicht nur die Zellbiologie und die asexuelle Entwicklung von *A. nidulans*, sondern auch viele Stoffwechselwege sowie deren Regulation untersucht. Durch Auswertung von Dreifaktorkreuzungen wurden detaillierte genetische Karten des Genoms erstellt (◘ Abb. 4.13). Diese Information war bei der Sequenzierung des Genoms von großer Bedeutung, sodass eine physikalische Genkarte anhand der genetischen Genkarte erstellt und das Genom sehr schnell assembliert werden konnte. Die Genomsequenz der acht Chromosomen von *A. nidulans* wurde 2004 zunächst in einem Industrieunternehmen, dann aber auch mit öffentlichen Mitteln entschlüsselt. Das Genom umfasst ca. 30 Mbp und codiert für ca. 9500 Gene. Die Gene sind relativ kompakt angeordnet und enthalten in der Regel ein bis mehrere kleine Introns.

Die Genomsequenzierung hat neben einem großen Fundus an Wissen auch erhellt, warum *A. nidulans* auch ohne einen zweiten Partner sexuelle Strukturen bilden kann. Dieses Phänomen bezeichnet man als Homothallismus. Im Menschen sind es die Geschlechtschromosomen, die den Unterschied der beiden Geschlechter ausmachen. Bei Pilzen ist die Situation zunächst weniger komplex, da nicht ganze Chromosomen, sondern nur einzelne Gene, die Paarungsgene, unterschiedlich sind. Die Gene liegen im Chromosom an gleicher Stelle, unterscheiden sich aber komplett in der Sequenz. Im Falle von *A. nidulans* wurden beide Paarungsgene in einem Individuum gefunden. Deshalb kann die sexuelle Entwicklung auch mit nur einem Individuum

ablaufen. Das wirft die Frage nach dem Sinn des Prozesses auf, da ein wesentlicher Punkt der sexuellen Vermehrung, nämlich die Neukombination von Eigenschaften offensichtlich wegfällt. Bei dieser Betrachtung müssen allerdings zwei Aspekte berücksichtigt werden. Zum einen enthält ein Individuum sehr viele Zellkerne, in denen sich unterschiedliche Mutationen ereignen können, sodass diese Eigenschaften doch neu kombiniert werden können. Außerdem gelten die sexuellen Sporen als Überdauerungsorgane von *A. nidulans*.

Nachdem die Genome vieler anderer Schimmelpilze entschlüsselt wurden, hat sich gezeigt, dass viele der bisher als rein asexuelle Pilze *(Fungi imperfecti)* klassifizierten Spezies ebenfalls die Paarungsgene enthalten. Sorgfältige Kreuzungsversuche haben dann tatsächlich zur Entdeckung von sexuellen Strukturen in Pilzen wie *A. fumigatus* (pathogen) oder *Penicillium chrysogenum* (Penicillinproduzent) geführt.

Da *A. nidulans* in der Lage ist, mehrere Entwicklungsprogramme durchzuführen, stellt sich die Frage nach der Regulation der Prozesse. Es sind sowohl innere als auch äußere Faktoren, die bestimmen, ob der asexuelle oder der sexuelle Zyklus eingeschlagen wird. Ein wichtiger Parameter ist der Ernährungszustand des Mycels. Die Cleistothecien sind mit ca. 500 µm Durchmesser relativ große Strukturen, die gebildet werden, wenn die Nährstoffe limitierend sind, das heißt wenn der Pilz *hungert*. Um unter diesen Umständen aber genügend Energie für die Bildung der Cleistothecien bereitstellen zu können, benötigt der Pilz Reservestoffe, die er während des vegetativen Wachstums angehäuft hat. Als Nährstoffreserve verwendet er neben Glycogen die Kohlenhydrate der Zellwand. Während des vegetativen Wachstums wird überschüssiger Kohlenstoff in Form von Zellwandpolymeren abgelagert, die dann bei der Einleitung des sexuellen Zyklus unter anderem durch die Induktion einer Glucanase und eines Hexose-Transporters, der die freigesetzte Glucose aufnimmt, zur Verfügung gestellt werden. Als äußerer Parameter spielt die Kohlendioxydkonzentration eine Rolle.

a
b
c
d
e
f
g
Neuverteilung der Gene
Mutante
Wildtyp
I
II
Mutationen:
paba
gelb
weiß
Paarung homologer
Chromosomen
in der Meiose
Neuverteilung
paba
gelb
weiß
paba
gelb
weiß
Wildtyp
paba, weiß   paba, gelb   weiß   grün
h
Rekombination und Neuverteilung
Mutante
Wildtyp
I
II
Rekombination
Neuverteilung
paba
weiß
paba
gelb
weiß
gelb
paba, weiß   paba, grün   weiß   gelb

◀ ▣ **Abb. 4.13**   Kreuzungsanalyse. **a** Kolonien zweier Stämme wachsen nebeneinander, bis sich die Hyphen berühren. **b** Kleine Agarblöckchen werden aus dem Grenzbereich entnommen und **c** auf eine neue Agarplatte übertragen. Beide Elternstämme sind auxotroph (paba = p-Aminobenzoesäure und pyro = Pyridoxalphosphat), sodass sie nicht auf Minimalmedium wachsen können. Wenn die Hyphen allerdings fusioniert sind und ein Heterokaryon bilden, können sie auf Minimalmedium (ohne p-Aminobenzoesäure und Pyridoxalphosphat) wachsen. **d** Nach einer Woche sind neben den grünen und weißen Konidiophoren auch Kleistothecien entstanden. **e** Ascosporen von einem Kleistothecium wurden ausplattiert. Es entstehen grüne und weiße Kolonien, aber auch gelbe Stämme. Die gelben Stämme zeigen die Neuverteilung der Chromosomen in der Meiose an. Wenn ein Stamm die weiße und die gelbe Mutation trägt, erscheint der Stamm weiß. Das war beim weißen Elternstamm der Fall. Wenn er nur die gelbe Mutation trägt, erscheint er gelb. **f** Grüne und weiße Kolonien wurden auf Agarplatten übertragen, die paba und pyro enthalten (obere Reihe). Hier sollten alle Kolonien wachsen. Die gleichen Kolonien wurden auch auf Agarplatten nur mit paba übertragen (Mitte). Hier können pyro-auxotrophe Mutanten nicht wachsen. Die untere Reihe zeigt das Wachstum der gleichen Kolonien auf Agarplatten nur mit pyro, sodass hier paba-auxotrophe Stämme nicht wachsen können. Durch Auszählen der Kolonien kann auf die Verteilung der Mutationen geschlossen werden. **g** Schema der Neuverteilung der Gene. **h** Schema der Rekombination und Neuverteilung. Die Häufigkeit der Rekombination kann aus den Phänotypen der Kolonien (Farbe und Auxotrophie) errechnet werden und ergibt den relativen Abstand von zwei Markern auf einem Chromosom. Das pyro-Gen liegt auf Chromosom IV und ist hier nicht dargestellt. (Entnommen aus Sievers et al. 1997)

Der sexuelle Zyklus wird bevorzugt bei einem etwas erhöhten CO_2-Partialdruck eingeleitet.

Dem Wechsel zwischen Wachstum im Substrat und Wachstum auf dem Substrat ist *A. nidulans* in der Natur vermutlich häufig ausgesetzt, dieser hat weitreichende Konsequenzen nicht nur hinsichtlich der Entwicklungsvorgänge. Viele Parameter können unter den beiden Bedingungen stark variieren. So kann das Mycel auf der Oberfläche im Tagesverlauf starken Temperaturschwankungen oder Feuchtigkeitsunterschieden ausgesetzt sein, während diese Schwankungen im Boden oder im Substrat oft weniger drastisch sind (▣ Abb. 4.14). *Aspergillus nidulans* und andere Pilze können sich an viele Wachstumsbedingungen anpassen, benötigen aber natürlich etwas Zeit. Das könnte der Grund dafür sein, dass Pilze Lichtrezeptoren besitzen und damit auf Licht reagieren. In der Regel besitzen Pilze Blaulichtrezeptoren. Dieses System besteht im Wesentlichen aus einem Transkriptionsfaktor, der Flavin als Chromophor gebunden hat. Durch Lichteinstrahlung ändert der Transkriptionsfaktor seine Aktivität, was zur Regulation vieler hundert Gene führt. Daneben besitzt *A. nidulans* – und einige weitere Pilze – auch Phytochrom als Rotlichtrezeptor. Phytochrom war ursprünglich nur aus Pflanzen bekannt, wurde aber vor einiger Zeit auch in Bakterien und Pilzen entdeckt. *Aspergillus nidulans* kann also blaues und rotes Licht wahrnehmen und in differenzielle Genexpression übersetzen. Die genaue Signalverarbeitung und -weiterleitung wird noch untersucht.

4.10 Sekundärstoffwechsel und neue industrielle Anwendungsmöglichkeiten

Viele Pilze zeichnen sich durch einen ausgeprägten Sekundärstoffwechsel aus. Als Sekundärstoffwechsel bezeichnet man Stoffwechselwege, die nicht für das Überleben (unter Laborbedingungen) notwendig sind. Dazu gehören so bekannte Substanzen wie Penicillin, dessen Funktion in der Natur vermutlich darin besteht, Bakterien in der Umgebung zu hemmen und damit Konkurrenten um die vorhandene Nahrung zu kontrollieren. Bei Substanzen wie Aflatoxin und anderen sogenannten Mykotoxinen fällt die Erklärung schwerer, da für den Pilz keine offensichtlichen Vorteile gegeben sind. Es könnte sein, dass einige Substanzen einen Fraßschutz darstellen, aber meistens ist die

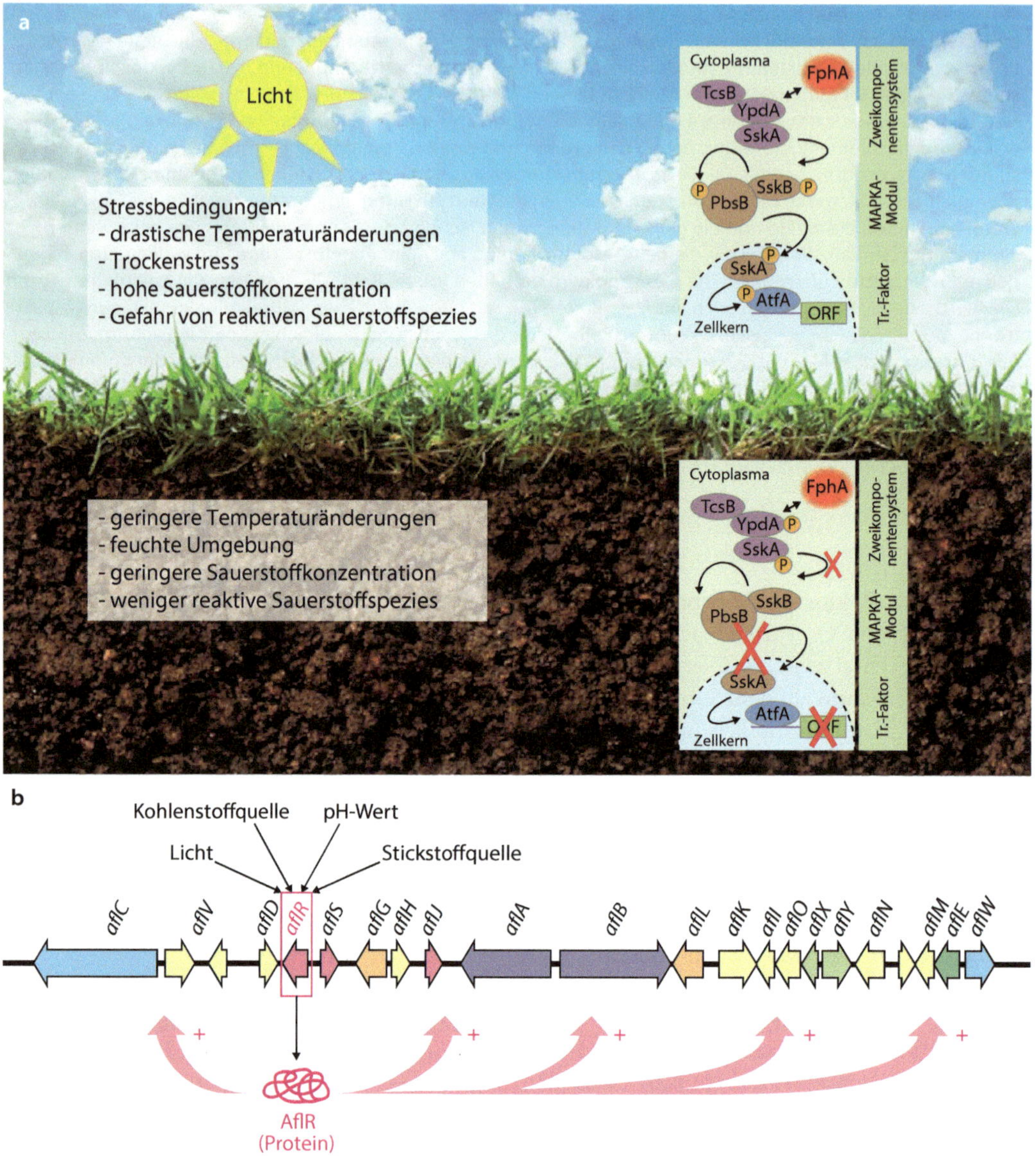

4

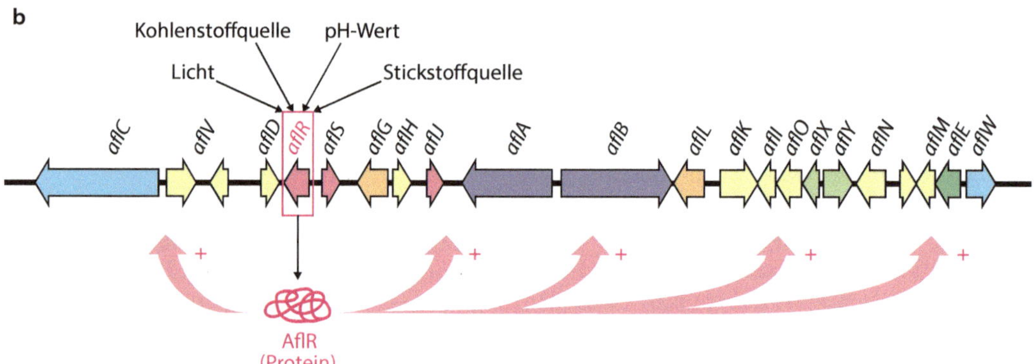

Abb. 4.14   Molekulare Analyse der Lichtregulation und der Sterigmatocystinbildung in *A. nidulans*. **a** Phyto-chrom ist ein wichtiger Lichtsensor, der das Signal über den HOG-Signalweg in den Zellkern leitet. Licht gilt als früher Indikator von Stressbedingungen an der Bodenoberfläche. **b** Die Gene für die Sekundärmetabolitbildung sind häufig in Genclustern angeordnet. Ein gut untersuchtes Beispiel ist die Aflatoxin-Biosynthese (*A. nidulans* bildet Sterigmatocystin). Im Cluster ist ein Regulator codiert (AflR), der für die Expression aller anderen Gene im Cluster verantwortlich ist. Dadurch ist eine koordinierte Expression möglich

natürliche Funktion unbekannt. Dennoch sind die Moleküle von großem Interesse, da sie antimikrobielle Eigenschaften haben können oder pharmakologisch wirksam sind und gegen Entzündungen oder gegen Krebs eingesetzt werden. Viele Medikamente gehen auf Naturstoffe zurück, sodass nach wie vor versucht wird, neue, hochwirksame Verbindungen zu finden. Die modernen molekulargenetischen Methoden eröffnen dabei eine neue Dimension der Forschung.

Die genetische Analyse des Aflatoxin-Genclusters in *A. nidulans* (*A. nidulans* bildet kein Aflatoxin sondern eine weniger toxische Vorstufe, Sterigmatocystin) hat ergeben, dass die mehr als 20 benötigten Gene alle in einem Gencluster angeordnet sind (Abb. 4.14b). In Eukaryoten sind Gencluster ansonsten eher selten, kommen aber bei Pilzen bei den Sekundärmetaboliten häufig vor. Ein zentrales Enzym der Aflatoxin-Biosynthese – wie auch in der Biosynthese vieler anderer Sekundärmetabolite – ist eine Polyketid-Synthase, die aus Acetyl-CoA-Untereinheiten ein Polyketidgrundgerüst synthetisiert. Dieses wird dann durch viele andere Enzyme modifiziert. Innerhalb des Genclusters wurde ein Gen entdeckt, das als Transkriptionsfaktor alle anderen Gene des Clusters reguliert. Wenn also dieser Transkriptionsfaktor induziert wird, werden alle für die Biosynthese von Aflatoxin benötigten Gene synchron induziert (Abb. 4.14b). Neben der transkriptionellen Kontrolle der Gene spielt die Chromatinstruktur eine wichtige Rolle.

Die Genomanalyse hat ergeben, dass es viele potenzielle Gencluster gibt, die eine Polyketid-Synthase (ca. 30 im Genom von *A. nidulans*) enthalten und damit für einen Sekundärmetaboliten codieren. Allerdings werden die meisten Gencluster unter Laborbedingungen nicht induziert. Man spricht von *schlafenden* Genclustern. Solche schlafenden Gencluster findet man in vielen Pilzen sehr häufig, sodass die Pilze in der Lage sind, noch viele bislang unbekannte Sekundärmetabolite zu bilden. Da offensichtlich – zumindest im Falle des Aflatoxin-Genclusters – die Induktion des Transkriptionsfaktors das Schlüsselereignis

zur Aktivierung des gesamten Clusters darstellt, wurde die gleiche Strategie angewendet, um schlafende Gencluster zu aktivieren. Der Transkriptionsfaktor wurde unter die Kontrolle eines induzierbaren Promotors gestellt und dann das Sekundärmetabolitprofil des Pilzes unter induzierenden Bedingungen analysiert. Dadurch konnte zum Beispiel Aspyridon als neuer Sekundärmetabolit entdeckt werden. Als weitere Strategie wurden bereits einzelne Polyketid-Synthase-Gene oder sogar ganze Gencluster aus unterschiedlichen Pilzen amplifiziert und in *A. nidulans* zur Expression gebracht. Dadurch wurden ebenfalls neue Metabolite gewonnen. Obwohl *A. nidulans* keine große Bedeutung in der industriellen Produktion hat, zeigen die Beispiele die Bedeutung des Pilzes in der Grundlagenforschung zur Entdeckung neuer Substanzen oder zur Analyse der genetischen Regulation. In der Produktion spielen heute vor allem *Penicillium chrysogenum*, *A. niger* und *A. oryzae* wichtige Rollen. Alle drei sind aber genetisch nicht so gut handhabbar wie *A. nidulans*, sodass die Prozesse oft zunächst in *A. nidulans* untersucht werden.

Neben der Produktion von niedermolekularen Substanzen und der Analyse von Stoffwechselwegen wurde eine neue Anwendungsmöglichkeit etabliert. Hierbei handelt es sich um kleine amphiphile Proteine, die auf der Sporenoberfläche von *A. nidulans*, aber auch auf den Hyphen und Sporen anderer Pilze, zu finden sind. Sie werden als Hydrophobin bezeichnet und wurde ursprünglich in dem Basidiomyceten *Schizophyllum commune* entdeckt. Diese Proteine bilden monomolekulare Schichten und sind im Falle von *A. nidulans* als regelmäßige Stäbchen auf der Oberfläche zu erkennen (Abb. 4.15). Es ist gelungen, eines der Proteine heterolog in *E. coli* zu produzieren und zur Beschichtung von Oberflächen zu benutzen. Dadurch kann die Polarität von Oberflächen verändert werden. Interessanterweise verbessert das Protein offensichtlich die Klebewirkung herkömmlicher Leime, sodass Hydrophobin in der Buchbindung eingesetzt werden kann (Abb. 4.15d, e). Dadurch wurde ein

4

▣ Abb. 4.15   Anwendung von pilzlichem Hydrophobin. **a** Rasterelektronenmikroskopische Aufnahme eines Konidiophors von *A. nidulans*; **b** rasterkraftmikroskopische Aufnahme von der Sporenoberfläche. Die Rodlets aus Hydrophobin sind erkennbar; **c** In der *rodA*-Deletionsmutante fehlt der Hydrophobinbelag. RodA stellt also das wesentliche Hydrophobin auf der Sporenoberfläche dar; **d**, **e** Hydrophobin wurde in der Buchbinderei eingesetzt. Durch die Behandlung des Papiers mit Hydrophobin werden feine Cellulosefasern benetzt und sind für den Kleber besser zugänglich. **d** Hier wurden zwei verklebte Blattkanten auseinander gezogen. Da der Kleber durch die Hydrophobine so stark am Papier haftet, werden Klebstofffasern gebildet. Die Technik ermöglicht eine energiesparende Kaltleimung, die außerdem äußerst robust ist und die *Lay-flat*-Technologie (**e**) erlaubt. (**a** entnommen aus Krüger et al. 1997; **b**, **c** entnommen aus Grünbacher et al. 2014; **d**, **e** freundlicherweise von Franz Landen, Ribler AG Stuttgart und Erfinder der *Lay-flat*-Bindetechnolgoie auf Basis von Protein, zur Verfügung gestellt)

Kaltklebeverfahren möglich, sodass sehr viel Energie eingespart wird. Durch die erhöhte Wirksamkeit des Klebers ist es möglich, nur den Buchrücken zur Verklebung zu verwenden. Die Technik wird als *Lay-flat*-Technologie bezeichnet, weil derartig gebundene Zeitschriften oder Bücher keinen Falz haben und deshalb komplett aufgeschlagen werden können. Die Proteine können aber auch weiter funktionalisiert werden. Eine der Hoffnungen besteht darin, dadurch antibakterielle Oberflächen zu generieren und Biofilmwachstum zu kontrollieren oder zu hemmen.

Literatur

Bartnicki-Garcia S, Lippman E (1969) Fungal morphogenesis: cell wall construction in *Mucor rouxii*. Science 165:302–304

Fischer R (1999) Nuclear movement in filamentous fungi. FEMS Microbiol Rev 23:38–69

Fischer R, Timberlake WE (1995) *Aspergillus nidulans apsA* (anucleate primary sterigmata) encodes a coiled-coil protein necessary for nuclear positioning and completion of asexual development. J Cell Biol 128:485–498

Grünbacher A et al (2014) Six hydrophobins are involved in hydrophobin rodlet formation in *Aspergillus nidulans* and contribute to hydrophobicity of the spore surface. PLoS One 9:e94546

Jeong H-Y, Chae K-S, Whang SS (2004) Presence of mannoprotein, MnpAp, in the hyphal cell wall of *Aspergillus nidulans*. Mycologia 96:52–56

Krüger M, Sievers N, Fischer R (1997) Molekularbiologie der Sporenträgerentwicklung des Schimmelpilzes *Aspergillus nidulans*. Biol unserer Zeit 6:375–382

Sievers N, Krüger M, Fischer R (1997) Kreuzung von *Aspergillus nidulans*. Biol unserer Zeit 6:383–388

Takeshita N, Higashitsuji Y, Konzack S, Fischer R (2008) Apical sterol-rich membranes are essential for localizing cell end markers that determine growth directionality in the filamentous fungus *Aspergillus nidulans*. Mol Biol Cell 19:339–351

Zhang Y et al (2017) Microtubule-organizing centers of *Aspergillus nidulans* are anchored at septa by a disordered protein. Mol Microbiol 106:285–303

Weiterführende Literatur

Fischer R, Kües U (2006) Asexual sporulation in mycelial fungi. In: Kües U, Fischer R (Hrsg) The Mycota, growth differentiation and sexuality. Springer, Heidelberg, S 263–292

Fischer R, Aguirre J, Herrera-Estrella A, Corrochano LM (2016) The complexity of fungal vision. Microbiol Spectrum. 4(5):FUNK-0020-2016.

Herr A, Fischer R (2014) Improvement of *Aspergillus nidulans* penicillin production by targeting AcvA to peroxisomes. Metab Eng 25:131–139

Riquelme M, Aguirre J, Bartnicki-García S et al (2018) Fungal morphogenesis: From the polarized growth of hyphae to complex reproduction and infection structures. Microbiol Mol Biol Rev 82:e00068–00017

Rodriguez-Romero J, Hedtke M, Kastner C, Müller S, Fischer R (2010) Fungi, hidden in soil or up in the air: light makes a difference. Annu Rev Microbiol 64:585–610

Todd RB, Davis MA, Hynes MJ (2007a) Genetic manipulation of *Aspergillus nidulans*: meiotic progeny for genetic analysis and strain constuction. Nat Protoc 2:811–821

Todd RB, Davis MA, Hynes MJ (2007b) Genetic manipulation of *Aspergillus nidulans*: heterokaryons and diploids for dominance, complementation and haploidization analyses. Nat Protoc 2:822–830

Yu Z, Fischer R (2019) Light sensing and responses in fungi. Nat Rev Microbiol 17(1):25–36.

Arabidopsis thaliana (Ackerschmalwand)

Peter Nick

© Springer-Verlag GmbH Deutschland, ein Teil von Springer Nature 2019
P. Nick et al., *Modellorganismen*, https://doi.org/10.1007/978-3-662-54868-4_5

Überblick für schnelle Leser

Das kleine unscheinbare „Unkraut" *Arabidopsis thaliana* nutzt in der freien Natur kurzzeitige Störungen der Vegetationsdecke, um in kürzester Zeit seinen Lebenszyklus zu vollenden und dann in Form von Samen auf die nächste günstige Gelegenheit zu warten. Aufgrund dieser sogenannten Therophyten-Strategie ist alles bei der Ackerschmalwand *(Arabidopsis thaliana)* auf schnelle Entwicklung und maximale Samenbildung hin ausgerichtet. Das Genom ist die Minimalversion dessen, was eine Pflanze braucht, und der Lebenszyklus ist in weniger als zwei Monaten vollendet. Diese Eigenschaften machen die Ackerschmalwand zum idealen Modell für Pflanzengenetik. Da gezieltes Ausschalten von Genen (noch) nicht zur Verfügung steht, spielen weltweit vernetzte und über Datenbanken erschlossene Mutantenkollektionen die entscheidende Rolle. Am Beispiel des Phototropismus wird erklärt, wie man damit von einer Funktion (Wahrnehmung der Lichtrichtung) zum verantwortlichen Gen gelangt. Infolge der ökologischen Strategie weist die Entwicklung von *Arabidopsis* einige Besonderheiten auf, beispielsweise sehr festgelegte Abfolgen von Zellteilungen. Diese stereotype *Cell-Lineage* gaukelt vor, dass das Entwicklungsschicksal einer Zelle schon sehr früh festgelegt werde. Mithilfe von *Enhancer-Trap*-Linien in Verbindung mit der gezielten Entfernung einzelner Zelltypen mithilfe eines starken Lasers gelang es jedoch zu zeigen, dass auch bei *Arabidopsis* (so wie bei anderen Pflanzen auch) die Zellen ständig Signale aus ihrer Nachbarschaft aufnehmen und dementsprechend ihren Entwicklungsweg flexibel anpassen. Auch wenn *Arabidopsis thaliana* selbst nicht wirtschaftlich genutzt wird, dient es als wichtiges genetisches Bezugsystem für die Arbeit mit verwandten Modellpflanzen – etwa *Arabidopsis halleri*, die auf schwermetallhaltigen Böden gedeiht und daher für die Sanierung von Bergbauschäden interessant ist, oder der Raps *(Brassica napus)*, der als ölliefernde Energiepflanze (Biodiesel) inzwischen erhebliche wirtschaftliche Bedeutung innehat.

Aktuelle Forschungen am Modellorganismus *Arabidopsis* zielen darauf, das Genom kontrolliert verändern zu können. Hier hat sich unter mehreren Alternativansätzen vor allem das CRISPR/Cas-System als Methode der Wahl herausgestellt. Die an *Arabidopsis* mögliche methodische Optimierung des CRISPR/Cas-Systems hat es nun möglich gemacht, auch bei anderen Pflanzen Mutationen gezielt einfügen zu können. Dies hebt die Möglichkeiten der pflanzlichen Gentechnik auf ein völlig neues Niveau.

5.1 Arabidopsis als Modellsystem: wozu und warum?

■ **Pflanzen sind anders. Warum?**

Pflanzen liefern die Grundlage für fast alles Leben auf diesem Planeten, den Menschen und seine technische Zivilisation eingeschlossen. Die Nutzung von Licht als Energiequelle des Lebens begann vor mehr als drei Mrd. Jahren und führte zu Lebensformen, deren gesamte Organisation und Funktion auf die Photosynthese hin ausgerichtet wurde. Durch die photosynthetische Erzeugung von Sauerstoff und energiereichen organischen Molekülen prägten und formten Pflanzen die Lebensbedingungen auch für alle anderen Organismen.

Da Pflanzen ohne Licht nicht existieren können, gab es für pflanzliches Leben im Meer nur zwei Wege: Pflanzliches Plankton schwebt nahe der Wasseroberfläche und muss, damit es nicht sinkt, klein sein, wodurch es leicht zur Beute von Fressfeinden wird. In der Nähe der Uferlinie konnten festsitzende (benthische) Pflanzen zwar größer werden und sich damit besser vor Tierfraß schützen, drängten sich jedoch auf einem sehr begrenzten Lebensraum. Als es Pflanzen vor knapp einer halben Milliarde Jahren gelang, das feste Land zu besiedeln und damit unbegrenzten Zugang zum Licht zu gewinnen, wurde das Land damit auch für andere Lebensformen erschlossen.

Unter den knapp 400.000 Pflanzenarten bilden die Bedecktsamer (Angiospermen) mit etwa 226.000 Arten die vielfältigste und ökologisch bedeutsamste Gruppe. Beispielsweise hängt die Landwirtschaft fast komplett von den Angiospermen ab, sei es direkt durch den Anbau von Nahrungspflanzen, sei es indirekt durch die Fütterung von Tieren.

Leben heißt wachsen. In einem wachsenden Körper steigt die Oberfläche in der zweiten, das Volumen jedoch in der dritten Potenz des Radius. Dadurch klaffen Stoffzufuhr und Verbrauch immer mehr auseinander. Alle Lebewesen erweitern daher ihre Oberfläche durch Einstülpungen oder Auffaltungen, ein Phänomen, das sich schon bei Einzellern beobachten lässt. Groß werden bringt einen Selektionsvorteil, weil größere Organismen nicht nur besser gegen Schwankungen der Umwelt gepuffert sind, sondern auch weniger leicht gefressen werden können.

Als Folge ihrer photosynthetischen Lebensweise müssen Pflanzen ihre Oberfläche nach außen vergrößern, was bei mehrzelligen Organismen eine beträchtliche mechanische Belastung mit sich bringt. Diese mechanische Belastung hat die pflanzliche Architektur bis auf die Ebene der einzelnen Zelle hinab geprägt: Pflanzen sind daher zur Bewegungslosigkeit verdammt. Damit ändert sich auch die Strategie, wie Pflanzen den Widrigkeiten des Lebens begegnen müssen: Tiere laufen davon, Pflanzen passen sich an.

Die gesamte pflanzliche Entwicklung wird daher in weit höherem Maße abhängig von Signalen aus der Umwelt gesteuert und ist insgesamt viel weniger festgelegt und weit flexibler als bei tierischen Organismen. Dies wird sehr eindrücklich in der sogenannten **Totipotenz** pflanzlicher Zellen sichtbar: selbst differenzierte Zellen einer Pflanzen sind imstande, in Antwort auf bestimmte Signale (Pflanzenhormone) noch einmal die gesamte Entwicklung zu durchlaufen und aus einer einzigen Zelle eine komplette, neue Pflanze zu bilden, eine Fähigkeit, die in vielzelligen Tieren nur den heiß diskutierten Stammzellen zukommt.

■ **Warum wir für Pflanzen eigene Modelle brauchen**

Eine Entwicklung, die über drei Mrd. Jahre hinweg auf die Nutzung von Licht hin optimiert wurde, schuf natürlich Lebensformen, die sich grundsätzlich von anderen unterscheiden. Selbst bei den am höchsten entwickelten Pflanzen sind die einzelnen Zellen weniger differenziert, als man es etwa von tierischen Organismen her kennt. Alles in Pflanzen erscheint diffuser, variabler, weniger festgelegt. Anders als bei Tieren finden sich keine klar getrennten Organe. Selbst die landläufigen „Organe" der Pflanze – Wurzel, Spross und Blatt – zeigen vielfältige Übergänge und können sich über sogenannte Metamorphosen sogar ineinander umwandeln. Viele Funktionen sind reichlich diffus über große Bereiche der Pflanze verteilt – so gibt es etwa keine Augen, sondern alle oberirdischen Zellen einer Pflanze sind mehr oder minder in der Lage, Licht wahrzunehmen; es gibt keine Nieren, sondern alle Zellen müssen ihre osmotische Balance selbst aufrechterhalten. Diese Unterschiede in der Organisation sind so grundsätzlich, dass es nur selten möglich ist, Schlussfolgerungen aus tierischen Modellen auf Pflanzen zu übertragen. Die Entwicklung eigener pflanzlicher Modellorganismen war daher ein zentraler Schritt, um die Biologie dieser für unseren Planeten wichtigsten Lebensform zu verstehen.

Natürlich geht es auch bei der modernen Pflanzenbiologie darum, die Funktion von Genen und ihr Zusammenspiel während der Entwicklung zu untersuchen (s. auch Das Gen hinter Darwins Entdeckung). Der Weg vom Genotyp zum Phänotyp ist bei Pflanzen weit stärker durch die Umwelt geprägt als bei den meisten anderen Organismen. Pflanzliche Modellorganismen sind daher besonders wichtig, wenn man klären will, wie Entwicklung, Morphogenese und Genexpression abhängig von Signalen aus der Umwelt gesteuert werden. Dies hat auch handfeste angewandte Aspekte: Die nachhaltige Sicherung der Ernährung beruht in Zeiten knapper werdender Ressourcen auf der

Fähigkeit von Kulturpflanzen, sich an Stressbedingungen wie Trockenheit, extreme Temperaturen oder Schadorganismen anpassen zu können. In Antwort auf Signale aus der Umwelt können Pflanzen zahllose Sekundärstoffe bilden, womit sie nicht nur die Herausforderungen ihrer Umwelt meistern, sondern auch in subtiler und hochkomplexer Weise andere Organismen manipulieren. Die meisten dieser mehr als einer Million nur bei Pflanzen vorkommenden Sekundärstoffe entfalten daher sehr spezifische Wirkungen auf Tiere und natürlich auch den Menschen – ein Reservoir, dessen Potenzial für die medizinische Anwendung nach wie vor erst ansatzweise ausgeschöpft ist.

■ Warum gerade Arabidopsis?

Dass ein recht unscheinbare Pflänzchen, das vor allem an Wegrändern und anderen, eher unwirtlichen Lebensräumen eine reichlich kümmerliche Existenz fristet (◘ Abb. 5.1),

◘ **Abb. 5.1**   Die Ackerschmalwand (*Arabidopsis thaliana* L.) in ihrem natürlichen Habitat. (Bild Botanischer Garten, KIT)

sich seit den 1980er-Jahren zum *Shooting Star* der pflanzlichen Modellorganismen mauserte, mag zunächst verwundern. Aber die Ackerschmalwand (so der deutsche Name für *Arabidopsis*) kann eine ganze Reihe von Vorteilen vorweisen:

Mit ihren nur fünf Chromosomen, auf denen etwa 25.000 Gene untergebracht sind, die nur von etwa 10 % repetitiven Sequenzen begleitet werden, stellt *Arabidopsis* so etwas wie die genetische Minimalversion einer Pflanze dar. Selbst Reis, das Getreide mit dem kleinsten Genom, benutzt die dreifache Menge an Basenpaaren (► Kap. 6), und Weizen bringt gar 20-mal mehr DNA auf die Waage, wovon freilich 80 % auf repetitive Sequenzen entfallen. Das Genom von *Arabidopsis* war in seiner Kompaktheit daher das erste Pflanzengenom, das vollständig entschlüsselt werden konnte.

Als sogenannter **Therophyt** (so nennt man Pflanzen, die aufgrund ihrer geringen Konkurrenzkraft als Samen im Boden überdauern und bei Störung der Vegetationsdecke in kurzer Zeit ihren Lebenszyklus vollziehen, bevor sie von stärkeren Konkurrenten überholt werden) ist die Ackerschmalwand auf Geschwindigkeit hin optimiert: Sechs Wochen von Keimung bis Samenbildung ist das Schnellste, was das Pflanzenreich für die genetische Forschung zu bieten hat.

Da *Arabidopsis* auch in freier Wildbahn nicht gerade verwöhnt ist, lässt sich diese Modellpflanze sehr einfach im Labor kultivieren, stellt nur wenig Ansprüche und überlebt problemlos sogar suboptimale Behandlung durch gärtnerische Dilettanten.

Die robuste und im Vergleich zu den meisten Pflanzen etwas stereotype Entwicklung von *Arabidopsis* machte es leicht, den phänotypischen Effekt von Mutationen zu deuten. Weltweit genutzte und vernetzte riesige Sammlungen mit mehr als 300.000 gut charakterisierten und in öffentlichen Datenbanken beschriebenen Mutanten decken inzwischen fast alle Gene ab. Dies erleichtert die Aufklärung von Funktionen neu entdeckter Gene (reverse Genetik) ungemein.

Das Gen hinter Darwins Entdeckung – hundert Jahre Phototropismus

Fasziniert von ihrer Andersartigkeit stellte Darwin gemeinsam mit seinem Sohn Francis in dem Buch „The Power of Movement in Plants" (1881) die Frage, wie Pflanzen, ohne ein Nervensystem zu besitzen, sich durch gezieltes Wachstum an ihre Umwelt anpassen können. Eines der Phänomene, das ihn besonders beschäftigte, war der Phototropismus, also die Fähigkeit vieler Pflanzen, auf eine Lichtquelle hin zu wachsen. Er grub Keimlinge bis zur Spitze in Sand ein und stellte fest, dass die Richtung des Lichts in der Spitze der Pflanze wahrgenommen wird, während die Krümmung in einer Zone weiter unten stattfand – also dort, bis wohin bei diesem Versuch gar kein Licht vordringen konnte (◘ Abb. 5.2a). Er schloss daraus, dass die belichtete Spitze einen Reiz durch die Pflanze nach unten in die wachsende Zone des Sprosses schicken musste. Etwa ein halbes Jahrhundert später gelang es aufgrund der Erkenntnisse von Frits Went (1928) und Nikolai Cholodny (1927), dieses Signal zu identifizieren: Auxin, das wohl wichtigste Pflanzenhormon. In den hundert Jahren nach Darwins Entdeckung wurde der Phototropismus in großer Ausführlichkeit formalphysiologisch untersucht. Die molekulare Natur des Photorezeptors, der das Licht wahrnimmt, blieb jedoch im Dunkeln.

Es war die Ackerschmalwand, die den Durchbruch brachte: In der Arbeitsgruppe von Winslow Briggs wurden Mutanten identifiziert, die nicht mehr in der Lage waren, sich phototropisch zu krümmen (Liscum und Briggs 1995). Dazu wurde zunächst eine Mutagenese mit schnellen Neutronen durchgeführt. Die gewaltige Zahl von 140.000 Pflanzen wurde durchmustert (sog. *Screening*). Die Dosis der Neutronenbestrahlung war so gewählt, dass im Mittel in jedem Samen eine Mutation zu erwarten war. Da Mutationen zufällig auftreten, sollte man mit dieser Zahl von Pflanzen für die meisten Gene eine mutierte Version finden. Nun wurden diese Keimlinge mit seitlichem Blaulicht einer zuvor definierten Dauer und Intensität bestrahlt, sodass sich die meisten Keimlinge zum Licht hin krümmten. Einige Keimlinge blieben gerade – darunter waren natürlich auch solche, die einfach kurz geblieben waren. Hier war also einfach das Wachstum gehemmt, womit gleichzeitig auch keine phototropische Reaktion möglich war – diese Mutanten waren natürlich nicht so interessant. Einige Mutanten waren jedoch genauso lang wie die unbestrahlten Kontroll-pflanzen und krümmten sich dennoch nicht – diese Pflanzen waren das, was man gesucht hatte. Hier war das Wachstum nicht betroffen, aber offenbar die Wahrnehmung oder Verarbeitung des Lichtreizes unterbrochen (◘ Abb. 5.2b). Um ein Bild zu gebrauchen: Wenn ein Gefangener nicht zur geöffneten Türe gehen kann, weil ihm die Beine fehlen, heißt das noch lange nicht, dass er blind ist. Man suchte in diesem Screen jedoch nach Mutanten, die blind sind. Durch Kreuzung fand man heraus, dass diese Mutanten vier unterschiedlichen Genorten (sog. *Loci*) entsprachen. Wie lässt sich so eine Aussage treffen, wenn man die Natur des betroffenen Gens doch noch gar nicht kennt? Ganz einfach: durch klassische Kreuzung. Wenn zwei Mutanten, die an verschiedenen Loci betroffen sind, gekreuzt werden, sollten ihre Nachkommen jeweils eine intakte Kopie erhalten und daher „geheilt" sein (◘ Abb. 5.2c), also wieder Phototropismus zeigen (jedenfalls im Falle von rezessiven Mutationen). Unter diesen vier Gruppen von Mutanten, die

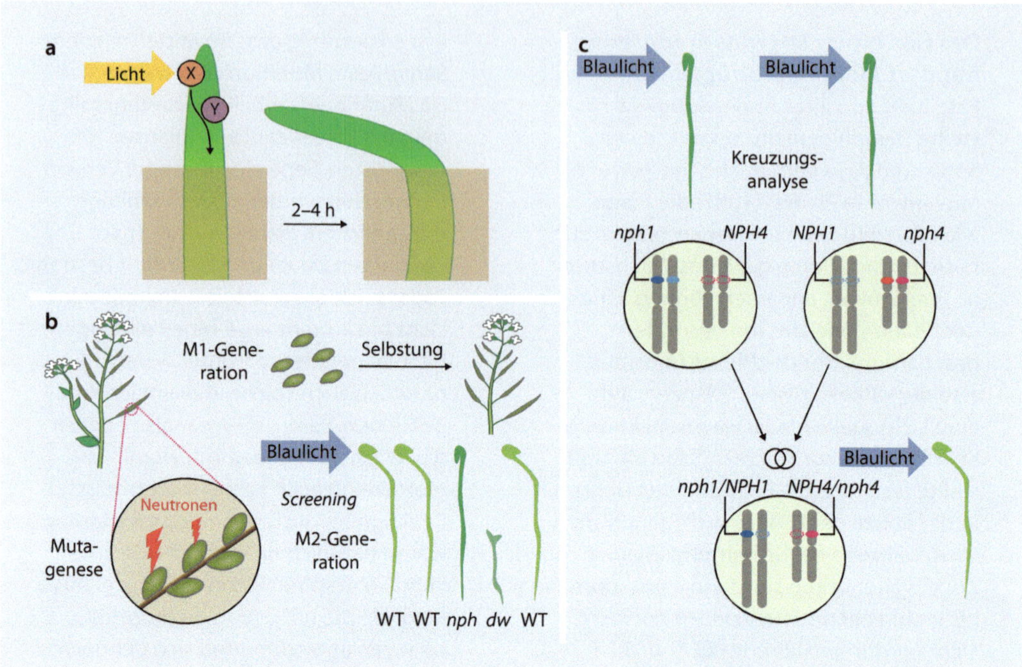

⬛ Abb. 5.2   Wie man Mutanten für den Photorezeptor des Phototropismus fand. **a** Darwins Nachweis, dass die Lichtrichtung in der Spitze von Süßgraskeimlingen über einen Photorezeptor (X) wahrgenommen und über ein unbekanntes Signal (Y) nach unten in die Wachstumszone geleitet wird. Das Signal Y wurde später als das Pflanzenhormon Auxin identifiziert. **b** Isolierung von Arabidopsis-Mutanten, bei denen der Photorezeptor X betroffen ist. Es wurden Samen ungerichtet mutagenisiert (in diesem Falle durch schnelle Neutronen). Diese Samen der M1 (mutagenisierte Generation 1) wurden hochgezogen und die Pflanzen geselbstet (Selbst-befruchtung). Grund: Die meisten Mutationen sind rezessiv, werden also in der M1 nicht ausgeprägt. In der nächsten Generation sollten sie in einem Viertel der Nachkommenschaft sichtbar werden. Die Keimlinge dieser M2-Generation werden einem sogenannten Screening unterzogen: Man bestrahlt mit seitlichem Blaulicht, um eine phototropische Krümmung auszulösen. Die meisten Keimlinge krümmen sich, sind also hinsichtlich des Phototropismus normal (Wildtyp, WT), manche krümmen sich nicht, weil sie im Wachstum betroffen sind (Zwerg- oder *Dwarf*-Mutanten, dw). Gesucht wird nach Mutanten, die normal wachsen, sich aber dennoch nicht krümmen. Bei diesen nph- (für *non-phototropic*) Mutanten ist also möglicherweise der gesuchte Photorezeptor mutiert. **c** Funktionelle Komplementierung durch Kreuzung. Wenn eine homozygote nph1-Mutante (betroffen in Chromosom 3) mit einer homozygoten nph4-Mutante (betroffen in Chromosom 5) gekreuzt wird, entstehen in der F1 Pflanzen, die in beiden Genorten heterozygot sind. Der Phototropismus wird durch die Kreuzung also „geheilt", und das ist ein Hinweis, dass die beiden Mutanten in unterschiedlichen Genorten mutiert sind

nph1 bis *-4* (für *non-phototropic*) getauft wurden, war *nph1* am spannendsten, weil hier der Phototropismus komplett ausgefallen war. Mehrere unterschiedliche Linien waren in diesem Locus mutiert. Bei allen fehlte eine durch Blaulicht ausgelöste Phosphorylierung eines noch nicht identifizierten, 120 kDa großen Membranproteins, die im Wildtyp wenige Sekunden nach Belichtung zu beobachten war. Signale werden in den meisten Fällen durch membranständige Rezeptorproteine wahrgenommen, was dann oft durch eine Kinase-Kaskade von der Plasmamembran zum Zellkern weitergemeldet wird. Aus diesen

Überlegungen heraus wurde *nph1* als heißer Kandidat für den Rezeptor des Phototropismus gehandelt.

Molekular identifiziert war der Photorezeptor damit noch lange nicht. Jahrelang hatte man versucht, aus Plasmamembranen verschiedener Pflanzen solche Proteine zu reinigen, die durch Blaulicht schnell phosphoryliert werden. Dies war unendlich mühsam und brachte nicht den erhofften Durchbruch. Auch hier war es letztendlich ein genetischer Ansatz, der zum Ziel führte. Mit ihrer extrem kurzen Generationsfolge war *Arabidopsis* hier das Modell der Wahl, weil sich hier eine Mutation mit dem in

► Abschn. 5.2.3 beschriebenen Verfahren des *Map-based Cloning* gut und schnell kartieren lässt: Hierzu wird die Mutante mit einer möglichst unterschiedlichen *Arabidopsis*-Pflanze (die einem anderen sog. Ökotyp entspricht) gekreuzt, eine möglichst große F2-Population erzeugt und dann über genetische Kartierung der Ort der Mutation möglichst genau eingegrenzt. Im Falle von *nph1* konnte gezeigt werden, dass die Mutation nur etwa 26 cM (Centimorgan) von dem morphologisch gut erkennbaren Marker *glabra1* (der für die Bildung von Haaren wichtig ist – solche Mutanten sind also gleichsam „nackt") entfernt war. Das ist molekulargenetisch gesehen immer noch eine riesige Distanz, auf der Hunderte von Genen liegen können. Man wiederholte daher das Verfahren nun mit molekularen Markern, die über PCR nachweisbar sind, und suchte nach solchen, die näher an *nph1* lagen. Tatsächlich gelang es, zwei solcher Marker zu finden, die am Ende nur noch 0,3 cM entfernt lagen. An dieser Stelle nutzte man nun die Hilfe eines ganz anderen Modellorganismus, nämlich Hefe (► Kap. 3). Man hatte nämlich das gesamte Genom von Arabidopsis in handliche Stücke zerschnitten, diese in

sogenannte *Yeast Artificial Chromosomes (YACs)* verpackt und das Ganze in Hefe eintransformiert. Die Mengen wurden so eingestellt, dass jede Hefezelle im Mittel ein solches YAC abbekam. Man erhielt also eine Sammlung von Hefeklonen, die das gesamte *Arabidopsis*-Genom abbildeten (eine sog. YAC-Bibliothek). Nun musste man nur noch den Hefeklon finden, der das YAC mit dem *nph1* enthielt (◘ Abb. 5.3). Dies gelang über PCR mit den neu gefundenen eng benachbarten Markern. Jetzt musste das in der PCR amplifizierte DNA-Fragment nur noch sequenziert werden.

In diesem YAC waren natürlich immer noch mehrere Gene enthalten. Aber durch Vergleich der Sequenzen aus Wildtyp und den *nph1*-Mutanten gelang es, den DNA-Abschnitt zu finden, wo sich beide Versionen unterschieden. Bei manchen der *nph1*-Mutanten war nur eine einzige Base ausgetauscht, bei anderen war der ganze Bereich bei der Neutronenbestrahlung zerschlagen und dann verkehrt wieder zusammengesetzt worden.

Was war das nun für ein Gen? NPH1 stellte sich als eine 120 kDa große Serin-Threonin-Proteinkinase heraus, hatte also genau die gleiche Größe wie das schon bekannte Membranprotein, dessen Phosphorylierung bei der *nph1*-Mutante nicht nachweisbar war. Weiterhin enthielt dieses Protein zwei sogenannte LOV-Domänen, die man von anderen Organismen schon als Bindestelle für Flavine kannte. Flavine absorbieren blaues Licht, ihr Spektrum ähnelt bis ins Detail dem Wirkungs-spektrum des Phototropismus. Das klingt alles sehr überzeugend, war aber noch kein echter Beweis dafür, dass die Mutation dieses Proteins wirklich die Ursache des fehlenden Phototropismus war. Es könnte ja dennoch sein (auch wenn es nicht sehr wahrscheinlich wirkt),

5

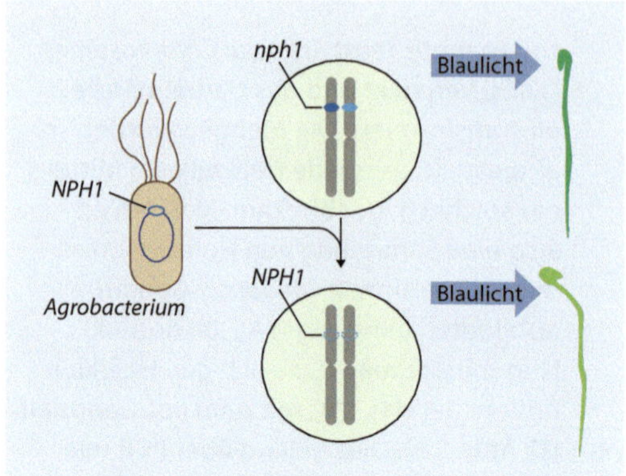

Abb. 5.3   Beweis, dass *NPH1* den Photorezeptor des Phototropismus codiert. Dieser Beweis wurde über funktionelle Komplementierung durch Transformation geführt. Aus umfangreichen genetischen Kartierungen wurden die Chromosomenbereiche identifiziert, wo die nph1-Mutation sitzt. Durch Transformation der Mutanten mit Chromosomenstücken von Arabidopsis-Wildtyp, die in den Modellorganismus Hefe eingeführt wurde *(yeast artificial chromosomes),* konnte der Phototropismus wiederhergestellt werden (sog. *rescue*). Durch Eingrenzung der eingebrachten Gene konnte man so schließlich den mutierten *NPH1*-Locus genau bestimmen

dass eine zweite, unerkannte Mutation verantwortlich ist. Der Beweis wurde nun so geführt, dass man eine intakte Version des mutmaßlichen *NPH1*-Gens in die *nph1*-Mutante eintransformierte. Siehe da, die transgenen Mutanten waren nun wieder in der Lage, sich phototropisch zu krümmen (Abb. 5.3). Durch diese funktionelle Komplementation (sog. *rescue*) war gezeigt, dass eine intakte Version des *NPH1*-Gens *notwendig* und *hinreichend* ist, um nach Belichtung Phototropismus auszulösen. Mehr als hundert Jahre nach Darwins Entdeckung war es damit gelungen, den Photorezeptor zu isolieren
Dass dies ausgerechnet mithilfe des Modellorganismus *Arabidopsis* gelang, war für viele in diesem Feld überraschend: Der Phototropismus von *Arabidopsis* ist

nämlich nicht sehr ausgeprägt und auch nicht so „ordentlich" wie der von Getreidekeimlingen, dem System, mit dem Darwin, Cholodny und Went gearbeitet hatten. Auch die Biochemie von *Arabidopsis* ist aufgrund der Zwergenhaftigkeit dieser Pflanze und der zahlreichen sekundären Pflanzenstoffe alles andere als einfach. Es war letztlich die exzellente Genetik in diesem Modellorganismus, die den Durchbruch brachte.

5.2 Methoden und Ansätze

Die Zuordnung biologischer Funktionen zu einzelnen Genen nutzt bei vielen Modellorganismen (z. B. Hefe) die Technik der **homologen Rekombination.** Dabei werden einzelne Gene *gezielt* ausgeschaltet oder verändert. Dazu wird ein Konstrukt eingebracht, das bestimmte Erkennungssequenzen trägt, die das Konstrukt zu ganz bestimmten Stellen des Genoms leitet und dort integriert. Bei Pflanzen gibt es eine solche homologe Rekombination jedoch nicht (in ▸ Abschn. 5.5 sind neueste Entwicklungen beschrieben, um diese Limitierung des Modells *Arabidopsis* zu überwinden). Bei der Transformation werden die eingebrachten Konstrukte also irgendwo ins Genom der Zielzelle eingebaut. Diese Besonderheit der höheren Pflanzen – auch bei der Modellpflanze Reis ist das so, ▸ Kap. 6, während bei Moosen, zu denen die Modellpflanze *Physcomitrella* gehört, eine homologe Rekombination möglich ist – beeinflusst natürlich die Strategie, wie man Vorwärts- und reverse Genetik durchführen kann, ganz entscheidend. Da Mutationen und Transformationen nicht gezielt durchgeführt werden können, sind für *Arabidopsis thaliana* genetische Screens umfangreicher Mutantensammlungen zentral. In weltweit vernetzten Datenbanken und Mutantenkollektionen werden die dabei gewonnenen Informationen und Mutanten einer großen Zahl von Forschungsgruppen zugänglich gemacht. Bei der Arbeit mit *Arabidopsis thaliana* ist daher die Zusammenarbeit der zahlreichen Labors, die über diesen Modellorganismus forschen, besonders wichtig (sog. *Network Payoff*).

5.2.1 Mutantenkollektionen

Da die molekulare Maschinerie für eine homologe Rekombination bei *Arabidopsis thaliana* nicht vorhanden ist oder zumindest bislang nicht aktiviert werden konnte, kann man ein Gen von Interesse nicht gezielt ausschalten. Man ging daher einen alternativen Weg und baute umfangreiche Kollektionen von Mutanten auf, in denen man dann nach einem bestimmten Phänotyp (Vorwärtsgenetik) oder einem bestimmten mutierten Gen (reverse Genetik) sucht. Hierfür werden, je nach Zielrichtung, unterschiedliche Strategien der Mutagenese eingesetzt, die unten beschrieben sind. Die Zahl von Mutanten ist über die Jahre inzwischen so groß geworden, dass für fast alle Gene mehrere Mutanten zur Verfügung stehen. Damit nicht jedes Labor von Neuem die aufwendige genetische und phänotypische Aufklärung dieser Mutanten durchführen muss, wird in weltweit zugänglichen Datenbanken alles genetische und phänotypische Wissen, was es jeweils zu einer Mutante gibt, vernetzt. Das erspart viel Arbeit und erlaubt es, deutlich schneller die Verbindung zwischen Gen und Funktion zu ziehen.

Um solche Mutantenkollektionen zu erzeugen, geht man im Wesentlichen zwei unterschiedliche Wege:

- Bei der **induzierten Mutagenese** werden über Bestrahlung oder über chemische Substanzen Mutationen erzeugt, die entweder auf dem Austausch einzelner Basen (Punktmutationen, die Regel für chemische Mutagenese) oder dem Verlust kurzer, manchmal auch längerer Basenfolgen (Deletionen, die Regel für strahlungsinduzierte Mutagenese) beruhen.

- Bei der **Insertionsmutagenese** wird mithilfe des pflanzenpathogenen Bodenbakteriums *Agrobacterium tumefaciens* ein mobiles DNA-Stück (die sog. T-DNA) aus dem Ti-Plasmid (für *tumour-inducing*) in das Genom von *Arabidopsis thaliana* eingefügt. Man nimmt an, dass die T-DNA zufällig im Genom eingebaut wird. Da die Sequenz der T-DNA bekannt ist, kann man nun mithilfe von PCR-basierten Verfahren die flankierenden Sequenzen identifizieren. Da das Genom von *Arabidopsis* bekannt ist, kann man damit auch sagen, wo die T-DNA-Insertion sitzt. Diese Information wird in einer Datenbank abgelegt und ist zunächst eigentlich nicht sehr spannend. Spannend wird es erst, wenn irgendwo auf der Welt jemand sich für dieses Gen interessiert, in der Datenbank diese Mutantenlinie heraussucht und dann Samen davon bestellt. Eine ähnliche, historisch ältere Strategie benutzt springende Gene (sog. Transposonen), hat aber bei *Arabidopsis thaliana* gegenüber der T-DNA-Mutagenese stark an Bedeutung verloren (für andere Modellpflanzen, vor allem Reis, sieht das anders aus, Näheres in ▶ Kap. 6).

Im Folgenden werden diese beiden Strategien etwas genauer betrachtet, damit die jeweiligen Vor- und Nachteile dieser Ansätze sichtbar werden.

■ Induzierte Mutagenese

Klassische Mutagenese wird vor allem auf chemischem Wege durch Ethylmethansulfonat (EMS) erreicht, in manchen Fällen setzt man auch Bestrahlung mit schnellen Neutronen ein. Im Vergleich zur Insertionsmutagenese ist die induzierte Mutagenese tatsächlich weitgehend symmetrisch. Ein kritischer Punkt, an dem sich Erfolg und Misserfolg dieser Strategie letztlich entscheiden, sind die Intensität der Mutagenese und die Größe der mutagenisierten Population. Hier geht es einerseits darum, möglichst für alle Gene von *Arabidopsis* eine Mutation zu erzeugen, andererseits sollten die Mutantenlinien möglichst nur an einer Stelle mutagenisiert sein, weil andernfalls die Zuordnung von Genotyp und Phänotyp zweideutig wird (und Beispiele für solche Fehlinterpretationen sind recht zahlreich). Bei dieser Kalkulation überlegt man, wie viele Zellen des Embryos (aus praktischen Gründen werden vor allem Samen mutagenisiert) zu den Keimzellen der nächsten Generation beitragen (nur die Mutationen in diesen Zellen werden schließlich vererbt). Außerdem gibt es Erfahrungswerte für die durch eine bestimmte Behandlung erzeugte Wahrscheinlichkeit, dass ein Gen mutiert wird. Diese Wahrscheinlichkeit folgt einer Poisson-Verteilung – diese asymmetrische Verteilung kann man zum Beispiel auch anwenden, wenn man ausrechnen will, wie viele Pflastersteine von einem, von zwei oder von drei Regentropfen getroffen werden. Aus solchen Berechnungen kommt man zu Schätzungen, dass eine Behandlung von wenigen tausend Samen mit 15 mM EMS für 12 h ausreichend ist, um mindestens drei Allele pro Genort zu erzielen. Da die meisten Mutationen rezessiv sind (es geht ja eine Funktion verloren; solange ein funktionelles Allel vorhanden ist, sieht man daher oft keinen Phänotyp), muss man wieder erst eine Runde Selbstbefruchtung einlegen, bis man dann in der folgenden Generation (der sog. M2) nach dem Phänotyp von Interesse suchen kann. Da im reifen Embryo etwa zwei Zellen zur Keimbahn der nächsten Generation beitragen werden, hat man in der M1 in der Regel genetische Chimären. Man muss die Samen also von verschiedenen Regionen des Blütenstandes ernten, um sicher zu sein, dass man homozygot mutierte Samen findet. Die induzierte Mutagenese erlaubt Vorwärtsgenetik, eine reverse Genetik (Zuordnung einer Funktion zu einem zuvor bekannten Gen) ist hier im Gegensatz zu den

Insertionsmutanten zunächst einmal nicht möglich.

■ **Insertionsmutagenese durch T-DNA**

Agrobacterium tumefaciens ist ein Bodenbakterium, das durch Verwundungsstoffe angelockt wird und sich an verletzten Wurzeln von zweikeimblättrigen Pflanzen ansiedelt. Mithilfe des Ti-Plasmids kann es die Wirtszellen so umsteuern, dass ein wucherndes Gewebe entsteht, das besondere Aminosäuren herstellt, die Opine, die sonst in der Pflanze gar nicht vorkommen und die das Bakterium als exklusive Nahrungsquelle nutzen kann. *Agrobacterium* lebt also in diesem Tumorgewebe wie die Made im Speck. Das Ti-Plasmid codiert verschiedene Proteine, die für diese komplexe Umsteuerung notwendig sind, beispielsweise Proteine, die einen Kanal bilden, durch den dann der eigentliche Übeltäter, die T-DNA, in die Wirtszelle eindringen kann. Diese T-DNA wird dann fest ins Genom des Wirts eingebaut und bei jeder Zellteilung als Trittbrettfahrer weitergegeben. Die T-DNA trägt einerseits Gene für hormonelle Wachstumsfaktoren der Pflanze (dadurch kommt es zur Tumorbildung), andererseits Gene, die für die Bildung der unkonventionellen Aminosäuren (der Opine) verantwortlich sind (damit stellt *Agrobacterium* sicher, dass ihm niemand die Beute vom Teller stiehlt, weil andere Zellen mit diesen Opinen nichts anfangen können). Die Details dieses Piratenstücks finden sich in ▶ Kap. 1. Für die Insertionsmutagenese hat man nun die T-DNA „entwaffnet", diese Gene herausgeschnitten und nur die Sequenzteile übriggelassen, die für den Transfer in die Wirtszelle und den Einbau ins Genom notwendig sind. Damit wird verhindert, dass die Mutanten Tumoren tragen, wodurch sie für die Untersuchung von Funktionen wertlos würden. Neben der „Entwaffnung" wird an der T-DNA noch eine zweite Änderung angebracht – man fügt einen sogenannten **Selektionsmarker** ein. In der Regel handelt es sich um ein Enzym, das ein bestimmtes Antibiotikum (zumeist

Hygromycin oder Kanamycin), alternativ das Totalherbizid BASTA, abbauen kann. In Gegenwart der selektiven Substanz (Hygromycin, Kanamycin oder BASTA) überleben also nur jene Zellen, die eine T-DNA in ihr Genom eingebaut haben. Die überlebenden Pflanzen sind also mit einer hohen Wahrscheinlichkeit auch tatsächlich transgen – eine solche Selektion spart viel Zeit, Geld und Arbeit. Die Entwicklung solcher Selektionsmarker war einer der Gründe, warum die T-DNA-Mutagenese so erfolgreich wurde. Der zweite Grund war die Entwicklung einer Methode, womit die Zielpflanze mit einer sehr hohen Effizienz transformiert werden kann. Dies wurde durch die sogenannte *Floral-Dip*-Methode (▶ Abschn. 5.2.2) möglich gemacht. Damit konnten binnen kurzer Zeit Zehntausende von transformierten Linien erzeugt werden. Da die T-DNA ungerichtet ins Genom eingebaut wird, entstehen aus einem Transformationsansatz mehrere unterschiedliche Mutantenlinien. Daher wird die Nachkommenschaft einer solchen Transformation (die T1) erst noch einmal selbstbefruchtet und dann die T2-Generation analysiert. Obwohl diese Strategie ungeheuer erfolgreich war, sind viele Einzelheiten der T-DNA-Insertion noch nicht verstanden. Beispielsweise ist es noch unklar, warum die T-DNA an bestimmten Stellen des Genoms inseriert (die Insertion erfolgt zwar ungerichtet, ist aber nicht vollkommen symmetrisch – es gibt also durchaus Stellen des Genoms, die von der T-DNA „verschmäht" werden, und für diese Stellen ist es dann auch schwierig, Insertionsmutanten zu finden). Außerdem hängt die Wahrscheinlichkeit für den Einbau der T-DNA davon ab, in welchem physiologischen Zustand sich die Zielzelle befindet. Vor Kurzem konnte man zeigen, dass die Insertion beim *Floral Dip* relativ spät in der Entwicklung erfolgt, wenn die „Keimbahn" für die männlichen und die weiblichen Keimzellen schon festgelegt ist. Vor allem der Embryosack (also der weibliche Gametophyt) scheint bevorzugtes Ziel der T-DNA zu sein. Häufig kommt es bei der Insertion zu komplizierten Abweichungen – so können Tandems oder Fragmente von T-DNA-Sequenzen eingebaut werden, oder es gibt Mehrfachinsertionen an verschiedenen Stellen. Dies wird häufig ignoriert und führt dann zu Fehlschlüssen. Daher ist es wichtig, dass für T-DNA-Linien immer eine sogenannte **Genotypisierung** durchgeführt wird. Dabei wird mithilfe von *Southern Blotting*, ergänzt durch PCR-basierte Verfahren, überprüft, ob die T-DNA vollständig und nur an dieser Stelle eingebaut wurde. Wie bei allen Mutantenansätzen sollte man durch mehrere Generationen von Selbstbefruchtung sicherstellen, dass man es mit einer Einfach-Insertion zu tun hat. Nur so kann die eindeutige Zuordnung Gen–Funktion sichergestellt werden. Der ganz große Vorteil der T-DNA-Mutagenese ist die Möglichkeit, reverse Genetik zu betreiben – wenn, mithilfe einer Datenbank, Mutanten im Gen von Interesse aufgespürt sind, kann man sich diese aus der Sammlung zuschicken lassen und dann, natürlich nach Überprüfung des Genotyps, den zugehörigen Phänotyp suchen.

■ **Insertionsmutagenese durch Transposonen**

Die Entdeckung der „springenden Gene" (Transposonen) durch Barbara McClintock (1950) war die Grundlage einer alternativen Form der Insertionsmutagenese. Die biologische Funktion dieser mobilen genetischen Elemente liegt vermutlich darin, die genetische Variabilität als Rohmaterial für evolutionäre Veränderungen zu steigern. Technisch kann man mit Transposonen aber auch recht einfach Mutationen erzeugen. Hierfür wurden durch Transformation zwei Transposonsysteme aus Mais (Ac/Ds bzw. En/I) in *Arabidopsis thaliana* eingebracht. Diese Systeme bestehen aus zwei Komponenten – einem Aktivator (z. B. Ac), der die Mobilisierung der zweiten Komponente (z. B. Ds) aktiviert. Beide Komponenten müssen also zusammenkommen, damit die Gene zu springen beginnen. Man benutzt daher zwei Starterlinien von *Arabidopsis*, denen jeweils eine der beiden Komponenten des Mais-Transposonsystems eingefügt wurde (z. B. eine Ac- und eine Ds-Linie). Durch Kreuzung kommen die beiden Elemente zusammen, und es entstehen Mosaikpflanzen, die dann in der F2-Generation unterschiedliche Mutanten liefern. Um die Mutanten stabil zu halten, muss man das System aber auch wieder abschalten können. Dies geschieht durch relativ komplexe Selektionsstrategien (die beiden Transgene sind mit unterschiedlichen Selektionsmarkern gekoppelt), die auch nicht hundertprozentig zuverlässig sind. Aufgrund dieser Komplexität spielt Transposonmutagenese im Vergleich zu T-DNA-Insertionsmutagenese inzwischen eine nur noch untergeordnete Rolle und sei hier nur der historischen Vollständigkeit halber erwähnt.

■ **Nutzung natürlicher Diversität**

Als Ausgangsmaterial für die Mutantenkollektionen ging man von einer Handvoll sogenannter **Ökotypen** (wie Landsberg *erecta*, Columbia oder Wassilewska) aus. Diese leiten sich eigentlich von Feldsammlungen ab. Da aber *Arabidopsis thaliana* sich natürlicherweise nur zu einem sehr geringen Grade auskreuzt, sind diese Ökotypen im Grunde genetisch in den meisten Loci einheitlich. Wenn ein bestimmtes Gen in einem solchen Ökotyp ohnehin schon inaktiviert ist (dies kann entweder durch eine Mutation, aber auch durch sog. *Silencing* auftreten), ist es in der aus einem solchen Ökotyp abgeleiteten Mutantenkollektion natürlich schwer oder gar unmöglich, sogenannte *Loss-of-Function*-Mutationen in dem entsprechenden Gen zu finden. In solchen Fällen kann man jedoch die große natürliche Variation innerhalb der Art *Arabidopsis thaliana* nutzen, die ja weltweit vorkommt, sodass zahlreiche solcher Ökotypen zur Verfügung stehen. Dies ist vor allem auch dann interessant, wenn man es mit Merkmalen zu tun hat, die fließend sind (sog. *quantitative Traits*). Man kann dann Ökotypen kreuzen, die sich hinsichtlich dieses Merkmals stark unterscheiden und dann mithilfe spezieller statistischer Verfahren herausfinden, welcher der zahlreichen Markerunterschiede mit dem Merkmal korreliert ist. Auf diese Weise gelang es zum Beispiel durch eine Kreuzung zwischen Landsberg *erecta* und einem Ökotyp von den Kapverdischen Inseln, molekulare Komponenten der circadianen Uhr zu identifizieren.

5.2.2 Transformation

Mutationen führen in der Regel zu einem Ausfall der entsprechenden Genfunktion (*Loss of Function*). Im Gegensatz dazu kann auch ein Gen neu eingeführt oder verstärkt exprimiert werden, um Einblick in seine Funktion zu erhalten. Eine solche *Gain-of-Function*-Strategie setzt voraus, dass der Modellorganismus genetisch transformiert werden kann. Die Transformation von Pflanzen wurde deutlich früher entwickelt als die Transformation vielzelliger Tiere. Hintergrund ist die sogenannte Totipotenz der pflanzlichen Zelle, eine Eigenschaft, die bei Tieren nur den vieldiskutierten pluripotenten Stammzellen zukommt.

Eigentlich ist Totipotenz eine Eigenschaft, die sich aus der Mitte des 19. Jahrhunderts formulierten Zelltheorie von Schwann und Schleiden ableitet. Wenn wirklich die Zelle als Grundeinheit des Lebens fungiert, sollte sie auch für vielzellige Organismen in der Lage sein, alle Lebensfunktionen hervorzubringen. Der experimentelle Nachweis dieser Voraussage war freilich nicht einfach. Zwar gelang es schon 1907, Zellkulturen aus tierischem Gewebe herzustellen, aber daraus tierische Organe zu regenerieren, blieb fast ein Jahrhundert ein unerfülltes Ziel und wurde letztendlich erst durch die Entwicklung induzierter pluripotenter Stammzellen ermöglicht. Die Erzeugung pflanzlicher Zellkulturen hinkte zunächst hinterher und war erst 1939 erfolgreich, aber als man in den 1950er-Jahren entdeckte, dass sich die Entwicklung pflanzlicher Zellen durch Phytohormone, vor allem Auxine und Cytokinine, in weiten Grenzen steuern lässt, war der Weg frei: Schon 1965 gelang Vasil und Hildebrandt die erste vollständige Regeneration einer Pflanze aus einer einzelnen

Körperzelle. Bei dieser somatischen Embryogenese wird ein differenziertes Gewebe (etwa ein Blattstück) durch Behandlung mit Auxinen in ein ungezügelt proliferierendes, sogenanntes Kallusgewebe umgewandelt. Diese Kalluszellen können nun, beispielsweise über das oben beschriebene *Agrobacterium*-System, transformiert werden. Durch einen auf der T-DNA eingebauten Selektionsmarker (in der Regel ein Gen, das eine Antibiotikaresistenz vermittelt, häufig auch ein Gen, das eine Resistenz gegen ein Totalherbizid kodiert) kann man die nicht transformierte Zellen des Kallus durch Anzucht auf dem selektiven Medium (also dem Antibiotikum) ausmerzen, sodass nur die erfolgreich transformierten Zellen übrigbleiben. Nun wird im nächsten Schritt das Phytohormon Cytokinin zugesetzt und Auxin weggelassen. Dadurch werden die Zellen angeregt, sich zu differenzieren und einen Embryo zu bilden, der schon nach kurzer Zeit nicht von einem auf natürlichem Wege entstandenen Embryo zu unterscheiden ist. Die aus dem Kallus auswachsenden Pflänzchen tragen nun das eingeführte Gen und können entnommen und in ganz gewöhnliche Erde umgesetzt werden. Nach der Blüte bilden sie Samen, die teilweise transgen sind (Achtung: die T-DNA wurde ja nur in eine Kopie des jeweiligen Chromosoms eingefügt, die transgene Pflanze ist also bezüglich des Transgens heterozygot). Durch eine zweite Selektionsrunde, oft ergänzt durch molekulargenetische Untersuchungen (das Transgen oder, noch einfacher, der Selektionsmarker, lassen sich durch PCR-basierte Methoden oder einen Southern Blot nachweisen) kann man dann homozygot transgene Linien erzeugen. Diese geben das eingeführte Gen auf natürlichem Wege genauso weiter wie die anderen Gene auch.

Genetische Transformation von Pflanzen beruht also auf der Fähigkeit zur **somatischen Embryogenese.** Die ersten transgenen Pflanzen stammten daher aus Arten, die sehr leicht einen Kallus bilden und daraus nach Cytokininbehandlung eine neue Pflanze bilden können. Das ist vor allem für die Nachtschattengewächse der Fall. Die ersten transgenen Pflanzen waren daher Tabak, bald gefolgt von Tomate und Kartoffel. Die Brassicaceen, zu denen auch *Arabidopsis* zählt, galten viele Jahre lang als nicht vernünftig transformierbar. Dies änderte sich schlagartig durch eine neue und einfache Methode, die zudem noch eine sehr hohe Rate von transformierten Pflanzen liefert. Bei dem *Floral Dip* wird eine kurz vor der Blüte befindliche Pflanze einfach kopfüber ein eine Suspension von Agrobakterien getaucht, die zuvor mit dem Zielgen transformiert worden waren (◘ Abb. 5.4). Durch Anlegen eines milden Vakuums dringt die Suspension in die Interzellularen ein. Dadurch werden viele Zellen transformiert, mit einer recht hohen Wahrscheinlichkeit sind darunter auch die Vorläuferzellen der Keimbahn. Offenbar scheint vor allem der weibliche Gametophyt (der sog. Embryosack) sehr leicht T-DNA aufzunehmen. Damit wird also auch die Eizelle transgen, die daraus entstehenden Samen sind also für das Transgen heterozygot. Werden die Sämlinge mithilfe eines ebenfalls eingebrachten Selektionsmarkers selektiert, überleben nur diese Transformanten. Durch eine – bei *Arabidopsis* natürlicherweise ohnehin dominierende – Selbstbefruchtung entstehen dann in der nächsten Generation zu einem Viertel homozygot transgene Pflanzen, die dann diese Eigenschaft stabil weitervererben. Das *Floral Dip* erlaubt also eine Transformation, ohne dass dazu der Weg über somatische Embryogenese notwendig ist. Dieser Durchbruch bei der Transformationstechnologie ergänzt damit die Mutantenkollektionen und macht *Arabidopsis* zum zentralen genetischen Modellsystem der Pflanzen.

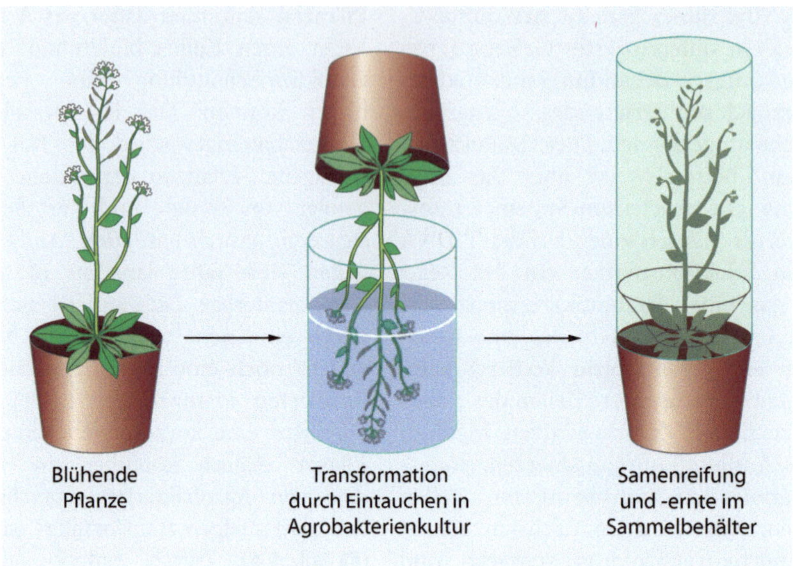

Abb. 5.4 Transformation von Arabidopsis mithilfe der *Floral-Dip*-Methode

5.2.3 Vom Phänotyp zum Gen – *Map-based Cloning* und T-DNA

Wenn das Genom eines Organismus sequenziert ist, kann man damit zunächst noch nicht sehr viel anfangen. Erst wenn man herausgefunden hat, welche Funktion die einzelnen Gene ausüben, wird dieses molekulare Wissen fruchtbar. Um bei *Arabidopsis* den einzelnen Genen ihre biologische Funktion zuordnen zu können, sind die in Mutantenkollektionen aufgespürten Phänotypen nach wie vor sehr wichtig. Auch wenn dies häufig übersehen wird, hängt der Erfolg einer Zuordnung von Gen und Funktion letztlich daran, ob es gelingt, einen Phänotyp zu finden, der geeignet ist. Warum?

Es wäre naiv zu glauben, dass jedem Gen nur ein einzelnes Merkmal zugeordnet werden kann. Ein Organismus ist keine Maschine, bei dem man ein Zahnrädchen herausnimmt und alle anderen Teile so bleiben, wie sie vorher waren. Eher hat man es mit kommunizierenden Röhren zu tun – wird an einer Stelle etwas verändert, wird der Defekt an anderer Stelle kompensiert. Pflanzen, die aufgrund ihrer Sesshaftigkeit eine besonders hohe Flexibilität entwickeln mussten, um überleben zu können, sind in Sachen Kompensation besondere Meister. Häufig wird beim Ausfall eines Gens also gar kein Phänotyp sichtbar. Außerdem sind viele Gene in sogenannten Genfamilien organisiert – von dem Photorezeptor Phytochrom kennt man in *Arabidopsis* zum Beispiel fünf Versionen –, wenn eine davon mutiert wird, kann das in den meisten Fällen von einem der anderen vier ausgebügelt werden, ohne dass sich ein Phänotyp (zu erwarten wäre eine „Rotblindheit") aufspüren lässt. Auch den umgekehrten Fall gibt es – ein Gen fällt aus und dies führt zu drastischen Veränderungen in überraschend vielen Merkmalen (in der Genetik spricht man von **Pleiotropie**). So etwas kann etwa passieren, wenn das betroffene Gen relativ weit oben in der Hierarchie einer Signalkaskade als Schalter für verschiedene Vorgänge wirkt. Man weiß dann zwar, dass man ein wichtiges Gen an der Angel hat, aber wirklich schlauer wird man davon nur, wenn man herausfindet, wie die veränderten Vorgänge miteinander verwoben sind. In anderen Worten: Genfunktionen lassen sich nur dann verstehen, wenn man die Physiologie des jeweiligen Modellorganismus recht genau kennt. Dafür müssen die verschiedene Organisationsebenen (Physiologie des Gesamtorganismus, Morphologie und Anatomie, Zellbiologie, Genaktivierung, Biochemie) in einer integrierten Betrachtung miteinander vernetzt werden (▶ Kap. 8). Je genauer man einen Phänotyp erklären kann, umso einfacher wird es, die Zuordnung zur Funktion einzelner Gene zu erschließen. Das heißt aber auch: Je spezifischer ein Phänotyp, umso einfacher wird es. Ein Phänotyp wie „generell leicht verlangsamtes Wachstum" ist sicherlich schwerer zu knacken als ein Phänotyp wie „völlig normal, nur bei schwachem Blaulicht verlangsamtes Wachstum".

Ist es nun gelungen, in einer Mutantenkollektion einen geeigneten Phänotyp zu finden, gibt es zwei Möglichkeiten:

Hat man es mit einer Insertionsmutante zu tun, kann man nun die (bekannte) Sequenz der Insertion (in den meisten Fällen handelt es sich ja um die T-DNA aus *Agrobacterium*) dazu einsetzen, die Nadel im Heuhaufen zu finden. Das klassische Verfahren bestand darin, dass man die DNA durch geeignete Kombinationen von Restriktionsenzymen in Stücke schnitt, diese auf großen Sequenziergelen auftrennte und dann mithilfe einer radioaktiv markierten Sonde gegen die T-DNA im Southern Blot nachwies, welches Stück die T-DNA enthielt. Dieses Stück wurde dann kloniert und sequenziert. Inzwischen werden jedoch vor allem PCR-basierte Verfahren eingesetzt, wobei man einen Oligonucleotid-Primer innerhalb der T-DNA-Sonde platziert und dann versucht, ein Stück der flankierenden Sequenzen zu amplifizieren. Da das Arabidopsis-Genom inzwischen durchsequenziert ist, kann man mithilfe dieser flankierenden Sequenz in der Regel schnell herausfinden, welches Gen in der vorliegenden Mutante betroffen ist.

Wurde die Mutante über Induktionsmutagenese erzeugt, ist der Weg zum Gen deutlich langwieriger. Hierbei muss man in einem *Map-based Cloning* genannten Verfahren über

Kreuzungen den Ort der Mutation kartieren. Im ersten Schritt versucht man durch Kreuzung mit anderen Referenzmutationen, deren Genort schon aus früheren Studien bekannt ist, herauszufinden, auf welcher Kopplungsgruppe (also Chromosom) die Mutation liegt. Liegt die neue Mutation auf demselben Chromosom wie die Referenzmutation, erscheinen sie genetisch gekoppelt, segregieren in der F2 also nicht gemäß dem zweiten Mendel'schen Gesetz. Für *Arabidopsis* sind inzwischen neben klassischen morphologisch sichtbaren Markern eine große Zahl von Sequenzmarkern verfügbar, die sich über PCR nachweisen lassen, was solche Kartierungen ungemein beschleunigt. Nachdem das Chromosom bestimmt ist, kann man nun eine große Kreuzungspopulation herstellen und dann für verschiedene Referenzmarker, die für dieses Chromosom bekannt sind, messen, wie oft die betroffene Mutation über Crossing-over aus der Kopplung mit dem jeweiligen Referenzmarker ausbricht. Je höher diese Häufigkeit, umso weiter sind Mutation und Referenzmarker voneinander entfernt, und so lässt sich der Ort des mutierten Gens schnell so weit eingrenzen, dass man bald weiß, welche Kandidatengene in Frage kommen. Über Komplementierung (◘ Abb. 5.3) kann man nun feststellen, welches dieser Kandidatengene die Mutante „retten" kann. Auf der Basis des entschlüsselten *Arabidopsis*-Genoms ist dieses Verfahren inzwischen bei Weitem weniger zeitaufwendig wie zu Anfangszeiten. Wie oben erwähnt, sind nicht für alle Gene T-DNA-Mutanten verfügbar, weil die Insertion nicht vollständig symmetrisch über das Genom verteilt ist. Außerdem lassen sich für ein tieferes Verständnis von Genfunktionen wertvolle Punktmutationen eben nur über chemische Mutagenese erreichen.

Ein Fallbeispiel aus der Anfangszeit der funktionellen Genomik zeigt, welchen Zeitvorteil die damals neu entwickelte Insertionsmutagenese mit sich brachte: Im Labor von Gerd Jürgens war es in einem heroischen Ansatz gelungen, Mutationen zu finden, die auf die Entstehung der Körper-Grundgestalt des *Arabidopsis*-Embryos Einfluss nehmen (Mayer et al. 1991). Besonders spannend war eine Mutante, bei der die Meristeme in der Spitze von Spross und Wurzel fehlten, sodass letztlich ein mehr oder minder richtungsloser Gewebsklumpen entstand. Diese Mutante bekam daher den Namen *gnom* und erinnerte in ihrem Habitus an die bei der Fruchtfliege *Drosophila* aufgeklärten Mutanten *bicoid, oskar* und *nanos,* wo die Entstehung der anterior-posterioren Polarität (also die Ausbildung von „vorne" und „hinten") gestört war. Mithilfe von *Map-based Cloning* wurde dann mit Hochdruck versucht, den mutierten Genort zu finden. Da das Genom von *Arabidopsis* zu dieser Zeit noch nicht sequenziert war, musste man vor allem mit morphologischen Merkmalen arbeiten und hatte dadurch weit weniger Marker zur Verfügung. Die Kartierung zog sich also über mehrere Jahre hin. Zu diesem Zeitpunkt wurden im Labor von Ken Feldmann in USA die ersten T-DNA-Mutantenkollektionen aufgebaut. Unter diesen Mutanten gab es auch sogenannte *emb-* (*Embryogenesis-*)Mutanten, und eine davon, *emb30,* zeigte eine frappierende Ähnlichkeit zu *gnom*. Tatsächlich konnten sich die beiden Mutanten durch Kreuzung nicht komplementieren, was darauf hindeutete, dass dasselbe Gen betroffen war. Übrigens: Dieser trivial daherkommende Befund ist experimentell alles andere als trivial, da homozygote *gnom/emb30*-Mutanten derartig gestört sind, dass sie niemals auswachsen, geschweige denn Nachkommen zeugen können – man musste hier also mit heterozygoten Pflanzen arbeiten und überprüfen, ob in etwa 25 % der Nachkommenschaft den *gnom/emb30*-Phänotyp zeigten. Leider konnte Gerd Jürgens die Früchte dieser mühsamen Vorarbeiten nicht selbst ernten – die Information, dass *emb30* im selben Gen betroffen war wie *gnom,* gelangte in die Hände eines konkurrierenden Labors, und dann war es nur noch eine Sache von Wochen, bis die in der Linie *emb30* durch die T-DNA markierte Sequenz dieses spannenden Gens aufgeklärt und sehr hochrangig publiziert war – überraschenderweise entpuppte sich *gnom* nämlich nicht als Transkriptionsfaktor

(im Unterschied zu den Polaritätsfaktoren bei *Drosophila*). Übrigens zeigte dieser unerwartete Befund auch, dass der **Symmetriebruch** bei Pflanzen nach anderen Gesetzmäßigkeiten funktionieren muss.

5.2.4 Zelluläre Entwicklungsgenetik: Enhancer-Trap-Linien

Die Aufklärung der *gnom*-Mutante zeigt beispielhaft die für das Modell *Arabidopsis* besonders fruchtbare Verbindung aus Genetik, Entwicklungsbiologie und Zellbiologie. Da Pflanzenzellen sich nicht bewegen, vollzieht sich die Gestaltbildung bei Pflanzen überwiegend durch *Zelldifferenzierung*. Die Frage, wie einzelne Zellen dazu kommen, sich von ihren Nachbarinnen zu unterscheiden, ist mit einem klassisch biochemischen Ansatz nur schwer zugänglich. Schon das Problem, wie man experimentell einen bestimmten Typ von Zellen so weit aufreinigen kann, dass biochemische Untersuchungen möglich werden, ist nur für ganz wenige Fälle erfolgreich gelöst worden. Auch hier war es schließlich ein auf Mutantenkollektionen basierender Ansatz, der für das Modell *Arabidopsis* eine Lösung brachte.

Dazu wurde eine sogenannte *Enhancer Trap* konstruiert: Diese umfasst ein Reportergen, das unter die Kontrolle eines sogenannten Minimalpromotors gestellt wurde. Dieser Minimalpromotor enthält zwar alles, was notwendig ist, um die Transkription durchzuführen, aber ihm fehlen jegliche stromauf gelegene Motive, um eine solche Transkription auch tatsächlich anzuschalten. Als Reportergene werden wahlweise entweder das Grün fluoreszierende Protein (GFP) oder Glucuronidase (GUS) eingesetzt. Auf der Basis diesen Konstrukts wird nun mithilfe von *Agrobacterium* eine Sammlung transgener Linien erzeugt. An sich ist keine Expression der Reportergene zu erwarten, es sei denn, ein anderer Promotor in der Nähe der *Enhancer Trap* ist aktiv und erzeugt daher aktivierende Signale, sogenannte

Enhancer, wodurch der nahebei eingefügte, an sich schlummernde Minimalpromotor aktiviert wird. Im Fall von GFP lässt sich dann eine grüne Fluoreszenz nachweisen, im Fall von GUS kann man durch Zugabe des künstlichen Substrats X-Gluc eine blaue Färbung erzeugen. Da das transgene Konstrukt bei der Transformation zufällig ins Genom eingefügt wird, bekommt man eine Vielzahl unterschiedlicher Linien, bei denen die *Enhancer Trap* jeweils in der Nachbarschaft unterschiedlicher Gene inseriert wurde. Im nächsten Schritt durchsucht man diese Mutantenkollektion nach interessanten Expressionsmustern. Wurde die *Enhancer Trap* beispielsweise nahe bei einem Gen eingefügt, das in den Schließzellen der Spaltöffnungen aktiv ist, wird man eine Pflanze erhalten, bei denen der Reporter in den Schließzellen zu sehen ist, nicht aber in den anderen Zellen. Mit etwas Glück und Geduld erhält man so eine Sammlung von Pflanzen, bei denen bestimmte Gewebe oder Zelltypen markiert sind. Eine berühmte Sammlung solcher Linie wurde von Jim Haseloff in Cambridge erzeugt (Laplaze et al. 2005), um unterschiedliche Zelltypen in der Wurzel von *Arabidopsis* markieren zu können (Abb. 5.5).

Was lässt sich nun mit solchen Linien anfangen? Man kann damit beobachten, wie sich ein bestimmter Zelltyp während der Entwicklung verhält und auf diese Weise etwa klären, ob es festgelegte Abstammungslinien gibt. Bei *Arabidopsis* gibt es solche *Cell Lineage* tatsächlich, was eine ziemliche Überraschung war. Die pflanzliche Entwicklung ist ja stark von der Umwelt abhängig, und daher hatte man nicht damit gerechnet, dass die Abstammungslinie eines Zelltyps festgelegt ist. Wie in ▶ Abschn. 5.3 noch näher diskutiert wird, handelt es sich dabei um eine Besonderheit von *Arabidopsis*. Man kann die *Enhancer Trap* aber auch dazu einsetzen, bestimmte Zelltypen anzureichern, sodass sie für biochemische oder molekulargenetische Untersuchungen zugänglich werden. Dazu wird das in der Medizin gängige Verfahren des *Fluorescence-assisted Cell Sorting* (FACS) eingesetzt. Dabei werden in einem Gemisch von Zellen bestimmte Typen fluoreszierend markiert (in der Medizin setzt man dafür fluoreszierend markierte Antikörper ein, die bestimmte Zellen erkennen, andere aber nicht) und dann so durch eine dünne Kapillare geleitet, dass die Zellen in Reihe hintereinander passieren müssen. Dann fallen sie einzeln an einem Laserstrahl vorbei, der im Fall einer fluoreszierenden Zelle einen elektrischen Impuls an zwei elektrostatisch aufgeladene Metallplatten schickt, sodass die fluoreszierend markierte Zelle elektrostatisch abgelenkt wird und aus der Kette der fallenden Zellen heraus in ein anderes Sammelgefäß gelangt. Auf diese Weise

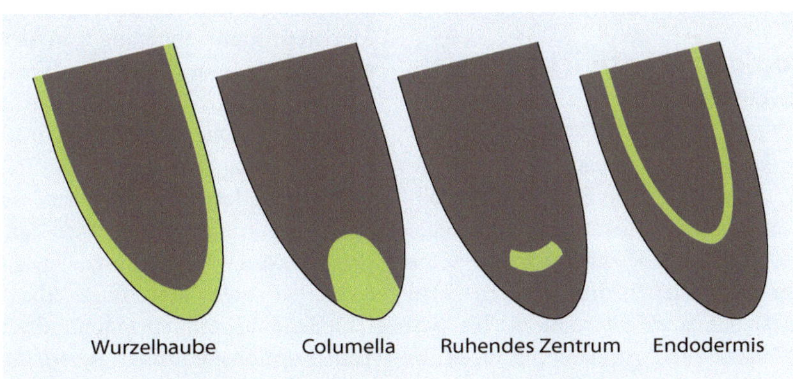

 Abb. 5.5 *Enhancer-Trap*-Linien mit GFP als Reporter, mit denen verschiedene Zelltypen markiert werden können. Von links nach rechts: Wurzelkappe, Columella, ruhendes Zentrum, Endodermis und Cortex, Zentralzylinder. (Haselofflab, Cambridge)

können die Zellen also automatisch sortiert werden. Diese Methode funktioniert mit vereinzelten Zellen sehr gut – beispielsweise kann man damit sehr schnell und kostensparend die verschiedenen Zellen in einer Blutprobe trennen und auszählen. Bei Zellen im Gewebeverband, wie den durch Zellwände verbundenen Pflanzenzellen, ist das Verfahren zunächst einmal nicht ohne Weiteres anwendbar –mit einem Trick aber doch: Man verdaut einfach die Zellwand mithilfe von Enzymen. Die zellwandlosen Protoplasten lösen sich voneinander, sodass man einzelne Zellen erhält (es muss nur in einem isotonischen Medium gearbeitet werden, weil sonst die wandlosen Zellen anschwellen und platzen würden). Wird nun die Wurzel einer Pflanze verdaut, wo der *Enhancer Trap* beispielsweise in der Endodermis aktiv ist, erhält man eine Mischung aus fluoreszierenden Zellen (das sind diejenigen, die das Transgen exprimieren, also die Zellen der Endodermis) und vielen nicht fluoreszierenden Zellen (das sind Zellen, die aus anderen Geweben der Wurzel stammen). Diese Protoplastenmischung kann man nun über FACS auftrennen und dann Transkriptom oder Proteom der getrennten Zelltypen vergleichen. Mit etwas Glück findet man so molekulare Faktoren, die sich bei Endodermiszellen unterscheiden, und gewinnt Einblick in die molekularen Grundlagen der Zelldifferenzierung.

5.3 Biologie und Entwicklung von Arabidopsis

Als kleine, konkurrenzschwache Pflanze hat *Arabidopsis* die ökologische Strategie vervollkommnet, kurzzeitige Störungen der Vegetationsdecke zu nutzen, um schnell seine Entwicklung zu vollziehen und dann in Form von Samen so lange zu überdauern, bis sich eine neue Chance zur Fortpflanzung bietet. In Anpassung an diese Strategie entwickelten sich genau jene Merkmale, die *Arabidopsis* zu einer idealen Modellpflanze machen: kurzer Lebenszyklus, viele Nachkommen, kleines Genom

und robuste Entwicklung. Die Embryonalentwicklung von *Arabidopsis* ist durch stereotype Reihenfolgen von Zellteilungen gekennzeichnet. Schon während der späteren Embryonalentwicklung werden in den beiden Polen des Embryos Bildegewebe **(Meristeme)** angelegt, die während der gesamten Lebensdauer der Pflanze neue Zellen nachliefern, aus denen die Organe (Blätter und Wurzeln) gebildet werden. Diese Meristeme werden, ausgehend von wenigen Stammzellen, stetig aufrechterhalten. Die Aktivität dieser Stammzellen wird durch Signale aus ihrer Umgebung so reguliert, dass ein Gleichgewicht zwischen Differenzierung und Zellteilung erhalten bleibt. Da die pflanzliche Entwicklung an die Umwelt angepasst und daher offen ist, muss auch nach der Anlage von Organen die Differenzierung von Zellen flexibel bleiben. Beispielsweise wird im wachsenden Blatt durch Ausschüttung hemmender Peptide durch schon differenzierte Spaltöffnungen verhindert, dass sich in der Nachbarschaft weitere Epidermiszellen zu Spaltöffnungen umbilden. Erst, wenn durch zusätzliche Zellteilungen die Distanz zwischen den Spaltöffnungen angestiegen ist, kann an den Stellen, an denen die Menge des hemmenden Signals niedrig genug ist, eine weitere Spaltöffnung entstehen. Durch solche Regelkreise wird sichergestellt, dass trotz der offenen Entwicklung stets ein Gleichgewicht zwischen Differenzierung und Zellteilung aufrechterhalten wird. Das Spross-Meristem kann abhängig von der Tageslänge von der offenen vegetativen Entwicklung auf eine abgeschlossene generative Entwicklung umgestimmt werden. Dafür wird in den Blättern abhängig von Licht ein Transkriptionsfaktor gebildet, der über das Leitsystem ins Meristem transportiert wird und dort die Umstimmung der Stammzellen auslöst. Dabei entstehen vier Blattkreise, die durch verschiedene Kombinationen dreier weiterer Transkriptionsfaktoren (A, B, C) zu Kelch-, Kron-, Staub- und Fruchtblättern differenzieren. In Staub- und Fruchtblättern entstehen durch Meiose die haploiden Keimzellen, die jedoch nicht sofort in einer Befruchtung verschmelzen, sondern zunächst einen wenigzelligen, haploiden **Gametophyten** bilden (männlich: Pollenschlauch, weiblich: Embryosack). Zwei der drei Zellen des Pollenschlauchs machen dann eine Befruchtung mit Zellen des Embryosacks durch. Daraus entsteht zum einen der neue (diploide) Embryo, zum anderen eine triploide Endosperm-Mutterzelle, die das den Embryo versorgende Nährgewebe hervorbringt.

5.3.1 Arabidopsis ist ein Therophyt

Arabidopsis hat seine schnelle Entwicklung und sein Minimalgenom natürlich nicht entwickelt, „damit" eines Tages die funktionelle Pflanzengenetik davon profitieren kann. Wie bei anderen Modellorganismen auch sind diese besonderen Eigenschaften als Teil einer Überlebensstrategie entstanden. Bei Pflanzen heißt Überleben vor allem: Licht als Nahrungsquelle möglichst gut nutzen zu können. Pflanzen können nicht mal kurz eben „an die Sonne gehen", daher sind kleine Pflanzen wie *Arabidopsis* in der Konkurrenz um das Licht gegenüber anderen Arten, vor allem Sträuchern und Bäumen, eindeutig im Nachteil. Eine Chance haben solch kleine Pflanzen eigentlich nur, wenn die Vegetationsdecke kurzzeitig gestört wird – das kann passieren, wenn der Sturm eine Schneise in den Wald schlägt, an einem steilen Flussufer ein Stück abbricht und offenliegt, oder wenn durch Waldbrände die Bäume eliminiert werden. Um solche Gelegenheiten nutzen zu können, muss die Keimung lange Zeit unterdrückt werden können **(Dormanz)**. Erst, wenn die Gelegenheit günstig ist, wird die Dormanz abgeschaltet und die Entwicklung aktiviert, sodass sehr schnell viele neue Samen gebildet werden, bevor die kurzzeitig gestörte Vegetationsdecke sich wieder schließt. Die Schnelligkeit der Entwicklung von *Arabidopsis* ist also in Anpassung an solche (zumeist nur für eine gewisse Zeit gegebenen) Störungen der Vegetationsdecke entstanden. Pflanzen mit diesem Lebensstil heißen Therophyten.

Warum sind Therophyten für den Menschen interessant? Die meisten unserer Kulturpflanzen sind einjährig und folgen daher dieser Strategie. Im Grunde hat der Mensch künstlich durch den Ackerbau ein Biotop geschaffen, dessen Vegetationsdecke ständig durch regelmäßiges Pflügen und Jäten offen gehalten wird. Übrigens ist diese Ackernische nicht nur für die Kulturpflanzen attraktiv, sondern auch für andere Therophyten, die aber freilich nicht durch Ablieferung ihrer Produkte „zurückzahlen", sondern gleichsam als „Kulturparasiten" von der menschlichen Anstrengung profitieren. Häufig sind solche „Unkräuter" nahe Verwandte der jeweiligen Kulturpflanze.

Eine evolutionär entstandene Strategie zur Verminderung der Konkurrenz hat also dazu geführt, dass die Schmalwand genau diese Eigenschaften auf die Spitze getrieben hat, die für ein genetisches Modellsystem glänzend geeignet sind. Freilich sollten wir nicht vergessen, dass manche Besonderheiten von *Arabidopsis* ebenfalls Ausdruck einer Therophytenstrategie sind und daher nicht unüberlegt als „modellhaft" auf Pflanzen mit einer anderen ökologischen Strategie übertragen werden sollten.

Beispielsweise ist die Embryonalentwicklung (▸ Abschn. 5.3.2) mit ihrer fast schon stereotypen Folge von Zellteilungen eine Besonderheit von *Arabidopsis,* die ähnlich wie die stereotype Zellteilungsfolge des Wurms *Caenorhabditis elegans* in Anpassung an besonders kurze Vermehrungszyklen entstand. Vermutlich aus einem ähnlichen Grund zählt *Arabidopsis* zu den wenigen Bedecktsamern, die nicht in Symbiose mit Mykorrhizapilzen leben und hierfür natürlich nicht als Modellorganismus taugen.

5.3.2 Embryonalentwicklung

Die Embryonalentwicklung von *Arabidopsis* beginnt mit einer bei allen Bedecktsamern vorkommenden exotischen Besonderheit (die man weder bei der Schwestergruppe der Nacktsamer noch bei den Vorfahren der Bedecktsamer, den Farnpflanzen, beobachten kann): Die Befruchtung ist doppelt. Ein Spermakern des Pollenschlauchs verschmilzt mit der Eizelle und bildet die diploide Zygote als erste Zelle des Embryos. Es gibt jedoch noch einen zweiten Spermakern. Dieser sucht sich den diploiden Zentralzellkern, sodass also ein Zellkern mit drei Chromosomensätzen entsteht. Der Zentralzellkern ist deswegen diploid, weil er während der Entwicklung des Embryosacks (mehr dazu in ▶ Abschn. 5.2.1) aus der Fusion zweier haploider sogenannter Polzellkerne hervorgegangen ist. Aus dieser zweiten Befruchtung wird also ein triploider Kern gebildet, dieser liefert das Endosperm, ein Nährgewebe für den jungen Embryos. Bei vielen Pflanzen (beispielsweise bei den Getreiden, ▶ Kap. 6) spielt das Endosperm später eine wichtige Rolle für die Keimung. Es ist sozusagen die Mitgift der Mutter, die in den ersten Tagen nach der Keimung von dem jungen Keimling mobilisiert und aufgenommen wird. Bei *Arabidopsis* (so wie bei allen anderen Kreuzblütlern oder Brassicaceen) ist die Bedeutung des Endosperms für den Keimling jedoch nur marginal – hier

werden schon in der späteren Embryonalentwicklung die Ressourcen aus Endosperm und Mutterpflanze *innerhalb* des Embryos gespeichert. Dazu schwellen die Keimblätter an und bilden sich zu Speicherorganen um, die dann nach der Keimung „angezapft" werden können und auch ganz schnell zusammenschrumpfen (◘ Abb. 5.6).

Die befruchtete Zygote teilt sich asymmetrisch in eine basal stark vakuolisierte Zelle, aus der ein embryonales Versorgungsorgan, der **Suspensor** (eine Art Nabelschnur des Pflanzenembryos), hervorgeht, und eine apikale, wenig vakuolisierte Zelle, aus der der eigentliche Embryo entsteht (◘ Abb. 5.6). Die basale Zelle wandelt sich nun durch mehrere gerichtete Teilungen in einen mehrgliedrigen Stil mit einer stark aufgeblähten Basalzelle um. Der Suspensor stirbt gegen Ende der Embryonalentwicklung durch programmierten Zelltod ab, trägt also nicht zur späteren Pflanze bei – auch darin ähnelt er übrigens der Nabelschnur. Freilich gibt es eine Ausnahme, die oberste Zelle des Suspensors, die **Hypophyse,** teilt sich abweichend von den anderen Suspensorzellen längs und wird letztendlich zur **Columella,** dem Herzen der Wurzelkappe

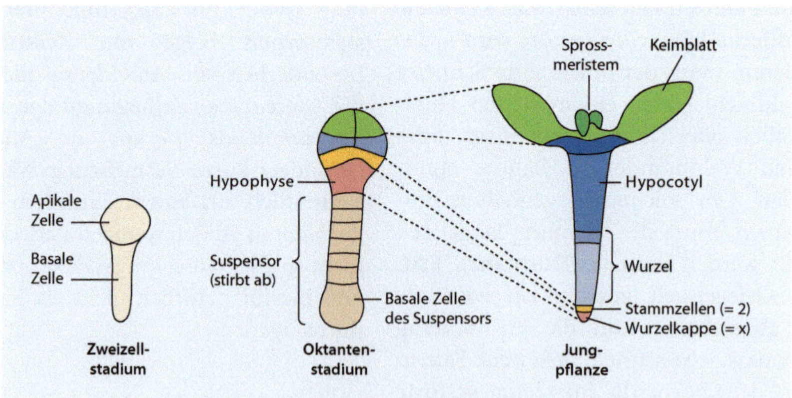

◘ **Abb. 5.6**   Embryogenese bei Arabidopsis. Die künftigen Organe des Keimlings lassen sich bis in bestimmte Zellen des frühen Embryos zurückverfolgen. Aus einer asymmetrischen Teilung der Zygote gehen die Vorläufer von Suspensor und eigentlichem Embryo hervor. Im globulären Stadium (zweites Bild von links) wird die oberste Zelle des Suspensors, die Hypophyse, gebildet, die später zur Wurzelkappe wird. Im Herzstadium sind die Bereiche des Keimlings alle schon abgebildet und werden nur noch durch Zellteilungen und anschließende Zellvergrößerung entfaltet. (Zdenek Opatrný aus Nick und Opatrny, Applied Plant CellBiology (Springer))

in der jungen Keimwurzel. Die aus der ersten Teilung der Zygote entstandene apikale Zelle durchläuft währenddessen eine stereotype Folge von Längs- und Querteilungen, bis sich eine kleine Kugel, der **globuläre Embryo,** herausgebildet hat. Schon im Achtzellstadium kann man hier den Grundaufbau des späteren Keimlings erkennen: Aus den beiden Spitzenzellen gehen die beiden Keimblätter und das Apikalmeristem hervor, aus dem basal davon gelegenen Gürtel Hypocotyl und Wurzel (die also entwicklungsgeschichtlich sehr eng zusammenhängen) und aus den Zellen, die der Hypophyse angrenzen, das ruhende Zentrum der Wurzel, das später das Wurzelmeristem hervorbringt. Diese polare Anordnung wird schon in diesem frühen Stadium durch einen gerichteten Transport des Pflanzenhormons Auxin geordnet, und hier fand man auch den Ansatzpunkt zum Verständnis der *gnom*-Mutante. Bei dieser Mutante ist nämlich eine Komponente des Vesikeltransports betroffen. Dies hat zur Folge, dass ein Membrantransporter für Auxin nicht korrekt platziert werden kann. Dadurch wird schon die erste Teilung der Zygote verschoben – diese teilt sich in der *gnom*-Mutante nämlich symmetrisch (also abweichend zur asymmetrischen Teilung im Wildtyp). Im Gefolge wird dann auch die durch den Auxinfluss geordnete Zuweisung von Entwicklungswegen im jungen Embryo durcheinandergebracht, es entsteht weder eine richtige Hypophyse, noch können die beiden Meristeme an den Polen des Embryo angelegt werden. Das Resultat ist ein ungeordneter Gewebsklumpen. Werden die Meristeme jedoch richtig angelegt (was einen geordneten Auxinfluss von apikal nach basal voraussetzt), bringen diese nicht nur alle weiteren Organe des Embryos hervor, sondern bleiben auch im Laufe der weiteren Entwicklung der Pflanze aktiv – das ganze weitere Leben hindurch. Erst wenn *Arabidopsis* Blüten bildet, verbraucht sich das apikale Meristem bei der Bildung der Blütenorgane (daher endet das Wachstum – so wie bei vielen anderen Blütenpflanzen auch – in dem Moment, wo die Blüte vollständig ist).

5.3.3 Vegetative Entwicklung

Das nie endende Wachstum von Pflanzen setzt voraus, dass in den Meristemen die sich differenzierenden Zellen immer wieder nachgeliefert werden. Dies geschieht sowohl in der Spitze der Wurzel wie in der Spitze des Sprosses mithilfe von Stammzellen. Diese Stammzellen teilen sich selbst eher selten, liefern aber immer wieder Tochterzellen nach, die sich stark teilen und einen bestimmten Zelltyp hervorbringen. Diese Stammzellen wirken also wie eine Art Auge des Sturms und werden daher als **ruhendes Zentrum** bezeichnet. Angelegt werden die ruhenden Zentren schon sehr früh in der Entwicklung, nämlich im Achtzellstadium – das ruhende Zentrum der Wurzel entsteht aus den Zellen des Embryo, die an die Hypophyse grenzen (◘ Abb. 5.6).

Da die pflanzliche Gestaltbildung sehr ergebnisoffen ist, kann die Zahl von Stammzellen nicht genetisch festgelegt sein, sondern muss abhängig von den Bedingungen ständig neu angepasst werden. Eine Stammzelle muss sich teilen, um etwa die Nachlieferung der Gewebe in den im Sprosskegel auswachsenden Blättern zu gewährleisten. Andererseits muss diese Teilung begrenzt werden, weil sonst der Sprosskegel zu abnormer Größe anschwellen würde und die neu angelegten Blätter dann keine Verbindung zum Leitsystem der Pflanze bekämen. Woher „weiß" die Stammzelle, wie oft sie sich teilen muss, damit diese Balance eingehalten wird? Auch hier brachten Mutanten den entscheidenden Durchbruch: Bei der Mutante *wuschel* verbrauchen sich die Stammzellen in einer Vielzahl von kleinen Blättern, bis der Sprosskegel gleichsam „aufgebraucht" ist und die Pflanze dadurch nicht mehr weiterwachsen kann. Im Gegenteil teilen sich bei den *clavata*- Mutanten (lat. für „keulenförmig") die Stammzellen, ohne zu Blättern zu differenzieren, wodurch der Sprosskegel nackt bleibt und keulenförmig aufschwillt. Über Vorwärtsgenetik gelang es, die molekulare Natur von *wuschel* und *clavata* aufzuklären und molekulare Sonden zu konstruieren, mit denen sichtbar gemacht werden konnte, in welchen Zellen des Sprosskegels diese Faktoren aktiv sind. Dabei stellte sich heraus, dass beide Faktoren gar nicht in den Stammzellen selbst erzeugt werden, sondern in den benachbarten (schon differenzierten) Zellen – *wuschel* unterhalb der Stammzellen, *clavata* oberhalb. Die Genprodukte werden jedoch in die Stammzellen transportiert und entfalten dort entgegengesetzte Wirkungen: *wuschel* erhält den Zustand der Stammzelle aufrecht, *clavata* fördert hingegen die Differenzierung. Das Verhältnis der beiden Faktoren hängt davon ab, welcher Anteil der Zellpopulation schon differenziert ist und wie viele Zellen noch in Wartestellung verharren. Wenn diese Anteile vom Gleichgewicht abweichen, wird also automatisch entsprechend mehr oder weniger von den beiden Gegenspielern gebildet. Wie bei einer Art chemischem Thermostaten wird so flexibel und robust über Rückkopplung eine Balance aus Stammzellen und differenzierenden Zellen eingestellt. Für die Stammzellnische der Wurzel hat man nah verwandte Gene identifiziert, die auf ähnliche Weise zusammenwirken. Durch Pflanzenhormone, neben dem schon erwähnten Auxin ist es vor allem das Hormon Cytokinin, lässt sich der Sollwert verschieben. Dies erlaubt es der Pflanze, in Abhängigkeit von der Umwelt (vor allem abhängig von Licht) mehr oder weniger Blätter zu bilden – die Synthese von Pflanzenhormonen, aber auch die Verarbeitung hormoneller Signale ist in hohem Maße umweltabhängig und ermöglicht der Pflanze, ihre Entwicklung flexibel an die Umweltbedingungen anzupassen.

Die vielfältigen und verwobenen Signalwege, die alle Aspekte der vegetativen Entwicklung von Pflanzen steuern, sind molekular mithilfe entsprechender Mutanten untersucht worden und für viele Entwicklungsleistungen – etwa die Verarbeitung verschiedener Lichtsignale oder die Bildung von Wurzelhaaren oder Trichomen – kennt man inzwischen schon eine große Zahl der daran beteiligten Proteine. Wie in Pflanzen sind anders. Warum? geschildert, war die Identifizierung vor allem erfolgreich, wenn ein klar umgrenzter Phänotyp resultierte und wenn die Biologie des betroffenen Entwicklungsschrittes schon relativ gut durchdrungen war. Vor allem durch Mutationen in der Synthese, der Perzeption und der Verarbeitung hormoneller Signale ist der Modellorganismus *Arabidopsis* für das Verständnis pflanzlicher Entwicklung sehr wertvoll geworden.

Beispielhaft für die zahlreichen, mithilfe dieses Modells verstandenen Entwicklungsvorgänge ist unter *Too many mouths* die Aufklärung von Spaltöffnungsmustern dargestellt.

Too many mouths – woher weiß ein Blatt, wieviel Spaltöffnungen es brauchen wird?

Landpflanzen besitzen eine luft- und wasserundurchlässige Außenschicht, die **Cuticula,** um den unkontrollierten Verlust von Wasser unterbinden zu können. Für die Photosynthese ist jedoch der Zutritt von Kohlendioxid notwendig, ebenso wird der Transport des in den Wurzeln aufgenommenen Wassers durch die Verdunstung an den Blättern (**Transpiration**) getrieben. Der gesteuerte Austausch von Wasser und Kohlendioxid in den Blättern geschieht mithilfe eines von Gefäßpflanzen neu entwickelten Zelltyps, den Schließzellen. Abhängig von Wassergehalt des Gewebes und Intensität der Photosynthese können diese Schließzellen ihre Turgeszenz unter Kontrolle eines komplexen Signalnetzwerks verändern. Zwischen den Schließzellen ist die Cuticula durch einen Spalt durchbrochen, der in eine sogenannte Atemhöhle führt, von wo aus das eingewanderte Kohlendioxid zu den photosynthetisch aktiven Zellen vordringen kann. Nicht nur der Öffnungszustand dieser Spaltöffnungen muss genau reguliert werden, auch ihre Anzahl bedarf einer Steuerung: Wäre die Dichte der Spaltöffnungen zu hoch, verlöre das Blatt auf unkontrollierte Weise Wasser und welkte, wäre sie zu gering, wäre durch den nicht ausreichende Zutritt von Kohlendioxid die Ausbeute der Photosynthese geschmälert. Nun wäre denkbar, dass die Spaltöffnungen gleich bei der Anlage des Blatts im Sprosskegel festgelegt werden (ähnlich wie beim Modellorganismus *Caenorhabditis elegans* der Zelltyp durch eine stereotype Zellteilungslinie bestimmt ist). Freilich stünde ein solcher Mechanismus der notgedrungen flexiblen Entwicklung von Pflanzen diametral entgegen. Ob ein Blatt groß wird und daher viele Spaltöffnungen benötigt oder ob es klein bleibt und daher nur wenige Spaltöffnungen anlegen muss, entscheidet sich ja erst während der Entwicklung und hängt zum Beispiel entscheidend davon ab, ob durch die Beschattung eines benachbarten Blattes die Lichtintensität heruntergesetzt ist oder nicht. Schließzellen entstehen daher erst *während* des Blattwachstums. Dabei aktivieren schon differenzierte

Epidermiszellen ein neues Entwicklungsprogramm, wobei sie sich in räumlich streng festgelegter Weise erneut zu teilen (◼ Abb. 5.7a). Sie benehmen sich also eigentlich wie ein kleines Meristem – freilich ist die Zahl der Teilungen begrenzt (zumeist nur auf 2–5 Teilungen), im Gegensatz zu den „echten" Meristemen in der Wurzelspitze, im Sprosskegel oder dem für das Dickenwachstum wichtigen Kambium fehlen also Stammzellen, und man spricht daher von **Meristemoiden.** Die Anlage dieser Meristemoide folgt einem klaren Muster – nie findet man Spaltöffnungen, die unmittelbar aneinander angrenzen, stets wird ein Mindestabstand eingehalten. Schon bestehende Schließzellen scheinen in ihrer Nachbarschaft die Bildung weiterer Meristemoide zu unterdrücken. Erst, wenn durch das Blattwachstum die Spaltöffnungen auseinanderrücken, entsteht in ihrer Mitte, dort wo diese

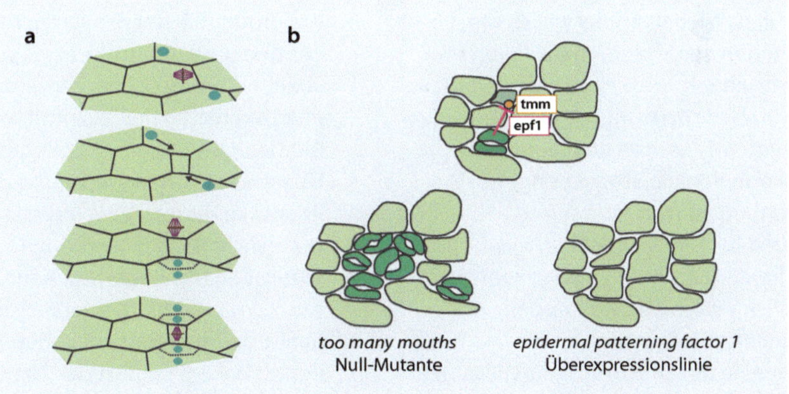

◼ **Abb. 5.7** Aufklärung von Spaltöffnungsmustern mithilfe des Modellsystems Arabidopsis. **a** Anlage einer neuen Spaltöffnung aus einer gewöhnlichen Epidermiszelle durch eine räumlich orientierte und abgeschlossene Sequenz von Zellteilungen (Fallbeispiel *Tradescantia tricolor*). **b** Molekulares Modell der Spaltöffnungsmusterung bei *Arabidopsis*. Angelegte Spaltöffnungs-Meristemoide sezernieren das Peptid *epidermal patterning factor 1* (epf1). Dieses wird als Ligand von der Rezeptorkinase *too many mouths* (tmm) gebunden, worauf in der Empfängerzelle ein MAPK-Weg aktiviert wird, der den Zellzyklus anhält und so verhindert, dass sich diese Zelle durch Teilung in einen Spaltöffnungsapparat weiterentwickeln kann. Bei Ausfall von *too many mouths* entstehen Klumpen aneinanderhängender Spaltöffnungen. Bei Überexpression von *epidermal patterning factor 1* wird in allen Epidermiszellen der MAPK-Weg aktiviert, sodass keine Spaltöffnungen entstehen können hypothetische Hemmwirkung am geringsten sein sollte, ein neues Meristemoid.

Das Muster der Spaltöffnungen ist also nicht *a priori* festgelegt, sondern muss während der Entwicklung immer wieder neu bestimmt werden. Eine solche *offene Musterbildung* ist für die vegetative Entwicklung von Pflanzen sehr typisch und ist daher am Modell *Arabidopsis* intensiv beforscht worden: Das Muster von Wurzelhaaren, Trichomen auf den Blättern, Blattnerven für den Stofftransport oder die Anlage neuer Blattprimordien im Sprosskegel sind weitere Beispiele für offene Musterbildung und folgen ähnlichen Prinzipien. Es ist plausibel und vermutlich auch zutreffend, offene Musterbildung über Hemmfelder zu erklären, die in der Nachbarschaft der schon bestehenden Strukturen die Neubildung weiterer solcher Strukturen unterdrücken. Freilich: Ohne eine Kenntnis der molekularen Natur dieses Hemmsignals lassen sich solche Erklärungsmodelle nicht experimentell überprüfen. Wieder einmal war es die Kombination aus Mutantenkollektion und Vorwärtsgenetik, die hier zum Durchbruch führte: In der Arbeitsgruppe von Fred Sack wurden Tausende von Mutanten mikroskopisch nach abweichenden Spaltöffnungsmustern durchmustert (Yang und Sack 1995). Als Ergebnis dieser heroischen Anstrengung konnten tatsächlich verschiedene Gruppen von Mutanten gefunden werden. Die berühmteste davon wurde auf den Namen *too many mouths* getauft (◘ Abb. 5.7b), weil bei ihr die Spaltöffnungen (Stomata, von griechisch *stoma* für „Mund") keinen Mindestabstand mehr einhielten, sodass die Blattunterseite mit ungeordneten Klumpen von Spaltöffnungen übersät waren. Bei dem in dieser Mutante betroffenen Gen handelte es sich also

offenbar um einen negativen Regulator der Meristemoidanlage. In der Tat konnte *too many mouths* über Vorwärtsgenetik als Mutation in einer Rezeptor-Kinase identifiziert werden. Diese Kinase aktiviert einen MAP-Kinaseweg, der wiederum den Zellzyklus stoppt, sodass keine Zellteilung stattfinden kann. Ein Rezeptor braucht einen Liganden – dieser blieb jedoch lange unbekannt. Die Lösung ergab sich unerwarteterweise aus einem genetischen Screen, der aus ganz anderen Gründen durchgeführt worden war: Aus dem *Arabidopsis*-Genomprojekt waren zahlreiche kleine Peptide vorausgesagt worden, von denen noch nicht einmal bekannt war, ob sie tatsächlich existierten, geschweige denn, wofür die Pflanze sie gebrauchen kann, von denen man jedoch aufgrund eines Sequenzmotivs annahm, dass sie sezerniert wurden und daher möglicherweise als Signale für die Zell-Zell-Kommunikation eingesetzt würden. Um diese Frage zu klären, wurde ein typischer Reverse-Genetik-Ansatz durchgeführt. Die mutmaßlich sezernierten Peptide wurden unter Kontrolle eines starken viralen Promotors (hierbei wird bei Pflanzen häufig der 35 S-Promotor des Blumenkohl-Mosaikvirus eingesetzt) zur Überexpression gebracht und dann der Phänotyp dieser Überexpressionslinie untersucht. Eine dieser Linien war sozusagen das Gegenstück zur Mutante *too many mouths:* Hier fehlten die Spaltöffnungen fast vollkommen. Das Peptid bekam folglich den Namen *epidermal patterning factor 1*, weil es offensichtlich mit der Musterung der Spaltöffnungen zu tun hatte und möglicherweise der lange gesuchte Hemmfaktor war (◘ Abb. 5.7b). Aber wie ließ sich feststellen, ob *epidermal patterning factor 1* tatsächlich der Ligand von *too many mouths* war? Auch dieser

Nachweis erfolgte genetisch, über eine sogenannte **Epistasie**-Analyse. Man kreuzte einfach den homozygoten Überexprimierer von *epidermal patterning factor 1* mit der homozygoten Mutante *too many mouths*. Wenn *epidermal patterning factor 1* tatsächlich der Ligand von *too many mouths* war, sollte der Effekt dieses überreichlich gebildeten Hemmsignals verschwinden, wenn da niemand war, der dieses Hemmsignal wahrnehmen konnte. In der Tat war die Doppelmutante nicht von der Einzelmutante *too many mouths* zu unterscheiden. Würde *epidermal patterning factor 1* seine Hemmung der Spaltöffnungsbildung auf einem anderen Wege bewirken, hätte man erwartet, dass die Spaltöffnungsklumpen zumindest teilweise verschwunden wären. Die Mutation *too many mouths* war also epistatisch über die Überexpression von *epidermal patterning factor 1*, und das war ein überzeugender Beleg für die These, dass mit *epidermal patterning factor 1* tatsächlich den lange gesuchten Bindepartner von *too many mouths* entdeckt war. Die molekulare Identifizierung der beiden Gegenspieler erlaubte es nicht nur, zelluläre Sonden zu entwickeln, mit denen sich das Verhalten der beiden Proteine bei der Musterbildung direkt beobachten ließ, sondern auch weitere Mitspieler zu finden, die bei der Feinjustierung dieser Musterung eine Rolle spielen. Nur wenig später gelang der Nachweis, dass die Musterung der Epidermis auch schon während der Embryogenese über einen ähnlich aufgebauten Regelkreis funktioniert, der verwandte molekulare Komponenten nutzt.

5.3.4 Generative Entwicklung

Die generative Entwicklung, also die Bildung von Blüten und Samen, folgt völlig anderen Gesetzen als die vegetative Entwicklung. Die Blüte ist nämlich in ihrem Wachstum begrenzt. Im Gegensatz zur offenen Entwicklung des vegetativen Meristems, das im Grunde unbegrenzt weiterwachsen kann und abhängig von den Umweltbedingungen unterschiedliche Mengen von Organen liefert, geht das Blütenmeristem in der Bildung der Fortpflanzungsorgane auf, ist also in seiner Entwicklung vorbestimmt. In der Tat ist die Morphologie der Blüte einer Pflanzenart immer festgelegt, ganz gleich, unter welchen Bedingungen die Pflanze angezogen wird. Das ist auch der Grund, warum die Taxonomie und Systematik von Blütenpflanzen sich vor allem auf Blütenmerkmale bezieht. Schon Carl von Linné hatte erkannt, dass Zahl und Gestalt von Blütenorganen sich zwar zwischen Arten unterscheiden, aber innerhalb einer Art in hohem Masse konstant sind.

Die Ausführung des generativen Entwicklungsprogramms ist also genetisch festgelegt, der Zeitpunkt, wann dieses Programm aktiviert wird, ist jedoch durchaus von der Umwelt abhängig. Das ist auch leicht zu verstehen, weil eine Pflanze, die zur falschen Jahreszeit blüht, nur geringe Chancen hat, sich erfolgreich fortzupflanzen. Solche „Ausreißer" haben also im Lauf der Evolution wenig zum Genpool der entsprechenden Art beigetragen. Obwohl die Umwelt also das „Wie" der Blütenentwicklung nicht zu beeinflussen scheint, entscheidet sie doch über das „Wann". Wichtigster Taktgeber ist dabei die Tageslänge, weil damit die Pflanze unabhängig von der jeweiligen Temperatur ihre zeitliche Position im Jahreslauf bestimmen kann. Pflanzen in gemäßigten Zonen, so auch

Arabidopsis, sind zumeist sogenannte Langtag-Pflanzen – wenn die Tage länger werden, kündet das den Sommer an. Bei vielen Pflanzen der subtropischen Wüsten und Halbwüsten wird das Blühen jedoch durch kurze Tage ausgelöst und fällt dadurch mit der Zeit der winterlichen Niederschläge zusammen. Die Abhängigkeit des Blühzeitpunkts von der Tageslänge wird mit dem Begriff **Photoperiodismus** bezeichnet und wurde seit den 30er-Jahren des letzten Jahrhunderts intensiv untersucht. Mithilfe von ausgeklügelten formalphysiologischen Untersuchungen fand man heraus, dass die Messung der Tageslänge durch einen Photorezeptor erfolgt, der den langwelligen Teil des Spektrums wahrnimmt und einer tagesrhythmischen Dynamik unterliegt. Dieser Photorezeptor konnte später, nicht zuletzt aufgrund seiner Rolle beim Photoperiodismus, als Phytochrom identifiziert werden.

Aus klassischen Pfropfversuchen war schon lange bekannt, dass die Wahrnehmung der Tageslänge nicht im Sprossmeristem selbst stattfindet, sondern in den Blättern. Dabei wurde eine Pflanze durch die richtige Tageslänge „in Stimmung gebracht" und danach in eine obere Hälfte (die also das Sprossmeristem enthielt) und in eine untere Hälfte getrennt (die also die Laubblätter enthielt). Eine nicht induzierte Pflanze erfuhr dieselbe Behandlung. Die Teile wurden kreuzweise über Pfropfung wieder zusammengefügt, und dann wartete man darauf, was passieren würde. Das Sprossmeristem der induzierten Pflanze saß nun also auf einer Unterlage aus nicht induzierten Blättern. Dieses Meristem blühte nicht. Dagegen kam das Sprossmeristem der nicht induzierten Pflanze auf der induzierten Unterlage zur Blüte. Daraus folgerte man, dass die Blätter die Tageslänge messen und dann ein Signal erzeugen, das nach oben ins Sprossmeristem geschickt wird und dort das Sprossmeristem von vegetativer auf generative Entwicklung umschaltet. Für dieses Blühsignal prägte Michael Chailakhyan schon 1936 den Begriff **Florigen** (von lat. *flor* Blüte und *genere* hervorbringen). Obwohl

man intensiv nach diesem Florigen suchte, gelang es sieben Jahrzehnte lang nicht, ein Florigen-Molekül dingfest zu machen. Erst 2005 kam der Durchbruch – mittels Mutanten der Modellpflanze *Arabidopsis.*

Mutanten des Photoperiodismus zu finden ist eine relativ einfache Angelegenheit, man kann die Pflanzen beispielsweise in Phytokammern unter Kurztag-Bedingungen anziehen und nach Mutanten suchen, die trotz dieser für *Arabidopsis* unterdrückenden Bedingungen frühzeitig blühen. Umgekehrt kann man unter Langtag-Bedingungen nach Mutanten suchen, die verzögert blühen. Innerhalb weniger Jahre wurden auf diesen Wegen eine stattliche Anzahl von mutmaßlichen Mutanten des Photoperiodismus isoliert und auch die betroffenen Gene identifiziert. Wirklich erhellend war das zunächst einmal nicht. Um unter den vielen Kandidaten die wirklich relevanten Gene herauszufiltern, musste man auf die in den Jahrzehnten zuvor entwickelten formalphysiologischen Untersuchungen zurückgreifen. Aus den Pfropfversuchen war ja schon bekannt, dass die Wahrnehmung der Tageslänge in den Blättern erfolgt. Also begann man damit, die identifizierten Gene danach zu durchmustern, ob ihre Aktivität in den Blättern rhythmisch gesteuert wurde. In der Tat stellte sich heraus, dass das Gen *CONSTANS* besonders interessant war: Dieses Gen wird etwa zwölf Stunden nach Tagesbeginn abgelesen, das neu gebildete Protein ist jedoch nur im Licht stabil, im Dunkeln wird es augenblicklich ubiquitiniert und im Proteasom abgebaut. Da im Kurztag die Sonne schon untergegangen ist, bevor *CONSTANS* transkribiert wird, findet man also zwar die Transkripte dieses Gens, aber nicht das Protein. Im Langtag wird das Protein jedoch vor Sonnenuntergang gebildet, und unter Einfluss von Phytochrom (und des Blaulichtrezeptors Cryptochrom) bleibt das CONSTANS Protein stabil. Man findet dieses Protein nur im Phloem von Blättern, trotz intensiver Suche konnte weder das Protein noch seine Transkripte im Apikalmeristem nachgewiesen werden, trotz seines spannenden Regulationsmusters kommt es daher nicht als Florigen infrage. CONSTANS ist ein Transkriptionsfaktor, der in den Kern einwandert und dort die Aktivität anderer Gene steuert. Darunter ist auch das Gen *Flowering Locus T (FT),* das man ebenfalls schon einige Jahre zuvor entdeckt hatte, das aber seinerzeit nicht als besonders spannend empfunden worden war. Erst als man sich anschaute, welche Gene durch *FT* (auch dies ein Transkriptionsfaktor), gesteuert werden, änderte sich das: eines der Ziele des FT-Proteins ist nämlich ein Gen (mit dem Kürzel *FD)* das die Stammzellen im Meristem so umsteuern kann, dass sie sich nicht mehr als Stammzellen weitererhalten, sondern in Form von Blütenorganen differenzieren. Folglich war das FD-Protein auch nicht in Blättern, sondern nur in den Spitzen der Sprosse zu finden (wo die Blüten entstehen). Wenn das *FD*-Gen ein Ziel für das FT-Protein darstellt, muss also dieses Protein, dessen Gen ja in den Blättern abgelesen wird, in das Apikalmeristem gelangen. Zunächst nahm man an, dass die in den Blättern abgelesenen Transkripte von FT in die Spitze des Sprosses transportiert und dort in Protein übersetzt würden. Dies stellte sich später als falsch heraus – mithilfe einer GFP-Fusion konnte gezeigt werden, dass das FT-Protein selbst ins Apikalmeristem einwandert und dort über FD die Umsteuerung zur Blütenentwicklung einleitet. Die mehr als sieben Jahrzehnte währende Jagd nach dem Florigen war also am Ziel angekommen, und die Gruppe von George Coupland am Max-Planck-Institut für Züchtungsforschung in Köln bekam für diese bahnbrechende Entdeckung 2008 den Nobelpreis für Chemie (Überblick in Corbesier und Coupland 2006).

Was ist nun der nächste Schritt? Unter der Wirkung des FD-Proteins werden die Stammzellen im Apikalmeristem umgesteuert. Während der vegetativen Entwicklung durchlaufen diese Zellen asymmetrische Teilungen: Während eine Tochterzelle das Stammzellverhalten ihrer Mutter übernimmt und also „ewig jugendlich" bleibt, bildet die andere Zelle Nachkommen, die sich zu den verschiedenen Geweben des Sprosses differenzieren, vor allem zu den Anlagen der Blättern, den Blatt-Primordien. In Antwort auf die Aktivierung des *FD*-Gens durch das FT-Protein geben die Stammzellen ihre „ewige Jugend" auf und differenzieren sich vollständig, wobei die Blütenorgane entstehen. Schon Goethe hatte entdeckt, dass die Organe der Blüte eigentlich nichts anderes sind als umgewandelte Blätter. In seinem Buch „Metamorphose der Pflanze" erfasste er auch schon mit erstaunlicher Klarsicht, nach welchen Gesetzmäßigkeiten die Blüte entsteht: Die Organe der Blüte sind nämlich nichts anderes als Blattkreise, die unterschiedlich ausgeprägt werden. Dabei entstehen die außen liegenden Blütenorgane zeitlich früher als die inneren: Zunächst werden also die Kelchblätter angelegt, danach die Kronblätter, danach die männlichen Organe (die Staubblätter) und zuletzt die weiblichen Organe (die Fruchtblätter). In seinem Buch beschrieb Goethe auch schon Abweichungen von der Normalentwicklung – beispielsweise konnte er nachweisen, dass bei den sogenannten gefüllten Blüten einfach nur die beiden inneren Organkreise durch Blütenblätter ersetzt sind. Heutzutage werden solche Fälle als **homöotische** Mutanten bezeichnet – ein an einer bestimmten Stelle vorkommendes Organ wird durch ein anderes Organ ersetzt, das gewöhnlich an einer anderen Stelle gebildet würde. Das Organ selbst sieht normal aus, abnormal ist nur sein Ort. Die berühmtgewordene Fruchtfliegen-Mutante *antennapedia,* bei der anstelle einer Antenne ein Bein gebildet wird, das aber ansonsten aussieht wie ein ganz gewöhnliches Bein, wäre ein typisches Beispiel für eine solche homöotische Mutation.

Mithilfe solcher homöotischer Mutanten gelang es nun, die Morphogenese der Blüte aufzuklären: Die Blütenorgane werden abhängig von drei Typen von genetischen Schaltern (Transkriptionsfaktoren) festgelegt, die man der Einfachheit halber als A, B und C bezeichnete (◘ Abb. 5.8).

Die A-Gene sind in den beiden am ersten angelegten Blattkreisen aktiv, die B-Gene folgen um genau einen Blattkreis versetzt

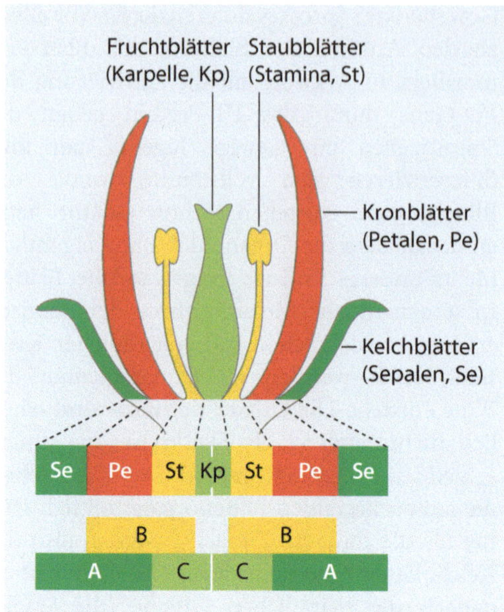

◘ **Abb. 5.8**   ABC-Modell der Blütenbildung. (► http://www.adonline.id.au/flowers/images/abc-model.png (Vorlage))

später, und zuletzt werden die C-Gene aktiv (also in den letzten beiden Blattkreisen). Dieses Zeitmuster führt nun also dazu, dass im äußersten Blattkreis nur A-Gene aktiviert sind. Diese Blätter bilden sich dann als Kelchblätter aus. Im nächsten Wirtel sind zusätzlich zu den A- Genen auch B-Gene am Werk, und es entstehen Kronblätter. Noch einen Blattkreis später sind die A-Gene ausgeschaltet, dafür wirken die B-Gene gemeinsam mit den nun angeschalteten C-Genen. Diese Blätter werden Staubblätter, und im letzten Kreis sind nur noch C-Gene aktiv und es entstehen Fruchtblätter (◘ Abb. 5.8). Die Verbindung von einem bestimmten zeitlichen Muster der Expression und der Fähigkeit, verschiedene Kombinationen einzugehen, führt so in jedem der vier Blattkreise zu einer eigenen, spezifischen Aktivität dieser Genschalter (man vermutet, dass diese Transkriptionsfaktoren verschiedene Dimere bilden können, entweder mit ihresgleichen oder mit einem Faktor einer anderen homöotischen Klasse). Das Homodimer AA schaltet vermutlich Kelchblattgene an, während das Heterodimer AB Kronblattgene aktiviert. Im nachfolgenden Blattkreis wird durch das Heterodimer BC die Entwicklung männlicher Geschlechtsorgane (Staubblätter) angestoßen, während im letzten, innersten Blattkreis das Homodimer CC die Entstehung der Fruchtblätter als weiblicher Geschlechtsorgane aktiviert wird. Dieses elegante Modell kann zahlreiche Beobachtungen, auch zur Entstehung von Blütenmutanten, erklären. Beispielsweise ergibt sich der Phänotyp der Mutante *pistillata 2* (Ausfall der B-Funktion) zwanglos, wenn man annimmt, dass AA Homodimere nicht nur im äußersten, sondern auch im nächstinneren Wirtel aktiv sind, sodass zwei Kreise von Kelchblättern entstehen, die Kronblätter also fehlen. In den beiden innersten Wirteln sind durch das Fehlen der B-Funktion nur CC-Homodimere aktiv, sodass die Staubblätter durch Fruchtblätter ersetzt sind.

Das ursprüngliche Modell ist inzwischen etwas erweitert worden – beispielsweise konnte eine weitere D-Funktion nachgewiesen worden, die innerhalb der Fruchtblätter die Bildung von Samenanlagen anschaltet. Gleichzeitig konnte eine E-Funktion identifiziert werden, die für die Umsteuerung des Meristems von vegetativer (unbegrenzter) in eine generative (begrenzte) Entwicklung wichtig ist und aus der die A-Funktion durch eine Genverdopplung hervorgegangen ist. Trotz dieser Erweiterungen von Details liefert das ABC-Modell nach wie vor die fundamentale Erklärung für die Festlegung der Blütenorgane.

Innerhalb der beiden inneren Blattkreise, in Staub- und Fruchtblättern, findet dann die Meiose statt. Im Gegensatz zu den meisten vielzelligen Tieren gehen die entstehenden haploiden Keimzellen nicht unmittelbar eine Verschmelzung zu einer diploiden Zygote ein, sondern führen erst einmal ein (freilich sehr begrenztes) Eigenleben, indem sie mehrere Mitosen durchlaufen, sodass also ein kleiner haploider Organismus, der **Gametophyt,** entsteht. In den Fruchtblättern wird ein Embryosack aus acht Zellen gebildet, der eine ausgeprägte Polarität aufweist: Die Eizelle und zwei sogenannte Synergiden sind auf der Seite der Eintrittsöffnung (Mikropyle) angeordnet, am gegenüberliegenden Pol finden sich drei Antipoden und in der Mitte des Embryosacks zwei haploide Zellen, die zu einer diploiden Polzelle verschmelzen (Abb. 5.9).

Auf der männlichen Seite ist die Entwicklung des Gametophyten noch stärker reduziert. Im Pollensack entsteht der haploide Pollen und durchläuft bei vielen Pflanzen noch im Pollensack eine erste Mitose. Diese Mitose ist formativ, da den beiden Tochterzellen ein unterschiedliches Entwicklungsschicksal zugewiesen wird: Die Spermazelle teilt sich innerhalb des auswachsenden Pollenschlauchs ein zweites Mal, während die vegetative Zelle sich nicht mehr teilt und auch nicht in die folgende Generation eingeht. Sie hat die Funktion, den auswachsenden Pollenschlauch (der also einem aufs Äußerste reduzierten Gametophyten entspricht) zu versorgen. Nachdem der Pollenschlauch im Inneren des Fruchtblatts die Mikropyle erreicht hat und nun in den Embryosack eindringt, verschmilzt der eine Spermakern mit der Eizelle zur Zygote, der andere Spermakern mit der (diploiden) Polzelle, sodass also eine triploide Zelle entsteht. Während sich aus der

Zygote der eigentliche Embryo entwickelt, bildet diese triploide Zelle das Endosperm, also das Nährgewebe, das den wachsenden Embryo versorgt. Ähnlich wie die vegetative Zelle des Pollenschlauchs trägt also dieser zweite Spermakern nicht zur Vererbung bei.

5.4 Verwandte Modellorganismen

Arabidopsis thaliana ist viel zu klein, um als Nutzpflanze von wirtschaftlichem Interesse zu sein. Sein Nutzen für die Menschheit ergibt sich ausschließlich aus seiner Modellhaftigkeit. Allerdings gibt es nahe Verwandte von *Arabidopsis thaliana*, die als Modellorganismen unmittelbar angewandten Wert besitzen:

Die nahe verwandte Art *Arabidopsis halleri* (Hallersches Schaumkraut) hat sich darauf spezialisiert, auf schwermetallverseuchten Böden zu wachsen. Sie kann vor allem Zink aus dem Boden aufnehmen und in großen Mengen in ihre Blätter einlagern. Verantwortlich für diese Eigenschaft ist das Enzym Nicotianamin-Synthase, dessen Produkt Nicotianamin Schwermetallionen sehr gut komplexieren kann. Auf dieses Enzym wurde man aufmerksam, als man die durch Schwermetall induzierten Gene in *Arabidopsis halleri* mit der Expression in *Arabidopsis thaliana* verglich. Wenn man die Expression von Nicotianamin durch einen RNAi-Ansatz verhinderte, verschwand die Fähigkeit zur Zinkaufnahme.

Die starke Anreicherung von Zink in den Blättern dieser Pflanze sollte eigentlich dazu führen, dass sich diese Art mit Zink förmlich vergiftet. Freilich zeigte sich, dass *Arabidopsis halleri* nicht nur ein Hyperakkumulator für Zink ist, sondern auch eine stark erhöhte Toleranz für Zink besitzt. Beide Eigenschaften sind jedoch nicht gekoppelt und werden getrennt voneinander vererbt. Die Aufnahme von Zink ist von großem angewandtem Interesse: Einerseits lässt sich diese Art zum Dekontaminieren von schwermetallverseuchten Böden einsetzen (sog. **Phytoremediation**). Andererseits kann man nun in Nutzpflanzen wie Reis oder Weizen auf

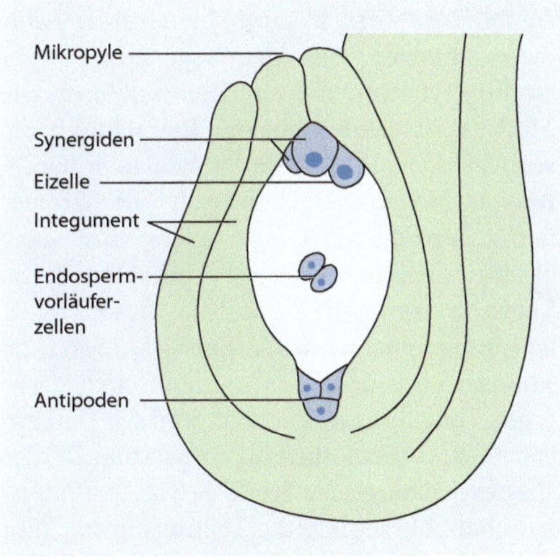

Abb. 5.9 Embryosack. (Vorlage aus einer alten Arbeit von van Lammeren (nicht mehr feststellbar))

züchterischem Wege versuchen, die Nicotianamin-Pegel zu steigern. Hintergrund ist der in vielen Gegenden der Welt verbreitete Zinkmangel, den man ausgleichen könnte, indem man die Zinkaufnahme von Getreide steigert (sogenannte **Biofortifikation**).

Etwas weiter entfernt steht die wichtige Gattung *Brassica* (Kohl), die nicht nur als Gemüse (Kohl mit zahlreichen Kulturformen) genutzt wird, sondern mit dem Raps *(Brassica napus)* einen der wichtigsten nachwachsenden Rohstoffe liefert. Raps ist eigentlich keine ursprüngliche Pflanzenart, sondern entstand aus einer natürlichen Kreuzung zwischen Gemüsekohl *(B. oleraceae)* und dem „Unkraut" Rübsen *(B. rapa)*. Der zunächst sterile Hybrid erlangte dann durch eine spontane Verdopplung seiner Chromosomen (**Allopolyploidie**) seine Fruchtbarkeit wieder und wurde zu einer eigenen Art, die unter den Verwandten von *Arabidopsis* wohl die ökonomisch bedeutsamste Rolle spielt. Grund dafür ist das Öl, das in den Keimblättern der reifen Embryonen gespeichert wird und schon vor vier Jahrtausenden in Indien als Lampenöl genutzt wurde. Gehalt und Zusammensetzung des Öls wurde schon seit Mitte des 20. Jahrhunderts intensiv züchterisch bearbeitet. Zum einen wurde durch Reduktion („Null-Raps") und schließlich völlige Elimination der gesundheitsschädlichen Erucasäure („Doppel-Null-Raps") das Öl auch für die menschliche Ernährung erschlossen, zum anderen wurde seine ursprüngliche Nutzung für technische Öle vorangetrieben. Inzwischen gehen etwa drei Viertel des in Deutschland angebauten Rapsöls in die Erzeugung von Biodiesel mit stark steigender Tendenz. Dazu wird das Öl mit Methanol verestert, um als Kraftstoff tauglich zu werden. Weltmarktführer für Raps sind freilich Kanada und China, wo ein sehr hoher Anteil von über 90 % als transgener Raps angebaut wird. Eintransformiert wurden vor allem Resistenzen gegen sogenannte Totalherbizide wie „BASTA" oder „Roundup", um so konkurrierende Unkräuter eindämmen zu können. Vor allem in Kanada kam es dabei durch Rückkreuzung mit der Elternart

Rübsen zur Auskreuzung des Transgens, was unter Bedingungen einer Behandlung mit diesen Totalherbiziden einen Selektionsvorteil verleiht, sodass inzwischen große Anbauflächen in Kanada mit herbizidresistenten Raps-Rübsen-Hybriden zu kämpfen haben (sog. *Super Weeds*). Weitere gentechnische Ansätze versuchen, den Fettsäurestoffwechsel über sogenanntes *Metabolic Engineering* so zu verändern, dass Produkte mit zugeschnittenen technischen Eigenschaften (z. B. hohen Schmelzpunkten für Schmieröle) entstehen. In der Öffentlichkeit bekannt wurde hierbei vor allem der sogenannte „Plastikraps", bei dem durch Einführung bakterieller Gene der Fettsäurestoffwechsel so umgebaut wurde, dass Polyhydroxybutanoat entsteht, aus dem Weichplastik hergestellt werden kann. Aufgrund des nach wie vor niedrigen Ölpreises ist dieses Verfahren zurzeit jedoch noch nicht marktfähig.

5.5 Limitierungen des Modells Arabidopsis

So wie für andere Modellorganismen auch gibt es für *Arabidopsis* gewisse Grenzen der Übertragbarkeit, an denen nicht unbesehen von diesem Modell auf andere Pflanzen geschlossen werden kann. Im Grunde haben diese Grenzen mit der sogenannten Verkürzung zu tun, die ein Kennzeichnen aller Modelle ist (eine genauere Betrachtung dieses wichtigen Punkts findet sich in ▶ Kap. 8). Bei *Arabidopsis* ergeben sich die Grenzen der Übertragbarkeit vor allem aus seiner ökologischen Strategie, als Therophyt durchs Leben zu kommen. Zentral für diese Strategie ist ein extrem schneller Entwicklungszyklus. Vor allem die für Pflanzen untypischen stereotypen Zellteilungsfolgen während der Embryogenese sind vermutlich als Anpassung an diese spezielle ökologische Strategie von *Arabidopsis* zu sehen. Diese fixierten Teilungsmuster führten zu dem Eindruck, dass die Differenzierung von Zellen schon zu einem sehr frühen Zeitpunkt der Embryonalentwicklung stattfinde, wodurch die Analyse von Entwicklungsmutanten stark vereinfacht erschien. Aus diesem Grund wurde *Arabidopsis* gelegentlich als „*Caenorhabditis* der Pflanzenbiologie" bezeichnet - auch für das Modell *Caenorhabditis elegans* (das übrigens eine ähnliche Strategie verfolgt) beobachtet man nämlich solche stereotypen Zellteilungen (s. auch Zellschicksal durch Zellteilung).

Dieser Aspekt der Embryonalentwicklung scheint also völlig aus der für Pflanzen typischen, flexiblen Entwicklung herauszufallen. Es bedurfte hier recht raffinierter Laser-Ablationsversuche, um zu zeigen, dass auch bei *Arabidopsis* das Zellschicksal flexibel ist und durch Signale der benachbarten Zellen bestimmt wird und nicht durch einen Determinationsvorgang ganz am Anfang der Embryonalentwicklung (Zellschicksal durch Zellteilung).

Zellschicksal durch Zellteilung – Arabidopsis als „Caenorhabditis" der Pflanzenwelt?

Da sich viele Zelltypen bei *Arabidopsis* bis in die frühe Embryonalentwicklung zurückverfolgen lassen, die Abfolge von Zellteilung also (für Pflanzen untypisch) sehr stereotyp verläuft, entstand der Eindruck, dass die Zelldifferenzierung möglicherweise durch diese starre Folge von Zellteilungen festgelegt sei. Zellschicksal durch Zellteilung ist ein Mechanismus, der für die Entwicklung des Modellorganismus *Caenorhabditis elegans* gezeigt wurde. Im Grunde wäre dann der endgültige Bauplan schon als festgelegte Karte im befruchteten Ei niedergelegt und würde nur noch mosaikartig in den Endzustand übersetzt. Um ein solches Mosaikmodell überprüfen zu können, müsste man eigentlich Transplantationsversuche durchführen, wobei eine Zelle aus ihrer normalen Umgebung entnommen und an einen neuen Ort verpflanzt wird. Danach kann man fragen, ob sie sich gemäß ihrer Herkunft entwickelt (Mosaikentwicklung) oder ob sie das für den neuen Ort angemessene Schicksal annimmt (Regulationsentwicklung). Mit solchen Versuchen konnten etwa Spemann und Mangold zu Beginn des 20. Jahrhunderts zeigen, dass Zellen in Amphibien über Signale determiniert werden, die sie von den Nachbarzellen erhalten (Spemann 1936; ► Kap. 7). Für Pflanzen sind solche Transplantationen nicht durchführbar, denn die Zellen sind über starre Zellwände miteinander verbunden. Über einen kleinen Trick gelang es dann aber doch, für die Wurzel von *Arabidopsis* die Idee von Spemann und Mangold zu kopieren: Dazu wurde eine sogenannte Laserablation eingesetzt, wobei zwei Infrarotlaser auf ein Ziel im Gewebe fokussiert und synchronisiert werden, sodass die von ihnen abgegebenen Quanten genau gleichzeitig in dieser Zielstelle ankommen und sich durch komplexe quantenoptische Effekte aufaddieren. Dabei entsteht in der Zielstelle (und nur dort) sehr starkes sichtbares Licht (Zweiphotonen-Prinzip), während in der Umgebung nur biologisch wirkungslose Infrarotstrahlung auftritt. Wenn die Energie der beiden Laser hochgefahren wird, kann nun die Zielzelle im Fokus förmlich bis zum Kollaps ausgebrannt werden, ohne dass die Nachbarzellen darunter leiden. Da pflanzliche Gewebe wegen des Turgordrucks unter einer starken Gewebespannung stehen, werden nun benachbarte Zellen in die Leerstelle hineingedrückt und haben, so wie bei einer Transplantation, ihren Ort verändert. Am Wurzelmeristem von *Arabidopsis*, das durchsichtig ist, lässt sich diese Laserablation besonders gut durchführen. Innerhalb dieses Meristems findet man Bereiche aus wenigen Zellen, die sich danach in die unterschiedlichen

Gewebe der Wurzel wie Wurzelhaube, Rindengewebe, Endodermis oder Zentralzylinder differenzieren. Über einen *Enhancer-Trap*-Ansatz wurden auch Mutantenlinien erzeugt, bei denen ein Reportergen (zumeist GFP) nur in einem bestimmten Zelltyp exprimiert wird. Nun kann man einzelne dieser Zellen mit dem Laser zerstören und dann fragen, ob die einwandernde Zelle sich herkunfts- oder ortsgemäß entwickelt. Dies lässt sich daran erkennen, ob sie ihren bisherigen Expressionstyp des Reporters beibehält (herkunftsgemäße Zelldifferenzierung) oder den Expressionstyp der eliminierten Zelle annimmt (ortsgemäße Zelldifferenzierung). Dies wurde in einer Reihe von spektakulären Arbeiten von Van den Berg in den 1990er-Jahren untersucht (Van den Berg et al. 1995). Dabei zeigte sich, dass die Zellen sich immer ortsgemäß verhalten – sie „vergessen" also vollständig, wie sie vorher differenziert waren, und passen ihre Differenzierung an die neue Umgebung an. Dieser „zelluläre Alzheimer" zeigte eindeutig, dass *Arabidopsis* eben nicht der „*Caenorhabditis* der Pflanzenwelt" ist, sondern sich so verhält wie andere Pflanzen auch: Das Zellschicksal ist nicht festgelegt, sondern wird durch Signale von den Nachbarzellen bestimmt.

Bei anderen Pflanzen wäre man auf die kuriose Idee der determinierten Zelldifferenzierung nie gekommen, weil dort die Zellteilungsfolgen sehr variabel sind. Hier wurde also aufgrund einer biologischen Besonderheit des Modellorganismus *Arabidopsis* ein Konzept entwickelt, das überhaupt nicht „für Pflanzen" modellhaft war. Nur mithilfe von sehr ausgebufften Techniken konnte man zeigen, dass das Modell in diesem Punkt nicht „völlig aus der Art geschlagen" ist.

5.6 Neue Entwicklungen

Mit Ausnahme der Moose geht Pflanzen die homologe Rekombination weitgehend ab, was die Analyse transgener Pflanzen sehr erschwert. Das eingeführte Gen wird weitgehend zufällig irgendwo im Genom eingesetzt und dann abhängig von seiner Umgebung unterschiedlich stark exprimiert. Man erhält aus einem Transformationsversuch daher die ganze Bandbreite von starker bis völlig fehlender Expression und muss mühsam mehrere Linien mit unterschiedlichen Expressionsniveaus vergleichend untersuchen, um zu Schlüssen über die Funktion des exprimierten Transgens zu gelangen.

Gezielte Transformation steht daher schon seit Langem auf der Wunschliste der Pflanzenwissenschaften. Hier konnten nun in den letzten Jahren mithilfe des Modellorganismus *Arabidopsis* entscheidende Fortschritte erzielt werden. Wenn das Transgen stabil in das Genom integriert wird, setzt dies voraus, dass die DNA an dieser Stelle unterbrochen wird und dann wieder mit den Enden des Transgens verschmilzt. Wenn es nun gelänge, solche Strangbrüche gezielt an ganz bestimmten Stellen des Genoms zu setzen, würde das Transgen dann bevorzugt an diesen Stellen über einen *non-homologous end-joining* (NHEJ) genannten Prozess eingesetzt werden.

Genau diese Idee wurde über verschiedene Ansätze verfolgt. Über Einführung von veränderten Nucleasen wurde versucht, gezielt an bestimmten Stellen Strangbrüche zu setzen. Vor allem Zinkfinger-Nucleasen standen hier im Brennpunkt, weil sich die Bindedomänen von Zinkfinger-Proteinen so entwerfen lassen, dass sie an bestimmte Nucleotidmotive der DNA binden. Auch sogenannte *transcription activator-like effectornucleases* (TALENs) aus dem pflanzenpathogenen Bakterium *Xanthomonas* wurde eingesetzt, um gezielte Strangbrüche zu erzeugen. Der große Durchbruch kam aber mit dem CRISPR/Cas-System. Die Abkürzung steht für *clustered regularly interspaced short palindromic repeats/CRISPR-associated* und bezeichnet ein bei Bakterien und Archaeen vorkommendes System von Nucleasen, die über kurze (nur 23 Basenpaare sind nötig) RNA-Sequenzen an ihren Zielort geleitet werden und dort dann Doppelstrangbrüche erzeugen. Da die eigentliche Nuclease (Cas) konstant ist und die Spezifität durch die leitende RNA-Sequenz entsteht, hat man hier ein modular („LEGO-artig") aufgebautes Werkzeug, mit dem man jede beliebige Zielstruktur auf der DNA schneiden und dort über NHEJ ein Transgen einfügen kann.

Durch diese ganz neue Entwicklung wurde eine im Vergleich zu Modellsystemen mit homologer Rekombination entscheidende Begrenzung des Modells *Arabidopsis* durchbrochen. Vom bescheidenen „Mauerblümchen", das nur in einer sehr begrenzten Therophyten-Nische überleben konnte, entwickelte sich *Arabidopsis* durch die wissenschaftlichen Fortschritte der letzten zwei Jahrzehnte zu einem sehr wichtigen Modellorganismus und liefert ein schönes Beispiel für die These, dass ein Modellorganismus etwas ganz anderes ist als eine in der Natur entstandene Lebensform. Der Modellorganismus *Arabidopsis* ist vielmehr ein in hohem Maße „künstliches", sprich: durch wissenschaftliche Kunst für experimentelle Zwecke abgeändertes System.

Literatur

Chailakhyan MK (1936) Nowye fakty za gormonnoy teori rastitel'nowo razwiwenja. CR Akad Nauk SSSR 13:79–83 (Neue Fakten für eine Hormontheorie der pflanzlichen Entwicklung)

Cholodny N (1927) Wuchshormone und Tropismen bei Pflanzen. Biol Zentralblatt 47:604–626

Corbesier L, Coupland G (2006) The quest for florigen: a review of recent progress. J Exp Bot 57:3395–3403

Darwin F, Darwin C (1881) The power of movements in plants. John Murray, London

Laplaze L, Parizot B, Baker A, Ricaud L, Martinière A, Auguy F, Franche C, Nussaume L, Bogusz D, Haseloff J (2005) GAL4-GFP enhancer trap lines for genetic manipulation of lateral root development in Arabidopsis thaliana. J Exp Bot 56:2433–2442

Liscum E, Briggs WR (1995) Mutations in the NPH1 locus of arabidopsis disrupt the perception of phototropic stimuli. Pant Cell 7:473–485

Mayer U, Torres-Ruiz RA, Berleth T, Miséra S, Jürgens G (1991) Mutations affecting body organization in the Arabidopsis embryo. Nature 353:402–407

McClintock B (1950) The origin and behaviour of mutable loci in maize. Proc Natl Acad Sci USA 36:344–355

Spemann H (1936) Experimentelle Beiträge zu einer Theorie der Entwicklung. Springer, Berlin

Van den Berg C, Willemsen V, Hage W, Weisbeek P, Scheres B (1995) Cell fate in the Arabidopsis root meristem determined by directional signalling. Nature 378:62–65

Vasil V, Hildebrandt AC (1965) Differentiation of Tobacco Plants from Single, Isolated Cells in Microcultures. Science 150:889–892

Went FW (1928) Wuchsstoff und Wachstum. Rec des Travaux Botaniques Néerlandais 25:1–116

Yang M, Sack FD (1995) The too many mouths and four lips mutations affect stomatal production in Arabidopsis. Plant Cell 7:2227–2239

Weiterführende Literatur

Coen ES, Meyerowitz EM (1991) The war of the whorls: genetic interactions controlling flower development. Nature 353:31–37 (Historische und sehr klare Darstellung des ABC-Modells der Blütenbildung)

Fauser F, Roth N, Pacher M, Ilg G, Sánchez-Fernández R, Biesgen C, Puchta H (2012) In planta gene targeting. Proc Natl Acad Sci USA 109:7535–7540 (Fundierte und gut zusammengefasste Übersicht zum Thema gezielte Transgenese in Pflanzen)

Page DR, Grossniklaus U (2002) The art and design of genetic screens: Arabidopsis thaliana. Nature Genetics 3:124–136 (Eine Übersichtsdarstellung zur Mutagenese und zur Nutzung von Mutantenkollektionen für die funktionelle Genomik in Arabidopsis)

Oryza sativa (Reis) und Moose

Michael Riemann

© Springer-Verlag GmbH Deutschland, ein Teil von Springer Nature 2019
P. Nick et al., *Modellorganismen*, https://doi.org/10.1007/978-3-662-54868-4_6

Überblick für schnelle Leser

Zu Beginn des 21. Jahrhunderts wurde das Genom von *Oryza sativa* als erstes Getreidegenom publiziert. Die Entscheidung, Reispflanzen als erste Modellpflanze für Getreide zu etablieren, basierte auf mehreren Gründen, wie zum Beispiel der vergleichsweise kleinen Größe des Genoms (ca. 420 Mio. Basenpaare), der Möglichkeit, die Pflanzen gentechnisch zu manipulieren und der großen wirtschaftlichen Bedeutung als Grundnahrungsmittel in großen Teilen der Erde. Da Getreidegenome über eine sehr ähnliche Grundstruktur verfügen, war die Entschlüsselung des Reisgenoms auch hilfreich für die Aufklärung weiterer Getreidegenome. Neben den *Oryza-sativa*-Unterarten *indica* und *japonica* wurde parallel auch afrikanischer Reis *Oryza glaberrima* domestiziert. Einige Eigenschaften der Pflanzen, wie zum Beispiel Saatgut nicht abzuwerfen, sind typische Merkmale von Kulturpflanzen, die sie durch eine lange Züchtungsgeschichte erhalten haben, während Wildreisarten noch die ursprünglichen Wildpflanzenmerkmale aufweisen. Da Reis oft sehr kleine Genfamilien hat, wurden manche Mechanismen in Reis aufgeklärt und nicht in *Arabidopsis thaliana*. Ein Beispiel hierfür ist die Entdeckung des Rezeptors für das Pflanzenhormon Gibberellinsäure. Wichtige Methoden zur Herstellung von Mutanten sind die chemische und Tos17-vermittelte Mutagenese. Auch durch radioaktive Strahlung und T-DNA-Insertionsmutagenese werden Mutanten erzeugt. T-DNA-Insertionsmutant unterliegen jedoch dem Gentechnikgesetz und finden oft keine kommerzielle Anwendung. Da Reis als in vielen Ländern Grundnahrungsmittel ist, gibt es auch biotechnologische Projekte, in denen gezielt bestimmte Komponenten (zum Beispiel Provitamin A oder Eisen) im Reisendosperm angereichert werden. Mit dieser Strategie soll Nahrungsdefiziten entgegengewirkt werden.

Streng genommen ist Reis nicht die Bezeichnung für eine Pflanze, sondern für das Nahrungsmittel, das aus der Reispflanze gewonnen wird. Die Reispflanze gehört zur Gattung *Oryza*, die etwa 23 Arten umfasst. Da diese Arten häufig untereinander gekreuzt werden können, greift jedoch die Artdefinition im klassischen Sinne nach Ernst Mayr, wie häufiger bei Pflanzen, nicht. Die kultivierten Reispflanzen gehören der Art *Oryza sativa* an, in der wiederum die Unterarten *japonica* und *indica* unterschieden werden. In Afrika wird außerdem *Oryza glaberrima* kultiviert.

Die Kultivierung von *Oryza sativa* begann vor Jahrtausenden, ihr Beginn ist nicht genau dokumentiert. Archäologische und genetische Studien zeigen, dass die Unterart *japonica* aus dem Wildreis *Oryza rufipogon* hervorging und in China erstmals vor etwa 8000 Jahren am Perlfluss im Süden des Landes (Provinz Guanqxi) domestiziert wurde. Ein weiteres Zentrum der frühen Kultivierung liegt am Fluss Yangtze weiter im Norden Chinas. Es gibt aber auch Hinweise auf Kultivierung von Reis bereits vor 12.000 Jahren in Thailand und in der Grenzregion von Thailand und Myanmar. Die Unterart *indica* entstand vermutlich aus Kreuzungen von *japonica*-Sorten mit lokalen Wildreisarten in Südost- und Südasien. *Oryza glaberrima* hingegen ist aus der afrikanischen Wildreisart *Oryza barthii* hervorgegangen und wurde vor etwa 3000 Jahren am Niger domestiziert.

Im dicht besiedelten asiatischen Raum hat Reis eine herausragende Bedeutung als Grundnahrungsmittel und damit ist eine ausreichende Reisproduktion unerlässlich zur Gewährleistung der Welternährung (◘ Abb. 6.1). Ein gewichtiges Argument, *Oryza sativa* als Modellorganismus für monokotyle Pflanzen auszuwählen, war die Bedeutung dieser Pflanze für die Welternährung. In der Folge wurde das Genom des *japonica*-Kultivars Nipponbare sequenziert. Das Reisgenom war somit nach dem von *Arabidopsis thaliana* (▶ Kap. 5) das zweite pflanzliche Genom, dessen Sequenz aufgeklärt wurde. Durch die Auswahl dieser beiden Arten für die ersten pflanzlichen Genomprojekte wurde nicht nur den Unterschied zwischen zwei großen Gruppen (monokotylen und dikotylen Pflanzen)

Abb. 6.1 Kontraste der Reiskultivierung im 21. Jahrhundert: **a** Reisaussaat in Tsukuba (Präfektur Ibaraki, Japan) mit modernster Technik und **b** Trocknen der Reisernte in Bhaktapur (Nepal) mit traditionellen Methoden. (Maren Riemann)

erfasst, sondern lassen sich auch genetische Unterschiede verschiedener Entwicklungsstrategien untersuchen, nämlich der Strategie eines Unkrauts gegenüber der Strategie einer Kulturpflanze.

■ **Moose als Modellorganismus**

In diesem Lehrbuch wird Moosen nur wenig Platz eingeräumt. Trotzdem soll verdeutlicht werden, dass Moose wichtige Modellorganismen sind. Insbesondere das Laubmoos *Physcomitrella patens* (Blasenmützenmoos) ist zu erwähnen, da es aufgrund seiner hohen homologen Rekombinationsrate zu einem biotechnologischen Werkzeug wurde (▶ Abschn. 6.2.3). Moose sind jedoch an sich schon interessant für die biologische Forschung, da sie an der Basis der Landpflanzen stehen. Der Sprung ans Land war den Moosen möglich, weil sie ihre Geschlechtszellen, die Gameten, in sterilen Gametangien bilden. Eine für molekularbiologische Methoden besonders interessante Eigenschaft von Moosen ist, dass sie die meiste Zeit ihres Lebenszyklus haploid sind. Diese Eigenschaft ist deshalb so interessant, da der Effekt einer Mutation unmittelbar sichtbar wird und nicht, wie bei diploiden Organismen, durch ein zweites, funktionelles Allel komplementiert werden kann. In Kombination mit der Fähigkeit zur homologen Rekombination waren Moose somit zeitweise die einzigen pflanzlichen Organismen, in denen mit einer hohen Effizienz gezielt Gene ausgeschaltet

werden konnten. Diese Bedeutung geht momentan mit der Entwicklung neuer gentechnischer Methoden in Pflanzen zurück.

6.1 Reis als Modellsystem: wozu und warum?

Gegenüber vielen anderen biologischen Modellsystemen bietet Reis einen großen Vorteil: Man kann Reis essen. Reis ist neben Weizen das wichtigste Grundnahrungsmittel für die menschliche Ernährung (■ Abb. 6.2). Vor allem im asiatischen Raum wird Reis aber nicht nur als Nahrungsmittel verwendet, sondern auch als Baumaterial, zur Herstellung alkoholischer Getränke und zur Kleider- und Werkzeugproduktion eingesetzt, um einige Beispiele zu nennen.

Die Eigenschaft, als Grundnahrungsmittel zu dienen, teilt Reis jedoch mit anderen Pflanzenarten. Auch ist Reis bei Weitem nicht die einzige einkeimblättrige Pflanze von wirtschaftlichem Interesse. Warum wurde gerade Reis, nicht andere Getreide, als Modellpflanze auserkoren? Weizen beispielsweise steht in seiner Bedeutung für die Welternährung Reis in nichts nach. Die Gründe dafür sind mannigfaltig. Ein sehr wichtiger Grund ist die Tatsache, dass das Reisgenom verhältnismäßig klein ist. Zwar ist es mit etwa 420 Mio. Basenpaaren auf 12 Chromosomen dreimal so groß wie das von *Arabidopsis thaliana,* aber bedeutend kleiner als die Genome anderer

Abb. 6.2   Reispflanzen kurz vor der Ernte. (Kisaichii, Präfektur Osaka, Japan)

Getreide (Mais: 3 Mrd. Basenpaare, Weizen: 15 Mrd. Basenpaare). Die Sequenzierung des Reisgenoms war nicht nur kostengünstiger, sondern die funktionelle Analyse des Genoms auch einfacher. Oftmals sind Genfamilien in Reis kleiner im Vergleich zu anderen Getreidearten, weshalb die Möglichkeit von Redundanz vermindert ist. Dadurch ist es in Reis vergleichsweise einfach, über Knockout -Mutanten die Funktion einzelner Gene zu untersuchen (s. auch Der verrückte Reiskeimling). Zudem ist das Reisgenom *diploid*, während Weizen ein hexaploides Genom hat.

Weitere Vorteile, die zur Auswahl von Reis als Modellpflanze geführt haben, sind technischer Natur. In Reis ist es möglich, effektiv funktionelle Genomik durchzuführen. Dazu zählen die Verfügbarkeit eines Transformationssystems ▶ Abschn. 6.2.2), die Möglichkeit, im gesamten Genom Mutationen generieren zu können ▶ Abschn. 6.2.1) und gewisse biologische Eigenschaften, die die Verwendung von Reis auch in sogenannten *High-Throughput*-Forschungsansätzen ermöglicht. Durch Mutanten und transgene Linien ist es möglich, die Funktion

vieler der 30.000–50.000 Reisgene aufzuklären. Eine typische Kulturpflanzeneigenschaft von Reis ist der geringe Platzbedarf: Auf engem Raum können viele Reispflanzen angebaut werden, ohne Wachstum oder Ertrag zu mindern (Abb. 6.2). Natürlich möchte man von den Pflanzen auch Saatgut bekommen, dafür ist eine weitere biologische Eigenschaft von Reis ein Vorteil: Zum großen Teil befruchten sich die Pflanzen selber, womit es nicht schwierig ist, reine Zuchtlinien zu erhalten.

Es könnte nun argumentiert werden, dass Reis eine recht spezielle Pflanze ist und sich durch die Entschlüsselung des Reisgenoms wenig Nutzen für die Erforschung anderer Getreide ergibt. Was die Genomstruktur angeht, so können die Daten aus Reis jedoch sehr hilfreich sein für die Aufklärung von anderen Getreidegenomen, da sie über ein hohes Maß an **Syntenie** verfügen. Darunter versteht man die Anordnung von Genen oder Gensegmenten auf den Chromosomen. Kennt man diese aus einer Getreideart, so können neue Sequenzdaten aus anderen Arten leichter assembliert werden (Abb. 6.3).

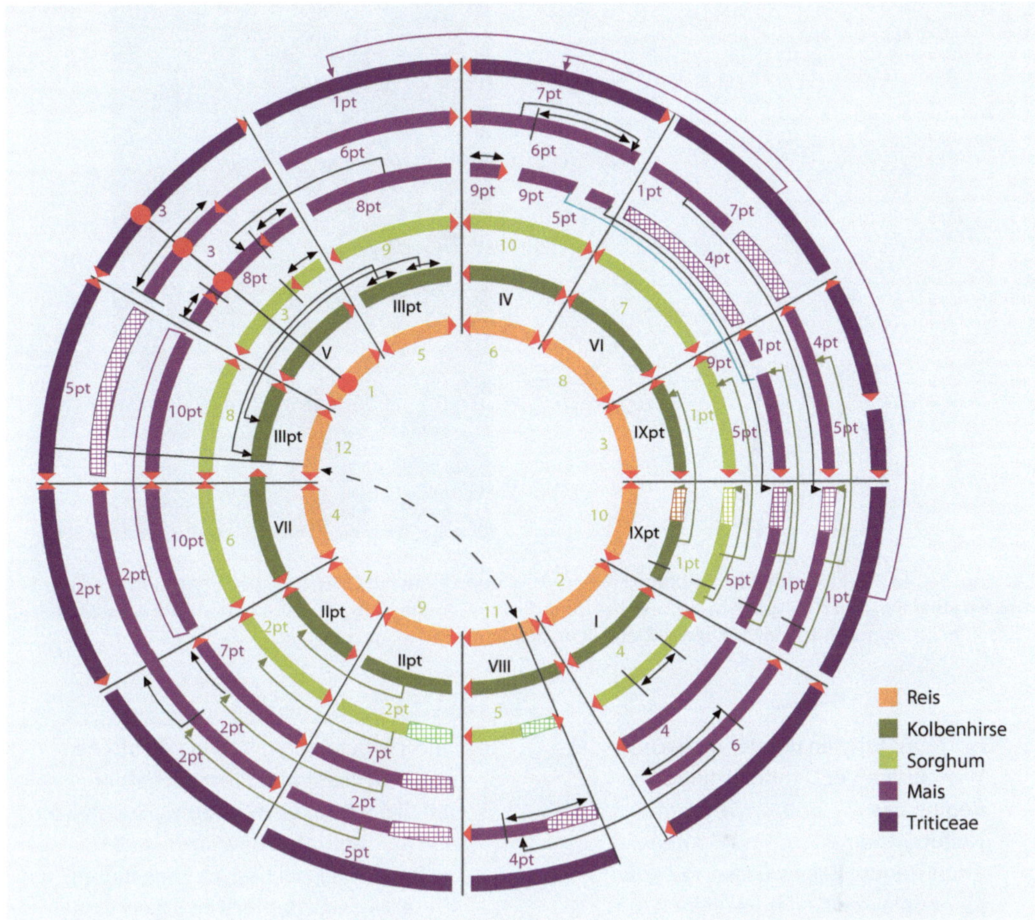

Abb. 6.3   Syntenie von fünf Getriedegenomen. Die Genome unterschiedlicher Getreidearten werden durch verschieden farbige Streifen dargestellt. Rote Dreiecke geben die Positionen von Telomeren, Pfeile Umlagerungen genomischer Bereiche relativ zum Reisgenom, an. Pfeile mit einem Kopf stellen Translokationen, solche mit zwei Köpfen Inversionen, dar. Bei 3 und 7 Uhr sind Umlagerungen in der Unterfamilie *Panicoidae* (Kolbenhirse, Sorghum und Mais) mit Hilfe schattierter Boxen markiert. Der gestrichelte Pfeil im Zentrum der Abbildung deutet auf eine Duplikation auf Chromosom 11 und 12 von Reis. **Rote Punkte sind orthologe Gene, die den semi-dwarf (Zwergwuchs)** Phänotyp kontrollieren: Bei Reis auf Chromosom 3, Weizen Chromosom 4 und Mais Chromosom 1. Die Abkürzung **pt** bedeutet, dass Teile eines Genoms dargestellt sind. (Abbildung verändert nach Bennetzen et al. 2008)

Der verrückte Reiskeimling – Die Entdeckung des Pflanzenhormons Gibberellinsäure

Hormone sind biochemische Botenstoffe, die spezifische Regulationsfunktionen im Organismus ausüben. Wie Tiere haben auch Pflanzen Hormone, aber der klassische Hormonbegriff ist nicht durchgehend auf Pflanzen anwendbar. In Pflanzen werden Hormone häufig nicht von spezialisierten Zellen gebildet und an den Wirkungsort transportiert, sondern können bei Bedarf von jeder Zelle hergestellt werden. Die Entdeckungsgeschichte von Pflanzenhormonen ist oft kurios. Die Wirkung des gasförmigen

a

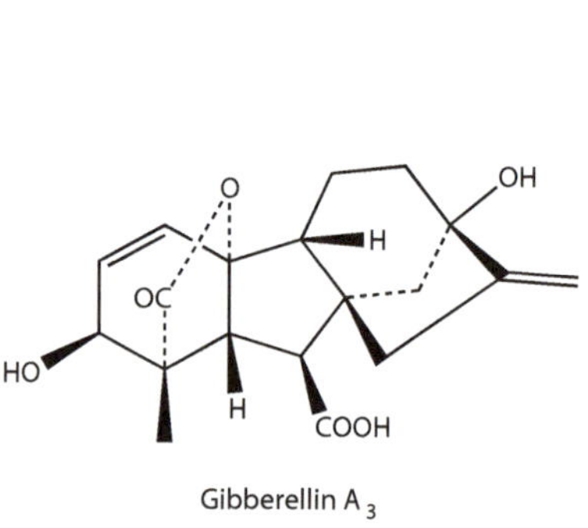

Gibberellin A$_3$

Abb. 6.4   **a** Strukturformel von Gibberellin A$_3$; **b** Abbildung einer mit *G. fujikuroi* befallenen Pflanze (links) neben einer gesunden Reispflanze (rechts). Mit freundlicher Genehmigung des International Rice Research Instituts. (Philippinen; ► http://www.knowledgebank.irri.org/)

Hormons Ethylen hat der russische Wissenschaftler Dimitri Neljubov zu Beginn des 20. Jahrhunderts entdeckt. Neljubov bemerkte, dass Ethylen als Bestandteil eines Gases, das aus einer defekten Gaslampe austrat, das Wachstum von Pflanzen veränderte. In der Folgezeit kam man nach langjähriger Forschung darauf, dass Ethylen auch von der Pflanze selber als Hormon produziert wird. Bei der Entdeckung des Pflanzenhormons Gibberellinsäure hat Reis, beziehungsweise ein Reispathogen, eine entscheidende Rolle gespielt. Die *Bakanae*-Krankheit (Krankheit des verrückten Reiskeimlings), die seit dem Ende das 19. Jahrhunderts erforscht wird, wird durch den Pilz *Gibberella fujikuroi* verursacht (▪ Abb. 6.4). Pflanzen, die mit diesem Pilz infiziert werden, zeigen ein abnormales Längenwachstum, das zu Instabilität der Pflanze führt. Befallene Pflanzen geben zudem nur wenig Ertrag, was ernsthafte wirtschaftliche Schäden zur Folge hat. In den 1930er-

und 1940er-Jahren haben japanische und amerikanische Wissenschaftler parallel wachstumsfördernde Substanzen aus Kulturfiltraten des Pilzes isoliert. Aufgrund der politischen Lage haben diese Wissenschaftler ihre Ergebnisse nicht ausgetauscht, sondern isoliert voneinander geforscht. Später stellte sich heraus, dass die Japaner eine Mischung aus den Gibberellinen A$_1$, A$_2$ und A$_3$ isoliert haben, die Amerikaner Gibberellin A$_3$. Diese Gibberelline unterscheiden sich in ihrer biologischen Aktivität, und Gibberellin A$_3$ ist eines der aktivsten. Der Pilz produziert demnach eine Substanz, die starke Auswirkungen auf das pflanzliche Wachstum hat.
Aber man hat in den folgenden Jahren festgestellt, dass Pflanzen auch Gibberellinsäure synthetisieren können, und es als Wachstumsregulator verwenden. Klassische Beispiele dafür sind die *Dwarf*- (engl. Zwerg)- und *Tall*- (engl. hochgewachsen) Allele von Mendels Erbsen. Die *Dwarf*-Erbsen tragen eine Mutation in

Abb. 6.5 *Green-Revolution*-Reis (rechts) neben herkömmlichem Reis mit normaler Gibberellinsäuresynthese (links). (▸ http://5e.plantphys.net/article.php?ch=20&id=355)

einem Enzym der Gibberellinsäurebiosynthese, während die *Tall*-Erbsen in der Metabolisierung von Gibberellinsäure gestört sind, also wachstumsfördernde Gibberellinsäure akkumulieren. In der Landwirtschaft und für die Welternährung hat dieses Hormon eine herausragende Bedeutung. Es ist im 20. Jahrhundert gelungen, Getreidesorten zu züchten, die ein verringertes Längenwachstum zeigen, jedoch einen hohen Ertrag liefern (*Green Revolution*). Solche Sorten haben beispielsweise den Vorteil, weniger anfällig für widrige Witterungsbedingungen wie Sturm oder Starkregen zu sein, da sie aufgrund ihres kompakten Habitus stabiler sind. Diese Sorten sind durchweg in der Biosynthese oder in der Signalleitung von Gibberellinsäure mutiert. In Reis ist in erster Linie das sd1-Gen von Bedeutung, das für eine GA20-Oxidase codiert. GA20-Oxidasen sind gemeinsam mit GA3-Oxidasen die entscheidenden Enzyme, die im Cytosol der

Zelle bioaktive Gibberelline synthetisieren. Reissorten, die Mutationen im sd1-Gen tragen, zeigen einen sogenannten Halbzwerg-Phänotyp mit den erwähnten vorteilhaften Eigenschaften (■ Abb. 6.5). Nicht nur Gibberellinsäure sondern auch der Gibberellinsäurerezeptor GID1 (GIBBERELLIN INSENSITIVE DWARF1) wurde in Reis entdeckt. Er wurde in Reis erstmals entdeckt, da es für Gibberellinrezeptor (und auch Signalleitung) im Reisgenom weniger Redundanz gibt als bei *Arabidopsis thaliana*.

6.2 Methoden und Ansätze

Ein Schlüsselpunkt, damit eine Art als Modellorganismus in der modernen biologischen Forschung eingesetzt werden kann, ist die technische Möglichkeit, das Genom manipulieren zu können. Es ist dann möglich, die Funktion einzelner Gene zu untersuchen. Die Etablierung effektiver Transformationsprotokolle war ein Schlüsselkriterium, um Reis als Modellorganismus zu qualifizieren. Doch auch nach vielen Jahren intensiver Forschung ist es immer noch bedeutend schwieriger und zeitaufwendiger, Reis gentechnisch zu verändern, als das bei anderen Pflanzenarten der Fall ist (▸ Abschn. 6.2.2). Während *Arabidopsis thaliana* mittels Eintauchen der Blüten in eine Agrobakterien-Suspension transformiert werden kann (▸ Abschn. 5.2.2), muss man bei der Reistransformation viele Wochen der Gewebekultur durchlaufen und anschließend wieder Pflanzen regenerieren. Um Mutanten zu generieren werden deshalb auch andere Methoden eingesetzt. Zum Beispiel können Mutationen durch radioaktive Strahlung oder chemische Agenzien induziert werden. Solche Mutanten sind nicht gentechnisch verändert, sie tragen keine Fremd-DNA in sich. Es ist jedoch bedeutend schwieriger, die Mutationen im Genom der Pflanzen zu finden. Eine interessante und häufig verwendete Methode bei Reis ist die Transposonmutagenese. Im Reisgenom ist ein

☐ Tab. 6.1   Überblick über verschiedene Methoden der Mutagenese

Mutagen	Detektion der Mutation	Art der Mutation	Fremd-DNA
T-DNA	PCR-Methoden	Insertion der T-DNA in genomische DNA	Ja
Tos17-Transposon	PCR-Methoden	Insertion von Tos17 in genomische DNA	Nein
Radioaktive Strahlung	*Map-based Cloning,* Sequenzierung	Deletionen und Punktmutationen	Nein

Retrotransposon (Tos17) enthalten, dass in der Pflanze inaktiv ist, aber in Gewebekultur wieder aktiv wird und dann vorzugsweise in codierende Bereiche im Genom springt. Auch Mutanten, die so erzeugt werden, enthalten keine Fremd-DNA und können bedenkenlos in Feldversuchen eingesetzt werden.

6.2.1 Mutantenkollektionen

Lange Zeit war es nicht möglich, gezielt Gene in Reis auszuschalten. Das ist gerade im Begriff sich zu ändern durch Verwendung des CRISPR/Cas-Systems (▶ Abschn. 5.6). Bisher wurden *Loss-of-Function*-Varianten in Reis jedoch durch zufällige Mutationen generiert und man muss diese, je nach Methode der Mutagenese, mehr oder weniger mühsam im Genom auffinden. Gängige Methoden der Mutagenese in Reis sind unter anderem:

- durch *Agrobacterium tumefaciens* vermittelte T-DNA-Mutagenese
- transposonvermittelte Mutagenese, vor allem durch das endogene Retrotransposon Tos17
- Mutagenese durch radioaktive Strahlung

Die verschiedenen Methoden bringen spezifische Vor- und Nachteile mit sich (☐ Tab. 6.1). Zum Beispiel enthalten Mutanten, die mit radioaktiver Strahlung erzeugt werden, keinerlei Fremd-DNA und können deshalb ohne Bedenken auch im Freiland untersucht werde. Es ist sogar denkbar, Mutanten mit agronomisch vorteilhaften Eigenschaften

zur Nahrungsmittelproduktion einzusetzen. Jedoch ist das Auffinden der Mutation nicht einfach. Es ist erforderlich, *Map-based Cloning* (▶ Abschn. 5.2.3) anzuwenden oder das Genom der Mutante zu sequenzieren. Beides bedeutet erheblichen zeitlichen und finanziellen Aufwand. Bei dieser Art der Mutagenese kommt es häufig zu Deletionen. Das kann einzelne Gene treffen, aber auch größere Chromosomenabschnitte mit mehreren zehntausend Basenpaaren. Solche großen Bereiche enthalten viele Gene, und es ist dann schwierig, auf die Funktion des einzelnen Gens zu schließen. Das Auffinden der Mutation im Genom ist bei T-DNA-Insertionsmutanten bedeutend einfacher. Über verschiedene PCR-Methoden (TAIL-PCR, inverse PCR) lassen sich die Bereiche im Genom identifizieren, die an die T-DNA angrenzen. Bei dieser Methode werden jedoch genveränderte Organismen erzeugt, deren Anwendung im Freiland aus verschiedenen Gründen sehr umstritten ist. Eine interessante Alternative bei Reis ist daher die Mutagenese mit dem endogenen Retrotransposon Tos17, die im Folgenden ausführlicher besprochen wird.

Tos17 ist ein Retrotransposon, das im Reisgenom enthalten ist. Je nach Reissorte findet man 2–5 Kopien des Transposons, das heißt die Anzahl von Tos17-Genen im Genom ist relativ gering. Das ist eine entscheidende Voraussetzung dafür, dass der Insertionsort später in den Pflanzen wiedergefunden werden kann. In Reispflanzen ist das Retrotransposon inaktiv, bleibt also immer an der gleichen Stelle in der genomischen

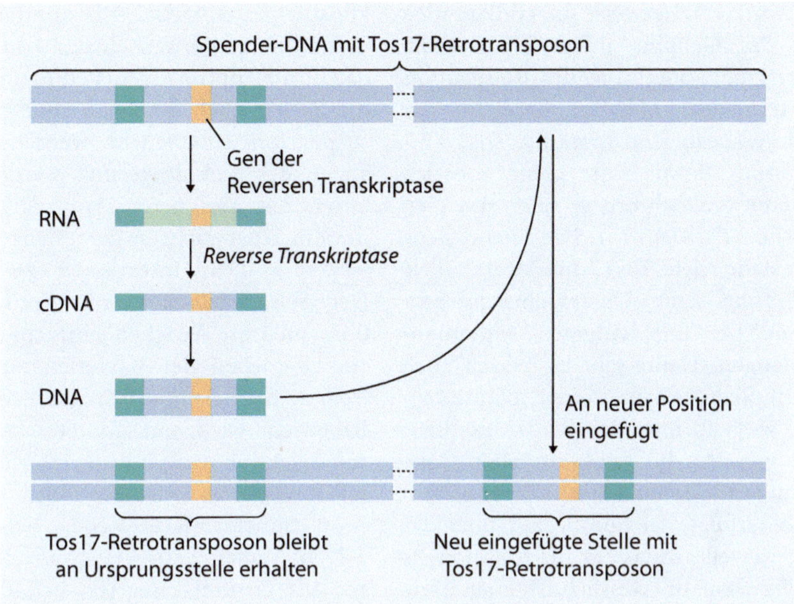

Abb. 6.6 Mechanismus der Tos17-Insertion. Das Retrotransposon wird per *Copy & Paste-* Mechanismus vervielfältigt und an anderen Stellen im Genom eingefügt. Der DNA-Bereich wird zunächst in RNA transkribiert und durch das Enzym Reverse Transkriptase in cDNA umgeschrieben. Nach Synthese des komplementären Strangs wird das Element an anderer Stelle im Genom eingefügt. Das Spender-Tos17-Retrotransposon bleibt an der ursprünglichen Stelle im Genom integriert. Die grünen Blöcke zeigen die flankierenden Bereiche, die aus kurzen, repetitiven Elementen bestehen. (Nach Buchanan et al. 2015)

DNA. Wenn Reis in Gewebekultur gehalten wird, wird Tos17 jedoch aktiv. Gewebekultur bedeutet, dass aus Reisembryonen undifferenzierte Zellhaufen, sogenannte Kallusse, induziert werden. Durch Zugabe einer künstlichen Variante des Pflanzenhormons Auxin können die Zellen lange Zeit in undifferenziertem Zustand gehalten werden. In solchen Zellen ist Tos17 aktiv und wird mit dem Copy-and-paste-Mechanismus an anderen Stellen des Genoms eingefügt (Abb. 6.6).

Bei Insertion des Transposons an einer neuen Stelle im Genom bleiben die Ende stabil erhalten, und Umlagerungen sind sehr selten. Aus Kallusgewebe können Pflanzen regeneriert werden, in denen das Tos17-Retrotransposon wieder inaktiv ist. Somit bleiben die Tos17-Kopien an Ort und Stelle und es ist, sofern sie in einem codierenden Bereich integriert wurden, eine neue Mutantenlinie generiert worden.

Je länger die Zellen in Gewebekultur gehalten werden, desto mehr Kopien von Tos17 entstehen. Über die Zeit kann deshalb beeinflusst werden, wie viele Tos17-Transposons inseriert werden. Damit lässt sich einer generelle Problematik der verschiedenen Methoden der Mutagenese etwas entgegenwirken: Bei allen Methoden besteht nämlich die Gefahr, dass mehrere Gene von Mutationen betroffen sind, was zu falschen Rückschlüssen führen kann. Mittels Begrenzung der Zeit bei der Tos17-Mutagenese kann dieses Problem etwas vermindert, wenn auch nicht gelöst werden.

Tos17 wird vorzugsweise in codierenden Bereichen des Genoms integriert, weshalb eine relativ gute Abdeckung des Reisgenoms gewährleistet wird. Manche Bereiche der DNA sind geradezu Hot Spots für Tos17-Insertionen, zum Beispiel die Gene für den Photorezeptor Phytochrom A oder das Gen *JASMONATE RESISTANT 1*. Für solche Gene kann man dann viele Tos17-markierte Allele bekommen und kann Untersuchungsergebnisse solide bei unabhängigen Mutantenlinien bestätigen. Dafür gibt es jedoch auch Bereiche, in die Tos17 überhaupt nicht integriert wird, weshalb mit der Tos17-Mutantenkollektion niemals die Funktion aller Gene in Reis studiert werden kann. Die Insertion von T-DNA erfolgt viel homogener über das Reisgenom verteilt, sodass es für funktionelle Genetik aller Gene unerlässlich ist, auch diese Ressource zu verwenden.

6.2.2 Transformation

Es ist, nicht nur zur Herstellung von Knockout-Mutanten, wichtig, dass eine Modellpflanze transformiert werden kann. Zum Beispiel sollte es möglich sein, die Lokalisation bestimmter Proteine in der Zelle zu untersuchen. Wie *Arabidopsis thaliana* kann auch Reis mittels *Agrobacterium tumefaciens* transformiert werden. Der Aufwand, der dafür betrieben werden muss, ist jedoch bedeutend größer (Abb. 6.7).

Durch Eintauchen von Blüten oder anderen Pflanzenteilen in eine Agrobakteriensuspension kann Reis nicht effektiv transformiert werden. Es ist erforderlich, verschiedene Stadien der Gewebekultur zu durchlaufen. Neben einem großen technischen und zeitlichen Aufwand ist somit ein weiteres Problem gegeben: In Gewebekultur ist das Tos17-Retrotransposon ▶ Abschn. 6.2.1) aktiv, wodurch Mutationen entstehen können.

Wie bei der Tos17-Mutagenese wird aus embryonalen Zellen die Bildung von Kallussen induziert. Durch Anwendung des künstlichen Auxins 2,4-D können die Zellen in undifferenziertem Zustand gehalten werden. Unter optimierten Bedingungen können die Zellen nach 30 Tagen in Agrobakteriensuspension eingetaucht werden. Nach drei Tagen der Kokultivierung werden die Bakterien mit geeigneten Antibiotika abgetötet, um ein Überwachsen der Pflanzenzellen und weitere T-DNA-Insertionen zu vermeiden. Der Selektionsdruck mit Antibiotika wird über mehrere Wochen aufrechterhalten, um ein Überleben der Bakterien zu vermeiden. Neben den Antibiotika zum Abtöten der Bakterien wird ein weiteres Antibiotikum zur Selektion von transformierten Pflanzenzellen verwendet, in der Regel Hygromycin, denn transformierte Zellen haben mit der T-DNA auch ein Hygromycin-Resistenzgen ins Genom integriert bekommen. Nach der Kokultivierung wird der Kallus mehrere Wochen auf unterschiedlichen Medien weitergezogen. Er durchläuft dabei eine Phase der Reifung, in der durch Verwendung weiterer Pflanzenhormone (Abscisinsäure und Cytokinin) im Medium die Differenzierung eingeleitet wird. Ist der Kallus gereift, kann ein entscheidender Schritt eingeleitet werden: Durch Verschieben des Verhältnisses von Auxin und Cytokinin im Medium kann aus den Zellen wieder eine komplette Pflanze regeneriert werden. Diese Pflanzen werden bis zur Samenreife gezogen.

In einem optimierten System werden etwa sechs Monate benötigt, um das erste transgene Saatgut zu erhalten. Weitere sechs Monate sind erforderlich, um die T2-Generation zu bekommen. Diese verhältnismäßig lange Dauer der Transformation begründet sich auch aus der längeren Generationszeit von Reis. Man kann sich behelfen, indem man Sorten wie Kitaake verwendet, die einen kurzen Generationswechsel haben. Allerdings ist oft auch nicht die Zeit das größte Problem bei der Transformation, sondern der enorme technische und logistische Aufwand für die Gewebekultur.

⬛ Abb. 6.7 Schematische Darstellung der verschiedenen Schritte einer Reistransformation. Zunächst wird aus dem Embryo in reifen Saatgut Kallusgewebe induziert. Die Primärkalli wachsen für etwa einen Monat und werden dann mit *Agrobacterium tumefaciens* für 15 min in R2C Flüssigmedium Co-kultiviert. Die Co-Kultivierung wird für 3 Tage auf festem R2C-Medium fortgesetzt. Anschließend wird auf R2S-Medium mit Hilfe von Antibiotika selektiert, um nur erfolgreich transformierte Zellen weiterwachsen zu lassen. Über einen Zeitraum von 6–8 Wochen werden die Reiszellen weiter in Gewebekultur gehalten. Dabei werden sie immer wieder auf andere Medien NBS, PR-AG und RN-AG) umgesetzt, damit Zellen reifen und schließlich zu Pflanzen regenerieren können. War die Regeneration erfolgreich, müssen die Pflanzen vereinzelt werden und nochmals einige Monate bis zur Reife angezogen werden. Neben den sehr arbeitsintensiven Gewebekulturschritten, sind letztlich auch geeignete Gewächshäuser notwendig, um den Prozess durchzuführen. (Nach Guiderdoni et al. 2007)

6.2.3 **Moose**

In höheren Pflanzen ist homologe Rekombination sehr selten, bei *Physcomitrella patens* nahe 100 % (Schaefer et al. 2002). Dadurch konnte man gerade in den Anfängen der Pflanzenbiotechnologie in *Physcomitrella* viel einfacher gezielt die Funktion eines bestimmten Gens untersuchen, da Knockout-Mutanten in höheren Pflanzen noch nicht identifiziert waren. Der Grund für die höhere homologe Rekombinationsrate ist allerdings noch nicht im Detail geklärt. Sie könnte durch einen grundsätzlichen Unterschied im Rekombinationsmechanismus oder durch eine Verschiebung der Anteile von homologer und nichthomologer Rekombination erklärt werden, ohne dass sich die grundlegenden Mechanismen unterscheiden (Kamisugi et al. 2006). Moose sind auch für evolutionäre Studien sehr wichtig, da sie an der Basis der Landpflanzen stehen. In den letzten Jahren ist das Lebermoos *Marchantia polymorpha* für solche Fragestellungen sehr populär geworden.

Ein klassisches Beispiel für ein biologisches Phänomen, das bei Moosen modellhaft untersucht wurde, ist das Spitzenwachstum. Neben Wurzelhaaren, Pollenschläuchen, Trichomen von höheren Pflanzen und Rhizoiden von Algen sind Protonemata von Farnen und Moosen besonders geeignete Systeme, um Spitzenwachstum zu erforschen. Dabei sind Pflanzenhormone, in erster Linie Auxine, von großer Bedeutung.

In der Biotechnologie sind Moose interessant, da sie in großen Fermentern kultiviert werden können. Sie sind in der Lage, spezielle biochemische Synthesen auszuführen, die beispielsweise in Mikroorganismen nicht möglich sind. Beispiele hierfür sind die Synthese bestimmter Fettsäuren (Arachidonsäure) in großer Menge oder die Modifikation von Proteinen mit Zuckerseitenketten, allesamt Biosynthesen, die nur in pflanzlichen Zellen möglich sind.

6.2.4 Landwirtschaftliche Züchtungsforschung: QTL-Mapping

In der landwirtschaftlichen Züchtungsforschung werden *Quantitative Trait Loci* (QTL) analysiert. Das sind Bereiche im Genom, die verantwortlich sind für einen messbaren Phänotyp wie zum Beispiel Wuchshöhe, Wurzellänge oder den Blühzeitpunkt. Man kann QTLs mithilfe genetischer Marker im Genom kartieren. Agronomisch vorteilhafte Phänotypen werden mit dem Muster genetischer Marker korreliert, sodass in einer frühen Entwicklungsphase, etwa im Keimlingsstadium, Individuen aufgrund ihres Genotyps selektiert werden können. Dieses Vorgehen ist zeit- und platzsparend, denn man muss nicht die Merkmalsausprägung abwarten, um zu entscheiden, ob die Pflanze das gewünschte Merkmal trägt. Somit kann die Population klein gehalten werden.

In der landwirtschaftlichen Praxis ist eines der Probleme, die zu großen Ernteausfällen führen, Trockenstress. Eine Strategie von Pflanzen, die Trockenheitstoleranz zu verbessern, ist, mit den Wurzeln tiefer ins Erdreich einzudringen. Dazu müssen die Wurzeln prinzipiell nicht unbedingt länger werden, sondern vor allem ihre Wachstumsrichtung ändern. Wurzeln von Flachwurzlern wachsen fast parallel zur Erdoberfläche, während tief wurzelnde Pflanzen die Wurzeln senkrecht zur Erdoberfläche ausrichten. Letztlich hat diese Eigenschaft also etwas mit der Ausrichtung von Wurzeln zur Schwerkraft zu tun. Die Eigenschaft, tief wachsende Wurzeln zu bilden, in flachwurzelnde Kultivare zu kreuzen, wird in der Züchtung von Reis als eine vielversprechende Strategie angesehen, die Trockentoleranz zu verbessern. Um QTLs, die für tiefes Wurzelwachstum verantwortlich sind, zu identifizieren, haben japanische Wissenschaftler die Reissorte IR64, die in Asien sehr weit verbreitet ist und flaches Wurzelwerk ausbildet, mit der Sorte Kinandang Patong (KP), einer philippinischen Sorte, die tiefe Wurzeln bildet, gekreuzt (◘ Abb. 6.8).

Es gelang durch genetische Kartierung, ähnlich wie beim *Map-based Cloning*, den QTL *DEEPER ROOTING 1* (*DRO1*) auf Chromosom 9 zu identifizieren. Durch Rückkreuzungen von Pflanzen, die den QTL *DRO1* trugen, mit IR64 sind dann sogenannte *near-isogenic lines* erzeugt worden. Das sind Pflanzen, die genetisch fast identisch mit IR64 sind und sich fast ausschließlich durch das Vorhandensein des QTLs unterscheiden. Diese Pflanzen haben die Eigenschaft, tiefere Wurzeln zu bilden, von Kinandang Patong (KP) erhalten. Sie bilden eine Zwischenform der Wurzelarchitektur beider Eltern. *DRO1* ist ein Genomfragment von etwa 6000 Basenpaaren, das ein Gen enthält. In IR64 ist im 4. Exon des Gens ein Basenpaar deletiert, sodass es zu einer Verschiebung des Leserasters kommt.

Um welches Gen handelt es sich, das die Architektur von Wurzeln so drastisch verändert? Das Protein, für welches dieses Gen codiert, hat keine Ähnlichkeit zu bisher

◧ **Abb. 6.8**   Wurzelarchitektur von IR64, Dro1-NIL und Kinandang Patong. IR64 ist eine populäre, flach wurzelnde Reissorte, während das Kultivar Kinandang Patong relativ tief wurzelt. Eine Dro1-*Near Isogenic Line* (NIL), also ein Hybride aus IR 64 und Kinandang Patong, der mehrfach mit IR64 rückgekreuzt wurde, sich von IR64 genetisch fast ausschließlich durch den *DRO1*-Locus von Kinandang Patong unterscheidet, zeigt eine Zwischenform der Wurzelarchitektur beider Eltern. (Nach Uga et al. 2013)

bekannten Proteinen. *DRO1* aus KP ist ein membrangebundenes Protein. Transkripte des Gens werden durch das Pflanzenhormon Auxin reguliert, welches ein wichtiger Regulator von Wurzelentwicklung und -wachstum ist. Insbesondere ist Auxin auch maßgeblich für die Ausrichtung der Wurzel zur Schwerkraft, und bisherige Ergebnisse sprechen dafür, dass DRO1 an dieser Regulation beteiligt ist. Interessanterweise ist die Deletion im 4. Exon von *DRO1,* die in IR64 gefunden wurde, im Rahmen von Züchtungsprogrammen weitergegeben worden, sodass die nachteilhafte Eigenschaft der flachen Wurzelbildung unbeabsichtigt an viele Sorten, die aus IR64 hervorgingen, weitervererbt wurde.

Züchtungsprogrammen verwendet wird. Viele Unterschiede zwischen den beiden Modellpflanzen *Arabidopsis* und Reis beruhen jedoch auf den grundsätzlichen Unterschieden zwischen Wild- und Kulturpflanzen. Zum Beispiel bildet Reis verhältnismäßig wenige, dafür aber große Samen. Die werden nicht abgeworfen, sondern bleiben an der Ähre. Obwohl beide Pflanzen unterschiedlichen Gruppen angehören (Reis: Monokotyle, *Arabidopsis:* Dikotyle) und der Unterschied zwischen Kultur- und Wildpflanze besteht, gibt es doch erstaunlich viele Gemeinsamkeiten. Beide betreiben Photosynthese des C3-Typs und haben einen erstaunlich ähnlichen Metabolismus. Als Bedecktsamer haben beide Pflanzenarten einen Generationswechsel mit reduzierter Gametophytengeneration.

6.3 Biologie und Entwicklung von Oryza sativa

Als Kulturpflanze sind viele Eigenschaften von Reispflanzen das Ergebnis von Jahrtausende währender Züchtung durch den Menschen (▶ Abschn. 6.3.1). Jedoch gibt es auch noch Wildreisarten, die untersucht werden und deren Genpool teilweise in

6.3.1 Reis ist eine Kulturpflanze

Kulturpflanzen wurden im Laufe der Kultivierung auf bestimmte Eigenschaften hin schon seit vielen tausend Jahren selektiert. Durch moderne Züchtungsmethoden beschleunigt sich dieser Prozess enorm. Ausgehend von einer Wildpflanze ist eine wichtige

Eigenschaft, auf die selektiert wurde, eine möglichst gleichmäßige Entwicklung der Pflanzen. Das betrifft alle Entwicklungsphasen von der Keimung bis zur Fruchtbildung. Übrigens verlieren auch Modellorganismen wie *Arabidopsis thaliana* über die Jahre manche Eigenschaften von Wildpflanzen, wenn sie über viele Generationen in Gewächshäusern oder Klimakammern gezüchtet werden. In wissenschaftlichen Untersuchungen unter Laborbedingungen sind Organismen mit einer gleichmäßigen Entwicklung natürlich viel einfacher zu analysieren als ihre wilden Verwandten. Wir müssen uns jedoch darüber im Klaren sein, dass bestimmte Eigenschaften in Kulturpflanzen verloren gehen. Ein typisches Beispiel dafür ist die Schattenmeidereaktion. Werden Pflanzen beschattet, können sie das über eine Verschiebung der Lichtqualität mit Photorezeptoren der Phytochromfamilie wahrnehmen. Daraufhin kommt es zu einer verstärkten Synthese des Pflanzenhormons Auxin in den betroffenen Sprossteilen, was wiederum zu einem verstärkten Wachstum führt. So kann die Pflanze letztlich dem Schatten entfliehen. Vielen Getreiden wurde diese Reaktion durch Züchtung entfernt, denn Getreide sollen ja möglichst dicht stehen, ohne ihr Wachstum zu verändern. Trotzdem kann man nicht sagen, dass Reis *per se* keine Schattenmeidereaktion machen kann, denn wilde Sorten können durchaus noch in der Lage dazu sein (◘ Abb. 6.9).

Eine Strategie von Wildpflanzen ist ihre Samen abzuwerfen, um eine effektive Ausbreitung zu gewährleisten (◘ Abb. 6.10). Das ist eine Eigenschaft, die bei Getreiden nicht erwünscht ist, schließlich sollen die Samen beim Ernten an der Pflanze bleiben. Wildreissorten werfen ihre Samen wie viele andere Pflanzenarten ab, wenn sie reif sind. Der molekulare Grund, warum bei kultivierten Reispflanzen die Samen an der Rispe bleiben, ist noch nicht genau geklärt. Man hat eine Reihe von Transkriptionsfaktoren isoliert, die am Abwurf der Samen beteiligt sind. Einer dieser Transkriptionsfaktoren heißt *SHATTERING1 (SHA1).* Kulturreissorten tragen eine Punktmutation in *SHA1,* die zu einem Aminosäureaustausch führt. Wie diese Transkriptionsfaktoren zusammenwirken und wie sie schließlich den Samenabwurf bewirken, muss aber noch aufgeklärt werden.

Weitere wichtige Ziele der Züchtung sind beispielsweise Ertragsteigerung, Verbesserung von Resistenzen gegen Pathogene oder eine verbesserte Toleranz für abiotischen Stress, wie Trockenstress (► Abschn. 6.2.4; s. auch SUB1 – verbesserte Überflutungstoleranz durch modifiziertes Wachstum), versalzte Böden oder Belastung mit Schwermetallen. Um solche Eigenschaften nachhaltig durch Züchtung oder biotechnologische Ansätze zu verbessern ist es erforderlich, die Mechanismen zu verstehen, mit denen die Pflanze auf solche Stressfaktoren reagiert.

6.3.2 Phylogenie von Reis

Reis ist eine einkeimblättrige Pflanze und gehört zur Familie der Süßgräser. *Oryza sativa* ist, wie eingangs erwähnt, durch menschliche Selektion aus der Wildreisart *Oryza rufipogon* hervorgegangen. Die Unterarten *japonica* und *indica* haben eine leicht unterschiedliche Abstammung und geografische Verbreitung. Die *japonica*-Sorten sind aus einer bestimmten *Oryza-rufipogon*-Population domestiziert worden, sie bilden in der Regel Rundkornreis und gedeihen in subtropischen Regionen oder im tropischen Hochland. Aus ihnen ist durch Kreuzung mit lokalen Wildreisarten in Süd- und Südostasien die Unterart *indica* entstanden. Diese Unterart wird in tropischen Regionen kultiviert und bildet in aller Regel Langkornreis. Innerhalb der beiden Unterarten lassen sich Gruppen unterscheiden, die sich genetisch und physiologisch voneinander abgrenzen. Innerhalb der Unterart *japonica* finden sich Sorten, die im tropischen oder im subtropischen Bereich wachsen. Zudem gehören auch die aromatischen Reissorten, wie Basmati oder Yasmin, zu dieser Unterart.

■ **Abb. 6.9** Schattenmeidereaktion von Pflanzen. Pflanzen nehmen über Photorezeptoren der Phytochrom-familie Rotlicht wahr. Sie können zwischen kurzwelligem (rot) und langwelligem Rotlicht (dunkelrot) unterscheiden. Wird eine Pflanze von einer benachbarten Pflanzen beschattet, verändert sich die Menge, aber auch die Qualität des Lichts, welches von der beschatteten Pflanze perzipiert wird: Das Verhältnis von rotem zu dunkelrotem Licht wird kleiner, da anteilmäßig mehr rotes Licht vom Blatt der größeren Pflanze absorbiert wird. Dies aktiviert Längenwachstum des Blatts der beschatteten Pflanze, unter anderem durch Aktivierung der Auxinbiosynthese

In der Unterart *indica* grenzt sich in erster Linie die Gruppe *aus* (ausgesprochen: Auusch) ab. Diese Bezeichnung leitet sich von dem bangladeschischen Wort „Ashoo" ab, was „früh" bedeutet. Auf diese Eigenschaft, frühe Blüte, wurden viele *aus*-Sorten selektiert. Sie kommen im Grenzbereich Indien-Nepal-Bangladesch vor und zeichnen sich oftmals durch eine besonders gute Stresstoleranz aus. Beispielsweise wurde das Gen *SUB1* (▶ Abschn. 6.3.4; SUB1 – verbesserte Überflutungstoleranz durch modifiziertes Wachstum) aus einer *aus*-Sorte bzw. einer *aus*-Landrasse isoliert.

Erstaunlich ist, unter welch unterschiedlichen äußeren Bedingungen *Oryza sativa* kultiviert werden kann. So wird Reis in sehr feuchten Gebieten (5100 mm Niederschlag) an der Arakan-Küste in Myanmar angebaut, aber auch an der Al-Hasa-Oase in Saudi-Arabien bei weniger als 100 mm Jahresniederschlag. Ebenso gibt es starke Unterschiede bei der durchschnittlichen Temperatur in Reisanbaugebieten, zum Beispiel 33 °C in Gebieten Pakistans und 17 °C in Otaru im Norden Japans. Anbau von Reis erfolgt auf Meereshöhe bis in Regionen auf etwa 2500 m über dem Meeresspiegel. Durch lokale und überregionale Züchtung ist eine außerordentlich große genetische Vielfalt entstanden, die unter großen Bemühungen erhalten werden soll.

6.3.3 Vom Embryo zur Blüte

■ **Embryonale Phase**

Reis legt im Embryo mehrere Organe an. Dazu gehören Keimwurzel und Koleoptile. Im Gegensatz zu vielen anderen ein- und zweikeimblättrigen Pflanzen hat Reis, wie andere Gräser, auch bereits drei Blätter im Embryo angelegt. Man könnte also sagen, dass Teile der vegetativen Entwicklung vorgezogen werden, was auch als heterochrone Eigenschaft bezeichnet wird. In den ersten drei Tagen nach Bestäubung durchläuft die Zygote eine Serie von Zellteilungen, und es entsteht ein globulärer Embryo ohne auffällige Strukturen. Im Gegensatz zu *Arabidopsis* laufen die Zellteilungen selbst in einem sehr frühen

Abb. 6.10 Wildreis und Kulturreis im Vergleich. **a** Die Kultursorte Teqing (rechts) und IL105 (links), eine Introgressionslinie von Teqing, der der *SHA1*-Locus durch Kreuzung mit einer Wildreissorte übertragen wurde. Bis auf den *SHA1*-Locus sind beide Pflanzen genetisch identisch. **b** An den Ähren der beiden Pflanzen ist zu erkennen, dass die Pflanzen mit dem Wildreis-*SHA1*-Locus ihre Karyopsen abwerfen, während Teqin mit der mutierten *SHA1*-Variante die Karyopsen nicht abwirft. (Nach Lin et al. 2007)

Stadium nicht regelmäßig ab. Zwar verläuft die erste Zellteilung meist horizontal, sodass eine apikale und eine basale Zelle entstehen, die nachfolgenden Zellteilungen verlaufen aber nicht in einer festgelegten Richtung. Ab dem vierten Tag nach der Bestäubung beginnt die Formbildung: Es entstehen das Sprossmeristem und die Primordien für Koleoptile und Keimwurzel. Die Initiierung dieser Organe erfolgt an definierten Positionen, also findet die Festlegung der embryonalen Achse im globulären Stadium statt. Das Sprossmeristem ist in diesem Stadium noch abgeflacht und besitzt nicht die typische Kuppelform. Am Tag 5 nach der Bestäubung ist das erste Blattprimordium zu erkennen. Sind alle drei Blätter angelegt, ist der Embryo morphologisch vollständig und geht in eine Reife- und Dormanzphase über.

Das Saatgut vieler Pflanzen ist zunächst dormant. Das heißt, es durchläuft eine Ruhephase, in der es nicht keimt, auch wenn die Bedingungen günstig sind. Bei Reis ist die Dormanz nicht stark ausgeprägt. Nur sehr frisches Saatgut ist in der Keimung verzögert, und diese Restdormanz kann durch eine Wärmebehandlung gebrochen werden.

■ Vegetative Phase

Mit der Keimung beginnt die vegetative Phase. Bei günstigen Bedingungen beginnen Keimwurzel und Koleoptile zu wachsen. Die Koleoptile ist ein Schutzorgan, das bei Wachstum im Dunkeln die Blätter umschließt. Unter natürlichen Bedingungen werden die jungen Blätter so vor mechanischer Beschädigung beim Wachstum im Boden geschützt. In dieser embryonalen Wachstumshase ernährt sich die junge Pflanze von Nährstoffen aus dem Endosperm. Sobald der Keimling Licht wahrnimmt, stellt die Koleoptile ihr Streckungswachstum ein und öffnet sich, sodass sich die Blätter entfalten können und den Photosyntheseapparat aktivieren können.

Das erste Blatt unterscheidet sich morphologisch von den folgenden Blättern, da es nicht Blattscheide und -spreite besitzt. Das Sprossmeristem befindet sich an der Basis jedes einzelnen Sprosses, und die jüngeren Blätter schieben sich vom Meristem nach oben. Die vegetative Wachstumsphase kann in eine juvenile und eine adulte Phase unterteilt werden, die fließend ineinander übergehen. Etwa im 10-Blatt-Stadium ist die juvenile Wachstumsphase abgeschlossen. Blätter im juvenilen und adulten Stadium unterscheiden sich nicht nur morphologisch deutlich, sondern auch durch stark veränderten Metabolismus, was Einfluss auf viele Eigenschaften hat, wie zum Beispiel die Abwehrfähigkeit der Pflanze gegen Pathogene.

■ Generative Phase

Reispflanzen bilden mehrere Wurzelsprosse, und jeder dieser Sprosse kann eine Rispe mit Blüten entwickeln. Die Blüte wird induziert, wenn eine ausreichend große Anzahl von Kurztagen (d. h. Nachtlänge ist größer als Tageslänge) durchlaufen wurde, da Reis im Gegensatz zu *Arabidopsis thaliana* eine Kurztagpflanze ist. Unter Langtagbedingungen braucht die Pflanze bedeutend länger, um Blüten zu entwickeln. Wie die Blätter schiebt sich auch die Rispe vom Meristem nach oben, und man kann das bevorstehende Erscheinen der Rispe an einem Aufblähen der Sprosse erkennen. Die einzelnen Blüten innerhalb einer Rispe beginnen von oben nach unten nacheinander über einen Zeitraum von mehreren Tagen zu blühen. Wenn es zur Blüte kommt, öffnen sich die Spelzen, sodass Pollen ausgestreut werden kann. Die Öffnung der Blüte unterliegt einer strikten tageszeitlichen Regulation. Im Laufe des Vormittags öffnet sich die Blüte, der Pollen wird ausgestreut, und nach einigen Stunden, am frühen Nachmittag, schließt sie sich wieder. Umschlossen von den Spelzen entwickelt sich die Karyopse. Die Pflanzen bestäuben sich im Regelfall selbst, was die Erhaltung von reinen Linien im Gewächshaus erleichtert.

6.3.4 Biotechnologische Anwendung

Die Anwendung von gentechnisch veränderten Pflanzen trifft im europäischen Raum und insbesondere bei Pflanzen, die der Nahrungsmittelproduktion dienen, auf große Skepsis von Konsumenten. Trotzdem gibt es auch bei Reis biotechnologische Projekte, in denen Pflanzen gentechnisch verändert werden. Generell kann man in der grünen Biotechnologie verschiedene Typen von transgenen Pflanzen unterscheiden. Transgene Pflanzen der ersten Generation werden in Hinblick auf vorteilhafte agronomische Eigenschaften, wie zum Beispiel Herbizidresistenz, Resistenz gegen Pathogene oder Robustheit gegen abiotischen Stress wie Trockenheit, entwickelt. Die zweite Generation sind Pflanzen, deren Nährwert, etwa durch eine Veränderung der Fettsäurezusammensetzung, erhöht wird. Als transgene Pflanzen der dritten Generation bezeichnet man solche, die als Bioreaktor zur Produktion von Molekülen wie Antikörpern oder Medikamenten dienen. Zum Beispiel sind Modifikationen von Proteinen mit komplexen Zuckerseitenketten nur in Pflanzenzellen möglich. Ein Beispiel für transgene Reispflanzen der dritten Generation ist eine Entwicklung des National Institute of Agrobiological Sciences, einem japanischen Agrarinstitut. Diese Reispflanzen sollen eingesetzt werden, um Symptome der weit verbreiteten Zedernpollenallergie zu lindern. Die Pflanzen produzieren ein künstliches Protein, das aus sieben T-Zell-Epitopen besteht, die durch Zedernpollenproteine induziert werden. Dieses Protein kann die Immunreaktion des menschlichen Körpers gegen Zedernpollen lindern. In diesem Fall wäre die Pflanze nicht nur Bioreaktor, sondern auch Darreichungsform des Medikaments.

Ein Beispiel für transgene Pflanzen der zweiten Generation ist der *Golden Rice*. Dabei handelt es sich um eine Entwicklung, die maßgeblich von zwei Wissenschaftlern an Universitäten, Prof. Ingo Potrykus (ETH Zürich) und Prof. Peter Beyer (Universität Freiburg), initiiert und vorangetrieben wurde. Die Idee beim *Golden Rice* ist einer Erkrankung, die durch Mangelernährung ausgelöst wird, entgegenzuwirken. In asiatischen Ländern erblinden jährlich bis zu eine halbe Million Kinder aufgrund einer Unterversorgung mit Vitamin A. In betroffenen Regionen ist Reis das Grundnahrungsmittel, enthält aber normalerweise kein Vitamin A. Der Golden Rice ist gentechnisch so verändert, dass er im Endosperm Provitamin A (β-Carotin) akkumuliert, das im menschlichen Körper in Vitamin A umgewandelt werden kann.

▪ Welcher Biosyntheseweg ist relevant?

Das gewünschte Produkt, welches im Endosperm synthetisiert werden soll, ist β-Carotin. Es handelt sich also um den Carotenoid-Biosyntheseweg, einem Zweig des Terpenoid-Stoffwechsels. Im Endosperm von Reis wird als Vorstufe das Diterpen Geranylgeranyldiphosphat synthetisiert. Welche enzymatischen Schritte müssen im Endosperm etabliert werden, um ausgehend von diesem Molekül zu β-Carotin zu gelangen? Es sind fünf enzymatische Schritte notwendig, um den Weg bis zum β-Carotin zu gewährleisten. Überraschenderweise wird im Reisendosperm aber das fünfte Enzym, bzw. eine kleine Gruppe dieses Enzyms, bereits exprimiert. Das sind Lycopin-Synthasen, die Lycopin in unterschiedliche Carotin-Isomere umwandeln können. Warum diese Enzyme im Reisendosperm vorhanden sind, ist nicht klar, denn eigentlich finden sie dort kein Substrat. Es werden aber trotzdem noch vier Enzyme benötigt, um die Biosynthese zu etablieren. Diese Enzyme heißen Phytoen-Synthase, Phytoen-Desaturase, Carotin-Desaturase und Carotin-*cis,trans*-Isomerase (■ Abb. 6.11). Das Projekt konnte wesentlich durch die Verwendung einer bakteriellen Carotin-Isomerase vereinfacht werden. Das bakterielle Enzym kann die Funktionen von drei pflanzlichen Enzymen, der Phytoen-Desaturase, der Carotin-Desaturase und der Carotin-*cis,trans*-Isomerase,

ausführen. Dadurch konnte die Anzahl der einzuführenden Gene signifikant reduziert werden. Lediglich die Expression des pflanzlichen Enzyms Phytoen-Synthase musste zusätzlich zur bakteriellen Carotin-Isomerase etabliert werden.

▪ Gentechnische Optimierung der β-Carotin-Biosynthese im Reisendosperm

Um die Expression der notwendigen Gene im Endosperm zu ermöglichen, war ein Promotor notwendig, der im Endosperm aktiv ist. Promotoren sind Bereiche der DNA, die die Expression von Genen regulieren. Sie liegen am 5′-Ende des codierenden Bereichs. Als im Reisendosperm sehr aktiver Promotor wurde der Glutelin-1-Promotor identifiziert. Die Gene für Phytoen-Synthase und die bakteriellen Carotin-Isomerase wurden deshalb unter die Kontrolle dieses Promotors gestellt, um eine starke Expression im Endosperm zu gewährleisten.

Die Phytoen-Synthase wurde zunächst aus Narzissen kloniert. Bekanntlich akkumulieren Narzissen große Mengen an β-Carotin in den Blütenblättern, was ihnen die gelbe Farbe verleiht. Aber es stellte sich heraus, dass die erste Generation von *Golden Rice* mit der Phytoen-Synthase aus Narzissen eine zu geringe Konzentration von β-Carotin enthielt. Schätzungen zufolge wäre der Konsum von 2–3 kg dieses Reises notwendig, um den Tagesbedarf an Vitamin A zu decken. Das kann natürlich nicht an einem Tag konsumiert werden, und es wurde nach Abhilfe gesucht. Schließlich wurde festgestellt, dass die Phytoen-Synthase aus Mais sehr viel effektiver im Reisendosperm arbeitet. Bei Verwendung des Enzyms aus Mais müssen nur noch etwa 70 g Reis konsumiert werden, um den Tagesbedarf an Vitamin A zu decken (■ Abb. 6.12). Die Herstellung des *Golden Rice* erfolgte durch *Agrobacterium-tumefaciens*-vermittelte Transformation. Es war deshalb notwendig, neben den beiden Biosynthesegenen einen Selektionsmarker einzuführen. Da die Expression dieses Selektionsmarkers konstitutiv, also ständig, erfolgen muss und

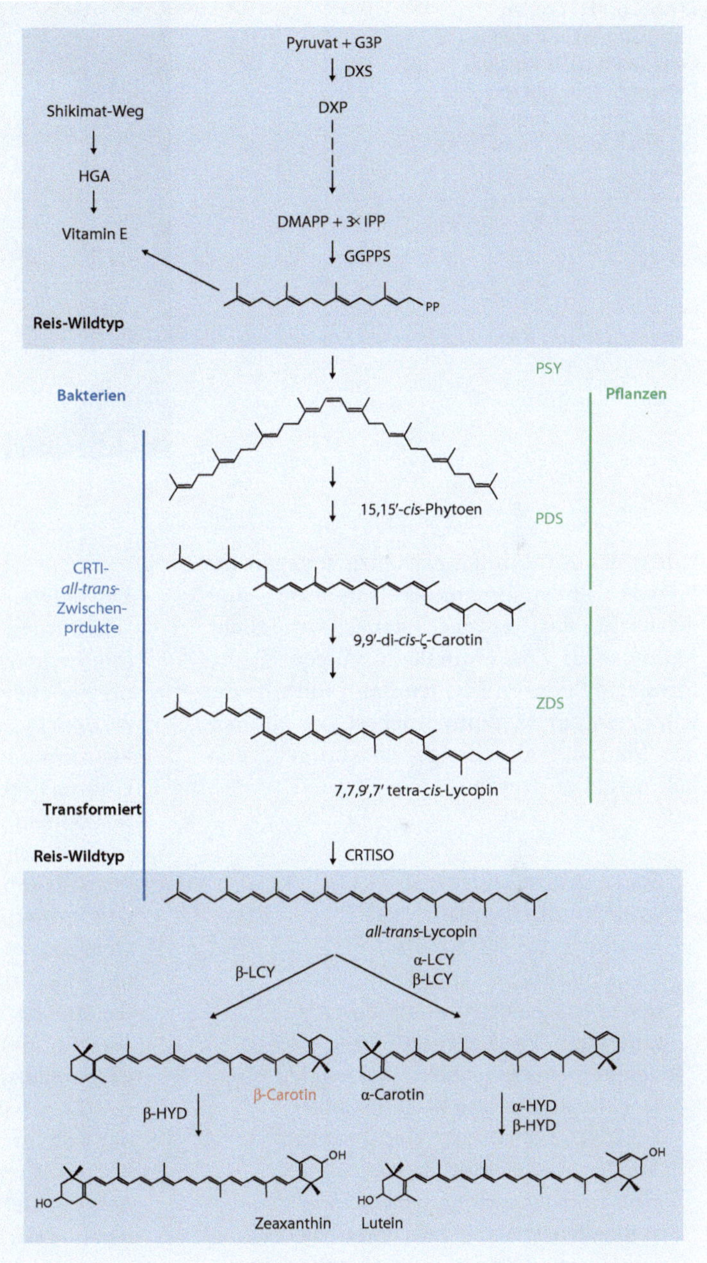

☐ **Abb. 6.11** Biosynthese von β-Carotin und in Reis fehlende enzymatische Schritte. Die Enzyme von Biosyntheseschritten, welche dunkelblau unterlegt sind, werden im Reisendosperm exprimiert, hellblau unterlegte fehlen im Endosperm. Deshalb war es erforderlich, Enzymaktivitäten von PSY, PDS, ZDS und CRTISO zu etablieren. Die bakterielle Carotin-Desaturase CRTI kann drei der Enzyme (PDS, ZDS und CRTISO) ersetzen, womit neben CRTI nur noch PSY in Reis transformiert werden musste. (PSY, Phytoen-Synthase; PDS, Phytoen-Desaturase; ZDS, Carotin-Desaturase; CRTISO, Carotin-cis,trans-Isomerase; LCY, Lycopin-β-Cyclase; α,β-Hyd, α,β-Carotin-Hydroxylase; nach Al-Babili und Beyer 2005)

nicht nur im Endosperm, wurde dieser unter Kontrolle des Ubiquitin-Promotors aus Mais gestellt. Dieser Promotor ist konstitutiv aktiv und führt in Reis zu einer starken Expression von nachgeschalteten Genen. Üblicherweise wird ein Antibiotikum, bei Reis häufig Hygromycin, zur Selektion verwendet (☐ Abb. 6.7). Allerdings gibt es große ökologische Bedenken Antibiotikaresistenzen beim Einsatz im Freiland zu verwenden, weil diese durch horizontalen Gentransfer in andere Organismen übertragen werden könnten. Die Entwickler des *Golden Rice* waren sich dieser Problematik bewusst und

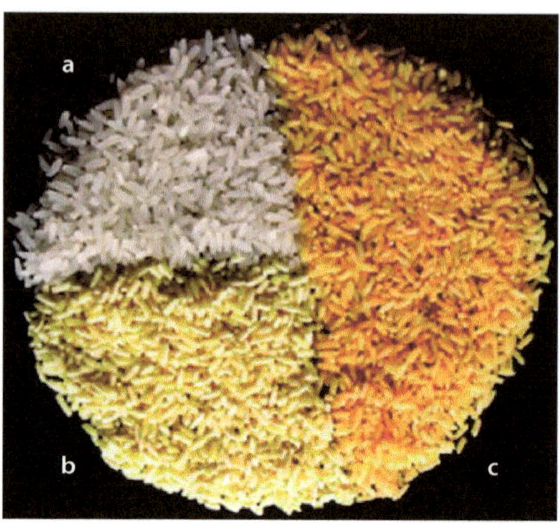

Abb. 6.12 Golden Rice erster (**b**) und zweiter Generation (**c**). Normaler Kulturreis ist im oberen Viertel der Abbildung gezeigt (**a**). (Nach Al-Babili und Beyer 2005)

6

haben das Antibiotikaresistenzgen gegen das Enzym Phosphomannose-Isomerase ausgetauscht, dass es der Pflanze ermöglicht, Mannose als Zuckerquelle zu nutzen. Transformierte Pflanzen können dann mithilfe der Fähigkeit, auf Medium wachsen zu können, das Mannose als einzige Zuckerquelle enthält, selektiert werden.

SUB1 – verbesserte Überflutungstoleranz durch modifiziertes Wachstum

Im Kulturpflanzenanbau kann es aus den unterschiedlichsten Gründen zu Ertragsausfällen kommen. Es wurde schon das Problem des global zunehmenden Trockenstresses, also Wassermangels, erwähnt. Aber auch das Gegenteil kann zum Problem werden, nämlich wenn plötzlich oder ständig zu viel Wasser vorhanden ist. Dabei wird unterschieden zwischen *flash flooding* (Blitzüberflutung), die nur eine relativ kurze Zeit (etwa zwei Wochen) andauert, und *stagnant flooding* (stehende Überflutung), die über mehrere Monate anhält. In Anpassung an diese Umweltbedingungen sind unterschiedliche Reissorten gezüchtet worden.

Der Tiefwasserreis kann stehende Überflutung überdauern, indem er das Internodienwachstum stark fördert und bis zu sieben Meter hoch werden kann. An dem Mechanismus sind vor allem die Pflanzhormone Ethylen und Gibberellinsäure beteiligt (s. auch Der verrückte Reiskeimling). Bei Wachstum unter Wasser reichert sich im Gewebe das von der Pflanze produzierte Gas Ethylen an. Durch den Anstieg der Ethylenkonzentration werden zwei Transkriptionsfaktoren, SNORKEL1 und SNORKEL2, aktiviert, die über einen noch nicht aufgeklärten Mechanismus die Biosynthese von Gibberellinsäure induzieren. Der Anstieg der Gibberellinsäurekonzentration löst dann das enorme Längenwachstum der Internodien aus. Es ist bemerkenswert, dass der Tiefwasserreis diese Wachstumsreaktion bei Bedarf auslöst und unter normalen Bedingungen nicht unterschiedlich zu anderen Reissorten wächst.

Bei Blitzüberflutungen ist diese Strategie wenig hilfreich. Zwar können die Pflanzen schnell an die Wasseroberfläche wachsen, aber nach einer relativ kurzen Zeit sinkt

der Wasserspiegel wieder auf das normale Niveau. Dann wären die Pflanzen mit stark verlängerten Internodien natürlich klar im Nachteil. In dieser Situation erweist sich ein anderer Weg als vorteilhaft: Pflanzen, die ihr Längenwachstum unterdrücken, können die relativ kurze Phase der Überflutung überdauern und anschließend das Wachstum wieder aufnehmen. Reissorten, die dazu in der Lage sind, besitzen das *SUB1A*-Allel (SUB steht für engl. *submergence*) zusätzlich zu ähnlichen Genen, die auch in nicht toleranten Sorten vorkommen. Wie die *SNORKEL*-Gene codiert auch *SUB1A* für einen Transkriptionsfaktor, der durch das Pflanzenhormon Ethylen aktiviert wird. Im Gegensatz zu SNORKEL aktiviert SUB1A jedoch die Proteine SLENDER RICE 1 (SLR1) und SLENDER RICE LIKE 1 (SLRL1). SLR1 ist ein Repressor der Signalleitung von Gibberellinsäure und kann unter anderem das Längenwachstum von Reis hemmen. SLRL1 gehört zur gleichen Familie von GRAS-Proteinen wie SLR1. Dem Protein fehlt jedoch die DELLA-Domäne, welche entscheidend für die Erkennung der Gibberellinsäure ist.
Interessanterweise wird in den beiden Fällen, Wachstumssteigerung bei Überflutung und Wachstumshemmung bei Überflutung, das Pflanzenhormone Ethylen aktiviert, was aber zu komplett gegensätzlichen Auswirkungen in der Pflanze führt.

6.4 Verwandte Modellorganismen

Zusammen mit den anderen wichtigen Getreiden gehört Reis zur Familie der Süßgräser *(Poaceae)* und ist der Unterfamilie der *Ehrhartoideae* zugeordnet. Aufgrund der engen Verwandtschaft der Getreide lassen sich viele Ergebnisse übertragen. Jedoch gibt es auch viele Unterschiede, die zum Teil von sehr grundlegender Natur sind. Reis ist eine Pflanze, die wie viele andere Getreide C3-Photosynthese betreibt. Mais (*Zea mays,* Unterfamilie: *Panicoidea*), ein anderes, ökonomisch sehr wichtiges Getreide, führt C4-Photosynthese durch, was nicht nur biochemische, sondern auch morphologische Modifikationen gegenüber Reis erfordert. Auch das Maisgenom ist sequenziert und hat mit 2,5 Gb (Milliarden Basenpaaren) eine dem Menschen vergleichbare Genomgröße. Ein Grund für die etwa sechsfache Größe gegenüber dem Reisgenom ist die Tatsache, dass Genfamilien in Mais oftmals mehr Mitglieder haben als in Reis.

Neben diesen beiden Getreiden ist vor allem Weizen äußerst bedeutend, vielleicht sogar am wichtigsten, für die Welternährung. Als molekularbiologischer Modellorganismus ist Weizen (Arten der Gattung *Triticum*) jedoch sehr komplex in der Handhabung, da das Genom hexaploid ist und sich aus drei Genomen zusammensetzt. Das resultiert in einer Größe, die etwa 40-mal so groß wie von Reis ist (ca. 17 Gb). Deshalb wurde entschieden, dass zunächst das Genom der Gerste *(Hordeum vulgare)*, einer nahen Verwandten des Weizens, entschlüsselt werden soll. Beide Arten stammen aus dem Gebiet des goldenen Halbmondes (Israel, Libanon, Jordanien, Syrien, Südosttürkei, Irak, Iran) und gehören der Unterfamilie der *Pooideae* an. Mit 5,1 Gb ist das Genom der Gerste nur 12-mal so groß wie Reis und wie dieser diploid. Das erleichtert wesentlich die Erforschung des Genoms mit Mutanten und anderen molekularbiologischen Methoden. In der Evolution haben sich Gerste und Weizen erst vor ca. 12–13 Mio. Jahren getrennt. Reis spaltete sich bereits vor 50–70 Mio. Jahren von Gerste und Weizen, womit Gerste in vielen Belangen sicherlich ein besseres Modell für Weizen ist als Reis. Die Bedeutung von Gerste geht allerdings über eine Rolles als reines Modell hinaus, denn sie ist ein wichtiges Futtermittel (v. a. die Wintergerste) und menschliches Nahrungsmittel (v. a. Grieß und Graupen). Die Sommergerste wird in erster Linie für die Bierproduktion eingesetzt.

Eine besondere Position als Modellorganismus unter den *Poaceae* hat die Zwenke (*Brachypodium distachyon*). Der Name leitet sich von den kurzen Steilen der Ährchen ab (griech. *brachys*, kurz, und *podes*, Füße). Diese Pflanze ist kein Getreide, sondern eine Wildpflanze. Jedoch gehört die Zwenke der gleichen Unterfamilie wie Gerste und Weizen an (*Pooideae*). In der Entwicklungsgeschichte hat sie sich von diesen beiden Arten vermutlich erst vor 30–40 Mio. Jahren getrennt. Das Genom von *Brachypodium* ist diploid und umfasst lediglich ca. 270 Mb. Die Generationszeit von 12–18 Wochen im Gewächshaus ist äußerst kurz, und es ist gelungen, die Transformation mittels *Agrobacterium tumefaciens* zu etablieren. Aus diesen Gründen hat sich die Zwenke als Modellorganismus der *Poaceae* etabliert. Da auch *Arabidopsis thaliana* eine Wildpflanze ist, können zwischen Zwenke und der Ackerschmalwand auch interessante Vergleiche der beiden großen Gruppen monokotyler und dikotyler Pflanzen studiert werden. Das impliziert auch, dass eine Übertragbarkeit der Mechanismen in der Wildpflanze *Brachypodium* auf Kulturpflanzen wie Gerste und Weizen nur bedingt möglich ist.

Literatur

Al-Babili, Beyer (2005) TIPS 10:565–573

Bennetzen et al (2008) Rice 1:109–118

Buchanan et al (2015) Biochemistry & molecular biology of plants. Wiley Blackwell

Guiderdoni et al (2007) T-DNA insertion mutants as a resource for rice functional genomics BT. In: Upadhyaya NM (Hrsg) Rice functional genomics: challenges, progress and prospects. Springer, New York, S 181–221

Kamisugi et al (2006) Nucleic Acid Res 34:6205–6214

Lin et al (2007) Planta 226:11–20

Schaefer et al (2002) Annu Rev Plant Biol 53:477–501

Uga et al (2013) Nat Genet 45:1097–1102

Weiterführende Literatur

Callaway (2014) Nature 514:58–59 (Kurzer Aufsatz über die Domestizierungsgeschichte von Reis mit weiterführenden Referenzen)

Garris et al (2005) Genetics 169:1631–1638 (Studie über die evolutionäre Beziehung verschiedener Reisakzessionen, in der 5 verschiedene Gruppen definiert wurden: indica, aus, aromatic, temperate japonica und tropical japonica)

Gross, Zhao (2014) PNAS 111:6190–6197 (Übersichtsartikel, der archäologische und genetische Erkenntnisse über die Domestizierungsgeschichte von Reis bespricht)

Hattori et al (2009) Nature 460:1026–1030 (Originalarbeit in der die Gene *SNORKEL1* und *SNORKEL2* identifiziert wurden)

Huang et al (2009) Nature 490:497–501 (Genetische Studie über die Ursprünge der Reiskultivierung in China)

Ishizaki et al (2016) Plant Cell Physiol 57:262–270 (Übersichtsartikel zum Lebermoos marchantia polymorpha als Modellorganismus)

Itoh et al (2005) Plant Cell Physiol 46:23–47 (Die Entwicklung von Reispflanzen wird im Detail erklärt)

Miyao et al (2003) Plant Cell 15:1771–1780 (Diese Arbeit zeigt, dass die Integration des Tos17-Retrotransposon bevorzugt an bestimmten Stellen im Genom stattfindet)

Nagai et al (2010) J Plant Res 123:303–309 (Review-Artikel in dem die beiden Wachstumsstrategien von Reis bei Überflutung anschaulich verglichen werden)

Pifanelli et al (2007) Plant Mol Biol 65:587–601 (Vergleich zweier Mutantenpopulationen und die Abdeckung des Genoms: Tos17 schaltet Gene in definierten Genombereichen aus, während durch T-DNA-Mutagenese eine breitere Abdeckung des Genoms möglich ist)

Sasaki et al (2002) Nature 416:701–702 (In diesem Artikel wird die Identifizierung des berühmten SD1-Green-Revolution-Gens beschrieben)

Sawers (2005) Trends Plant Sci 10:143–702 (Der Artikel beleuchtet die Bedeutung des Phytochromsignalwegs für die Schattenmeidereaktion und wie gezielte Manipulation dieses Wegs durch Züchtung die Schattenmeidereaktion von Kulturpflanzen verringern kann)

Tao et al (2008) Cell 133:164–176 (Es wird ein neuer Auxinbiosyntheseweg beschrieben, der spezifisch im Zuge der Schattenmeidereaktion aktiviert wird)

Ueguchi-Tanaka et al (2005) Nature 437:693–698 (Die Entdeckung des Gibberellinsäurerezeptors wird in dieser Publikation beschrieben)

Wang et al (2014) Nat Genet 46:982–988 (Studie die sich mit der von *Oryza sativa* unabhängigen Domestizierung von *Oryza glaberrima* beschäftigt)

Xu et al (2006) Nature 442:705–708 (Die Originalarbeit zur Identifizierung des *SUB1A*-Genes)

Xenopus laevis (Südafrikanischer Krallenfrosch)

Dietmar Gradl

© Springer-Verlag GmbH Deutschland, ein Teil von Springer Nature 2019
P. Nick et al., *Modellorganismen*, https://doi.org/10.1007/978-3-662-54868-4_7

Überblick für schnelle Leser

Der Südafrikanische Krallenfrosch *Xenopus laevis* ist einer der Klassiker in der Reihe tierischer Modellorganismen. Die große Anzahl an sich außerhalb des Muttertiers entwickelnden Nachkommen gepaart mit der Größe der Eizellen erlaubte zahlreiche fundamentale Entwicklungsbiologische Fragen aufzuklären. Darüber hinaus wurden mit diesem Modellorganismus auch Nobelpreise in der klassischen Physiologie (Funktion der Aquaporine) und der Stammzellforschung gewonnen. Damit ist der Südafrikanische Krallenfrosch bis heute ein wertvoller Modellorganismus in der Grundlagenforschung, selbst wenn er, bedingt durch seine lange Generationszeit und sein tetraploides Genom, für moderne Gentechnologische Anwendungen wie CRISPR/Cas weniger gut geeignet ist als andere niedere Vertebraten.

7.1 Xenopus als Modellsystem: wozu und warum?

Unter den Modellorganismen für die Analyse der frühen Vertebratenentwicklung sind vor allem vier Amphibienarten von Bedeutung: Die eher klassischen Modellorganismen Axolotl (*Ambystoma*) und Teichmolch (*Triturus*) und der auch heutzutage noch weit verbreitete Krallenfrosch (*Xenopus*) mit den Arten *Xenopus laevis* und *Xenopus tropicalis*.

Während Axolotl und Teichmolch heutzutage hauptsächlich wegen ihrer hohen Regenerationsfähigkeit als Modellorganismen für zelluläre und molekulare Abläufe in der Grundlagenforschung für regenerative Medizin eine herausragende Rolle spielen, sind es bei *Xenopus* vor allem die Größe der Eier – und damit verbunden die Möglichkeit zu Manipulationen – sowie die schnelle Entwicklung bis zur Kaulquappe. Dadurch ist dieser Organismus vor allem als Modell für die frühe Embryonalentwicklung von Vertebraten qualifiziert. Deshalb beschränkt sich die Beschreibung dieses Steckbriefs weitestgehend auf die sehr frühe Embryonalentwicklung und

vernachlässigt die sicherlich nicht weniger interessanten Aspekte der Organentwicklung und Metamorphose (s. auch Sir John Gurdon: Pionierleistungen am Krallenfrosch).

Weit verbreitet war der Krallenfrosch bis in die 1960er-Jahre in Apotheken, wo er als biologischer Schwangerschaftstest diente. Hierzu spritzten die Apotheker etwas vom Morgenurin der Frau unter die Haut in den dorsalen Lymphsack. Damit entspricht diese Applikation vom Procedere einer subkutanen Injektion, physiologisch aber einer intravenösen Injektion. Das humane Schwangerschaftshormon Choriongonadotropin (hCG) induziert im Apothekerfrosch die Eireifung, sodass 12–24 h nach der Hormongabe die Eiablage erfolgt. Dasselbe Prinzip nutzt man auch heute in den Forschungslaboratorien. Hier wird allerdings kein Morgenurin injiziert, sondern definierte Mengen aufgereinigten hCGs. Damit ist gewährleistet, dass die Eiablage im gewünschten Zeitraum erfolgt. Pro Gelege handelt es sich hier um bis zu tausend Eier, die mit mazeriertem Hoden befruchtet werden und sich etwa zwei Stunden nach der Befruchtung zum ersten Mal teilen. Die folgenden Furchungsteilungen erfolgen synchron in 30-minütigen Abständen, bis in frühen Blastulastadien die Synchronität verloren geht. Dabei ist die Geschwindigkeit der Entwicklung stark von der Temperatur abhängig. Eine Erhöhung der Temperatur von 15 °C auf 25 °C beschleunigt die Teilungsrate von etwa einer Teilung pro Stunde auf eine Teilung in weniger als 30 min. Diese sehr hohe Teilungsrate in den ersten Stunden der Entwicklung setzt voraus, dass der Zellzyklus stark beschleunigt abläuft, also ohne G0-, G1- und G2-Phase, und dass die Neusynthese von mRNA auf ein Minimum begrenzt ist. Tatsächlich sind in den sehr großen, dotterreichen Oocyten große Mengen maternaler RNA gelagert, und die zygotische Transkription startet erst mit dem Verlust der Synchronität der Zellteilungen in frühen Blastulastadien. Auch die nachfolgenden Entwicklungsschritte wie Gastrulation, Neurulation und Organentwicklung verlaufen bei

Xenopus relativ schnell, sodass sich bereits vier Tage nach der Befruchtung Kaulquappen frei schwimmend auf Nahrungssuche begeben.

Mit dieser schnellen extrakorporalen Entwicklung vereint der Modellorganismus *Xenopus* einige Vorteile, die ihn auch für die aktuelle Forschung noch interessant erscheinen lassen:

- Die Größe der Oocyten und die Menge an darin eingelagertem Material machen ihn zu einer interessanten „Proteinfabrik im Kleinmaßstab" (◘ Abb. 7.1).
- Mit der Größe der Oocyten geht auch eine enorme Größe der Zellkerne reifer Oocyten einher. Diese Zellkerne lassen sich manuell explantieren und für Kerntransport-Experimente nutzen.
- Die Größe der Blastomere erlaubt eine leichte Manipulation. Dabei werden für *Gain-of-Function*-Studien meist cDNA- und RNA-Moleküle injiziert, für *Loss-of-Function*-Studien kommen

Antisense-Morpholino-Oligonucleotide zum Einsatz (▶ Abschn. 7.2.3). Ein geübter Experimentator schafft es, innerhalb von 30 min etwa 200 Blastomeren zu injizieren. Schicksalskarten für die einzelnen Blastomeren ermöglichen es, durch Injektionen bis zum 64-Zell-Stadium die Manipulation auf definierte Areale zu beschränken.

- Die schnelle extrakorporale Entwicklung ermöglicht, die manipulierten Embryonen zu beobachten und zeitnah mit der Analyse veränderter Genexpressionen oder phänotypischer Auswertungen fort zu fahren. Darüber hinaus lässt sich das Wanderungsverhalten distinkter Zellpopulationen wie das der Neuralleistenzellen entweder durch die Darstellung gewebespezifisch exprimierter Gene oder durch den Einsatz fluoreszierender Proteine leicht beobachten.

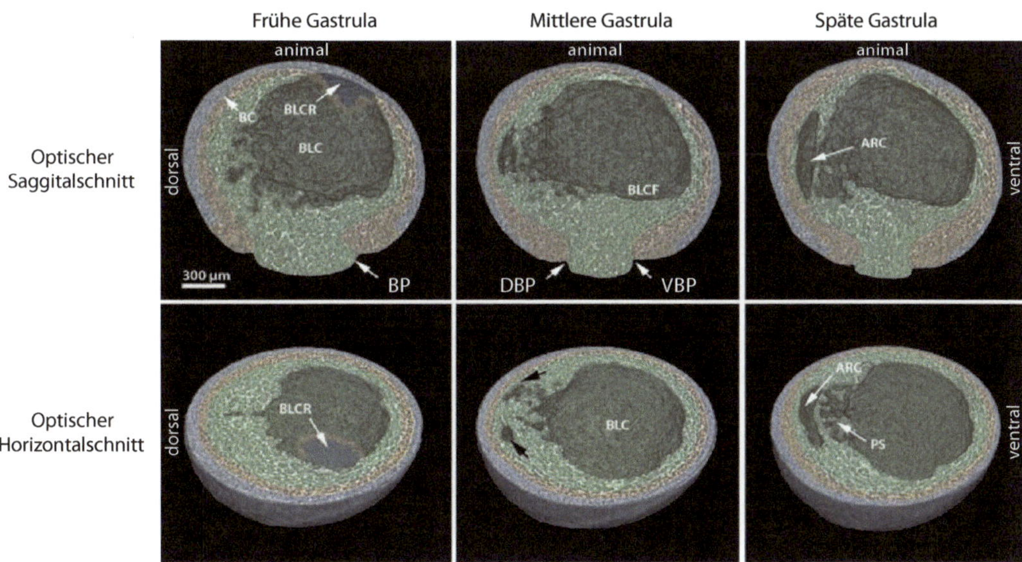

◘ **Abb. 7.1** Innenansicht der Gastrulastadien. In Blau ist das Ektoderm dargestellt, in Rot das Mesoderm und in Grün das Endoderm. Ektoderm und Endodem sind durch eine Spalte, die sogenannte Brachet's Cleft (BC), getrennt. Mit fortlaufender Gastrulation verdrängt der Urdarm (Archenteron, ARC) die primäre Leibeshöhle (Blastocoel, BLC), wobei ein sogenanntes Pipe-System (PS) diese beiden Kompartimente trennt. Dabei nimmt das Mesoderm ausgehend vom Blastoporus (BP) seinen Weg entlang des Blastocoeldaches (BCR), wobei sich der ventrale Blastoporus (VBP) deutlich vom dorsalen Blastoporus (DBP) unterscheiden lässt. (Mit freundlicher Genehmigung von Jubin Kashef; nach Moosmann et al. 2013)

- Die Robustheit der Embryonen ermöglicht Explantations- und Transplantationsexperimente bereits in Blastula,- Gastrula- und Neurula-Stadien.
- Explantate lassen sich über mehrere Tage in vitro kultivieren und werden somit zugänglich für moderne hochauflösende fluoreszenzmikroskopische Echtzeitaufnahmen. Explantate aus frühen Embryonalstadien sind nichts anderes als pluripotente embryonale Stammzellen und dienen damit der Untersuchung grundlegender Mechanismen der Zelldifferenzierung.

All diesen embryologischen Studien liegt zugrunde, dass die frühe Entwicklung des klassischen Modellorganismus *Xenopus* bereits seit vielen Jahren detailliert beschrieben ist. Durch den Einsatz modernster Bildgebungstechnologien an Teilchenbeschleunigern werden diese Beschreibungen derzeit deutlich verbessert, sodass Einzelzellen und Einzelzellbewegungen, aber auch Massenzellbewegungen, hochauflösend dargestellt werden.

Sir John Gurdon: Pionierleistungen am Krallenfrosch

Bereits in den 1960er-Jahren, lange vor dem berühmten Klonschaf „Dolly", zeigte der englische Entwicklungsbiologe John Gurdon, dass sich die Zellkerne differenzierter somatischer Körperzellen reprogrammieren lassen und das Potenzial besitzen, einen komplexen Organismus zu formen. Dank dieser Pionierleistung wurde er 1995 als Knight Bachelor zum Ritter geschlagen. 2012 erhielt er zusammen mit Shinya Yamanaka den Nobelpreis für Medizin. Die zugrunde liegende Idee war dabei noch älter. Bereits gegen Ende der 1930er-Jahre hatte Hanns Spemann geäußert, dass man zur Erschaffung eines Klons „nur" den Kern einer Eizelle durch den Kern einer Körperzelle

ersetzen müsse. Dafür muss zuerst der Pronucleus der Eizelle inaktiviert werden. Dies gelang Gurdon durch kurzzeitige UV-Bestrahlung. Nach dem Transfer von Zellkernen aus Keratinozyten von Kaulquappen entwickelten sich aus einem geringen Prozentsatz der Oozyten reproduktionsfähige Frösche. Das heißt, die Nuclei differenzierter Zellen der Spendertiere wurden reprogrammiert. Bereits mit diesen frühen Studien wurde klar, dass dieser Reprogrammierung Grenzen gesetzt sind, denn mit Kernen aus adulten Fröschen entwickelten sich die Oozyten nur bis zu Kaulquappen-Stadien. Es dauerte noch mehrere Jahrzehnte, bis die moderne Biologie die molekularen Grundlagen erkannte, die den Differenzierungs- und Dedifferenzierungsmechanismen zugrunde liegen.

7.2 Methoden und Ansätze

Die Robustheit der Krallenfrösche erlaubt nicht nur die einfache Haltung der Tiere in Aquarien, sondern äußert sich auch in der Robustheit der Embryonen. Dies ermöglicht Gewebeexplantationen und das Kultivieren der Explantate über mehrere Tage hinweg, aber auch komplexe Transplantationsexperimente. Beides, Explantationen und Transplantationen, führten zu fundamentalen Erkenntnissen zur frühen Embryonalentwicklung der Wirbeltiere. Zu dieser außerordentlichen Widerstandskraft der Embryonen kommt noch die enorme Größe der Oozyten ($\varnothing \approx 1$ mm), was dem erfahrenen Experimentator schnelle und zielgerichtete Manipulationen, wie beispielsweise die manuelle Extraktion des Zellkerns, elektrische Ableitungen an Oocyten oder Injektionen definierter Mengen an DNA, RNA, Protein oder *Antisense*-Morpholino-Oligonucleotiden, bis zum 64-Zell-Stadium erlaubt.

7.2.1 Die Oocyte als In-vivo-Reagenzgefäß

Einer der großen Vorteile der *Xenopus*-Oocyten ist, dass sie im Vergleich zu anderen Zellen sehr groß sind. Doch nicht nur die Oozyte, auch der Zellkern hat eine enorme Größe und erlaubt die manuelle Präparation einzelner Kerne (◘ Abb. 7.2).

Damit lassen sich Experimente an isolierten Zellkernen durchführen, beispielsweise zum Export von mRNA oder zum Import kernlokalisierter Proteine. Darüber hinaus erlaubten es rasterkraftmikroskopische, elektronenmikroskopische- und cryoelektronenmikroskopische Aufnahmen an isolierten Zellkernen, die Struktur der Kernporen aufzuklären. Wesentliche Erkenntnisse zum radiärsymetrischen Aufbau der Kernporenkomplexe stammen aus solchen Analysen isolierter *Xenopus*-Kerne.

Peter Agre und Roderick MacKinnon gewannen 2003 den Nobelpreis für Chemie für ihre bahnbrechenden Arbeiten an Aquaporinen.

Sie isolierten Aquaporine aus Erythrozyten und klärten die Struktur der Proteine. Eines der entscheidenden Experimente zur Aufklärung der Funktion dieser Proteine war, Aquaporine in *Xenopus*-Oocyten überzuexprimieren. Diese manipulierten Oocyten wurden dann unterschiedlich konzentrierten Salzlösungen ausgesetzt. Hypoosmolare Lösungen führten zum Anschwellen und schließlich zum Platzen der Eier. Damit war der biologische Nachweis erbracht, dass es sich bei Aquaporinen um Wasserkanäle handelt.

Die *Xenopus*-Oocyte wurde in diesem Experiment also für zwei Ansätze genutzt: Sie diente zum einen als Reaktionsgefäß, um aus synthetischer RNA das entsprechende Protein zu produzieren, und zum anderen als biologisches Testsystem, um die Funktion des Proteins zu untersuchen. Diese doppelte Nutzung fand natürlich nicht nur zur Untersuchung der Aquaporine Anwendung. Wesentliche Funktionsanalysen von Ionenkanälen fanden und finden mit einem ähnlichen Ansatz statt. Die in vitro synthetisierte

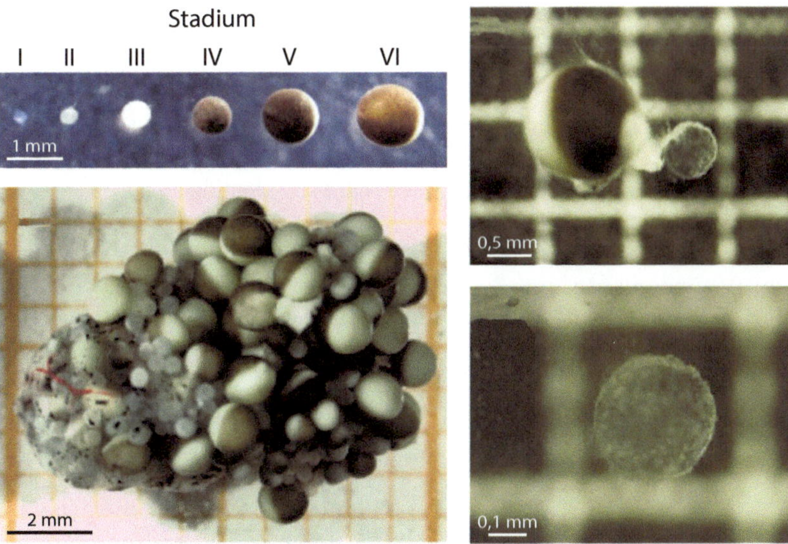

◘ **Abb. 7.2**   **a** Im Ovar befinden sich gleichzeitig Oocyten verschiedener Reifestadien, die sich in Größe und Pigmentierung unterscheiden und in Stadien I–VI eingeteilt werden. Reife Oocyten (Stadium VI) haben einen Durchmesser von ca. 1 mm und können mit feinen Uhrmacherpinzetten am animalen, pigmentierten Pol geöffnet werden, um den Zellkern vorsichtig zu entnehmen. **b** Nachdem der Oocytenkern (Durchmesser ca 300 μm) von anhaftenden Dotterschollen manuell gereinigt wurde, ist er bereit für nachfolgende Experimente **(c)**

mRNA des zu untersuchenden Ionenkanals wird in eine Oocyte injiziert, die Funktion des Proteins (oder seiner Varianten) mittel *Patch-Clamp*-Ableitungen bestimmt.

7.2.2 Xenopus als Bioindikator

Zur Bekämpfung von Malaria und West-Nil-Virus, aber auch um die Anzahl lästiger Mückenstiche zu reduzieren wird häufig versucht, die Population der Moskitos durch Einsatz von Insektiziden zu minimieren. Diese Insektizide sollen dabei möglichst spezifisch wirken und Wirbeltiere und damit auch uns Menschen möglichst nicht schädigen. Eine intelligente Lösung scheint dabei der Einsatz von Juvenilhormon-Analoga wie Methopren (◘ Abb. 7.3). Die Entwicklung zum Imago setzt bei holometabolen Insekten voraus, dass während der Pupalentwicklung der Juvenilhormonspiegel gering ist. Methopren mimikriert einen hohen Juvenilhormonspiegel und verhindert somit die Entwicklung und den Schlupf adulter Stechmücken. Eine mögliche teratogene, also keimschädigende, Eigenschaft von Methopren wurde an Xenopus nachgewiesen, denn bereits in geringen Dosen verursacht Methopren Missbildungen.

Etwas exotischer sind Verhaltensanalysen der Frösche als Antwort auf Umweltbelastungen. So führen Belastungen mit Östrogenen in Konzentrationen, wie sie durchaus in heimischen Gewässern vorkommen, zu Veränderungen im Sexualruf männlicher Xenopoden. Inwieweit das mit ursächlich für die reduzierte Produktivität von Amphibien in belasteten Gewässern ist, wird noch diskutiert.

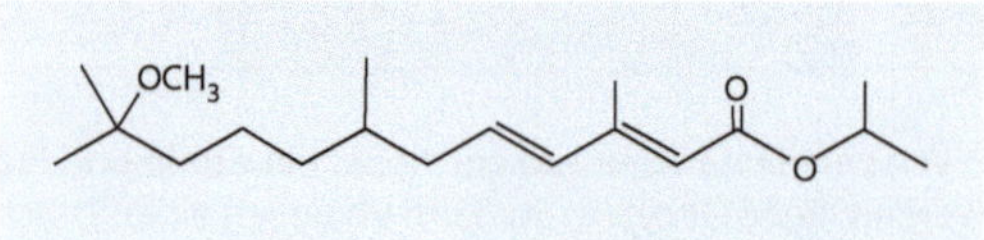

7.2.3 Injektionen, unilaterale Injektionen und Achsenexperimente vom Gen zum Phänotyp

Die schnelle Entwicklung, die leichte Zugänglichkeit und die enorme Größe der *Xenopus*-Oocyten erlauben einfache und zuverlässige Manipulationen. Dabei wird mit einer Mikrokanüle, also einer ausgezogenen Glaskapillare, eine definierte Menge an DNA, RNA oder *Antisense*-Morpholino-Oligonucleotiden in distinkte Regionen des Keims injiziert. DNA- und RNA-Injektionen dienen dabei meist für Funktionsgewinnstudien (*Gain of Function*, GOF), Morpholino-Injektionen dienen Funktionsverlust-Studien (*Loss of Function*, LOF). Das Injektionsvolumen variiert, je nach Fragestellung, zwischen 4 nl und 16 nl. Darüber hinaus können Schicksalskarten herangezogen werden, um die Manipulation im 8-Zell- bis 64-Zell-Stadium auf distinkte Areale des sich entwickelnden Keims zu beschränken (◘ Abb. 7.4). Insbesondere die Tatsache, dass die erste Furchungsteilung den Keim in eine linke und rechte Körperhälfte teilt, wird gerne genutzt, um die Manipulation auf eine Körperhälfte zu begrenzen. Die nicht manipulierte Seite dient somit als interne Kontrolle in ein und demselben Tier. Koinjizierte Fluoreszenzfarbstoffe ermöglichen es, die injizierte Körperhälfte zu identifizieren.

Die durch das Einstechen der Kapillare entstandene Wunde verheilt sehr gut, und die Embryonen lassen sich bei 14 °C bis 20 °C in einer einfachen Salzlösung über mehrere Tage kultivieren, bis das gewünschte Entwicklungsstadium erreicht ist. Dann beginnt die phänotypische Auswertung. Hierbei werden heutzutage weniger morphologische Veränderungen analysiert als vielmehr die Veränderung der Expression lokal exprimierter Gene. Die Genexpression lässt sich durch den Nachweis der mRNA mittels *In-situ*-Hybridisierung spezifisch darstellen. Histologische Schnitte erlauben dabei einen Blick ins Innere des Keims (◘ Abb. 7.5; In-situ-Hybridisierung).

◘ **Abb. 7.3**   Struktur von Methopren

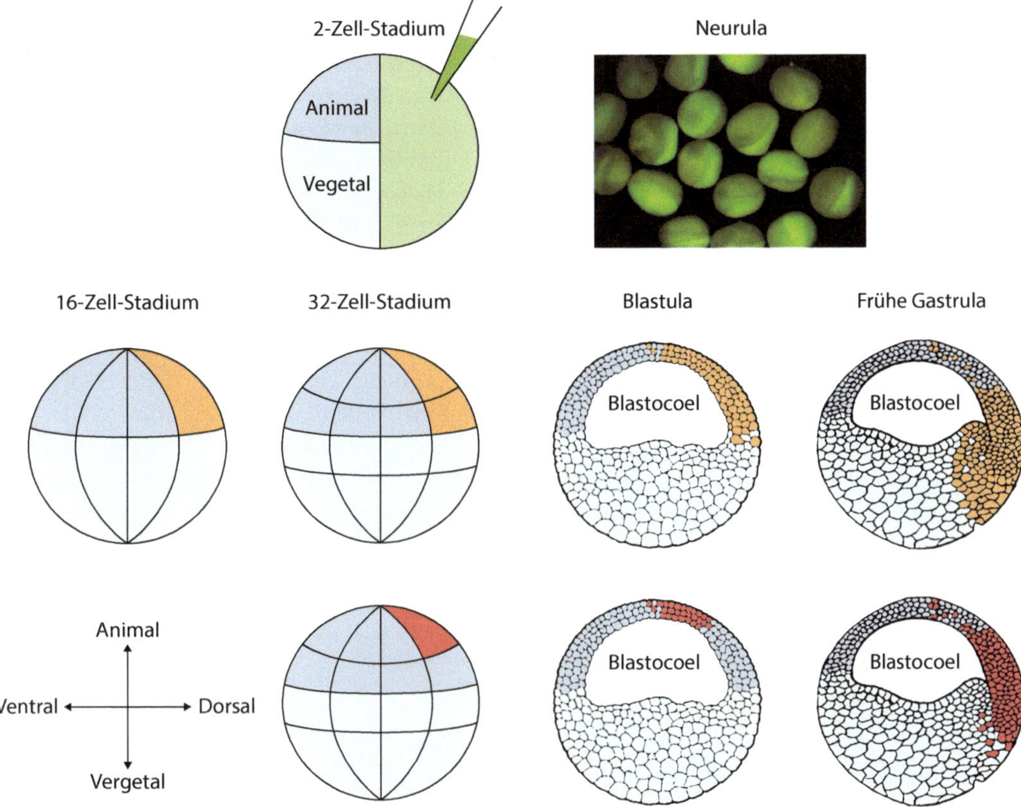

◘ Abb. 7.4 Schicksalskarte: Wird im 2-Zell-Stadium eine Blastomere mit einem Fluorophor injiziert (hier mRNA für Grün fluoreszierendes Protein, GFP), so lässt sich in der frühen Neurula unter UV-Licht unterscheiden, welche Körperhälfte aus der injizierten Blastomere hervorging. Damit lässt sich in ein und demselben Tier die manipulierte Seite mit der Kontrollseite vergleichen. Schicksalskarten erlauben, die Injektionen in 16-Zell- und 32-Zell-Stadien so zu platzieren, dass nur definierte Bereiche des sich entwickelnden Embryos das injizierte Konstrukt exprimieren. (Verändert nach ▶ www.xenbase.org/anatomy/static/xenbasefate.jsp)

In-situ-Hybridisierung

Die RNA-in-situ-Hybridisierung erlaubt die Darstellung der zeitlichen und räumlichen Expression spezifischer Transkripte in fixierten Embryonen. Voraussetzung dafür ist, dass ein Sequenzabschnitt des darzustellenden Gens in einem geeigneten Vektor vorliegt. In vitro lässt sich dann *Antisense*-RNA synthetisieren. Diese RNA wird während der Synthesereaktion chemisch markiert, meist durch den Einbau von digoxigeninmarkiertem UTP. Die Embryonen werden nun so behandelt, dass extern zugegebene RNA-Moleküle in jede Zelle eindringen können. Anschließend werden durch einen Überschuss unmarkierter RNA unspezifische Bindungen der *Antisense*-Sonde unterdrückt. Die Hybridisierung erfolgt bei möglichst hoher Temperatur (meist um 60 °C), damit die *Antisense*-Sonde tatsächlich ausschließlich mit der komplementären mRNA hybridisiert. Einzelsträngige RNA (also auch ungebundene Sonde) wird ausgewaschen und freie Proteinbindestellen durch Zugabe von Proteinüberschüssen blockiert.

Durch Zugabe des enzymgekoppelten digoxigeninspezifischen Antikörpers wird eine Alkalische Phosphatase ausschließlich in den Zellen lokalisiert, in denen die *Antisense*-Sonde mit mRNA hybridisiert. Über eine einfache Farbreaktion lässt sich so die Genexpression im gesamten Keim lokalisieren.
Beispielhaft ist dies für den Transkriptionsfaktor engrailed2 (en2) gezeigt, der von frühen Neurula-Stadien die Stelle der Mesencephalon/Metencephalon-Grenze markiert und nahezu ausschließlich in dieser Organisatorregion des sich entwickelnden zentralen Nervensystems lokalisiert ist.

Die Kombination zweier verschiedener *Antisense*-Sonden mit unterschiedlicher Markierung erlaubt die simultane Darstellung mehrerer mRNA-Spezies. Dies ist hier beispielhaft mit den Transkriptionsfaktoren en2 und T-cell factor 4 (Tcf4) gezeigt (◘ Abb. 7.5). Im Horizontalschnitt sieht man, dass die Transkriptionsfaktoren deutlich räumlich getrennt sind.

Trotz dieser offensichtlich sehr einfach zu handhabenden Techniken für GOF- und LOF-Experimente gilt es, ein paar Aspekte zu berücksichtigen: DNA-Injektionen machen nur Sinn, wenn die Effekte deutlich nach dem Mid-Blastula-Übergang analysiert werden

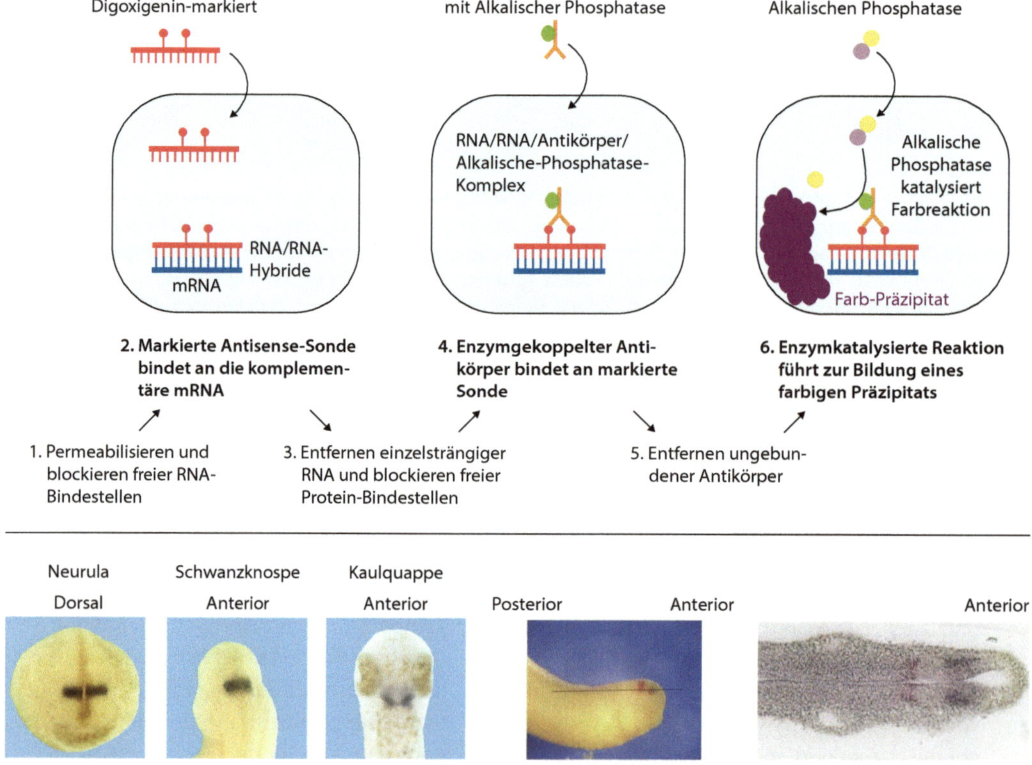

◘ **Abb. 7.5**   Die RNA-in-situ-Hybridisierung erlaubt die Darstellung der zeitlichen und räumlichen Expression spezifischer Transkripte in fixierten Embryonen

sollen, denn erst mit dem Mid-Blastula-Übergang beginnt die zygotische Transkription. Mit fortschreitenden Teilungen verteilt sich die injizierte DNA zufällig auf die Tochterzellen, sodass in älteren Stadien mit einer Mosaikexpression des injizierten Konstrukts zu rechnen ist. Bei mRNA-Injektionen geht man dagegen davon aus, dass das injizierte Konstrukt sofort nach der Injektion translatiert wird. Allerdings ist RNA nur begrenzt stabil und wird von endogenen RNasen abgebaut. Dem wird zwar dadurch entgegengewirkt, dass die injizierte mRNA durch eine 5′-Methylguanosin-Kappe und einen 3′-polyA Schwanz geschützt ist, trotzdem ist schwer vorher zu sehen, wie lange die injizierte mRNA im sich entwickelnden Embryo tatsächlich intakt vorliegt.

Für die Analyse der endogenen Funktion von Genen hat sich bei *Xenopus* der Einsatz von Antisense-Morpholino-Oligonucleotiden (kurz Morpholinos) gegenüber inhibitorischen RNA-Molekülen durchgesetzt. Morpholinos binden meist im Bereich des Startcodons oder etwas 5′ des Startcodons und verhindern genspezifisch die Initiation der Translation. Alternativ verhindern Morpholinos an Intron/Exon-Grenzen als sogenannte Spleiß-Morpholinos die Entstehung reifer mRNA oder die Expression spezifischer Spleißvarianten. Morpholinos sind Basenanaloga, bei denen ein Morpholinoring die Position des Zuckers einnimmt. Dadurch sind sie vor Degradation durch RNasen geschützt. Allerdings gilt auch hier, wie bei der DNA, dass sich mit fortschreitender Entwicklung die injizierten Moleküle auf immer mehr Zellen verteilen, die Wirkung also endlich ist. Im Gegensatz zum genetischen Knockout wird durch den Einsatz von Morpholinos kein vollständiges Ausschalten der Genfunktion erreicht, sondern dosisabhängig nur eine Suppression. Man spricht daher hier vom Knockdown.

Genetische Veränderungen in *Xenopus laevis* sind noch immer relativ selten. Zwar gibt es einige transgene *Xenopus*-Linien, vor allem Reporterlinien, doch genetische Knockouts

sind rar. Erst seit jüngerer Zeit werden durch den Einsatz neuer Technologien wie CRISPR/Cas auch in *Xenopus* Gene tatsächlich ausgeschalten. Ob sich allerdings in diesem Organismus routinemäßig genetische Linien etablieren lassen, erscheint ungewiss, denn die lange Generationszeit dieser Frösche steht genetischen Experimenten eher im Wege.

Die Größe der Oocyten, synchrone Furchungsteilungen und Schicksalskarten einzelner Blastomere erlauben es, bis zum 64-Zell-Stadium gezielt einzelne Blastomere zu manipulieren und damit den Effekt der Manipulation auf gewünschte Gewebe/Organe/Regionen zu beschränken.

Die einfachste Art dieser gezielten Manipulation ist sicherlich die unilaterale Injektion in Embryonen des 2-Zell-Stadiums. Nachdem sich mit der ersten Furchungsteilung die linke und die rechte Körperhälfte getrennt haben, lässt sich so durch unilaterale Injektion in ein und demselben Tier die manipulierte Seite mit der nicht manipulierten Seite vergleichen (◘ Abb. 7.6). Voraussetzung ist, dass erkennbar ist, welche Körperhälfte manipuliert ist. Dies wird durch Koinjektion mit einem *Lineage Tracer* wie Grün fluoreszierendes Protein (GFP) erreicht.

Mit der zweiten Furchungsteilung wird die dorsale (dorso-anterior) von der ventralen

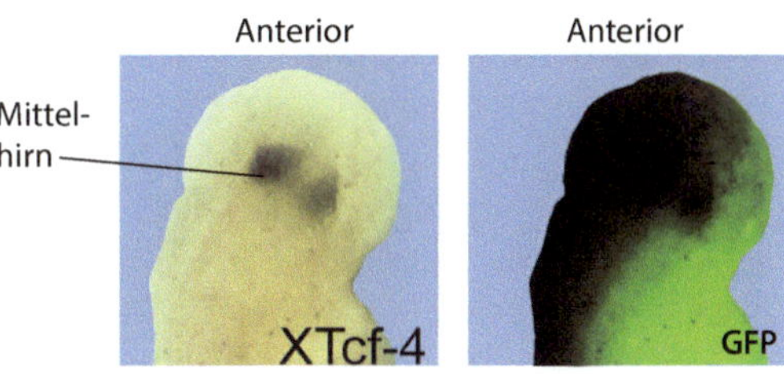

◘ **Abb. 7.6** Bei einseitig injizierten Embryonen lässt sich die manipulierte Seite durch die Fluoreszenz eines koinjizierten Fluorophors (hier GFP) eindeutig identifizieren. Der Nachweis spezifischer mRNA mittels In-situ-Hybridisierung erlaubt dann, die Veränderungen in ein und demselben Tier molekular zu vergleichen. Hier führte die Injektion eines en2-spezifischen Morpholinos zur Reduktion der Expression des Transkriptionsfaktors Tcf-4 im Mittelhirn (ventral-posterior) Hälfte getrennt. An der dorsalen Seite führt ein aktiver Wnt-β-Catenin-Signalweg zur Bildung des Spemann-Organisators, auf der ventralen Seite ist der Wnt-β-Catenin-Signalweg nicht aktiv, es wird kein Spemann-Organisator induziert. Entsprechend führt eine Aktivierung des Wnt-β-Catenin-Signalwegs ventral, zum Beispiel durch Injektion von Wnt-8 mRNA, zur Induktion eines zweiten Gastrulations-zentrums und entsprechend zu siamesischen Zwillingen (◘ Abb. 7.7). Umgekehrt führt eine Inhibition des Wnt-β-Catenin-Signalwegs auf der dorsalen Seite, zum Beispiel durch Injektion dominant negativer Konstrukte, zum Fehlen dorsaler Strukturen, letztendlich zu Bauchstücken.

Mit zunehmenden Furchungsteilungen lässt sich das manipulierte Areal weiter eingrenzen. Anhand von Schicksalskarten lassen sich im 16-Zell-Stadium die Blastomere identifizieren, die wesentlich zum vierten Keimblatt, den Neuralleisten, beitragen. Diese Injektionen schränken die Manipulation aber nicht nur auf den gewünschten Bereich ein, dadurch, dass die Injektion auch hier unilateral erfolgt, lässt sich immer noch die manipulierte Seite mit der nicht manipulierten Seite vergleichen.

7.2.4 Explantationen, DMZ und animale Kappe

In Blastula-Stadien, bei einer Kultivierung bei 16 °C also ein Tag nach der Befruchtung, liegt oberhalb der primären Leibeshöhle, dem Blastocoel, eine dünne Schicht ektodermalen Gewebes. Aus dieser animalen Kappe entwickeln sich im Keim das gesamte zentrale Nervensystem sowie die Neuralleisten und Teile des Ektoderms. Innen kleidet die animale Kappe das Blastocoel aus und dient als Blastocoeldach der Wegfindung des in der Gastrulation einwandernden Mesoderms (◘ Abb. 7.8). Experimentell lässt sich diese animale Kappe mit zwei Uhrmacherpinzetten leicht manuell extrahieren und in einem

geeigneten Puffer mehrere Tage kultivieren. Zugabe von Nährstoffen ist unnötig, denn das Explantat bringt genügend Dottermaterial mit.

In Kultur entwickeln die Explantate epidermale Charakteristika, wie enge Zell-Zell-Kontakte, Expression epithelialer Cadherine und eine apikal-basale Polarität. Sie werden nicht zu Neuroektoderm. Erstaunlicherweise nehmen sie also in Kultur ein anderes Schicksal als in ihrer natürlichen Umgebung. Offensichtlich fehlt in den Explantaten ein Faktor, der das Gewebe instruiert, neurales Schicksal einzuschlagen. Eine alternative Erklärung wäre, dass das Explantat einen Faktor exprimiert, der verhindert, dass das neurale Schicksal eingeschlagen werden kann. Tatsächlich ist beides der Fall, wie folgende beiden Experimente zeigten:

- Wird das Explantat in enge räumliche Nähe zu mesodermalen Gewebestücken gebracht, so exprimiert es neuralspezifische Markergene, entwickelt sich also zu Neuroektoderm. Dies lässt sich nur erklären, wenn aus dem Mesoderm Faktoren sekretiert werden, die die animale Kappe instruieren, neurales Schicksal einzuschlagen. Diese Faktoren sind die sekretierten BMP-Antagonisten Chordin, Noggin und Follistatin.
- Werden die Explantate durch Ca^{2+}-Entzug vereinzelt (Zugabe des Calciumchelators Ethylendiamintetraessigsäure, EDTA), so entwickeln sie sich nach der Reaggregation zu Neuroektoderm. Neuralspezifische Markergene wie N-Cadherin, NCAM und Otx2 werden exprimiert. Dies lässt sich nur erklären, wenn durch die Dissoziation des Gewebes ein Faktor entfernt wird, der verhindert, dass sich Neuralgewebe entwickelt. Dieser Faktor ist der sekretierte Wachstumsfaktor *Bone morphogenetic Protein*, BMP (◘ Abb. 7.9).

Neben neuralem Schicksal können die Zellen der animalen Kappe unter dem Einfluss geeigneter Wachstumsfaktoren auch mesodermales Schicksal einschlagen. Dieses induktive Ereignis diente als *Read-out*-System

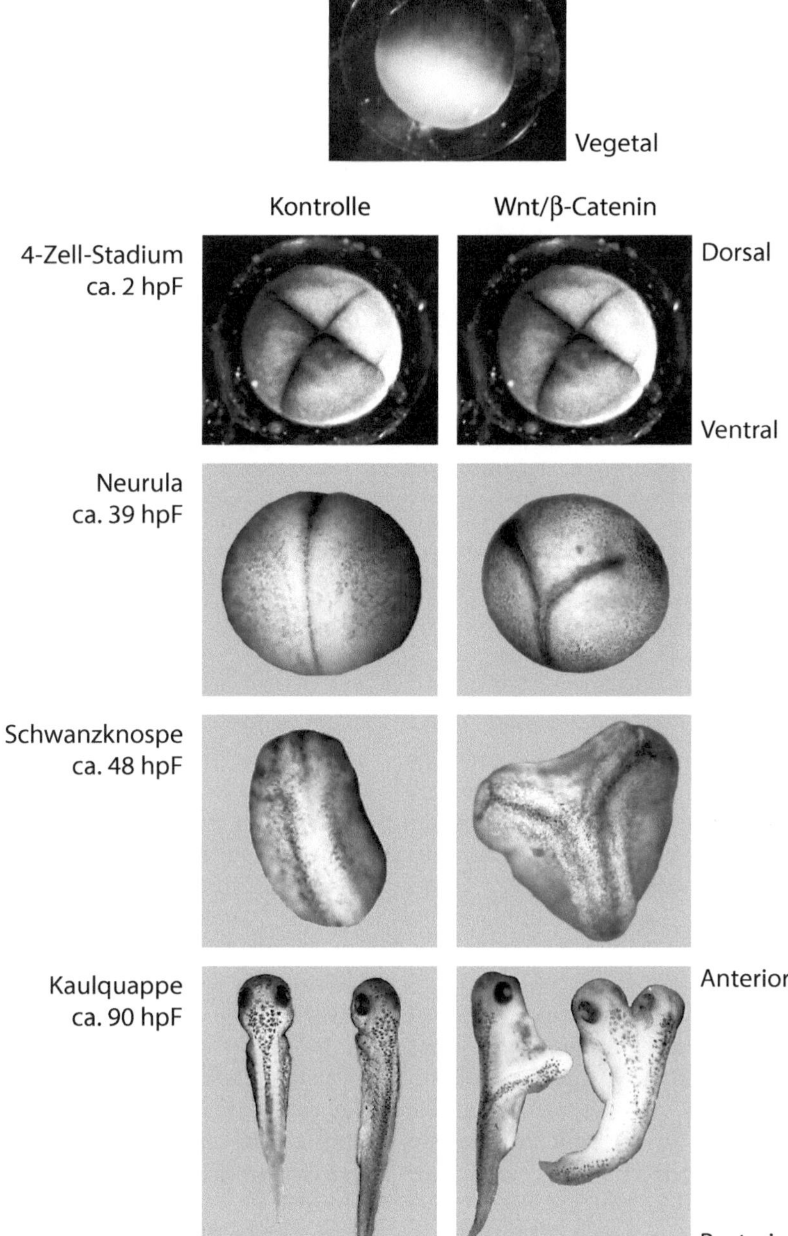

◘ Abb. 7.7 Ab dem 4-Zell-Stadium lässt sich anhand der Größe und Pigmentierung der Blastomere dorsal von ventral unterscheiden. Wird ventral der Wnt-β-Catenin-Signalweg aktiviert, so erkennt man in Neurula-Stadien, dass sich das Neuralrohr nach anterior Y-förmig aufgabelt. In Schwanzknospen-Stadien lassen sich zwei Köpfe identifizieren, die als Kaulquappen auch Augen tragen können (hpF, *hours post fertilization*)

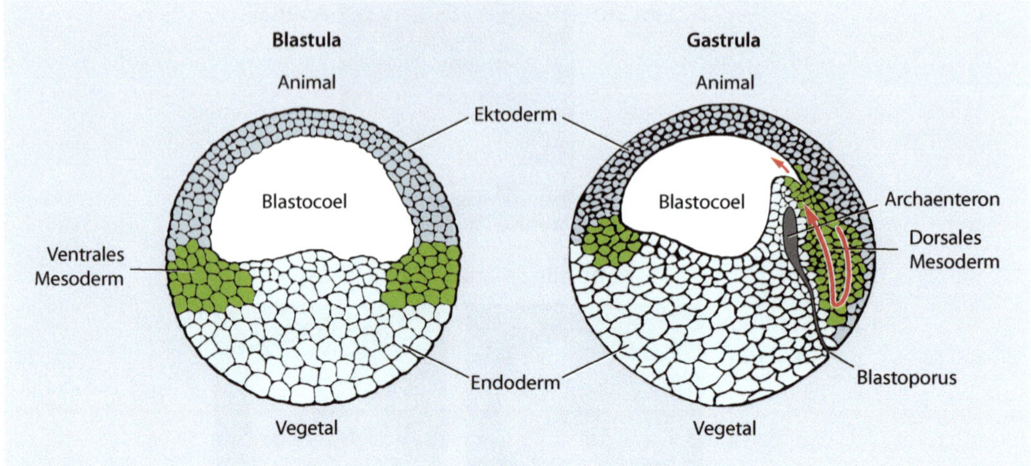

◘ Abb. 7.8 Blastula/Gastrula: In der Blastula besteht der zweischichtige Keim aus dem animal liegenden Ektoderm und dem vegetal liegenden Endoderm, die durch die primäre Leibeshöhle, das Blastocoel, voneinander getrennt sind. In der Marginalzone wurde das Gewebe durch diffusible Faktoren des vegetalen Pols (TGFβ-Faktoren) zu Mesoderm induziert. Am dorsal gelegenen Pol entsteht die Urmundslippe, von der aus während der Gastrulation das Mesoderm in das Innere des Keims wandert. Dabei entsteht der Urmund, von dem aus sich die sekundäre Leibeshöhle (der Urdarm, Archenteron) in das Keimesinnere erstreckt. Im Laufe der Gastrulation verdrängt das Archenteron das Blastocoel. An der animalen Seite liegt jetzt das Mesoderm direkt dem Ektoderm auf. Hier können diffusible Signale des Mesoderms (BMP-Inhibitoren wie Chordin und Noggin) das Ektoderm instruieren, neurales Schicksal einzuschlagen

bei der erstmaligen Reinigung eines *Transfroming Growth Factors* (TGF), nämlich Aktivin. Anfang der 1980er-Jahre isolierte der Brite Jonathan Slack aus zahlreichen Rinderhirnen ein knappes Milligramm des Fibroblasten-Wachstumsfaktors FGF. Dieses Protein war in der Lage, die ektodermalen Zellen der animalen Kappe zu instruieren, mesodermales Schicksal einzuschlagen.

Neben der Analyse induktiver Vorgänge dienen Explantate aus *Xenopus*-Embryonen auch der Untersuchung komplexer kollektiver Zellbewegungen. Hierfür werden neben aktivinbehandelten und damit mesoderminduzierten animalen Kappen vor allem Explantate der dorsalen Urmundslippe früher Gastrula-Embryonen, sogenannte DMZ- *(Dorsal Marginal Zone)* Explantate herangezogen. Diese Explantate umfassen damit ein Gewebe, das natürlicherweise konvergente Extensionsbewegungen durchführt. Diese Bewegungen sind dadurch gekennzeichnet, dass Zellen mediolateral interkalieren, sich also von beiden Seiten auf die Mittellinie zubewegen.

Damit verengt sich das Gewebe in lateraler Richtung (Konvergenz) und elongiert in anterio-posteriorer Richtung (Elongation), ähnlich dem Prinzip des Einfädelns bei Verengung einer Fahrbahn von zweispurig auf einspurig. Eine wesentliche Voraussetzung für diese Art der Zellbewegung ist, dass sich die Einzelzellen orientieren, das heißt aus ursprünglich multipolaren Zellen bipolare Zellen werden. Dieses induktive Ereignis wird über Wnt-Moleküle reguliert, die den sogenannten Wnt/*planar-cell-polarity-* (PCP-) Signalweg aktivieren, hauptsächlich Wnt11. Für die weiteren Zellbewegungen ist ein weiterer Wnt-Signalweg, der Wnt5a/Ror2-Signalweg verantwortlich, der die Zellen instruiert, sich Richtung Mittellinie zu bewegen (◘ Abb. 7.10).

7.2.5 Transplantationen

Die Robustheit der explantierten Gewebe erlaubt nicht nur ihre Kultivierung ex vivo, sondern ermöglicht auch das Einbringen des

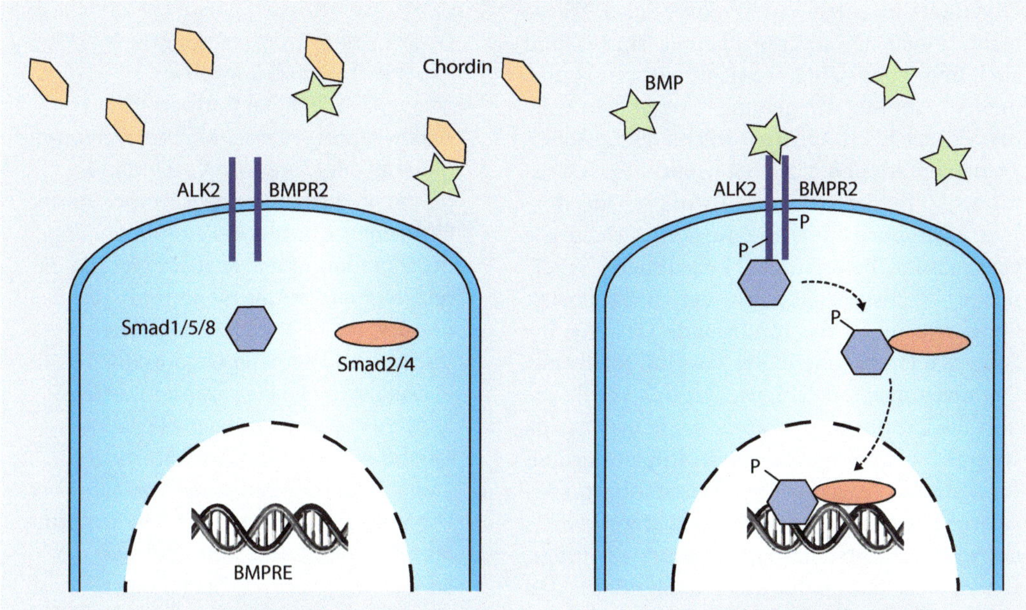

◨ **Abb. 7.9** Die entscheidenden Komponenten bei der Signaltransduktion des BMP -Signalwegs sind Transkriptionsfaktoren der Smad-Familie. Diese binden an BMP-responsive Elemente (BMPRE) und Regulieren als Heterodimer die Expression von Zielgenen. Die Regulation der Smad-Proteine erfolgt über Phosphorylierungen. Tatsächlich gehören die BMP-Rezeptoren ALK2 und BMPR2 zu den Rezeptor-Tyrosinkinasen (RTK). Liganden-bindung induziert eine Dimerisierung der RTKs, deren Autophosphorylierung und Aktivierung. Aktivierte BMP-Rezeptoren phosphorylieren dann signalwegspezifische Smad-Proteine, wie Smad1, Smad5 oder Smad8 (andereTGFβ-Proteine wie Aktivin aktivieren andere signalwegspezifische Smad-Proteine). Aktivierte Smad--Proteine binden allgemeine Smad-Proteine wie Smad2 und Smad4, translozieren als Heterodimer in den Kern und binden BMPRE. Extrazelluläre Regulatorproteine wie Chordin, Noggin oder Folistatin binden BMP und verhindern die Aktivierung der RTKs

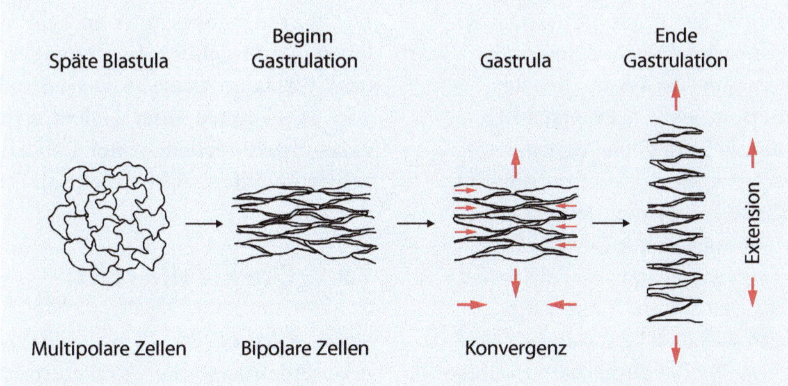

◨ **Abb. 7.10** Zu Beginn der Gastrulation, also sobald sich erkennen lässt, wo der dorsale Blastoporus zu finden ist, lässt sich das dorsale Mesoderm mit Wimpern ausschneiden und in Kultur nehmen. Das Explantat wird auf eine Proteinschicht aufgebracht und unter leichtem Druck unter ein Deckglas gedrückt. Nach vier Stunden erkennt man ein langes dünnes Gewebestück, das durch konvergente Extensionsbewegungen elongierte axiale Rumpfmesoderm. Dieses Rumpfmesoderm elongiert durch sogenannte konvergente Extensionsbewegungen. Das heißt, dass die Mesodermzellen medio-lateral Richtung Mittellinie migrieren. Damit wird das Mesoderm schmaler und streckt sich

Explantats in einen Wirtsembryo, also Transplantationen. Diese Transplantate sind häufig auch überlebensfähig, wenn sie ektopisch, also in eine „fremde" Umgebung, eingebracht werden. Tatsächlich führten solche ektopischen Transplantationen zum Konzept des „Organisators". In der frühen Gastrula ist die dorsale Blastoporuslippe die Region, welche die Gastrulationsbewegungen koordiniert. Sezernierte Wachstumsfaktoren der Blastoporuslippe instruieren das umliegende Gewebe, ihr Schicksal entsprechend der Position relativ zur Organisatorregion einzuschlagen. Wird die dorsale Urmundslippe einer frühen Gastrula ventral in einen Wirtsembryo implantiert, so führt dies dazu, dass dieser Wirtsembryo zwei sich gegenüber liegende Gastrulationszentren aufweist. Es entstehen siamesische Zwillinge. Dieses von Spemann und Mangold in den 1920er-Jahren durchgeführte Experiment ist die Grundlage für alle Organisatormodelle und wurde 1924 mit dem Nobelpreis ausgezeichnet (Der Spemann-Organisator).

Der Spemann-Organisator

1935 bekam Hans Spemann den Nobelpreis für Physiologie für die bahnbrechenden Experimente, die er zusammen mit Hilde Mangold in den 1920er-Jahren durchgeführt hat. Dabei handelte es sich um Transplantationsexperimente, bei denen die dorsale Urmundslippe einer Spendergastrula in die ventrale Seite einer Wirtsgastrula eingebracht wurde. Dieses Experiment zeigte, dass das transplantierte dorsale Mesoderm umliegendes Gewebe im Wirtsembryo dazu veranlasst, das Zellschicksal zu ändern. Tatsächlich entstanden siamesische Zwillinge. Damit war das Konzept der Organisatorregionen geboren. Zu Ehren der Forscher wird dieses Organisationszentrum Spemann- bzw. Spemann-Mangold-Organisator genannt.

Obwohl diese Transplantationsexperimente ursprünglich an Schwanzlurchen der Gattung *Triturus* durchgeführt wurden, wird es heutzutage generell mit *Xenopus* in Verbindung gebracht, denn in *Xenopus* werden diese Experimente mittlerweile routinemäßig durchgeführt und in *Xenopus* wurden die relevanten Moleküle identifiziert, die a) den Spemann-Organisator induzieren und b) vom Spemann-Organisator als instruktive Moleküle sezerniert werden. Mittlerweile sind zahlreiche Proteine identifiziert, die wie Gooscoid als Transkriptionsfaktoren den Spemann-Organisator ausmachen oder wie Chordin als sezernierte Wachstumsfaktoren benachbarte Gewebe beeinflussen.

7.3 Biologie und Entwicklung von Xenopus laevis

Heimat der aquatisch lebenden Krallenfrösche ist Afrika von Äthiopien/Sudan bis Südafrika. Als Apothekerfrösche wurden sie in die USA und Westeuropa eingebracht, und man findet sie heute auch im Südwesten der USA und in Kanälen in den Niederlanden. Die dämmerungs- und nachtaktiven Frösche leben hauptsächlich in stehenden Gewässern und verlassen diese nur, wenn sie aufgrund von Trockenheit oder Nahrungsmangel dazu gezwungen werden. Unter Laborbedingungen werden Krallenfrösche mehr als 20 Jahre alt.

7.3.1 Die Eizelle reift

Seine Karriere als Apothekerfrosch verdankt der südafrikanische Krallenfrosch der Tatsache, dass die Follikelepithelzellen im Ovar auf das menschliche Schwangerschaftshormon Gonadotropin (hCG) reagieren. Im Ovar von *Xenopus* befinden sich gleichzeitig Oocyten unterschiedlicher Reife. Diese werden in sechs

Stadien eingeteilt, wobei Stadium I kleine, noch nicht von Follikelepithel ummantelte Oocyten bezeichnet, Stadium VI große follikuläre Oocyten (◘ Abb. 7.2). Nach Aktivierung durch Gonadotropin schütten die Follikelzellen der Stadium-VI-Oocyten Progesteron und Androgen aus. Die beiden Steroidhormone binden an Rezeptoren von Stadium-VI-Oocyten, wobei ein Teil der Rezeptoren klassische ligandengesteuerte Transkriptionsfaktoren sind, ein anderer Teil dagegen, für Steroidhormonrezeptoren ungewöhnlich, Transmembranrezeptoren darstellen. Aktivierung des Transmembranrezeptors führt zur Inhibition der Adenylat-Cyclase, damit zum Abfall des intrazellulären cAMP-Spiegels und nachgeschaltet zur Inaktivierung der cAMP-abhängigen Proteinkinase A (PKA). Damit unterbleibt die Phosphorylierung PKA-abhängiger Substrate, und der sogenannte *Maturation Promoting Factor* MPF (auch *Mitose Promoting Factor* genannt) wird gebildet und aktiviert. Dabei ist der MPF nichts anderes als das Heterodimer aus CyclinB und Cdc2. Neben CyclinB und Cdc2 sind noch vier weitere Proteine in der Ausbildung des aktiven MPF involviert: Ringo, Faktor X, Mos und MyT1, wobei die Neusynthese von Ringo, Faktor X und Mos durch Progesteron und Androgen induziert wird. Ringo fördert dabei die Assoziation von CyclinB mit Cdc2, also die Bildung des MPF. MyT1 ist eine Kinase, die Cdc2 phosphoryliert und damit die Aktivierung des MPF verhindert. Diese Kinase wird durch Mos inhibiert. Gleichzeitig aktiviert Faktor X eine Phosphatase, die Cdc2 dephyosphoryliert. Insgesamt liegt also mehr dephosphoryliertes Cdc2 in MPF vor. Der MPF selbst ist auch eine Kinase (Cdc2 heißt auch Cyclin-abhängige Kinase 1, oder *Cyclin-Dependend Kinase 1*, CDK1) und phosphoryliert seinerseits zahlreiche Substrate, wie mikrotubuliassoziierte Proteine für den Aufbau der Mitosespindel oder Lamine für die Degradation der Kernhülle. Damit verlassen die Oocyten die Prophase I und schreiten mit der Meiose voran. Dies wird auch mikroskopisch gut sichtbar durch den Zusammenbruch des Zellkerns, den *Germinal Vesicle Breakdown*, GVB.

Nach obigem Szenario lässt sich die Eireifung also außer durch Gonadotropin auch durch Progesteron und durch MPF auslösen, wobei Gonadotropin nur auf Follikel wirkt (dort induziert es ja die Ausschüttung von Progesteron), Progesteron nur auf defollikulierte Oocyten wirkt (ansonsten gelangt das Steroid nicht zur Oocyte), und MPF nur wirkt, wenn es direkt ins Cytoplasma einer Stadium-VI-Oocyte injiziert wird. Tatsächlich wurde der MPF erstmals in *Xenopus* identifiziert, als Injektionsexperimente zeigten, dass das Cytoplasma einer reifenden Oocyte in einer Stadium-VI-Oocyte die Reifung auslöst.

Für die Vollendung der ersten meiotischen Teilung, genauer für den Übertritt in die Anaphase, muss der MPF-Spiegel wieder sinken. Dies geschieht durch den sogenannten *Anaphase-Promoting Complex* APC. Nach Vollendung der ersten meiotischen Teilung verbleibt die eine Hälfte der DNA in der Oocyte, während die andere Hälfte im Polkörperchen verpackt am animalen Pol abgesondert wird. Die Reduktionsteilung schreitet weiter voran bis zur Metaphase II. Hier, in der nun reifen Eizelle, wird die Meiose erneut arretiert, bis die Befruchtung die Vollendung der Reduktionsteilung auslöst.

7.3.2 Befruchtung und Furchungsteilungen

Im Ovar von *Xenopus* reifen gleichzeitig Hunderte Oocyten. Im Labor lassen sich diese durch sanften Druck auf die Lendengegend leicht in einer Petrischale auffangen und mit mazeriertem Hoden künstlich befruchten. Dabei bringt das Spermium für den neu entstehenden Organismus außer einem haploiden Chromosomensatz und Centriolen nur noch einige wenige Mitochondrien mit. Die Oocyte dagegen enthält neben dem haploiden Chromosomensatz und zahlreichen Mitochondrien auch noch maternale RNA und Proteine. Letztere dienen als Dotterproteine nicht nur der

Versorgung des heranreifenden Embryos, sondern beinhalten auch regulatorische Proteine.

Mit der Befruchtung wird der Zellzyklus der maternalen Reifeteilung fortgesetzt, und das zweite Polkörperchen wird am animalen Pol abgesondert. Die paternalen Centriolen rekrutieren maternale Proteine, um so ein „Mikrotubuli-Organisationszentrum" zu bilden, von welchem aus Mikrotubuli sternförmig polymerisieren. Entlang dieser Mikrotubuli migriert der maternale Pronucleus und trifft in der animalen Hemisphäre den männlichen Pronucleus. Die Kernhüllen lösen sich auf, die Kerne verschmelzen, und es kommt zur ersten Mitose des neuen Organismus.

Die durch die Befruchtung initiierte Polymerisation der Mikrotubuli bringt aber nicht nur die Pronuclei zusammen. Genauso entscheidend für die weitere Entwicklung ist,

dass sie im subcorticalen Cytoplasma ein engmaschiges Netzwerk ausbilden. Diese Mikrotubuli an der Eirinde sind wie Schienen, entlang derer mikrotubuliassoziierte Motorproteine eine Rotation des Rindenmaterials um 30° relativ zur Dottermasse vorantreiben. Als Folge dieser cortikalen Rotation wird gegenüber der Spermieneintrittsstelle die dorsale Seite definiert. Tatsächlich ist es so, dass durch die corticale Rotation maternale Komponenten an die zukünftige dorsale Seite transportiert werden, die den Abbau von β-Catenin verhindern (◘ Abb. 7.11).

Damit geht die Rotationssymetrie der Oocyte bereits vor der ersten Furchungsteilung verloren, und neben einem animalen und vegetalen Pol lässt sich in der befruchteten Oocyte bereits (zumindest molekular) eine ventrale von einer dorsalen Seite

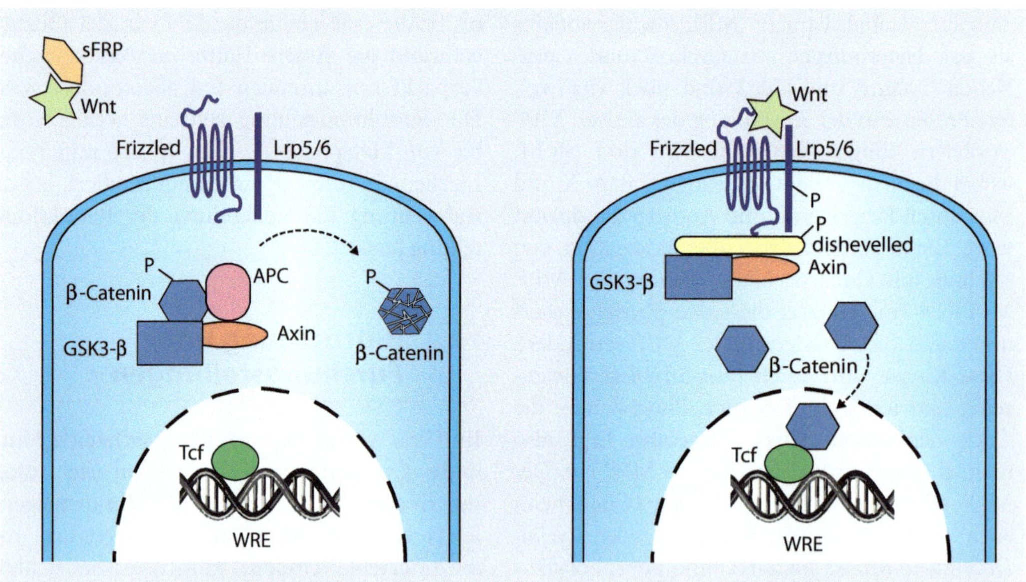

◘ **Abb. 7.11**   Die entscheidende Komponente bei der Signaltransduktion des Wnt/β-Catenin Signalwegs ist das Protein β-Catenin. Die Regulation von β-Catenin erfolgt über die Kontrolle seiner Stabilität. Wird es durch die Glycogensynthase-Kinase (GSK) phosphoryliert, so wird β-Catenin ubiquitinyliert und abgebaut. Die Phosphorylierung von β-Catenin durch GSK geschieht im sogenannten Abbaukomplex aus β-Catenin, GSK, Axin und *Adenomatous Polyposis Coli* (APC). Wnt-Proteine binden an Frizzled (Fz) und *Low-Density-Lipoprotein-Related-Proteins-* (LRP-)Rezeptoren. Diese aktivierten Rezeptoren lösen den β-Catenin-Abbaukomplex auf, sodass β-Catenin nicht mehr phosphoryliert und abgebaut wird. β-Catenin akkumuliert und wandert in den Zellkern. Dort bindet es Transkriptionsfaktoren der T-Cell-Factor- (Tcf-)Familie an Wnt-responsiven Elementen (WRE) und reguliert die Expression von Wnt-Zielgenen unterscheiden. β-Catenin dient später als transkriptioneller Koaktivator der Regulation dorsal exprimierter Gene, wie *chordin, siamois* oder *gooscoid.*

Etwa 90–120 min nach der Befruchtung erfolgt die erste Furchungsteilung. Diese teilt den Keim in eine linke und eine rechte Körperhälfte. Experimentell lässt sich dies nachweisen, wenn man im 2-Zell-Stadium eine Blastomere mit einem Fluoreszenzfarbstoff injiziert. Die Abkömmlinge dieser Blastomere verbleiben auf einer Körperseite. Der Embryo fluoresziert halbseitig (■ Abb. 7.4) Die zweite Furchungsteilung 30 min später verläuft senkrecht zur ersten und teilt die dorsalen Blastomeren von den ventralen. Die Verlagerung dorsaler Determinanten und die Akkumulation von β-Catenin auf der dorsalen Seite sind somit durch das Einziehen von Plasmamembranen fixiert. Es folgen noch halbstündig zehn weitere synchrone Furchungsteilungen, bis mit etwa 2000 Zellen frühe Blastulastadien erreicht sind. Mit den folgenden zwei Zellteilungen geht die Synchronität verloren. Erst jetzt, während der *Mid-Blastula Transition,* werden im Zellzyklus G1- und G2-Phasen eingeführt, erst jetzt beginnt die zygotische Transkription und damit auch die Transkription der Cycline, die für eine Verlängerung des Zellzyklus sorgen. Die fortlaufenden Zellteilungen haben noch zu keiner Größenzunahme des Keims geführt. Stattdessen befindet sich im Innern des Keims die primäre Leibeshöhle, das Blastocoel. Dieses Blastocoel sorgt für eine räumliche Trennung und verhindert damit eine frühzeitige Determination. Epitheliale Zellen des animalen Pols sind also von den künftigen endodermalen Zellen weit entfernt. Diese epithelialen Zellen des animalen Pols, die sogenannte animale Kappe, haben alle Eigenschaften pluripotenter Stammzellen. Durch geeignete Manipulation lassen sich diese Zellen noch in Derivate aller Keimblätter differenzieren (■ Abb. 7.12).

Der Hohlraum bietet außerdem Platz für migrierende Zellen und erlaubt so die komplexen Wanderungsbewegungen während der nun folgenden Gastrulation.

7.3.3 Gastrulation – ein mehrschichtiger Keim entsteht

Einer der führenden Entwicklungsbiologen des zwanzigsten Jahrhunderts, Lewis Wolpert, prägte sinngemäß den Satz, dass das herausragende Ereignis unseres Lebens nicht Geburt, Hochzeit oder Tod ist, sondern die Gastrulation. Tatsächlich beschreibt die Gastrulation die komplexen Induktions- und Wanderungsprozesse, bei denen aus der zweischichtigen Blastula ein dreischichtiger Keim entsteht. Das Mesoderm wandert ins Innere des Keims und kommt zwischen Ektoderm und Endoderm zu liegen. Damit wird offensichtlich, dass den komplexen Bewegungen der Gastrulation induktive Ereignisse vorausgehen, die definieren, welche Bereiche des Keims ektodermales, endodermales oder mesodermales Schicksal einschlagen. Zu Ektoderm (und Neuroektoderm) werden die Abkömmlinge animaler Zellen, zu Endoderm die Abkömmlinge der vegetalen Zellen. An der Grenze zwischen Ektoderm und Endoderm, der Marginalzone, entwickelt sich das Mesoderm. Das Zellschicksal in der Marginalzone wird dabei durch diffusible Wachstumsfaktoren der TGFβ-Familie festgelegt. Insbesondere Vg1 wird vom vegetalen Pol sezerniert und wirkt auf die Zellen der Marginalzone. Unterstützt wird Vg1 dabei durch weitere Wachstumsfaktoren der TGFβ-Familie, die Nodal-Proteine. Diese werden in anterio-posteriorer Richtung differenziell exprimiert und bestimmen damit, ob das durch Vg1 induzierte Mesoderm zu Kopfmesoderm, Rumpfmesoderm oder Schwanzmesoderm wird. Darüber hinaus spielt auch der Wachstumsfaktor FGF in der Mesodermentwicklung (und Neuralinduktion) und in der anterio-posterioren Spezifikation des Mesoderms (und auch des Neuroektoderms)

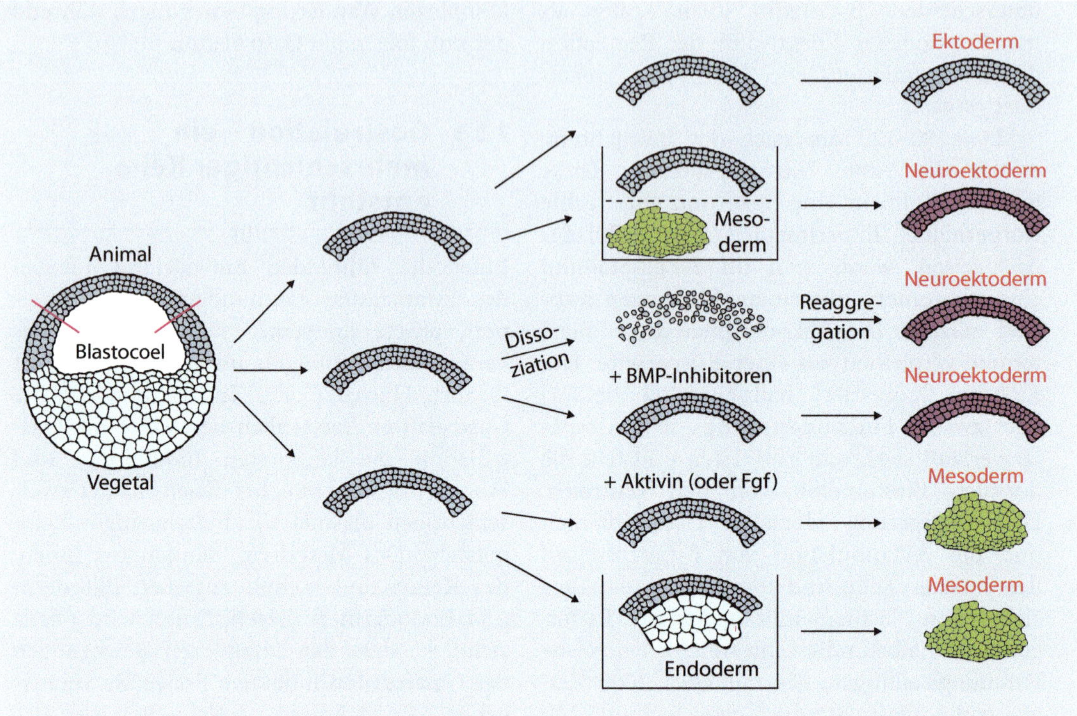

◘ **Abb. 7.12**   Mit feinen Uhrmacherpinzetten lässt sich das ektodermale Gewebe oberhalb des Blastocoeldachs, die animale Kappe, entfernen und in Kultur nehmen. In unterschiedlichen Kulturbedingungen kann man das Schicksal dieser Zellen dergestalt dirigieren, dass sie ektodermale, neuroektodermale oder mesodermale Charakteristika annehmen. Die Zellen der animalen Kappe sind damit pluripotent

eine entscheidende Rolle. Tatsächlich zeigten einige Experimente mit dominant-negativen FGF-Rezeptoren, dass FGF-Signalwege essenziell für die Mesoderminduktion sind. Dabei scheint FGF direkt von TGFβ-Faktoren des vegetalen Pols abzuhängen, und über einen autoregulatorische Schleife mit dem mesodermalen T-box Transkriptionsfaktor Brachyury das Mesoderm-Schicksal fest zu legen. Die intrazellulären Antworten auf FGF sind komplex. So reguliert FGF über seinen Rezeptor der Rezeptortyrosinkinase-Familie mehrere intrazelluläre Signaltransduktionskaskaden, wie einen MAPK-Weg, Aktivierung der Proteinkinase B (Akt) und calciumabhängige Signalaktivierung. Darüber hinaus werden Smad-Proteine inhibitorisch phosphoryliert. Damit stehen der BMP-Signaltransduktionskaskade weniger aktivierbare Transkriptionsfaktoren zur Verfügung. Diese Inhibition des BMP-Signalwegs durch Aktivierung des FGF-Signalwegs ist ein eindrucksvolles Beispiel, wie unterschiedliche Signalkaskaden miteinander kommunizieren und sich wechselseitig beeinflussen.

Bei *Xenopus* beginnt die Gastrulation mit der Ausbildung von Flaschenzellen an der dorsalen Urmundslippe, dem Spemann'schen Organisator. Hier wird durch apikale Konstriktion epithelialer Zellen eine vegetale Rotation des Endoderms induziert. Diese Rotationsbewegung treibt die Mesodermzellen ins Innere des Keims. Die Mesodermzellen, die zuerst ins Keimesinnere gelangen, bilden später das Kopfmesoderm. Sie wandern aktiv entlang von Fibronektinbahnen am Blastocoel-Dach. Das Rumpfmesoderm folgt dem Kopfmesoderm mit sogenannten konvergenten Extensionsbewegungen. Das heißt, dass die Mesodermzellen sich von lateral in Richtung Mittellinie bewegen (sie konvergieren). Gleichzeitig führt dies zu einer Streckung bzw. Ausbreitung (Extension) in Längsrichtung. Experimentell lassen sich diese Wanderungsbewegungen an explantierten dorsalen Marginalzonen hervorragend untersuchen (◘ Abb. 7.10). Begleitet werden diese Bewegungen des Mesoderms von einer Epibolie des Ektoderms. Diese Epibolie ist eine radiale Interkalation von Zellen, was dazu führt, dass das Ektoderm abflacht und sich dafür ausbreitet. Es nimmt so den Platz des nach innen wandernden Mesoderms ein.

Am Ende der Gastrulation ist so ein dreischichtiger Keim entstanden. Das Mesoderm liegt direkt unterhalb des Ektoderms auf der animalen Seite. Anteriores Mesoderm (Kopfmesoderm) unterscheidet sich von Rumpfmesoderm. Das Blastocoel wurde vom dem durch Endothel ausgekleideten Urdarm verdrängt.

7.3.4 Neurulation und Neuralleistenentwicklung

Während der Gastrulation kommt direkt unterhalb des Ektoderms mesodermales Gewebe zu liegen. Diese Anordnung ist für die weitere Entwicklung des Keims, vor allem auch für die Neuralentwicklung, unerlässlich. Das Mesoderm sendet instruktive Signale an das darüber liegende Ektoderm und veranlasst es, sich zu Neuroektoderm zu differenzieren. Die instruktiven Signale sind dabei nichts anderes als die Proteine Chordin, Noggin und Follistatin, die vom einwandernden Mesoderm sezerniert werden. Die Aufgabe dieser Proteine ist es, BMP- *(Bone Morphogenetic Protein)* Wachstumsfaktoren der TGFβ-Familie zu binden und damit zu inaktivieren. BMP wird im gesamten Ektoderm exprimiert, bindet dort an seine Rezeptoren und aktiviert einen Signalweg, der dafür sorgt, dass die BMP empfangende Zelle Ektodermzelle ist und bleibt (◘ Abb. 7.9). Binden Chordin, Noggin oder Follistatin an BMP, so werden die BMP-Rezeptoren nicht aktiviert, die Zelle wird nicht Ektodermzelle, sondern Neuroektodermzelle. Damit ist das Mesoderm bzw. die vom Mesoderm sezernierten BMP-Antagonisten hinreichend und notwendig, das Ektoderm zu instruieren, Neuroektoderm zu werden. Dies gilt allerdings nicht für das gesamte Ektoderm der Gastrula, sondern nur für den Bereich der animalen Kappe. Nur dieses Ektoderm kann durch BMP-Antagonisten neuralisiert werden, nur dieses Ektoderm besitzt die Kompetenz, sich zu Neuralgewebe zu differenzieren. Die Ursache für die unterschiedliche Kompetenz der Ektodermzellen finden wir wieder in der Befruchtung. Hier wurde durch den Spermieneintritt und die cortikale Rotation β-Catenin an der dorsalen Seite angereichert. Unter den β-Catenin-Zielgenen befinden sich mit Chordin und Noggin zwei der BMP-Antagonisten, die so bereits mit Beginn der zygotischen Transkription in frühen Blastulastadien dorsal animal exprimiert werden. Damit wird bereits vor der Gastrulation ein Bereich eingeschränkt, der sich nach der Gastrulation zu Neuroektoderm entwickeln kann. Man spricht von einem Zwei-Schritt-Modell der Neuralinduktion. Erst wird bereits in der Blastula ein präneurales Schicksal eingeschlagen, das dann nach der Gastrulation durch sezernierte Faktoren aus dem Mesoderm gefestigt wird. Beides, präneurales Schicksal und Stabilisierung des neuralen Schicksals, beruht auf einer Inhibierung des BMP-Signalwegs.

Experimente an Explantaten animaler Kappen haben ergeben, dass durch BMP-Antagonisten zwar neurales Schicksal determiniert wird, diese Neuralinduktion aber prinzipiell nur anteriores Neuralgewebe entstehen lässt. Damit sich auch Mittelhirn, Kleinhirn und Rückenmark bilden, braucht es einen weiteren, transformierenden Schritt. Diese Transformation wird wieder durch Wachstumsfaktoren induziert, die jetzt aber das Neuroektoderm in distinkte Bereiche in anterio-posteriorer Richtung mustern.

Bevor wir uns diesen Musterungsprozessen zuwenden, betrachten wir die morphogenetischen Prozesse der Neurulation.

Dabei senkt sich das Neuroektoderm ab, faltet sich ein und schließt sich an der dorsalen Seite. Dabei separiert es sich vom Epithel und kommt zwischen Mesoderm und Epidermis zu liegen.

Auch hier ist die treibende Kraft für die morphogenetischen Bewegungen die apikale Konstriktion von Flaschenzellen. Die Separation von Neuroektoderm und Ektoderm beruht auf der gewebespezifischen Expression homophiler Zell-Zell-Adhäsionsmoleküle. Das Ektoderm exprimiert epitheliales E-Cadherin, das Neuroektoderm neurales N-Cadherin. Homophiles Zell-Zell-Adhäsionsmolekül bedeutet, dass N-Cadherin eine hohe Affinität zu N-Cadherin besitzt und eine geringe Affinität zu E-Cadherin. Kommen durch die Auffaltung N-Cadherin exprimierende Bereiche zusammen, so lösen sie sich von den E-Cadherin exprimierenden Bereichen und umgekehrt. Die Expression von N-Cadherin erfolgt nur im Neuroektoderm. Demnach ist die Neuralinduktion eine Voraussetzung für die Neurulation.

Das Neuralrohr liegt nach der Neurulation also zwischen Epidermis und Mesoderm, wobei die Epidermis dorsal und das Mesoderm ventral des Neuralrohrs liegen. Das axiale Mesoderm, direkt ventral des Neuralrohrs, ist dabei die *chorda dorsalis*. Damit ist allein durch die Lage eine Positionsinformation in dorso-ventraler Richtung vorgegeben. Diese Positionsinformation muss jetzt nur noch vermittelt werden. Dies geschieht wieder durch sezernierte Wachstumsfaktoren. Dabei wird von dorsaler Seite BMP wiederverwendet. Dies ist insofern wenig verwunderlich, als Epithel, also das dorsal zum Neuralrohr gelegene Gewebe, BMP exprimiert. Ventral wird vom axialen Mesoderm, also der *chorda dorsalis*, der Wachstumsfaktor *sonic hedgehog* (shh) sezerniert. Das Neuralrohr „sieht" also von dorsal einen BMP-Gradienten, von ventral einen gegenläufigen shh-Gradienten. Tatsächlich sind diese Gradienten für die dorso-ventrale Musterung des ZNS zuständig, also beispielsweise die Positionierung von Motoneuronen, Interneuronen und sensorischen Neuronen im Rückenmark. Bemerkenswert an diesen Gradienten ist, dass die ursprünglichen Quellen der Wachstumsfaktoren (Epithel und Mesoderm) überspringen auf das Neuralrohr, sodass in späteren Stadien die Bodenplatte des Neuralrohrs die ventrale shh-Quelle darstellt, die Deckenplatte zur dorsalen BMP-Quelle wird.

Die Musterung in anterio-posteriorer Richtung verläuft etwas komplexer als die dorso-ventrale Musterung. Das posteriore ZNS wird durch die differenzielle Expression von Hox-Genen segmentiert, wobei die Expression der Hox-Gene maßgeblich durch Retinsäure reguliert wird. Tatsächlich lässt sich in frühen Embryonalstadien ein Gradient in der Expressionsstärke von Enzymen der Retinsäuresynthese nachweisen. Dieser Gradient steigt von anterior nach posterior. Doch nicht nur das Rückenmark ist gemustert, auch im Gehirn lassen sich von anterior nach posterior mit Telencephalon, Diencephalon, Mesencephalon, Metencephalon und Myelencephalon fünf distinkte Bereiche als sekundäre Ventrikel definieren. Diese Musterung wird im Wesentlichen durch drei Organisationszentren festgelegt. An der anterioren neuralen Rippe, also ganz vorne am Prosencephalon, werden FGF8 und Antagonisten des Wnt-Signalwegs sezerniert. Diese Faktoren verhindern eine Posteriorisierung. An der Grenze zwischen Telencephalon und Diencephalon, der sogenannten *zonula limitans intrathalmatica*, wird shh sezerniert, das sowohl das Schicksal des anterior gelegenen Telencephalons als auch das Schicksal des posterior gelegenen Diencephalons beeinflusst. Die dritte Organisatorregion des Gehirns befindet sich an der Grenze zwischen Mesencephalon und Metencephalon, dem sogenannten *Isthmus*, und sezerniert Wachstumsfaktoren der Wnt-Familie und FGF8. Durch diese drei Quellen an Wachstumsfaktoren werden nun Positionssignale vermittelt, die das Gehirn in anterior-posteriorer Richtung mustern.

7.3.5 Neuralleisten

An der Grenze zwischen Neuroektoderm und Epidermis, den Neuralleisten, entsteht eine Zellpopulation, die typisch ist für Vertebraten, die Neuralleistenzellen. Abkömmlinge dieser Zellpopulation bilden unter anderem die Gesichtsknorpel, die Pigmentzellen der Haut, das chromaffine Gewebe des Nebennierenmarks und Teile der Herzklappen. Nicht umsonst werden die Neuralleisten auch als viertes Keimblatt bezeichnet und stehen damit gleichberechtigt neben Ektoderm, Endoderm und Mesoderm. Herkunft und Schicksal der Neuralleistenzellen zeigen offensichtlich, dass sich diese Zellpopulation durch besondere Charakteristika auszeichnen muss. Neuralleistenzellen müssen

- aus ihrem Entstehungsort (Neuralleiste) auswandern und
- zu ihrem Zielgewebe migrieren, um sich
- dort zu differenzieren.

Diesen drei Schritten voran steht natürlich die Induktion, das heißt, die Neuralleistenzellen müssen erfahren, dass sie Neuralleistenzellen sind. Hierfür sind wieder sezernierte Wachstumsfaktoren verantwortlich. Betrachtet man den Ort ihrer Entstehung an der Grenze zwischen Neuroektoderm und Ektoderm, so kommen grundsätzlich drei mögliche Quellen für die Wachstumsfaktoren in Betracht: das Ektoderm, das Neuroektoderm und das präsomitische Mesoderm. Tatsächlich sind für die Induktion der Neuralleistenzellen nur das Ektoderm und das Mesoderm relevant. Aus dem Ektoderm wird BMP sezerniert, das präsomitische Mesoderm dient als Wnt-Quelle. Beide Wachstumsfaktoren wirken zusammen, um das Schicksal *Neuralleistenzelle* zu definieren. Ist dieses Schicksal eingeschlagen, so hat das für die Zelle weitreichende Konsequenzen. Sie verliert ihren ursprünglich epithelialen Charakter und nimmt mesenchymale Charakteristika an. Es kommt zu einem epithelial-mesenchymalen Übergang (EMT, *Epithelial-Mesenchymal Transition*; EMT).

> **EMT**
> Die Abkürzung EMT steht für *Epithelial-Mesenchymal Transition*, beschreibt also den Übergang einer epithelialen Zelle in eine mesenchymale Zelle. Mit diesem Übergang sind zellmorphologische Veränderungen verbunden, wie der Verlust enger Zell-Zell-Kontakte, der Verlust apikal-basaler Polarität und stattdessen das Ausbilden von Filopodien und Lamellipodien, dynamische Interaktionen mit der extrazellulären Matrix und damit einhergehend eine verstärkte Motilität der Zellen. Diese EMT findet sich nicht nur in der Embryonalentwicklung, wie beim Auswandern der Neuralleistenzellen, sondern spielt vor allem auch in der Metastasierung von Karzinomen eine entscheidende Rolle. Damit ein Karzinom Metastasen bilden kann, müssen sich die ursprünglich epithelialen Zellen zu motilen Zellen transdifferenzieren. Sowohl bei den Neuralleistenzellen als auch bei Karzinomen gehen diese Veränderungen mit einer verstärkten Expression des Transkriptionsfaktors *slug* und der Reduktion cadherinvermittelter Zell-Zell-Adhäsion einher.

Damit kann die Neuralleistenzelle den Gewebeverband verlassen und sie wird mobil. Diese Umprogrammierung der Zelle, von einer fest im Gewebeverband verankerten Zelle mit epithelialen Eigenschaften zu einer mobilen, wanderungsaktiven Zelle mit mesenchymalen Eigenschaften, ähnelt den Vorgängen in einem bösartigen Tumor, wenn einzelne Zellen den soliden Primärtumor verlassen, um auszuwandern und an anderen Geweben/Organen Metastasen zu bilden. Damit dienen die Neuralleisten auch als In-vivo-Modellsystem zur Analyse regulatorischer Eigenschaften bei epithelial-mesenchymalen Übergängen.

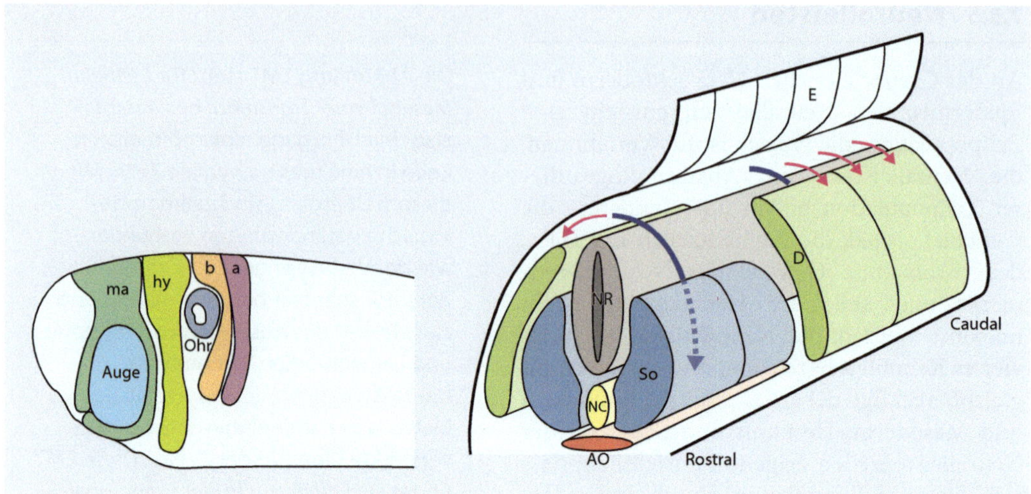

Abb. 7.13 Neuralleistenzellen (NLZ) wandern entlang definierter Routen, wobei sich die Migrationswege der Kopf-NLZ (links) und der Stamm-NLZ (rechts) deutlich unterscheiden. Die Kopf- NLZ bewegen sich in drei Bögen, dem Mandibular (ma)-, Hyodidal (hy)-, und Branchial (ba)- Bogen von dorsal nach ventral. Die Stamm-NLZ wandern entweder durch den rostralen (R) Anteil des Somiten (SO) oder zwischen Epidermis und Dermomytom (D) hindurch. Letztere bilden die Pigmentzellen. NR: Neuralrohr, NC: Notochord, AO: Aorta. (Abbildung nach Kashef et al. 2007)

Die emigrierenden Neuralleistenzellen wandern auf definierten Routen zu ihrem Bestimmungsort (Abb. 7.13). Dabei sind ihr Entstehungsort und Positionsmarkierungen entscheidend dafür, welche Wanderungswege sie einschlagen und wie sie ihr Ziel erreichen. Grundsätzlich wandern die cranialen Neuralleisten, also diejenigen, die Routen über die Kiemenbögen nehmen, in das zukünftige Gesicht ein, um sich dort zu Knorpelstrukturen zu differenzieren. Sie sind damit die Grundlage für den bei Wirbeltieren typischen individuellen Gesichtsausdruck. Mehr posterior gelegene Rumpf-Neuralleisten bilden unter anderem Pigmentzellen nicht nur der Haut, sondern auch in der Iris und im chromaffinen Gewebe des Nebennierenmarks, also der Quelle der Hormone Adrenalin und Noradrenalin. *Xenopus* ist für die Analyse der Neuralleisteninduktion und Wanderung insofern besonders interessant, als sich diese Zellpopulation durch Anfärben bestimmter neuralleistenspezifischer Markergene wie *twist* oder *slug* sehr leicht analysieren lässt, und weil die frühen Embryonalstadien so groß und so robust sind, dass sich Transplantationen durchführen lassen.

7.4 Limitierungen des Modells Xenopus

Mit der neu aufgekommenen CRISPR/Cas-Technologie, die es erlaubt, relativ einfach gezielt Gene auszuschalten, wurde eine seit geraumer Zeit bekannte Limitierung des Modellorganismus *Xenopus laevis* offensichtlich. Dieser Modellorganismus eignet sich für genetische Studien nur begrenzt. Diese Begrenzung hat zwei wesentliche Ursachen. *Xenopus laevis* ist pseudotetraploid, das heißt, es gibt von fast jedem Gen zwei Varianten. Ein echter Knockout sollte also immer beide Varianten umfassen. Dieses Problem lässt sich prinzipiell lösen, und tatsächlich gibt es inzwischen einige Transgene *Xenopus-laevis*-Linien, wobei es sich dabei meist um Reporterlinien handelt, bei denen das Transgen über Transposonelemente in das Genom eingefügt wurde. Eine weitere wesentliche Schwierigkeit besteht in der langen Generationszeit. Bis zur Geschlechtsreife dauert es mindestens eineinhalb Jahre. Erst dann ist mit einer heterozygoten F1-Generation zu rechnen, und das nur bei den Tieren, bei denen die genomische Manipulation keimbahngängig ist. Bis zu homozygoten F2-Generationen verstreichen weitere eineinhalb Jahre. Berücksichtigt man dazu, dass *Xenopus laevis* im Vergleich zu Zebrafischen viel Platz braucht, so wird offensichtlich, dass trotz der prinzipiellen Anwendbarkeit der CRISPR/Cas-Technologie auch in Zukunft *Xenopus laevis* kein attraktives genetisches Modellsystem sein wird. Deutlich besser eignet sich hierfür der nahe verwandte Frosch *Xenopus tropicalis*. Dieser Modellorganismus ist diploid und hat eine Generationszeit von nur etwa einem halben Jahr. Tatsächlich werden viele der genetischen Ansätze heute an *Xenopus tropicalis* durchgeführt. Inwieweit sich dieser Modellorganismus aber als genetisches Modellsystem in Zukunft behaupten wird, ist noch ungewiss.

Literatur

Kashef J, Köhler A, Wedlich D (2007) Die Routenplaner der Neuralleistenzellen. Biospektrum 3:242–245

Moosmann J, Ershov A, Altapova V, Baumbach T, Prasad MS, LaBonne C, Xiao X, Kashef J, Hofmann R (2013) X-ray phase-contrast in vivo microtomography probes new aspects of Xenopus gastrulation. Nature 497(7449):374–377 (Originalartikel mit hochauflösenden Innenansichten früher Embryonalstadien)

Weiterführende Literatur

Albrecht J (2017) Krallenfrosch *Xenopus laevis*. So geht Karriere. Frankfurter Allgemeine, Wissen, 13.10.2012 (Eine allgemeinverständliche Kurzzusammenfassung wesentlicher wissenschaftlicher Durchbrüche mit dem Modellorganismus *Xenopus*)

Brown DD (2004) A tribute to the *Xenopus laevis* oocyte and egg. J Biol Chem 279:45291–45299 (Eine übersichtliche Zusammenfassung und Pionierleistungen an der *Xenopus*-Oocyte mit kurzen Portraits einiger Pioniere)

Eibauer M, Pellanda M, Turgay Y, Dubrovsky A, Wild A, Medalia O (2015) Structure and gating of the nuclear pore complex. Nat Commun 6:7532 (PMID: 26112706. Originalartikel zur Strukturaufklärung der Kernpore an Zellkernen der *Xenopus*-Oocyte)

Grunz H (Hrsg) (2004) The vertebrate organizer. Springer, Berlin (Mesoderm-Induktion, Gastrulation und darüber hinaus. Ausgehend von *Xenopus* wird die Entstehung und Funktion des Spemann-Organisators ausführlich beschrieben und mit homologen Strukturen anderer Vertebraten verglichen.)

Gurdon J (2013) The egg and the nucleus: a battle for supremacy. Development 140:2449–2456 (Ein sehr interessanter Übersichtsartikel des Nobelpreisträgers über seine Pionierleistungen am Modellorganismus *Xenopus* und die zugrunde liegenden generellen Fragestellungen)

Hausen P, Riebesell M (1991) The early development of *Xenopus laevis*. Springer, London (Der „Klassiker" zur Anatomie früher *Xenopus*-Embryonalstadien, inklusive zahlreicher Abbildungen)

Hoffmann F, Kloas W (2012) Estrogens can disrupt amphibian mating behavior. PLoS One 7(2):e32097 (PMID: 22355410. Originalartikel zur Analyse des Quakens als Antwort auf Östrogen)

Maller Lames L (2012) Reflections: pioneering the *Xenopus* oocyte and egg extract system. J Biol Chem 287:21640–21653 (Persönliche Darstellung eines führenden Forschers zur Regulation des Zellzyklus in *Xenopus*, zu fundamentalen Erkenntnissen zur Eireifung und zur Entstehung und Aufreinigung des MPF)

Moosmann J, Ershov A, Altapova V, Baumbach T, Prasad MS, LaBonne C, Xiao X, Kashef J, Hofmann R (2013) X-ray phase-contrast in vivo microtomography probes new aspects of Xenopus gastrulation. Nature 497(7449):374–377 (Originalartikel mit hochauflösenden Innenansichten früher Embryonalstadien)

Rigo-Watermeier T, Kraft B, Ritthaler M, Wallkamm V, Holstein T, Wedlich D (2011) Functional conservation of *Nematostella* Wnts in canonical and noncanonical Wnt-signaling. Biol Open 1(1):43–51

Stern CE (Hrsg) (2004) Gastrulation from cells to embryo. Cold Spring Harbor, New York

Yang J, Weinberg RA (2008) Epithelial-mesenchymal transition: at the crossroads of development and tumor metastasis. Dev Cell 14(6):818–829 (Tief gehender Übersichtsartikel mit einem Schwerpunkt auf den Signalwegen und Signalnetzwerken zur Steuerung epithelial-mesenchymaler Übergänge)

Schlussbemerkungen

Inhaltsverzeichnis

Modellbildung

Mathias Gutmann und Peter Nick

8.1 Leitfaden durch dieses Kapitel

Wir hatten in ▶ Kap. 1 einen kurzen Überblick gegeben zu Problemen, mit welchen die Biologie tagtäglich konfrontiert ist, die aber eigentlich gar keine „biologischen" Probleme sind. So hantieren wir in der Biologie ständig mit *Beschreibungen*, *Vergleichen* oder *Erklärungen*, ohne explizit zu sagen, was wir jeweils damit eigentlich meinen. Daraus ergeben sich zwei Einsichten, die auch für die anderen Naturwissenschaften wichtig sind:

- Wir können *empirische* Probleme von *nichtempirischen* unterscheiden: Die Fragen, in welchen Einzelschritten die oxidative Glykolyse, die Fettsäuresynthese oder die NAD-Reduktion stattfinden, ist ganz klar eine empirische Fragestellung. Empirische Fragen erkennt man daran, dass wir vor allem beobachten, messen und experimentieren müssen, um sie beantworten zu können. Hingegen sind nichtempirische Probleme solche, die nicht mithilfe von Experimenten geklärt werden können, weil es um die Bedeutung von Ausdrücken geht. So lässt sich die entwicklungsbiologische Fragestellung, was man unter einem Muster zu verstehen habe (s. Kap. 5 Arabidopsis) nicht sinnvoll durch Verwendung naturwissenschaftlicher Methoden beantworten, sondern bedarf vor allem der sprachlichen und begrifflichen Klärung.
- Auch wenn die Existenz solcher nichtempirischer Probleme nicht zu bestreiten ist, spielt das für die wissenschaftliche Praxis, vor allem für die Arbeit im Labor, zunächst nur eine geringe Rolle; denn hier bewegt sich die Biologie gemäß ihrem eigenen, experimentell geprägten Selbstverständnis vor allem im Reich der Empirie. Das ändert sich aber schnell, wenn man das Labor verlässt und die Ergebnisse der experimentellen Arbeit in Form eines Protokolls, einer Abschlussarbeit oder einer Veröffentlichung darstellen möchte. Hier zeigt sich häufig, dass ein und derselbe Ausdruck verschiedene Dinge bezeichnen kann, dass ein und dasselbe Modell für verschiedene Zwecke verwendet wird oder dass ein und dieselbe Theorie einander widersprechende Hypothesen erlaubt.

Ob aus Daten, die über gute und geschickte experimentelle Arbeit gewonnen wurden, hinterher auch eine gute und gehaltvolle wissenschaftliche Arbeit wird, entscheidet sich oft daran, ob und wie wir diese nichtempirischen Probleme meistern.

In diesem Kapitel wollen wir uns daher von den primär „biologischen" Problemen etwas lösen und uns diesen nichtempirischen Fragen zuwenden, deren Beantwortung vor allem sprachliche und begriffliche Klärung erfordert. Wir werden sehen, dass solche Klärungen nicht beliebig sind – und auch nicht sein dürfen, wenn wir denn an dem besonderen Anspruch festhalten, den wir an wissenschaftliches Wissen stellen. Während wir uns nämlich im Alltag damit abgefunden haben, dass Meinungen eine gewichtige Rolle spielen, die durch Vorwissen, Vermutungen und Vorurteile geprägt sind, stellen wir an wissenschaftliches Wissen – zu Recht – ganz andere Ansprüche: Dieses Wissen sollte sicheres Wissen sein. Darunter verstehen wir, dass solches Wissen unabhängig von Situation, persönlicher Meinung oder gesellschaftlichem Rang gültig sein sollte. Die Aussage, dass es keinen Klimawandel gebe, wird nicht dadurch zu wissenschaftlichem Wissen, weil sie von der ranghöchsten Person der Vereinigten Staaten geäußert wird. Woran aber erkennen wir sicheres Wissen? Vor allem daran, dass wir in der Lage sind – oder doch wenigstens sein sollten –, es zu begründen, also Gründe dafür anzugeben, warum eine bestimmte Behauptung wahr ist oder warum eine neue Beschreibung besser ist als eine alte. Diese Begründung muss in den Wissenschaften auf eine besondere Weise geschehen, die wir uns unten näher ansehen wollen.

Modelle spielen für die Bereitstellung wissenschaftlichen Wissens eine wichtige Rolle. Es lohnt sich also auch für die Biologie (so wie auch für andere Naturwissenschaften), einmal systematisch darüber nachzudenken, was eigentlich Modelle sind, wie wir mit ihnen arbeiten, was wir von ihnen erwarten können – und was nicht.

Um diese Themenstellung fruchtbar werden zu lassen, ist es wichtig, dass sie mit der eigenen Erfahrung verknüpft wird. Dies ist also ein sehr individuelles Unterfangen. Ähnlich wie in den Museen des Vatikan kann man daher, abhängig von persönlichen Erfahrungen, Fragen oder Vorlieben, die in diesem Kapitel behandelte Welt des Nichtempirischen auf mehreren Pfaden durchstreifen, die verschiedenen schon in der Einleitung bearbeitete Themen noch weiter vertiefen: In ▶ Abschn. 8.2 und 8.3 geht es darum, wie Sprache als eines unserer wichtigsten wissenschaftlichen Werkzeuge unser Denken bestimmt, was am Beispiel Leben – Lebewesen – Organismus genauer ausgeleuchtet wird, während sich die ▶ Abschn. 8.4–8.6 tiefer mit Modellen und deren Ausprägungen befassen und die ▶ Abschn. 8.7–8.8 herausarbeiten, was nötig ist, damit wir über Erklärungen wirklich neue Erkenntnisse gewinnen können. Ganz gleich, welche dieser Touren gewählt wird, oder ob alle Touren begangen werden, sollten sich alle wieder bei ▶ Abschn. 8.9 einfinden, weil von dort bis zum Schluss noch einmal vertieft wird, wie Modellbildung eigentlich funktioniert (▶ Abschn. 8.9), wie wir darüber Wissenschaft als Prozess begreifen können (▶ Abschn. 8.10), und wie uns dies schließlich auch dabei hilft, unser wissenschaftliches Handeln mit der Welt in eine fruchtbare Verbindung zu bringen (▶ Abschn. 8.11). Viel Vergnügen!

8.2 Das Unternehmen wird entschuldigt

Mit dieser Überschrift, die Goethes Schriften zur „Morphologie" einleitet (Goethe 1988), verfolgen wir hier ein ganz ähnliches Ziel, nämlich den Standpunkt zu bestimmten, von welchem wir auf die Biologie blicken wollen. Wir hatten *empirische* von *nichtempirischen* Problemen unterschieden und als Beispiel für die letzteren die Verwendung gleicher Ausdrücke für unterschiedliche Begriffe angeführt: der Ausdruck „Leben" oder „Organismus", erst recht der Ausdruck „Modell" bezeichnet nach dieser Überlegung unterschiedliche Begriffe – je nach dem Kontext seiner Verwendung.

Damit ist zugleich die Position bestimmt, aus welcher aus „philosophischer Sicht" über Biologie – und insbesondere Modellierung in der Biologie – im Weiteren gesprochen werden soll. Reden, um ein Bonmot des Philosophen Peter Janich aufzunehmen, Biologen über Pflanzen und Tiere, so reden Philosophen über Biologen. Dabei interessieren allerdings weder die Personen der Biologen noch die Gegenstände, über welche diese reden, als vielmehr die Art und Weise des Redens selber. Philosophie ist nach dieser Auffassung wesentlich Sprachkritik. Sie hinterfragt, wie wissenschaftliche Inhalte davon abhängen, in welche Form sie gebracht werden und welche Ausdrücke verwendet werden. Gerade die Biologie wird durch bestimmte (bildhafte) Sprechweisen stark geprägt: Ist die Rede von der „Sprache der Gene" bloße Metapher, oder erlaubt sie möglicherweise die präzise Modellierung von Genexpression, ist es wirklich sinnvoll, Neuronen als Dioden zu beschreiben, oder verstellt diese Sprechweise den Blick auf einige ihrer wichtigen Funktionen, trifft es zu, dass Organismen komplex sind, oder ist es nicht vielmehr die Form, wie wir sie beschreiben?

Dass es sich dabei nicht um reines Glasperlenspiel handelt, zeigt ein weiteres, aus dem Alltag gut vertrautes Beispiel, wenn wir etwa danach fragen, was der Unterschied zwischen „diesem Pferd da", „dem Pferd" und „einem Pferd" sei. Im ersten Fall tritt der Ausdruck „Pferd" nämlich als einzelner Gegenstand auf, den wir direkt anzeigen können, im zweiten handelt es sich um den (allgemeinen) Begriff – der Artikel weist uns darauf hin – während er im dritten als (konkreter) Gegenstand fungiert, der unter den (allgemeinen)

Begriff fällt. Der Unterschied ist erheblich, denn während (konkrete) Gegenstände unter (allgemeinen) Begriffen stehen, ist das Umgekehrte nicht möglich. Wir werden den zweiten und dritten Fall im Weiteren nicht mehr unterscheiden, wiewohl der Unterschied für das Verstehen von Erklärung wichtig ist (im Detail Gutmann 2017). In der Regel aber ist uns intuitiv eigentlich klar, ob von einem Begriff oder einem Gegenstand die Rede ist. Wir sind darum auch nicht überrascht, warum zwar dieses Pferd da oder ein Pferd eine bestimmte Farbe hat oder haben kann, „das Pferd" an sich aber nicht. „Das Pferd" (im Allgemeinen) kann ja über gar keine bestimmte Farbe verfügen, weil wir nun mit dieser Bezeichnung nicht ein konkretes Lebewesen, sondern einen Begriff meinen, den wir aus der Erfahrung vieler konkreter Pferde abgeleitet haben.

In der Wissenschaft lässt uns unsere Intuition bisweilen im Stich, denn es geht häufig um Phänomene, die außerhalb unserer Alltagserfahrung liegen. Hier ist nun nicht mehr ohne Weiteres klar, ob wir einen Begriff oder einen konkreten Gegenstand meinen. Wenn wir die Ebenen verwechseln, kann das Scheinprobleme hervorrufen, die mit den von uns untersuchten empirischen Problemen sehr wenig, mit unserer Denk- und Sprechweise dagegen sehr viel zu tun haben. Wenn etwa danach gefragt wird, ob es eigentlich Atome „gäbe", ob Gene einen Organismus „determinieren", oder welche Eigenschaften „das" Modell habe, versuchen wir gewissermaßen „dem Pferd" an sich eine konkrete Farbe zuzusprechen. Hier ist es sehr wichtig, die von uns verwendete Sprache einem kritischen Blick zu unterziehen. Tun wir das nicht, jagen wir Phantomen nach – wir versuchen dann nämlich, Probleme mit den Methoden der empirischen Wissenschaften zu attackieren, ohne dass sie empirische Probleme wären.

Die Rolle der Philosophie wäre hierbei also, im Nachhinein über eines unserer wichtigsten wissenschaftlichen Werkzeuge, die Sprache, zu reflektieren: wie wird unsere Argumentation durch die von uns eingeübten Redeweisen geprägt oder vielleicht auch begrenzt. Es geht hier also nicht um den müßigen Versuch, Philosophie als die bessere Wissenschaft zu propagieren – dies wäre ebenso wenig erfolgversprechend wie der Versuch, philosophische Erwägungen aus den empirisch gewonnenen Experimenten der Biologie ableiten zu wollen.

Die Funktion einer philosophischen Reflexion der Biologie erschöpft sich freilich nicht nur in rein sprachlichen Klärungen, sondern hat auch direkte Auswirkungen auf die biologische Praxis. Es geht also nicht nur um gelungenes Reden, sondern auch um gelungenes Handeln. Ähnlich wie das Reden häufig in Üblichkeiten verläuft, wird auch das Handeln häufig von Gewohnheiten bestimmt: wie eine PCR durchgeführt und hinterher durch Gelelektrophorese ausgewertet wird, richtet sich nach bewährten Arbeitsvorschriften, denen wir so selbstverständlich folgen, dass es kaum der Rede wert ist. Dies ändert sich meistens nur dann, wenn entweder etwas „nicht klappt" oder wenn jemand die Einzelheiten der Durchführung, die Zuverlässigkeit einer Methode oder ihre Einschlägigkeit hinterfragt. Diese Praxis ist so vertraut, dass man leicht den Eindruck gewinnen könnte, dass der Umgang im Labor sich eigentlich nicht grundsätzlich vom Handeln im Alltag unterscheide; man hat ja nun lediglich den Laborkittel übergeworfen, und die Maus in der Skinnerbox oder auf dem Operationstisch unterscheidet sich augenscheinlich nicht von der Feldmaus, die auf dem Weg zum Labor vor uns davonlief (abgesehen davon, dass sie weiß ist).

Dieser Eindruck trügt, und unser gesamtes Buch handelt davon: Modellorganismen sind zwar nicht von Menschen „hergestellt", aber doch durch wissenschaftliches Handeln (Züchtung, genetische Transformation, kontrollierte Kultivierung oder Hälterung) „bereitgestellt" worden, um damit experimentell arbeiten zu können. Sie sind also im Grunde „Artefakte" (*ars* lat. für „Kunst", *factum* lat. für „machen", im eigentlichen Wortsinn also „künstlich gemacht"), wobei dieser Ausdruck in der Biologie eine andere Bedeutung hat (nämlich ein irreführendes Ergebnis, was durch Begrenzungen der Methode verursacht ist – auch dies wieder ein schönes Beispiel für den Unterschied von Ausdruck und Begriff!).

Die philosophische Reflexion von Wissenschaft – hier von Biologie – hilft uns dabei, auch unsere alltägliche Praxis gezielt zu hinterfragen. Wenn uns klar ist, was zu Gelingen oder Misslingen von Experimenten beiträgt, oder wie wir den Erfolg eines Experiments zu bewerten haben, können wir zielgerichteter handeln (Gelingen und Erfolg in der experimentellen Biologie). In einer Zeit, wo biologisches Experimentieren mit sehr hohen Kosten verbunden ist, wird es immer wichtiger, dass man sich vorher über Gelingen und Erfolg genaue Gedanken gemacht hat. Eine philosophische Reflexion der eigenen Praxis hilft auch dabei, auf professionelle und gelungene Weise mit experimentellen Misserfolgen umzugehen. Der Misserfolg einer Untersuchung ist nämlich nicht notwendig negativ zu bewerten – vielmehr kann genau das Nachdenken über diese Erfahrung dazu führen, dass man die Methode abwandelt, „Messfehler" berücksichtigt, neue Gegenstände erprobt oder gar eine neue Methode entwickelt, was gelegentlich zu wissenschaftlichen Entdeckungen beiträgt (dazu unten mehr). „Gekonntes Scheitern" (was in der Regel mit „reflektiertem Scheitern" zusammenhängt) hat schon häufig zu wissenschaftlichen Durchbrüchen geführt, wie weiter unten noch einmal ausgeführt wird.

Gelingen und Erfolg in der experimentellen Biologie

Im Alltag würden wir Gelingen und Erfolg in der Regel als Synonyme sehen. In der Biologie (wie auch in anderen Naturwissenschaften) ist es sinnvoll, das Gelingen einer Handlung von ihrem Erfolg zu unterscheiden, in Anlehnung an Peter Janich und Michael Weingarten (1999). Nehmen wir ein Beispiel aus der histologischen Praxis: Wir wollen

den Muskelverlauf im Abdomen eines Flusskrebses untersuchen und machen uns daran, ein Paraffinpräparat eines Flusskrebs-Abdomens herzustellen. Wir gehen dabei wie üblich vor, fixieren zum Beispiel in Bouin und überführen dann nach weiterer Vorbereitung in Paraffin. Nach Aushärtung stellen wir fest, dass sich noch Luftblasen im Block befinden – wir können nun sagen, dass unsere Handlung (stelle ein Paraffinpräparat von x nach Regel A her) misslungen ist, und wir müssen so lange unsere Technik verbessern, bis wir ein gutes Präparat erzielen. Nehmen wir an, dass uns nun ein Präparat gelungen ist, bei welchem alles nach Regel verlief und wir uns nun an Schnitt und Färbung machen. Es könnte sein, dass wir unter dem Mikroskop feststellen, dass sich der Verlauf im Präparat nicht oder nur sehr schlecht verfolgen lässt, was zum Beispiel daran liegen kann, dass die Durchdringung mit Paraffin bei solchen Formen nur schlecht gelingt, sodass die Präparate beim Schnitt stark deformiert werden. Wir könnten also sagen, dass uns zwar die Herstellung des Präparates gelang, dass wir aber unseren Untersuchungszweck (den Muskelverlauf im Abdomen darstellen) nicht erreicht haben – wir waren also erfolglos. Etwas allgemeiner könnte man sagen, dass sich das *Gelingen* auf die Ausführung einer Handlung bezieht (Herstellen des Präparates), während sich der *Erfolg* auf den Zweck bezieht, was mit der gelungenen Handlung erreicht werden sollte (Darstellung des Muskelverlaufes). In unserem Beispiel ist also das Experiment gelungen, war aber nicht erfolgreich, was dann in der Regel zur Veränderung der Präparation führt; die Unterscheidung von „Gelingen" und „Erfolg" ist also nicht absolut, sondern hängt vom Blickwinkel ab. Besonders spannend sind solche Fälle, wo ein Experiment nach allen Regeln der Kunst durchgeführt und ausgewertet wurde, also gelungen war, aber dennoch erfolglos blieb, weil der gesuchte Vorgang, die gesuchte Eigenschaft oder der gesuchte Zustand gar nicht existiert. In solchen Fällen haben wir es also ganz klar mit einem *nichtempirischen* Problem zu tun – offenbar war unsere Erwartung an das Ergebnis und den Weg, wie dieses zu erzielen sei, auf falsche Voraussetzungen oder Überlegungen gegründet oder wir haben die Reichweite der von uns verwendeten Methodik überschätzt. Es bringt dann wenig, dasselbe Experiment noch einmal und noch einmal zu wiederholen – das Experiment war ja in sich selbst durchaus gelungen, es war einfach für unsere Fragestellung nicht passend. In der Realität ist es freilich, vor allem bei komplexen Methoden, gar nicht so einfach, das Gelingen eines Experiments zu überprüfen. Vor allem in der Molekularbiologie, wo viele Schritte des Experiments gar nicht mehr sinnlich zugänglich sind, müssen hierzu zahlreiche Negativ- und Positivkontrollen durchgeführt werden, deren Zweck genau darin besteht, das Gelingen eines Experiments nachzuweisen.

8.3 Leben, Lebewesen, Organismus

Biologie ist die Wissenschaft des Lebens, und damit scheint eine eindeutige Differenz zu anderen Wissenschaften gegeben – die Physik befasst sich mit Eigenschaften wie Masse oder elektrischen Potenzialen, die Chemie mit Stoffeigenschaften, Bindungen oder Reaktionen. Doch schon auf den zweiten Blick ist die Situation komplizierter: ist „Leben" eine eigenständige Eigenschaft oder lässt sich diese Eigenschaft von allem, was lebt, letztlich auf die Eigenschaften ihrer Bestandteile reduzieren?

Bevor man diese Diskussion überhaupt führen kann, bleibt immer noch zu klären, was genau eigentlich mit „Leben" gemeint ist – wir müssen uns also die Verwendung des Ausdruckes etwas näher ansehen. Hier gibt es im Sprachgebrauch tief eingegrabene Ungenauigkeiten, die in der Geschichte der Biologie zu großen Missverständnissen geführt haben. Um verstehen zu können, was hier schiefgelaufen ist, muss man sich auf folgenden Gedankengang einlassen, der auf den ersten Blick spitzfindig erscheinen mag, aber den Kern des Problems beschreibt:

Zunächst könnte der bestimmte Artikel „das Leben" dazu verleiten, darunter einen Gegenstand zu verstehen – also so wie „der Tisch". Der Ausdruck „das Leben" ist zwar sicherlich ein Begriff wie „das Pferd" weiter oben, sicher aber ist dieser Tisch, auf dem der Käfig mit unserer Laborratte steht, kein Begriff, sondern ein Gegenstand mit definierten Eigenschaften, die von der Gentechnikverordnung vorgeschrieben sind, wie etwa eine abwischbare Kunststoffbeschichtung, die weiß sein muss oder mit Beinen aus Stahl und nicht aus Holz. Das ist offensichtlich ganz anders, wenn wir den Ausdruck „das Leben" benutzen. Das erkennt man schon daran, dass wir den Ausdruck in drei wesentlichen Funktionen kennen, nämlich als Verb („die Ratte lebt"), als Adjektiv oder Adverb („die Ratte ist gerade noch lebendig"), und als Substantiv („das Leben einer Laborratte ist eintönig").

Beginnen wir mit der prädikativen Form („die Ratte ist lebendig"), dann lässt sich jedenfalls der Unterschied von einer lebendigen zu einer nicht lebendigen Ratte durch Vorführen verdeutlichen. Während tote Ratten sich in der Regel nicht bewegen, atmen, fressen oder fortpflanzen, werden wir diese Tätigkeiten von einer lebendigen sehr wohl erwarten. Damit haben wir allerdings die Tätigkeit „Leben" selber noch gar nicht erläutert, sondern nur definiert, was wir von einem Gegenstand erwarten, der „lebendig" ist. Wenn wir also erläutern wollen, was der Satz „die Ratte lebt" ausdrücken soll, müssen wir auf andere Tätigkeiten dieser Ratte verweisen. In anderen Worten: Die Tätigkeit „Leben", die wir an „lebendigen" Gegenständen beobachten, ist eine Tätigkeit zweiter Ordnung: Wenn die Ratte sich bewegt, atmet, oder fortpflanzt, leiten wir davon ab, dass die Ratte „lebt". Für das Substantiv „Leben" können wir nun genauso verfahren – wir verstehen darunter offenbar den gesamten Lebensvollzug unserer Ratte, also als „resultativen" Ausdruck ihres „Lebendigseins". Es wird damit auch klar, dass mit dem Ausdruck „Leben" nicht die vor uns im Käfig herumeilende Ratte gemeint sein kann, sondern der Begriff „Ratte" – und dieser bezeichnet eine Lebensform, zu der auch unser Exemplar gehört. Der Ausdruck „Leben" ist dann ein Begriff, der die Gesamtheit der Resultate dessen umfasst, was eine Ratte („die" Ratte) üblicherweise tut. Janich und Weingarten (1999) sprechen hier von einem „Reflexionsterminus". Damit ist gemeint, dass der Ausdruck „Leben" eigentlich eine Liste bezeichnet, die jene Tätigkeiten umfasst, die wir meinen, wenn wir davon sprechen, dass „unsere Ratte lebt":

Leben (auf die Ratte bezogen)=

- sich fortpflanzen
- fressen und ausscheiden
- wachsen
- atmen
- reagieren
- sich bewegen

Wir sehen nun, dass die Vermutung, es handele sich bei „dem" Leben um einen Gegenstand, auf einem Missverständnis der grammatischen Form beruhte. Damit ist zugleich eine Debatte beendet, die in der Entwicklung der Biologie über Jahrhunderte hinweg einen wichtigen Stellenwert hatte – nämlich um die Frage, ob es eine eigene Lebenskraft gäbe, die dafür sorgt, dass Dinge lebendig sind (Vitalismus).

Die bisherige Klärung ist noch vorwissenschaftlich, wir sehen aber sogleich, dass wir in der Biologie genauso sprechen (oder jedenfalls sprechen sollten). Aus derselben Überlegung heraus versucht Mayr (1997) erst gar keine Definition von „Leben", sondern

erläutert vielmehr den Unterschied zwischen „belebter" und „unbelebter" Materie wie folgt:

» These properties of living organisms give them a number of capacities not present in inanimate systems: A capacity for evolution, a capacity for self-replication, a capacity for growth and differentiation via a genetic program, a capacity for metabolism (the binding and releasing of energy), a capacity for self-regulation, to keep the complex system in steady state (homeostasis, feed-back), a capacity (through perception and sense organs) for response to stimuli from the environment, a capacity for change at two levels, that of the phenotype and that of the genotype.

Unsere sprachliche Analyse führt uns also dazu, den Ausdruck „Leben" für die Biologie als Reflexionsterminus aufzufassen. „Leben" bezeichnet eine Liste mit Tätigkeiten, die wir erwarten, wenn wir von einem lebendigen Gegenstand sprechen. Diese Liste für unsere Ratte kam mit alltäglichen Ausdrücken (wie etwa sich bewegen, atmen oder sich fortpflanzen) ganz gut zurecht, da es sich um eine ganz bestimmte Lebensform handelt, die sinnlich unmittelbar erfahrbar ist. Wenn wir eine solche Liste für „Leben" im Allgemeinen erstellen wollen, müssen wir viel stärker abstrahieren, da sich Lebensformen unterscheiden: Während sich tierische Lebensformen wie unsere Ratte in der Regel (fort)bewegen, was so auch für viele Protisten und Bakterien gilt, tun dies Pflanzen und Pilzen nicht (bei vielen Protisten findet man sogar nahe verwandte Arten, die sich in eben diesem Punkt unterscheiden). Ein genauerer Blick zeigt dann aber, dass auch Lebensformen, die sich nicht (fort) bewegen können, durchaus im Zellinnern zahlreiche Bewegungen aufweisen. Der alltägliche Ausdruck „sich bewegen" muss also anders (allgemeiner und gleichzeitig genauer) gefasst werden, wobei „sich bewegen" neben der „Fortbewegung" (Mobilität) nun auch „innere Bewegung" (Motilität) umfasst. An die Stelle von den aus dem Alltag vertrauten

Ausdrücken treten nun also wissenschaftliche Ausdrücke, sodass sich unsere Liste wie folgt verändert:

Leben (auf die Biologie bezogen)=

- sich reproduzieren können
- über einen Stoffwechsel verfügen
- wachsen können
- durch Energieumwandlung ATP bilden können
- Umweltbedingungen wahrnehmen und darauf reagieren können
- sich bewegen (Motilität und/oder Mobilität) können

Wir gelangen auf diese Weise letztlich zum Aufbau einer wissenschaftlichen Terminologie, hier zumindest für den grundlegenden Begriff „Leben". Diese wissenschaftlichen Ausdrücke sind mehr als einfach nur „Übersetzungen" unserer alltäglichen Redeweise; denn jeder dieser Ausdrücke fasst im Grunde eine Diskussion zusammen, so wie wir das oben am Beispiel „sich bewegen" beispielhaft ausgeführt haben. Im Grunde ist also jeder dieser Ausdrücke ebenfalls ein „Reflexionsterminus" im Sinne von Janich und Weingarten (1999).

Die Biologie ist voll von solchen Begriffen, die auf den ersten Blick als Gegenstände erscheinen und oft auch so missverstanden werden, in Wirklichkeit solche „Reflexionstermini" oder andere Arten von Begriffen sind: Ausdrücke wie „Gen", „Zelle", „Population", „Art" werden tagaus, tagein verwendet, ohne dass wir darüber nachdenken, was sie eigentlich bedeuten. Das sollten wir aber; denn die tiefere Auseinandersetzung mit solchen Begriffen hilft uns, genauer zu sagen, was wir meinen und kann auch verhindern, dass wir „Scheinproblemen" hinterherjagen, die empirisch gar nicht zu lösen sind. Besonders problematisch wird diese Situation, wenn ein und derselbe Ausdruck in unterschiedlichen begrifflichen Funktionen auftritt: So kann „Gen" als Bezeichnung eines konkreten Gegenstandes, als funktionaler Begriff, als theoretischer Term oder als Reflexionsterminus auftreten – hier entscheidet also, wie immer, der Kontext.

Es würde den Rahmen dieses Kapitels sprengen, dies für alle oder wenigstens viele Begriffe der Biologie auszuführen. Es sei aber stellvertretend für den zentralen biologischen Begriff „Organismus" im Folgenden versucht: Während wir vorwissenschaftlich häufig von „Lebewesen" sprechen, werden diese biologisch als „Organismen" beschrieben. Ihnen wird damit eine ganz bestimmte Eigenschaft zugesprochen – sie erscheinen uns nämlich als „organisiert". Damit meinen wir, dass wir sie als funktionale Einheiten beschreiben können. Der Wortursprung zeigt das schon sehr deutlich, denn „Organismus" ist abgeleitet vom griechischen Wort *organon,* was so viel wie „Werkzeug" heißt. Für Aristoteles, den wir in ▶ Kap. 1 als einen Urheber der „Vier-Ursachen-Lehre" kennenlernten, waren Lebewesen (griech. *zoa*) überhaupt mit einem eigenen Zweck ausgestattete Gebilde, ein Lebewesen ist danach einfachhin ein *soma organikon,* also ein „zwecklich eingerichteter Körper".

Wir könnten mit dieser Bestimmung auf zweierlei Weise umgehen: Wir könnten versuchen, Lebewesen vor allem als zweckdienlich zu verstehen. Sie wären dann nicht nur funktionale, mit einem Eigenzweck ausgestattete Gebilde, sondern auch alle ihre Teile wären diesem Zweck dienlich, in etwa so, wie alle Teile eines Autos in ihrem Design dem Gesamtzweck unterworfen und allein auf diesen ausgerichtet sind. Diese Sichtweise wird in der Philosophie als *ontologisch* bezeichnet, was in etwa „auf das Sein bezogen" bedeutet. Eine ontologische Auffassung von Organismen als „zweckmäßig" ist problematisch, weil damit *Intelligent Design* und anderen kreationistischen Abwegen Tür und Tor geöffnet wird. Wenn alle Teile eines Organismus demselben Zweck unterworfen sind, stellt sich nämlich sehr schnell die Frage, wie (oder durch wen) dieses Design „ersonnen" wurde.

Es gibt einen zweiten, weit fruchtbareren Weg, der als *methodologisch* bezeichnet wird, was in etwa „auf unseren Umgang mit dem Sein bezogen" bedeutet: Wir beschränken uns darauf, dass eine Beschreibung von Lebewesen als funktionale Einheiten hilfreich, angemessen und möglicherweise hinreichend ist, um biologische Fragestellungen damit bearbeiten zu können.

Genau an dieser Stelle kommen zum ersten Mal auch Modelle ins Spiel: Denn wir können mit ihrer Hilfe die funktionale Einheit von Lebewesen auf Zusammenhänge beziehen, die wir sowohl praktisch als auch theoretisch beherrschen (oder zumindest beherrschen können). Gemeint ist damit der – schon in ► Kap. 1 erläuterte – Bezug auf technische Artefakte („Maschinen"). Deren Funktionsweise verstehen wir sehr gut, auch wenn wir von Organismen erst einmal nichts Weiteres wissen. Die Beschreibung von Lebewesen „als ob sie technische Artefakte wären" eröffnet also das Feld von Beschreibungen, die im engeren Sinne biologisch sind: Wir *wissen* von Maschinen, dass sie nur dann funktionieren, wenn Kräfte, Form oder Material geschlossen sind. Für Organismen wissen wir das nicht, wir vermuten es aber, weil wir unsere an Maschinen gewonnenen Erfahrungen auf Organismen übertragen. Die kausale Rolle von Teilen des Organismus studieren wir am Artefakt (der „Maschine"), weil wir die Bedingungen dort kontrollieren können. Modelle dienen also nicht nur dazu, Organismen als erste biologische Gegenstände vor uns aufzubauen, sondern helfen auch dabei, die Teile der Lebewesen, deren Fähigkeiten, Eigenschaften und Wechselwirkungen, genauer zu beschreiben. Genau genommen begehen wir einen Kategorienfehler, wenn wir im Kontext biologischer Modelle oder Theorien von „Lebewesen" oder in alltäglichen Zusammenhängen von „Organismen" sprechen. Wir übersehen damit nämlich, dass Begriffe von ihrem jeweiligen Gebrauch abhängig sind. „Organismen" sind also nicht dasselbe wie „Lebewesen". Beide Ausdrücke, „Lebewesen" ebenso wie „Organismus", sind Begriffe; während ich aber Lebewesen – etwa diesem Pferd da oder jener Labormaus hier – begegnen und mit ihnen umgehen kann, trifft dies auf Organismen nicht zu. Dieses „Lebewesen" kann ich anfassen, einen „Organismus" nicht. Solche Kategorienfehler (in der Philosophie als „Hypostasie" bezeichnet) sind in der Biologie sehr häufig (Biologie hat einen Sitz im Leben – Begriffe im Alltag und in der Wissenschaft). Ein „Gen" ist einfach nicht dasselbe wie das Stück DNA, das wir in unserem Eppendorfhütchen durchs Labor tragen, auch wenn wir oft so sprechen (und denken), als ob es das wäre. Dieser Fehler kann gelegentlich auch innerhalb der Wissenschaft für viel Verwirrung sorgen. Wir sind damit genau an der Stelle angelangt, an welcher wir uns über Modelle verständigen müssen.

Biologie hat einen Sitz im Leben – Begriffe im Alltag und in der Wissenschaft

Unsere Darstellung des methodischen Zuganges zur Biologie hat eine Reihe von Konsequenzen. Zunächst folgt daraus, dass Biologie – so wie natürlich jede Wissenschaft – einen Sitz im Leben hat. Wir benötigen nämlich immer schon bestimmtes Wissen, um die Gegenstände von Wissenschaften eingrenzen, beschreiben oder auch bereitstellen zu können. Im Falle der Biologie gehört dazu das reichhaltige praktische und theoretische Wissen über den Umgang, die Haltung, Kultivierung und Züchtung von Lebewesen. Dies sind alles Quellen, die auf unterschiedliche Weise in der Geschichte der Biologie eine Rolle spielten – denken wir nur an das Selektions- und Reproduktionsmodell, das Darwin an der Züchtung gewann und für evolutionstheoretische Zwecke nutzbar machte. Auch Mendels Nutzung gärtnerischer Praktiken für seine Untersuchungen an Pflanzenhybriden sind ein gutes Beispiel. Von solchen Anfängen entfernt sich die Biologie freilich sehr schnell, was sie nicht daran hindert, die grundlegenden Praktiken selbst – zum Beispiel die Züchtung – beizubehalten und in immer weiterem Ausmaß zu optimieren. In der Gegenrichtung nimmt unser Alltag ständig

Elemente aus der biologischen Praxis auf (man denke an genetische Diagnosetechniken oder Manipulationstechniken, wie sie etwa für die Reproduktionsmedizin unerlässlich sind). Aber auch biologische Theorien (man denke nur an ökologische Kreislaufkonzepte, „neuronale Netzwerke", Theorien der Vererbung oder Konzepte der Evolutionsbiologie) gehen in lebensweltliche Zusammenhänge ein und erfahren dabei oft grundlegende Veränderungen (meist Verkürzungen). Ein häufiger Grund für weitreichende Missverständnisse, wenn biologische Begriffe, Konzepte, oder Theorien aus dem wissenschaftlichen Kontext in den Alltag gelangen, sind *Hypostasien*, wo wissenschaftliche Begriffe als konkrete Dinge aufgefasst werden. Um das Verhältnis von lebensweltlicher und biologischer Beschreibung zusammenzufassen, bietet sich eine Tabelle an, die die wesentlichen hier verhandelten Begriffe (!) zueinander in Beziehung setzt:

Lebewesen	Organismus
Ganzes	System
Teil	Teilsystem
Zweck	Funktion
Anpassung	Selektion
Lebensäußerung	Funktionalität

Selbstverständlich ist diese Liste nicht vollständig – sie bildet nur einen (methodischen) Anfang für die Darstellung weiterer begrifflicher Zusammenhänge innerhalb der Biologie. Wenn wir einer Wissenschaft einen Sitz im Leben zusprechen, sehen wir zugleich, dass damit „das" Leben „des" Menschen gemeint ist – und dieses hat eine wesentliche geschichtliche Dimension, innerhalb derer auch Biologie einen Ort hat.

8.4   Was sind eigentlich Modelle?

Wir werden uns nun dem Konzept des Modells auf die gleiche Weise nähern, wie wir dies bei dem Ausdruck „Leben" taten, nämlich einerseits mit Blick auf die Art und Weise, wie in der Biologie von Modellen geredet wird (also sprachkritisch), andererseits mit Blick auf die Art und Weise, wie sie in der Praxis verwendet werden (also handlungstheoretisch). Zunächst dürfte unstrittig sein, dass der Ausdruck „Modell" mehrdeutig ist: Er wird in der Wissenschaft, aber auch außerhalb der Wissenschaft auf ganz unterschiedliche Weise verwendet. Modelle begegnen uns im Gipsabdruck unserer Unterkieferzähne beim Zahnarzt, bei der städtischen Planung einer Neubebauung oder der Wiederherstellung einer ehemaligen, etwa historischen Bauordnung. Wir reden von Prototypen als Modellen für die Serienproduktion von Automobilen oder bei der Herstellung von Spekulatius (hier heißen sie Modeln). Es finden sich neben maßstabsgetreuen Modellen der Bounty zum Selberbauen auch Modelleisenbahnen, und schließlich sollte auch die Verwendung von Modellen in Kunst und Mode erwähnt werden. Doch nicht nur im Alltag, sondern auch in (vermutlich allen) Wissenschaften wird mit Modellen operiert: Vom Sonnensystem gibt es gleich mehrere, von Ptolemäus, Kopernikus, Kepler oder Brahe, das Bohr'sche Atommodell, das Netzwerkmodell des Gehirns, das Darwin'sche Züchtungsmodell der Selektion, Besiedlungsmodelle des Palatins in der frühen Eisenzeit oder schließlich die Belegung der Variablen einer logischen Formel, welche zu wahren Aussagen führt, sind Beispiele dafür. Die Zahl ließe sich beliebig vergrößern und die Heterogenität damit steigern, ohne dass dies zur Klärung beitrüge. Es lassen sich aber immerhin einige Gemeinsamkeiten finden, die es uns erlauben, Modelle nicht als Gegenstände, sondern als Resultate von Tätigkeiten zu verstehen, bei welchen der Vergleich eine zentrale Rolle spielt. Wir hatten dies in ▶ Kap. 1 schon ausgeführt, als wir die Funktion von Metaphern besprachen. Dabei wurde ein Gegenstand, der in seinen Funktionen gut bekannt war, mit einem Lebewesen oder einem seiner Teile ins Verhältnis gesetzt. „Ins-Verhältnis-Setzen" kann man dabei in zwei Richtungen:

- Mithilfe von Modellen kann man sich etwas veranschaulichen. Hierbei wissen wir im Grunde also schon, wie es sich „eigentlich" oder „wirklich" verhält. Das Modell ist hier also nachgeordnet und dient nur als Mittel, um uns selbst oder anderen klarer zeigen zu können, in welche Richtung man weitergehen soll. Solche Modelle sind also im Grunde eine Art Suchstrategie (Heuristik). Wenn sie gut waren, führen sie uns zu einem besseren Modell oder vielleicht sogar zu einer allgemeinen Theorie. Solche heuristischen Modelle sind also vorübergehender Natur und nie von Dauer. Übrig bleibt manchmal noch die didaktische Funktion, so wie etwa das Modell eines Wirbeltierauges aus Plastik in der Schule für die Verdeutlichung anatomischer Verhältnisse genutzt werden kann, ohne dass dafür Ochsenaugen zu präparieren wären. Modelle solcher Art sind jedenfalls nachträglich, sie haben streng genommen vor allem metaphorischen Charakter. Ob sie „gut" oder „irreführend" sind, lässt sich oft nicht so genau sagen und kann erst aus der Rückschau beurteilt werden (wenn man also das tiefere Verständnis, das durch das Modell nur verbildlicht wurde, schon gewonnen hat). Hier hat das Modell also eine *beschreibende (deskriptive) Funktion*, es ist „Modell von".

- Auf der anderen Seite können Modelle selbst als Mittel des Wissens- und Erkenntniserwerbes verstanden werden. Sie träten zwischen den Modellierenden und seinen Gegenstand, „repräsentierten" diesen also in einer Art und Weise, die ihn der weiteren Bearbeitung überhaupt zugänglich macht. In dieser Betrachtung wären Modelle unverzichtbare Mittel und Werkzeuge der Arbeit an Gegenständen, die auf andere Weise nicht oder nicht in gleicher Form zugänglich wären. Sie hätten mithin nicht nur heuristische Funktion, sondern würden künftiges Handeln leiten, sie hätten eine *vorschreibende (präskriptive) Funktion*, wären also „Modelle für".

In der wissenschaftlichen Anwendung schließen sich diese beiden Verwendungen von Modellen nicht aus. Oft werden sie gemeinsam eingesetzt, wiewohl in je unterschiedlichem Verhältnis. Lassen wir dieses Problem im Moment auf sich beruhen – wir kommen darauf unten wieder zurück, dann können wir doch für beide Betrachtungsweisen einige Gemeinsamkeiten aufzeigen:

1. Der Weg ist oft das Ziel – Modelle sind nicht nur das Endergebnis, sondern werden auf einem langen und bisweilen mühsamen Weg entwickelt. Durch diesen Weg entsteht eine Verbindung zwischen der Person, die modelliert und dem Gegenstand, der modelliert wird. Oft sind es gerade die vielen kleinen Irrwege, die man während dieser Tätigkeit zwangsläufig macht, wodurch der Gegenstand von vielen Blickwinkeln gleichsam „umkreist" wird. Das so entstandene Modell ist also das kristallisierte Ergebnis eines Erkenntnisvorgangs. Dieser Vorgang erfolgt auch nicht zufällig, sondern zu bestimmten Zwecken, die dem Resultat (dem Modell) häufig nicht mehr anzusehen sind. Übrigens wird das Modell nur dann fruchtbar, wenn es bei einem Betrachter ebenfalls zu einer (zunächst inneren, später auch praktischen, nämlich experimentellen) Tätigkeit führt. Natürlich hat auch dieser Betrachter und später Verwender des Modells bestimmte Zwecke, wozu er dieses Modell einsetzt. Diese Zwecke sind nicht notwendigerweise dieselben wie jene des Modell-Entwicklers.

2. Wenn wir fragen, was jemand eigentlich vornimmt oder verrichtet, der modelliert, sehen wir sogleich, dass sich dieses Tun nicht exemplarisch am Beispiel oder

Gegenbeispiel einführen lässt. Während wir nämlich „Laufen" oder „Sprechen" jederzeit vormachen können und damit zum Nachmachen auffordern, scheitert dies beim Modellieren schon daran, dass wir damit sehr unterschiedliche Verwendungen im Blick haben. Um zu erklären, was Modellieren ist, werden wir daher über „in etwa so wie" – Aussagen auf andere Tätigkeiten verweisen, zum Beispiel auf das Herstellen von Spekulatius, von Kopien antiker Statuen oder auf die Beschreibung eines Vogelflügels als Starrflügelkonstruktion mit laminaren Strömungseigenschaften. Der Ausdruck „Modellieren" bezeichnet also nicht ein bestimmtes Tun, sondern bezieht sich auf anderes Tun. Worin aber besteht dann das, was wir mit „Modellieren" meinen?

3. Einen guten Hinweis können wir dem italienischen Wortsinn entnehmen, denn *modello* bezeichnet in der Architektur u. a. das „Maß". Schon der römische Architekt Vitruv hatte vor zwei Jahrtausenden versucht, im Rahmen einer grundlegenden Darstellung von Bauformen seiner Zeit (etwa Tempel verschiedener Ordnungen) ein verbindliches Grundmaß (*modulus,* der untere Säulendurchmesser) zu bestimmen, von dem durch Variation und Vervielfachung im Ideal alle Ordnungen abgeleitet werden können. Nun kommt „Maß" von „messen", ein Verb, das auf zwei Weisen verstanden werden kann: zum einen quantitativ, etwa im Sinne der Längen oder Gewichtsmessung, und zum anderen qualitativ, im Sinne von etwas vergleichen.

Der Zusammenhang dieser Aspekte wird daran deutlich, dass wir nur etwas quantitativ aussagen können, wenn wir zugleich angeben, was quantifiziert werden soll. Im Beispiel müssen wir also schon wissen, welche Qualität mit Länge gemeint ist, bevor wir sagen können, etwas sei zum Beispiel zwei Meter oder drei *Inch* lang. Weiterhin müssen wir für eine solche quantitative Aussage zuvor eine Einheit festgelegt haben, mit der wir den *Vergleich* vornehmen.

Dieser Vergleich ist einerseits ein äußerlicher, womit gemeint ist, dass das „Länge Haben" von Kanthölzern, Fischen und Autobahnen gleichermaßen gilt, ohne dass wir zugleich behaupten würden, diese drei Gegenstände wären daher identisch (außer „in Hinsicht" auf das: eine Länge Haben). Eine andere Art von Vergleich finden wir aber, wenn wir zum Beispiel als Neurobiologen behaupten, dass das Gehirn ein informationsverarbeitendes System ist. Das Besondere an diesem Vergleich zeigt sich, wenn wir ihn gegen die Längen- oder Gewichtsbestimmung absetzen, denn unstrittig hat das Gehirn eine Länge, vielleicht durch den Umfang angegeben als 0,6 m und sicher auch ein Gewicht von etwas mehr als 1000 g. Doch ebenso sicher sagt uns dieser (Längen- oder Gewichts-)Vergleich nichts Wesentliches darüber aus, was ein Gehirn ausmacht. Im Gegensatz verhilft der Vergleich des Gehirns mit informationsverarbeitenden Systemen wie Computern zu einem neuen Verständnis, denn wir können nun versuchen, das Gehirn im Wesentlichen als ein solches System zu verstehen.

Solche Vergleiche, die auf die Qualität eines „gemessenen" Gegenstands abzielen, sind offensichtlich anderer Natur als das Danebenhalten eines Maßstabs – sie sagen uns wesentlich etwas über den im Vergleich stehenden Gegenstand selber, auch wenn sie diesem nicht äußerlich ähneln. Ein Gehirn und ein Computer sehen ganz anders aus, aber wenn wir das Gehirn mit einem informationsverarbeitenden System vergleichen, haben wir es (bezüglich der von uns momentan untersuchten Eigenschaften) auf ein Maß gebracht.

Modellierung lässt sich als eine Tätigkeit verstehen, bei der Vergleiche dieser Art eine zentrale Rolle spielen. Diese Tätigkeit umfasst verschiedene Aspekte, die aufeinander folgen können, oft aber auch gleichzeitig ablaufen: Da ist erst mal die Tätigkeit des Modellierens selbst *(performativer Aspekt)* – wir messen vielleicht elektrische Ströme zwischen Partien des Gehirns. Das daraus entwickelte Modell des Gehirns als System aus elektrischen Leitungen *(resultativer Aspekt)* führt uns dann wiederum dazu, das abgeleitete (und vielleicht auch schon experimentell überprüfte) Verhalten des Modells auf Eigenschaften gewisser Elemente, der Neurone, zurückzuführen, womit wir also eine weitere Modellierung vorgenommen haben, nun etwa der Neurone als elektrischen Leiterelementen *(prozeduraler Aspekt)*. Als Resultat hätten wir nun schon zwei Modelle vorliegen, einmal das Gehirn als informationsverarbeitendes System, einmal ein Neuron als elektrisches Leiterelement dieses Systems. Damit ist selbstverständlich ein Ende nicht erreicht, vielmehr können wir das jeweilige Resultat (etwa „ein Modell der Aktivität des präfrontalen Cortex" wieder zum Ausgangspunkt weiterer Modellierung machen – und zwar auf allen relevanten Skalen der biologischen Organisation).

Die Tätigkeit der Modellierung umfasst also performative Aspekte des Modellierens einerseits und resultative des Modelles andererseits. Zugleich kommt aber das prozedurale Moment hinzu, denn Modelle (im resultativen Sinne) können ihrerseits wieder Ausgangspunkt weiteren Modellierens sein, was wiederum in Modelle einmündet. Hier gelangt man nun zu einer überraschenden Erkenntnis: Was hier jeweils der modellierte Gegenstand ist, hängt damit wesentlich von der Art und Form der Modellierung ab. In anderen Worten: Wir brauchen Modellierung, um überhaupt bestimmen zu können, was der Gegenstand unserer Arbeit ist. Oder noch stärker zugespitzt – die Zumutung dieser Antwort auf unsere Frage nach der Funktion von Modellen ist beabsichtigt – nur durch die (hier vor allem wissenschaftliche) Tätigkeit des Modellierens zeigen sich uns diese Gegenstände als das, was sie sind. Wir können also nicht nur nicht auf Modelle verzichten; wir können sie vielmehr nicht von unserem Wissen von den Gegenständen gleichsam abziehen und bekämen die Gegenstände dann

so rein zu sehen, wie sie ohne Modelle wären. Ebenso wäre der Versuch zum Scheitern verurteilt, die Form einer geschnitzten Holzstatue zunächst unter Verwendung eines Schnitzmessers herzustellen und dann die Wirkung des Messers auf den Holzblock zurückzunehmen, in der Hoffnung, die Form der Statue nun „an sich" zu sehen. Es wäre dann eben keine Statue mehr, sondern wieder ein Holzblock.

Modelle sind also Resultat einer wissenschaftlichen Tätigkeit, die an Objekten unter Nutzung von Vergleichen vorgenommen wird. Modelle „gibt es" also so ebenso wenig wie Begriffe. Als Resultate des Modellierens werden sie beständig zum Ausgangspunkt weiterer Modellierungen, sie markieren also in der Regel einen „Zwischenstand" der wissenschaftlichen Debatte und weisen in der Regel beide oben dargestellten Funktionen auf: Sie sind beschreibend (deskriptiv), also *Modell von etwas* und andererseits vorschreibend (präskriptiv), also *Modell für etwas*. Diese beiden Funktionen wollen wir uns nun etwas genauer ansehen.

8.5　„Modelle von" und „Modelle für"

Wir verwenden Modelle also regelmäßig, um ein bestimmtes Wissen über Regeln, das wir für bestimmte Fälle erarbeitet und erprobt haben, auf andere Fälle zu *übertragen*. Wenn wir Modelle rein als Abbildungen von etwas verstehen, kann es leicht passieren, dass wir etwas Wichtiges übersehen. Um dies zu erläutern, sehen wir uns noch einmal genauer an, wie Modelle von etwas und wie Modelle für etwas verwendet werden:

Modelle von etwas sind in der Tat am einfachsten als Abbildungen zu verstehen. Es werden dabei „Repräsentationen" verschiedenen Typs erzeugt, wie etwa der Abdruck unserer Unterkieferzähne beim Zahnarzt. Wenn der Zahnarzt dieses Modell ausgießt, dann kann er – auf Wunsch sogar immer wieder aufs Neue – Gipsmodelle unseres Unterkiefers herstellen.

Daran ist auf den ersten Blick nichts weiter bemerkenswert. Aber schon dieses einfache Beispiel ist im Grunde nicht so einfach, wie es scheint, es wurde nämlich zunächst ein Negativ und daraus wieder ein Positiv des ursprünglichen Unterkiefers hergestellt. Der Ausdruck Modell ist also schon hier mehrdeutig und umfasst mehr als einen Schritt (iterative Modellierung). Doch können wir an diesem Beispiel noch andere Aspekte festhalten, die für *Modelle von* relevant sind: Es ist nämlich jederzeit möglich, die Qualität der Modellierung zu überprüfen, indem bestimmte geometrische Eigenschaften zugrunde gelegt und schlicht ausgemessen werden. Im Grunde wäre es sogar möglich, eine vollkommene Übereinstimmung der Maße von Gegenstand (also unsere Zähne) und dem Modell 2 (also dem Gipsreplikat unserer Zähne) zu erstellen – unser Zahnarzt versucht dies jedenfalls im Rahmen der Messungenauigkeit. Eine solche vollständig störungsfreie Abbildung wäre dann *bijektiv*, denn wir könnten ausgehend von jeder Stelle bei Modell 2 zur entsprechenden Stelle des Zahns gehen und umgekehrt, ohne dass eine Abweichung vom geometrischen Maß festzustellen wäre.

Der Konjunktiv ist hier bewusst gewählt, denn eine solch vollkommene Übereinstimmung wird in der Realität nie erreicht. Die Entsprechung ist nämlich keine Beschreibung, sondern vielmehr eine Norm (also eine Vorschrift) für die Herstellung von Modell 2: *„Stelle einen Abguss derart her, dass am Gipsabguss jede beliebige Stelle dieselben geometrischen Eigenschaften habe, wie jede entsprechende (beliebige) Stelle am Zahn."* *Modelle von* treten also notwendigerweise immer gemeinsam mit einem Original auf, welche beide wohlunterscheidbar sind. Wir könnten allgemein sagen, dass das Modell (*modellans*, „das Modellierende") und das Original (*modellandum*, „das zu Modellierende") zwei wohlunterschiedene Gegenstände sind, die sich in bestimmten, von uns herausgehobenen, Eigenschaften entsprechen. Wenn sich diese Eigenschaften in strengem Sinne entsprechen, können wir also allein durch Betrachtung des Modells schon etwas im Vorhinein wissen, ohne es im Original nachmessen zu müssen. Wir nutzen hier intuitiv eine logische Figur, die Transitivität heißt (Transitivität und das Problem der Ähnlichkeit).

Transitivität von Anfang an gegeben sind, denn es handelt sich nicht um eine empirisch gewonnene Schlussfolgerung, sondern um eine normative Vorgabe. Wir wissen also schon *a priori,* wie das Modell aussehen soll, bevor wir mit der Herstellung überhaupt beginnen. Ob das wirkliche Resultat aber diesen Erwartungen entspricht oder nicht, ist dann jedoch eine empirische Frage: Wir probieren es aus und bewerten die Qualität unserer Modellierung anhand der Übereinstimmung mit dem Original. In anderen Worten: Wir nutzen Symmetrie und Transitivität als nichtempirische Merkmale, um den Erfolg unserer Modellierung auf empirischem Wege zu bewerten.

Diese beiden Kriterien (Symmetrie, Transitivität) betreffen jedoch immer nur bestimmte Merkmale des Originals. Niemand würde ernsthaft versuchen, mit einem Gipsmodell der Unterkieferzähne alleine Aussagen über Gewebebeschaffenheit, Metabolismus oder Funktion des Kiefergelenks gewinnen zu wollen. Das Gipsmodell bezieht sich ja auch gar nicht auf diese Eigenschaften des Originals, sondern lediglich auf die geometrischen Verhältnisse. Wir ziehen also gleichsam einen bestimmten Aspekt des Originals von ihm ab und erstellen, nur für diesen Aspekt, das Modell, wir abstrahieren also (*ab-strahere,* lat. für „fortziehen, davonschleppen"). Modell und Original weisen also eine *Ähnlichkeit* auf, sie sind aber eben nicht gleich, sondern nur *gleich in Bezug auf* den Aspekt, für den wir diese Modellierung vorgenommen haben. Diese Überlegungen mögen auf den ersten Blick als „abstrakt" und für den Alltag der Biologie als nicht wichtig erscheinen, aber dieser erste Blick täuscht. Wie in ▶ Kap. 1 ausgeführt, zählt das *Vergleichen* zu den zentralen

Techniken, die für biologische Erkenntnis eingesetzt werden. Wenn wir vergleichen, stellen wir Ähnlichkeiten fest und wir müssen dafür bestimmte Aspekte des Originals gleichsam aus der komplexeren Wirklichkeit vor uns herausfiltern und dieses so gebildete Modell auf eine andere, ebenfalls komplexe Wirklichkeit anwenden, um so zu dem kühnen Schluss zu gelangen, dass diese beiden Originale miteinander vergleichbar seien. Es liegt auf der Hand, dass diese Aufgabe in keiner Weise trivial ist, sondern höchste Kunstfertigkeit erfordert. Das ist einer der Gründe, warum die Formulierung expliziter *Homologiekriterien* für die Biologie von großer Bedeutung war. Selbst wenn man diese zur Verfügung hat, kann es immer noch sehr schwierig sein, solche Modellierungen vorzunehmen. Eindrückliche Beispiele für diese Schwierigkeiten findet man bei der Rekonstruktion von ausgestorbenen Lebensformen, von denen man nur noch fossile Reste zur Verfügung hat. Für solche Rekonstruktionen muss man nämlich ein „Modell von" zugrunde legen, um diese Fragmente anordnen zu können. Hier kommt es dann wesentlich darauf an, welche Modellorganismen für die Rekonstruktion ausgewählt werden, denn von dieser Wahl hängt es zum Beispiel ab, ob man eine knöcherne Struktur als geometrisch intakt interpretiert oder ob man annimmt, dass sie durch die geologischen Prozesse bei der Fossilierung verändert, etwa gepresst, gezerrt oder verformt wurde. Ein lehrreiches Beispiel bietet die Debatte um die Rekonstruktion der im kanadischen Burgess-Schiefer gefundenen Organismen. Diese fossilen Formen wurden zunächst als ausgestorbene Stämme gedeutet, die im Rahmen der kambrischen Explosion verschwunden seien. Später stellte sich heraus, dass manche dieser Formen, etwa die bizarre *Hallucigenia* mit Stelzenbeinen und fleischigen Auswüchsen am Rücken, einfach falsch rekonstruiert waren. Infolge weiterer Funde konnte gezeigt werden, dass man einfach Ober- und Unterseite verwechselt hatte. Aus einer mysteriösen Lebensform, die man ausgestorben wähnte, wurde so ein Vertreter eines noch existierenden Tierstammes, der *Onychophora* (Stummelfüßler).

Modelle für etwas stellen die zweite Art der Modellverwendung dar. Das „für" soll zunächst ganz einfach den Zweckaspekt herausheben. Dieser ist uns implizit schon beim *Modell von* begegnet: Denn auch hier liegen der Anfertigung, der Beurteilung und der Verwendung von Modellen Zwecke zugrunde.

Soll eine Krone hergestellt werden, geht es nur um die Form, und daher wird ein Abgussmodell hergestellt; sollen andere Aspekte des Kiefers abgebildet werden, wird das jedoch nicht ausreichen. Auch für paläontologische Modelle gilt dies: Wenn nur die Kontur eines Lebewesens nachgebildet werden soll, ist die Einbeziehung anatomischer Details des (vermuteten) Leberaufbaues unerheblich; dies gilt aber nicht, wenn ein morphologisches Modell anzufertigen ist, um die vermutete Embryologie darzustellen. Wahl und Beurteilung des Modells richten sich also immer nach den Zwecken der Verwendung. Man erkennt an diesen Beispielen auch, dass die Trennung *Modell für* und *Modell von* oft nicht absolut zu ziehen ist; denn in all diesen Beispielen wurde ja auch ein *Modell von* hergestellt, vom Kiefer etwa oder von dem Lebewesen, dessen fossile Reste rekonstruiert werden sollen.

Es gibt jedoch Fälle, bei denen das *Modell für* einen systematischen Unterschied zum *Modell von* aufweist: Dann nämlich, wenn kein Original vorliegt. Ein eingängiges Beispiel für diesen Fall sind manche evolutionären Rekonstruktionen, bei denen man versucht, rezente Formen auf mögliche Vorfahren zurückzuführen, von denen man die geologische Schicht ihres Fundorts bestimmt hat und daher weiß, dass sie das richtige Alter aufweisen, um als Kandidaten für eine solche Ahnenrolle zu fungieren. In solchen Fällen wird dann oft versucht, ein Modell von diesen vergangenen Lebensformen anzufertigen und sie uns als „mögliche Organismen" vorzustellen. Jedoch wird diese Reihe auch Lücken enthalten, nicht selten sogar sehr große Lücken. In diesem Fall bleibt uns nichts anderes übrig, als plausible „Zwischenformen" zu rekonstruieren, die nach bestimmten Kriterien gebildet sind. Zu diesen Kriterien gehört etwa, dass die so modellierten Organismen „lebensfähig" sein müssen, was ein Minimum an morphologischer, physiologischer und metabolischer Kohärenz voraussetzt. Sie müssen zudem „überlebensfähig" sein, was also reproduktive Aspekte mit einbezieht, die genetischer, sicher aber auch paläo-ökologischer Natur sind. Solche Modelle für die evolutionäre Transformation erlauben also eine evolutionäre Erklärung, wie die rezenten Formen (die wir ja sehr genau untersuchen können) vermutlich zustande kamen. Freilich sind diese Modelle in einem gewissen Sinne „kontrafaktisch", wir können nur sagen, dass sie uns eine plausible Geschichte liefern, aber empirisch belegt sind sie nicht notwendig. Nicht umsonst hat Darwin für solche hypothetischen (also modellierten), aber plausiblen Übergangsformen den Begriff *missing links* genutzt. Solche Rekonstruktionen, gesetzt, sie sind adäquat und bewähren sich, erlauben uns also, einen nicht gegebenen Gegenstand zu verstehen – hier einen ausgestorbenen Vorfahren. An diesem Beispiel wird auch greifbar, dass Modelle nicht Teil der empirischen Welt sind.

Auch an anderen Beispielen lässt sich zeigen, wie wir *Modell für* nutzen, um etwas zu erklären. Das *Modell für* tritt gleichsam zwischen den Gegenstand, an welchem wir etwas erklären wollen, und die Erklärung, die wir unter Nutzung des Modells erreichen. Dies ähnelt zunächst einmal dem *Modell von*, weil wir ja sagen, dass Modell und Original hinsichtlich des von uns als wichtig definierten

Aspekts ähnlich seien. Wenn wir genauer hinschauen, stellen wir jedoch fest, dass das *Modell für* noch eine weitere Ebene aufweist, wie im Folgenden am Beispiel der Linse kurz ausgeführt sei. Sowohl die künstliche Linse aus Glas wie die natürliche Linse im Auge haben dieselbe Form und sind für das Licht durchlässig. Natürlich wissen wir, dass sich Stoffzusammensetzung und Festigkeit unterscheiden, sie sind eben ähnlich, aber nicht gleich. Bis hierher scheint einfach ein *Modell von* vorzuliegen. Das ändert sich jedoch schnell, wenn wir versuchen, die Funktionsweise der Linse zu verstehen: Wir können nämlich die optischen Gesetze, die wir an der Glaslinse erarbeitet haben, sehr gut auf die Linse im Auge übertragen, und dies erlaubt uns, viele biologische Phänomene (etwa Kurz- oder Weitsichtigkeit) zu verstehen (und auch zu verändern, indem wir zum Beispiel Brillengläser entwickeln). Diese Beziehung ist nicht symmetrisch – man kann das Verhalten von Glaslinsen hervorragend beschreiben und auch kontrollieren, wenn man keine Ahnung hat, wie eine Augenlinse funktioniert. Umgekehrt gilt dies aber in bemerkenswerter Weise nicht: Denn ohne Kenntnis der Gesetze, die wir an der künstlichen Linse erarbeitet haben, können wir die Funktionsweise der natürlichen Linse nicht erklären. Bei den *Modellen für* geht es also gerade nicht um die Frage nach der *Ähnlichkeit von Strukturen* oder deren geometrischer Form, sondern um die Frage, auf welche Weise bestimmte Leistungen eigentlich zustande kommen. Um auf das in ▶ Kap. 1 des Buches eingeführte System der Aristotelischen Vierursachenlehre zurückzukommen: *Modelle für* erlauben uns einen Zugang zu den Wirkursachen *(causa efficiens)*.

Während bei vielen biologischen Modellen beide Aspekte *(Modell von, Modell für)* miteinander verwoben sind, sodass der grundsätzliche Unterschied nicht so offensichtlich wird, wird dieser Unterschied schlagartig klar, wenn ein Modell aus einem nichtbiologischen Zusammenhang in die Biologie eingeführt wurde oder umgekehrt ein Modell aus der Biologie in einen nichtbiologischen Zusammenhang „exportiert" wurde. Dies lässt sich beispielhaft an den sogenannten *Neuronalen Netzwerken* zeigen, wo ein *Modell für* in beiden Richtungen eingesetzt wurde (Neuronale Netzwerke als *Modell für*).

Neuronale Netzwerke als *Modell für*
Unser Verständnis von Nervenzellen wurde entscheidend von *Modellen für* geprägt. Wie ein Membranpotenzial aufgebaut wird, wie es von der Ionenzusammensetzung im Zellinnern und außerhalb der Membran abhängt, welche Art von Ionenkanälen hier eine Rolle spielen (die man zumeist hinsichtlich ihrer funktionellen Eigenschaften exakt charakterisiert hatte, bevor auch nur ein einziges Gen bekannt war) – das sind alles Fragen, die man mithilfe von physikalischen und chemischen Modellen berechnet hat, bevor man die Vorhersagen dieser Modelle am biologischen System (anfangs vor allem die experimentell gut zugänglichen Riesenaxone von Cephalopoden) überprüft hat. Es war also fruchtbar, elektrochemische *Modelle für* die Erklärung neuronaler Aktivität einzusetzen.

Daher lag es nahe, diese elektrischen Modelle, bei denen man Membranen von Neuronen als Kondensatoren mit einer bestimmten elektrischen Kapazität oder die Ionenpermeabilität der Membran mithilfe eines Ohm'schen Widerstands beschrieb, auch auf Kombinationen von Neuronen zu erweitern. So lassen sich stimulierende und inhibierende Potenziale in einem System von Neuronen als negative und positive Schaltsignale modellieren und die Synapsen als Schalter. Damit kann man das Verhalten von komplexen Strukturen wie dem Gehirn als kybernetische oder systemtheoretische Einheit beschreiben und auch vorhersagen. Man hat hier also ein technisches System (elektronische Schaltkreise) als *Modell für* die Vorhersage von Leistungen neuronaler Netzwerke eingesetzt, und das funktioniert sehr gut, obwohl ein Kondensator auf einer Computerplatine und ein Neurit im Gehirn keinerlei Ähnlichkeit in ihrer Gestalt oder gar in ihren Materialien aufweisen. Eine Ähnlichkeit besteht allenfalls in ihrer Funktion. Ähnlich wie bei der Augenlinse liegt hier der Modellierung eine Beschreibung technischer Artefakte zugrunde.

Interessanterweise wird nun dieses *Modell für* inzwischen häufig auf die technische Ebene zurückgespiegelt, wenn etwa in der Informatik sogenannte *neural nets* als selbstlernende Systeme eingesetzt werden. Hierbei erweckt die Nomenklatur den Schein, als handele es sich um ein *Modell von* biologischen Einheiten. Dem ist jedoch nicht so – es wäre daher auch besser, von *Bayesean-Nets* zu sprechen, die nach Bayes benannt werden, und im Prinzip nichts weiter sind als formale Verknüpfungen von logischen Operatoren und Eintrittswahrscheinlichkeiten. Wenn in der Informatik von einem neuronalen Netz die Rede ist, ist damit einfach gemeint, dass man ein zumindest dreischichtiges System aus Eingang, Verarbeitung und Ausgang vorliegen hat. Die Übergangsparameter sind variabel, *ähnlich* wie die stimulierenden oder hemmenden Potenziale in einem neuronalen System. Diese Parameter werden nun mithilfe von sogenannten Training-Sets optimiert. Das System bekommt also eine typische Auswahl von Eingangsreizen *(Input)* und liefert dann einen bestimmten Ausgang *(Output)*. Dies wird nun mithilfe evolutionärer Algorithmen (auch dies wieder ein *Modell für*) optimiert, wobei

einfach die Differenz des im Experiment erzeugten Output und des erwünschten Output minimiert wird. Solche als *neural nets* bezeichneten selbstlernenden technischen Systeme haben mit wirklichen neuronalen Netzwerken gar nichts gemein, sie nutzen nur die technische Modellierung, die genutzt wurde, um wirkliche neuronale Netzwerke zu erklären. Diese Modellierung stammt ja aber eigentlich aus dem technischen Bereich selbst. Bei den *neural nets* handelt es sich also eigentlich um den kuriosen Fall eines *Modells für*, das auf sich selbst zurückgespiegelt wurde. Dieses Beispiel zeigt also eindrücklich, dass *Modelle für* mit Ähnlichkeit nur sehr wenig, mit Funktion aber sehr viel zu tun haben.

8.6 Aus alt mach' neu: Übertragung von Modellen

Modelle haben einen kontrafaktischen Aspekt, sind also nicht nur Teil der empirischen Welt. Bei den *Modellen von*, mit denen wir ja bekannte Gegenstände oder zumindest einige ihrer Aspekte darstellen wollen, ist der Bezug zur empirischen Welt noch relativ eng. Bei den *Modellen für* wird das kontrafaktische Moment schon offensichtlicher, denn hier sollen neue, bisher noch nicht bekannte Gegenstände oder zumindest bisher nicht bekannte Zustände dieser Gegenstände der Forschung zugänglich gemacht werden. Hier kann das Modell weder aus Daten gewonnen noch aus einer Theorie abgeleitet werden, und zwar im Wesentlichen deshalb, weil der Gegenstand oder seine Zustände ja noch gar nicht bekannt sind. Modelle erlauben uns in diesem Fall, die Gegenstände so zu beschreiben und zu strukturieren, dass wir damit überhaupt wissenschaftlich arbeiten können. Solche Modelle haben also eine konstitutive Funktion.

Modellorganismen als zentrales Werkzeug biologischer Erkenntnis nutzen genau dieses Verfahren: Die an einem experimentell zugänglichen Organismus erarbeiteten Modelle eines biologischen Phänomens werden nun auf einen anderen Organismus *übertragen*. Das Modell wird also umgedreht, um die wissenschaftliche Arbeit mit einem Organismus zu ordnen und zu erleichtern. In der Praxis wird man nun nicht alle Details dieser Übertragung mit dem Ursprungsorganismus vergleichen, sondern nur jene, die einem als wesentlich erscheinen. Vielleicht lassen sich beim Zielorganismus auch gar nicht alle Aspekte so einfach experimentell untersuchen. In solchen Fällen wird man einfach aus der angenommenen Ähnlichkeit mit dem Ursprungsorganismus erschließen, wie es sich verhält. Man nutzt dazu Verfahren wie die in ▶ Abschn. 8.5 beschriebene Symmetrie und Transitivität. Das bedeutet in anderen Worten, dass man auch hier wieder auf der nicht-empirischen Ebene arbeitet.

Ob diese Übertragung erfolgreich war oder nicht, lässt sich zumeist erst im Nachgang entscheiden. Vielleicht war die angenommene Ähnlichkeit doch nicht in allen wesentlichen Aspekten gegeben, was aber aufgrund der experimentellen Begrenzungen im Zielorganismus nicht offensichtlich war. Interessant ist nun, dass selbst in diesem Fall, wo die Übertragung nicht erfolgreich war, die Modellierung dennoch gelingen kann (Gelingen und Erfolg in der experimentellen Biologie in ▶ Abschn. 8.2). Es mag sich nämlich hinterher herausstellen, dass das am Ursprungsorganismus gewonnene Modell für den Zielorganismus einfach nicht passt (die Modellierung war also erfolglos). Wenn aber die Modellierung nach allen Regeln der wissenschaftlichen Kunst vorgenommen wurde, kann man daraus dennoch wichtige Erkenntnisse über den Zielorganismus gewinnen. Die *erfolglose* Modellierung war also gleichzeitig eine *gelungene* Modellierung.

Im Folgenden wollen wir dieses scheinbare Paradox an einem wissenschaftlich fruchtbaren Beispiel illustrieren. Es geht um die Übertragung eines am Modellorganismus *Drosophila* gewonnenen Modells der Embryogenese auf den Modellorganismus *Arabidopsis*.

8.6.1 Von der Fliege zum Modell

Wir haben oben schon ausgeführt, dass etwas nicht ein Modell „ist", sondern durch seine Verwendung zu einem Modell wird. Das Modell-Sein ist also eine Eigenschaft der Verwendung von etwas als Modell – für oder von etwas. Einen solchen Fall wollen wir uns ansehen, nämlich bei der Taufliege *Drosophila melanogaster*. Diese Fliege ist so selbstverständlich ein Modell, dass der Unterschied zwischen einer Taufliege als Modell und einer wirklichen Taufliege gar nicht mehr auffällt. Tatsächlich gehört Drosophila zu den ältesten Modellorganismen der modernen Biologie überhaupt. Wichtig daran ist für unsere Darstellung, dass sie zunächst gar nicht entwicklungsbiologisch, sondern genetisch – und hier im engeren Sinne populationsgenetisch – in Erscheinung trat. Das ist auch deshalb wichtig, weil für populationsgenetische Erklärungen eine gute Kenntnis der Phänotypen in einer Population unerlässlich ist (dazu unten mehr).

Nun haben wir ebenfalls schon gesehen, dass ein und derselbe Gegenstand für unterschiedliche Zwecke zum Modell werden kann – dies gilt auch für *Drosophila*. Während die Taufliege zunächst als Modell für die populationsgenetische Modellierung eingesetzt wurde, und hier seit einigen Jahren zunehmend (auch im Vergleich unterschiedlicher *Drosophila*-Arten) unter evolutionsbiologischen Aspekten untersucht wird, wurde sie ab Mitte des vorigen Jahrhunderts zunehmend zu einem wirkungsmächtigen Modell für die Entwicklungsgenetik, was unter anderem mit einem Nobelpreis (1995 für Christiane Nüsslein-Volhard) gewürdigt wurde. Wir wollen das *Drosophila*-Modell dabei in folgenden Schritten vorstellen:

1. Worin besteht das eigentliche Modell?
2. Was genau war die leitende Frage, die mit dem Modell beantwortet werden sollte?

3. Welche Modelle werden in das Modell integriert – werden damit also zu Teilmodellen?
4. Welche Erwartungen lassen sich an das Modell formulieren, wenn wir zugrunde legen, dass Modelle – jedenfalls immer auch – der Ausgangspunkt allgemeiner Theorien sein sollen?

Wir werden am Ende dieser Darstellung sehen, dass die Erkenntnisleistung des Modells von Nüsslein-Volhard darin liegt, dass Wissensbestände, Annahmen und Erklärungen zusammengeführt und damit in einen Sinnzusammenhang gebracht wurden. Es handelt sich also um mehr als um die Hervorbringung neuen „Faktenwissens" (obwohl ohne dieses „Faktenwissen" die Modellierung nicht möglich geworden wäre). Es handelt sich vor allem um eine wesentlich konzeptionelle Leistung, die unser Verständnis der embryonalen Entwicklung systematisch und wesentlich erweiterte. Merke: Die Anhäufung neuer Fakten macht noch lange keine gute Wissenschaft, die erkennt man daran, dass sich die Beschreibung (und Deutung) dieser Fakten verändert.

Das „nackte" Modell

Die folgende Darstellung sieht ganz bewusst davon ab, zu schildern, wie das Modell entstanden ist, was seine „ursprünglichen" Zwecke waren, ob diese tatsächlich oder teilweise erreicht wurden, oder welche Schwierigkeiten dabei zu überwinden waren. Vielmehr wollen wir dieses Modell einmal als eine Art Kochrezept lesen, also im Sinne von „lasst uns eine Fliege machen". Es ist wichtig, sich diesen „Twist" klarzumachen: Das Modell, so wie es in jedem Biolehrbuch nachgelesen werden kann, erweckt den Anschein, als handele es sich um die Darstellung eines Herstellungsvorganges (vom Ei zur Fliege). Tatsächlich handelt es sich aber um eine – in mühevoller Detailarbeit, aus zahlreichen Einzelmodellen, Teiltheorien und empirischen Resultaten zusammengetragene – *Erklärung!* Genau dieser Erklärungsaspekt, der „Zweck" des Modells, geht verloren und es

entsteht der Eindruck eines einfach beschreibbaren empirischen Vorganges.

Auf der Grundlage langjähriger und sorgfältiger Untersuchung zahlreicher Mutanten mit abweichender Embryogenese wurde ein entwicklungsgenetisches Modell dieses Phänomens entwickelt (Johnston und Nüsslein-Volhard 1992). Demnach wird die Keimesentwicklung von *Drosophila* durch vier – im Wesentlichen voneinander unabhängige – Gruppen von Genen reguliert, die jeweils den vorderen (anterioren) Pol, den hinteren (posterioren) Pol, die Endpunkte des Embryos (terminales System) und die Rücken-Bauch-Asymmetrie (Dorsiventralität) bestimmen. Alle vier Gruppen sind maternalen Ursprungs, wobei terminales und dorsiventrales System dem (mütterlichen) Soma zuzurechnen sind, während die beiden anterior-posterioren Gruppen von der (mütterlichen) Keimbahn ausgehen. Die Entwicklung des Keims wird also schon vor der Befruchtung determiniert. Für den späteren Übertrag auf *Arabidopsis* war vor allem das anterior-posteriore System von Bedeutung, Daher lassen wir die terminalen und dorsiventralen Gene im Folgenden außen vor.

1. **Festlegung des anterioren Poles.** In den Follikeln des Ovars wird *bicoid*-mRNA gebildet. Da die Eizelle sich vom hinteren Ende des Ovars her nach vorne ausdehnt und sich dabei die Follikel einverleibt, kommt die (nicht translatierte) *bicoid*-mRNA am anterioren Pol der Eizelle zu liegen. Die Translation erfolgt erst nach der Befruchtung, sodass sich nun das bicoid-Protein in einem Gradienten über die vorderen zwei Drittel der Längsachse des Keimes verteilt. Das bicoid-Protein kann die Expression zygotischer Gene steuern, indem es ihre Translation aktiviert (wie im Falle von *hunchback)* oder unterdrückt (wie im Falle von *caudal*). Abhängig vom lokalen bicoid-Pegel sind das unterschiedliche Gene, häufig wiederum Transkriptionsfaktoren. Beispielsweise wird durch die hohe bicoid-Konzentration im vordersten Drittel des Keims das *hunchback*-Gen

aktiviert, das für die Ausbildung von Kopf und Thorax benötigt wird. Letztendlich wird entlang des bicoid-Gradienten über Schwellenwerte die grobe Struktur des anterioren Anteils festgelegt.

2. **Festlegung des posterioren Pols.** Auch hier wird maternale, nicht translatierte mRNA für einen Transkriptionsfaktor, *nanos,* in einem Pol der Oocyte deponiert. Das nach Befruchtung gebildete nanos-Protein bildet nun ebenfalls einen Gradienten, diesmal von posterior nach anterior abfallend, also genau gegenläufig zum bicoid-Gradienten. Auch hier wird die Translation anderer Transkriptionsfaktoren (etwa der *caudal*-mRNA) aktiviert. Es gibt jedoch einen prinzipiellen Unterschied zum anterioren Pol: Der posteriore Pol wird abhängig von der Polarität der Mikrotubuli bestimmt, die vom anterioren Pol nach hinten auswachsen. Diese mikrotubuläre Polarität wird von einem Kinesinmotor „ausgelesen", der die nicht translatierte mRNA von posterioren Determinanten transportiert (etwa oskar, einem Ankerpunkt für *nanos*-mRNA, die von den Follikelzellen am Hinterende der Eizelle abgegeben wird) transportiert (Clark et al. 1994). In anderen Worten: Der posteriore Pol wird, anders als im Falle des bicoid-Gradienten, nicht unmittelbar durch den mütterlichen Follikel bestimmt, sondern indirekt und abhängig vom anterioren Pol.

3. **Von Gradienten maternaler Faktoren zur Gliederung der Fliegenlarve.** Das nanos-Protein ist ein Repressor der *hunchback*-Expression. Das durch den bicoid-Gradienten noch relativ vage vorgegebene Muster, wonach das hunchback-Protein vor allem in der vorderen Hälfte des Embryos zu finden ist, wird nun also deutlich geschärft, da in der hinteren Hälfte des Keims die Expression von *hunchback* durch die dort hohen Pegel von nanos unterdrückt wird. Aus einem sanften Gefälle von

Proteinkonzentrationen (bicoid von vorne nach hinten abfallend, nanos von hinten nach vorne abfallend) ist nun eine scharfe Grenze entstanden. Letztendlich geschieht dies dadurch, dass sich zwei Gradienten *überlagern* und so eine dritte Region definieren. Auf molekularer Ebene sieht diese Überlagerung so aus, dass die Translation der *hunchback*-mRNA durch bicoid aktiviert, durch nanos aber unterdrückt wird. An der *hunchback*-mRNA laufen also zwei Handlungsstränge zusammen. An dieser Stelle wird also eine „molekulare Entscheidung" getroffen: die verpackte mRNA wird in Antwort auf das bicoid-Protein geöffnet und in hunchback-Protein translatiert, oder sie bleibt in Antwort auf das nanos-Protein verpackt und damit inaktiv. Für die Expression von *caudal* verhält sich das übrigens spiegelbildlich, sodass hunchback im Bereich Kopf-Thorax, caudal hingegen im hinteren Abdominalbereich aktiv wird. Bis zu diesem Punkt wurde die Längsachse des Embryos also durch Gradienten von vier Proteinen untergliedert, deren zugehörige Gene im mütterlichen Gewebe (in den Follikelzellen des Ovars) aktiv sind. Ab diesem Punkt übernimmt der Embryo selbst die Steuerung seiner weiteren Entwicklung: Die von *hunchback* und *caudal* codierten Proteine sind nämlich Transkriptionsfaktoren und können ihrerseits wieder andere Gene aktivieren oder unterdrücken. Das sind zunächst einmal sogenannte *Lücken-Gene,* die in breiten, wiederum teils überlappenden Domänen exprimiert werden. Die Bezeichnung Lücken-Gene *(gap genes)* stammt daher, dass bei Mutation eines solchen Gens in der Larve mehrere Segmente fehlen. Auch diese Lücken-Gene codieren für Transkriptionsfaktoren, die ebenfalls abhängig von ihrer lokalen Konzentration die Gene der nächsten Hierarchieebene, die sogenannten *Paarregel-Gene (pair-rule genes)* aktivieren. Diese bestimmen jeweils zwei Segmente der Larve und aktivieren ihrerseits sogenannte *Segmentpolarität-Gene,* womit die 14 Segmente der Larve definiert sind. Die Identität dieser Segmente wird dann wiederum über unterschiedliche, sogenannte *Homöobox-Gene* ausgelesen – so wird an einem ganz bestimmten Segment am Kopf der Faktor *antennapedia* aktiviert, wodurch die an diesem Segment auswachsenden Gliedmaßen als Antennen ausgebildet werden. Wenn *antennapedia* mutiert, entstehen an derselben Stelle zwar auch Gliedmaßen, aber sie nehmen die Gestalt eines Beines an (der Name dieser Mutante leitet sich von diesem bizarren Phänotyp ab).

Das „destillierte" Modell: räumliche Überlappung und molekulare Kombination

Von den molekularen und funktionellen Details der oben geschilderten hierarchischen Kaskade von Transkriptionsfaktoren soll nun einmal abgesehen werden, um drei übergreifende Prinzipien destillieren, die den konzeptionellen Kern dieser Modellierung ausmachen und auch später für die Übertragung des Modells auf andere Modellorganismen wichtig waren:

1. Die Faktoren der höheren Hierarchieebene werden in einer breiten Region aktiviert.

2. Dort, wo die Aktivität eines solchen Faktors mit der seines Nachbarn überlappt, wird auf der nachgeordneten Hierarchieebene ein anderer Faktor aktiviert, als dort, wo die Aktivität nicht überlappt. Aus wenigen groben, nur vage abgegrenzten Regionen auf den höheren Hierarchiestufen entstehen so auf den nachgeordneten Hierarchiestufen viele, präzise definierte Regionen (Abb. 8.1).

3. Diese räumliche Überlappung findet sich auf molekularer Ebene als Kombination verschiedener Proteinaktivitäten wieder – viele dieser Transkriptionsfaktoren agieren in Form von Proteinkomplexen, die je nach Zusammensetzung unterschiedliche Zielgene aktivieren können. Dort, wo ein bestimmter Transkriptionsfaktor mit seinem „Nachbarfaktor" überlappt, werden sich also gemischte Komplexe bilden, während dort, wo nur einer der Faktoren vorkommt, homogene Komplexe entstehen. Dies hat zur Folge, dass jeweils andere Zielgene (die Transkriptionsfaktoren der nachfolgenden Hierarchiestufe) aktiviert werden.

Kurze Denkpause – was ist nun aus unserer Fruchtfliege geworden?

Die oben geschilderte Erzählung fasst mehrere Jahrzehnte Arbeit an Embryonen der Fruchtfliege in stark geraffter Form zusammen. Dennoch scheint alles Wesentliche über die Determination der Längsachse in Drosophila gesagt. Die Wirkungen der Gene und Genprodukte lassen sich in einem Ablaufbild zusammentragen, in welchem wir darstellen können, wie die verschiedenen Faktoren räumlich und zeitlich zusammenwirken und dadurch ein ursprünglich homogenes Ei zu einer in 14 unterschiedliche Segmente gegliederten Larve wird. Wir können nun in einem letzten Schritt aus dieser Darstellung eine Art Schalttafel erstellen, in der jeder Knoten ein Gen, ein Genprodukt oder ein Merkmal darstellt; und jeder Pfeil eine regulatorische Funktion (hier also im Wesentlichen Hemmung versus Steigerung) widerspiegelt. Unsere Schalttafel ist nichts anderes als ein Steuerungsplan (eine kybernetische Darstellung) des Modellorganismus *Drosophila melanogaster.* Wir könnten auf der Grundlage dieses kybernetischen Plans nun gezielte Eingriffe vornehmen. Dazu würden wir zunächst anhand des Plans überlegen, was geschieht, wenn einzelne Pfeile oder einzelne Faktoren

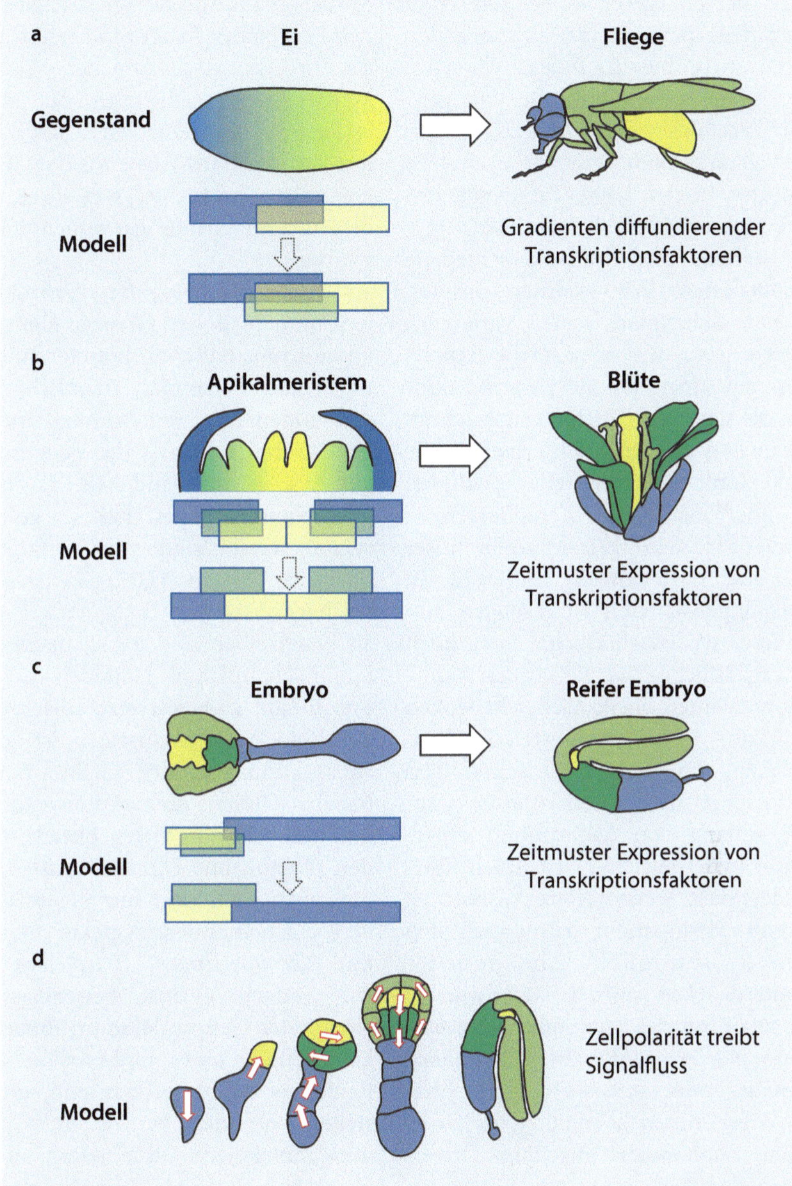

◼ **Abb. 8.1** Übertragung eines Modells für Achsenbildung vom Modellorganismus *Drosophila melanogaster* auf den Modellorganismus *Arabidopsis thaliana*. **a** Modell der anterior-posterioren Gliederung im Ei/Embryo von *D. melanogaster*. Die Längsgliederung der Fliege wird auf überlappende Gradienten von miteinander in Wechselwirkung tretenden Transkriptionsfaktoren erklärt. **b** Durch die Übertragung von dem Modell in a) abgeleitetes Modell der Organdifferenzierung in der Blüte von *A. thaliana*. Die Festlegung der Organidentität wird durch zeitlich überlappende Expression (die zu räumlicher Überlappung führt) von miteinander in Wechselwirkung tretenden Transkriptionsfaktoren erklärt. **c, d** Zwei Modelle der Organdifferenzierung im Embryo von *A. thaliana*. **c** Durch die Übertragung von dem Modell in **b** abgeleitetes Modell, wonach die Organdifferenzierung durch überlappende, miteinander in Wechselwirkung tretende Faktoren erklärt wird. **d** An dem Modellorganismus *A. thaliana* gewonnenes Modell, wonach die Organdifferenzierung durch den gerichteten Fluss des Signals Auxin erklärt wird, wobei die molekulare Ausgestaltung dieses Modells stark von der Identifizierung von Genen profitiert hat, die mithilfe des in **c** gezeigten Modells entdeckt wurden hoch- oder heruntergeregelt werden, und wir könnten dies dann an real existierenden Fruchtfliegen ausprobieren, indem wir etwa die entsprechenden Gene mithilfe von gentechnischen Verfahren wie Überexpression oder RNAi verstärken oder unterdrücken. Wir wären nun also in der Lage, Taufliegen mit bestimmten Eigenschaften „herzustellen".

Damit stehen uns nun verschiedene Möglichkeiten offen: Wir könnten unseren kybernetischen Schaltplan weiter verfeinern und erweitern, wenn wir über solche Experimente Daten gewinnen, die auf weitere Faktoren deuten, die wir bisher nicht berücksichtigt hatten, oder wenn unsere Daten erlauben, die Knoten und Linien in unserem Schaltplan in Zahlen oder mathematischen Gesetzmäßigkeiten auszudrücken. Wir könnten unser Modell aber auch dazu nutzen, Taufliegen mit gewünschten Eigenschaften zu erzeugen, um sie für andere, wissenschaftliche, aber auch außerwissenschaftliche Zwecke einzusetzen – als Modellorganismen eben. Vielleicht wollen wir die Wirkung eines bestimmten Medikaments erproben, von dem wir vermuten, dass es den Transport nicht translatierter viraler mRNA entlang von Mikrotubuli unterdrückt. Unser kybernetischer Schaltplan führt dann zur Idee, dass, wenn unsere Vermutung zutrifft, dieses Medikament dann auch den Transport von *oskar*-mRNA zum posterioren Pol unterdrücken müsste. Wir würden nun also prüfen, ob die Anwendung unseres Medikaments bei *Drosophila* also den Phänotyp von *oskar* -oder *nanos*-Mutanten phänokopiert. Wir könnten aber auch für einen befreundeten Zoohändler flügellose Drosophila züchten, damit er damit seine kostbaren, aber wählerischen Pfeilgiftfrösche füttern kann (die nur lebende Beute akzeptieren). Unser Schaltplan zeigt uns nämlich einen Weg, durch Ausschalten eines Lückengens die entsprechenden Thoraxsegmente zu entfernen.

Spätestens an dieser Stelle sollte klargeworden sein, dass unser Modellorganismus *Drosophila melanogaster* mit der vor uns aus sich zersetzendem Bananenbrei aufsteigenden kleinen Fliege nur noch wenig zu tun hat. Dieser Modellorganismus besteht strenggenommen aus den Fliegen der Art *D. melanogaster,* den an dieser Lebensform gewonnenen Modellen (unser kybernetischer Schaltplan der anterior-posterioren Achsenbildung ist ja nur einer von vielen, der hier entwickelt wurde), aber auch der gesamten Geschichte, wie diese Modelle an diesem Organismus gewonnen und verfeinert wurden.

Dieser Prozess der Abstraktion macht jedoch nicht an den Grenzen eines bestimmten Organismus halt, Wir könnten unseren kybernetischen Schaltplan nämlich auch dazu verwenden, die Entwicklung anderer Insekten zu beschreiben, die genetisch nicht so gut erschlossen sind wie *D. melanogaster.* Wir könnten sogar, kühner geworden, versuchen, unabhängig vom konkreten organismischen System *(D. melanogaster)* weitere solcher Systeme auch in entfernten Gruppen zu beschreiben und dabei unseren kybernetischen Schaltplan als Leitfaden verwenden. Was uns in die Lage versetzt, unseren Schaltplan auf diese Weise einzusetzen, ist der sehr hohe Abstraktionsgrad, den wir inzwischen erreicht haben. Dieser Abstraktionsgrad erlaubt es uns nämlich, von vielen Details, die wir über den Organismus *D. melanogaster* wissen, einmal abzusehen und nur die uns als wesentlich erscheinenden Aspekte herauszugreifen und zu *übertragen.* Beispielsweise könnten wir einfach einmal beiseitelassen, welche Gene oder Genprodukte im Einzelnen für die Unterteilung eines Embryos in verschiedene Regionen verantwortlich sind, und die Frage stellen, ob das Prinzip der Überlappung und molekularen Interaktion in Form von Transkriptionsfaktor-Komplexen auch in anderen Organismen gilt und uns dabei hilft, Entwicklungsvorgänge zu verstehen. Wir nehmen nun also unseren kybernetischen Schaltplan und streichen die Namen der Elemente aus, behalten nur die Pfeile und Knoten bei und wenden nun dieses „Destillat unseres Modells" auf einen anderen Organismus an, um diesen so zielführender untersuchen zu können.

Tatsächlich ist dies genau ein Vorgehen, wie es in der modernen, experimentell gestützten

Biologie üblich ist, wie wir nun beispielhaft am Beispiel der *Übertragung* des *Drosophila*-Modells auf den Modellorganismus *Arabidopsis thaliana* darstellen wollen. Diese Übertragung war in einem Fall (Blütenbildung) erfolgreich, im anderen Falle (Embryogenese) aber nicht. Gelungen war sie in beiden Fällen und hat unser Verständnis von Entwicklung entscheidend vorangebracht.

8.6.2 Vom Modell zur Arabidopsis-Blüte – eine erfolgreiche Übertragung

Die Modellierung der anterior-posterioren Achsenbildung bei *Drosophila* gilt als Meilenstein der Entwicklungsbiologie. Zum ersten Mal war es gelungen, einen komplexen Entwicklungsvorgang einer genetischen Erklärung zuzuführen. Das Modell von überlappenden Expressionsmustern, wobei Regulatoren der Genexpression abhängig von ihren Interaktionspartnern (also abhängig vom „Kontext") unterschiedliche Zielgene ansteuern, war ebenso elegant wie anregend. Es lag daher nahe, dieses Modell auf andere Entwicklungsvorgänge anzuwenden, auch wenn man davon ausgehen musste, dass die molekularen Komponenten dieses kybernetischen Schaltplans vermutlich andere Gene und Proteine sein würden. Wie häufig in der Wissenschaftsgeschichte gab es aber auch ganz pragmatische Gründe, die einer solchen Übertragung auf andere Modellorganismen Vorschub leisteten: Die eindrucksvollen Fortschritte beim Verständnis des Modellsystems Drosophila hatten natürlich dazu geführt, dass sich viele Arbeitsgruppen mit diesem System beschäftigten, sodass eine ganze Generation von Forschenden heranwuchs, die durch dieses Modell und seine entwicklungsgenetische Ausrichtung geprägt waren. Um die hieraus erwachsende Konkurrenz um Fördermittel und Stellen wenigstens teilweise vermeiden zu können, lag es nahe, auf andere Modellsysteme oder Phänomene auszuweichen, die ebenfalls über Mutanten erschlossen waren oder die zumindest für einen Mutageneseansatz

geeignet erschienen. Ungefähr um dieselbe Zeit wurden durch die Arbeiten von Marten Korneef in Holland die ersten systematischen Mutantenkollektionen von *Arabidopsis thaliana* verfügbar, und so begannen eine ganze Reihe von „Drosophilologen", sich diesem neuen Modellsystem zuzuwenden, das eine Art „Drosophila der Pflanzenwissenschaften" darzustellen schien.

Wenn man versucht, einen Mutantenansatz für pflanzliche Entwicklungsvorgänge zu entwickeln, stößt man auf ein Problem, das bei einem tierischen Modellorganismus in dieser Form nicht auftritt: Die pflanzliche Entwicklung weist eine extrem hohe Plastizität auf, ist also in hohem Maße von den Umweltbedingungen abhängig. Der Phänotyp einer gegebenen Mutation ist daher häufig nicht durchgängig sichtbar, sondern oft nur unter ganz bestimmten Randbedingungen. Es ist sicherlich kein Zufall, dass viele der von Marten Korneef isolierten Mutanten in der Perzeption oder Transduktion von Lichtsignalen gesucht und gefunden wurden. Es gibt nur wenige pflanzliche Merkmale, die weitgehend unabhängig von den Umweltbedingungen ausgeprägt werden. Die Ausbildung der Blütenorgane zählt dazu, was auch der Grund dafür ist, warum die Taxonomie vor allem auf Blütenmerkmale zurückgreift, um Pflanzen sicher bestimmen zu können. Da Blüten außerdem seit Jahrhunderten im Brennpunkt züchterischer Bemühungen standen (was durchaus auch ökonomische Gründe hat, man denke nur an das Tulpenfieber in Holland), kannte man schon zahlreiche Mutanten mit veränderter Blütenentwicklung. Schon Goethe kam in seinem Werk „Die Metamorphose der Pflanze" (1790) zum Schluss, dass bei den sehr beliebten gefüllten Blüten im Grunde die Staubblätter zu Kronblättern umgebildet waren, also eigentlich nur ihre Identität verändert hatten. Vor dem Hintergrund der an *Drosophila* entwickelten Modellierung ließen sich solche gefüllten Blüten als *homöotische Mutanten* beschreiben. Ähnlich wie bei der Mutante *antennapedia* war hier eine Struktur in eine andere Struktur umgewandelt, die an sich an einer anderen Stelle hätte entstehen sollen. Solche Mutanten bei *Arabidopsis* zu finden, war relativ einfach, da man ja schon wusste, wonach man suchen wollte – nämlich nach Blüten, bei denen alle vier Blattkreise vorhanden, aber zumindest teilweise in andere Blütenorgane umgewandelt waren. Wie in ▸ Kap. 5 Arabidopsis ausführlich dargestellt, ließen sich diese Mutanten auf ein Modell zurückführen, das mit drei morphogenetischen Faktoren arbeitete, die abhängig davon, ob sie alleine oder in Kombination mit einem anderen Faktor wirkten, eine unterschiedliche Ausprägung des Blatts (Kelchblatt, Kronblatt, Staubblatt oder Fruchtblatt) hervorriefen (◘ Abb. 8.1b). Die konzeptionelle Ähnlichkeit dieses sogenannten ABC-Modells zum Modell der anterior-posterioren Achsenbildung ist offensichtlich. Auch dieses Modell überzeugte durch seine Eleganz und Erklärungsmacht. Als dann über mühsame genetische Kartierung und Klonierung die betroffenen Gene identifiziert wurden, zeigte sich, dass diese Gene tatsächlich Ähnlichkeiten mit den bei *Drosophila* gefundenen homöotischen Genen aufwiesen – es handelte sich ebenfalls um Transkriptionsfaktoren, und diese waren sogar mit homologen Proteindomänen, der sogenannten Homöobox, ausgestattet. Diese erfolgreiche Übertragung eines Modells löste geradezu euphorische Reaktionen aus: Nicht nur war es gelungen, von einem „kybernetischen Schaltplan" zum Verständnis einer Blüte zu gelangen, sondern man hatte dabei sogar für die molekulare Verwirklichung dieses Schaltplans verwandte Faktoren (die Homöobox-Gene) gefunden.

8.6.3 Vom Modell zum Arabidopsis-Embryo – eine erfolglose Übertragung?

Neben der Blüte gibt es eigentlich nur noch einen pflanzlichen Entwicklungsvorgang, der sich weitgehend unabhängig von der Umwelt vollzieht – die Ausbildung der Körpergrundgestalt des Embryos. Im Gegensatz zur Blütenbildung war ein genetischer Zugang hier weit

schwieriger, denn die Embryogenese verläuft ja im Inneren der Samenanlage, die von den Fruchtblättern der Schote umschlossen ist, und man muss davon ausgehen, dass viele der in der Embryogenese betroffenen Mutanten gar nicht keimfähig sind. Man muss also, um solche Mutanten zu finden, Schoten und Samenanlagen zahlloser Mutantenlinien freipräparieren – was freilich beim Ursprungsmodell *Drosophila* auch schon der Fall war. Die Arbeitsgruppe von Gerd Jürgens ließ sich von diesen Mühen nicht schrecken und machte sich ab Mitte der 1980er-Jahre daran, in einem möglichst saturierenden Screen solche Embryogenesemutanten zu suchen. In der Tat gelang es, zahlreiche solcher Mutanten zu finden, von denen viele letal waren, also gar nicht bis zur Ausbildung eines keimfähigen Embryos gelangten (Mayer et al. 1991).

Die Vielzahl dieser Mutantenlinien zu ordnen und konzeptionell zu fassen, war eine große Herausforderung. Die Tatsache, dass es von vielen Genen zahlreiche Allele gibt, die sich in der Stärke ihrer Ausprägung unterscheiden, machte diese Aufgabe nicht leichter. Auch hier wurde daher wieder eine Übertragung des für die anterior-posteriore Achsenbildung von *Drosophila* entwickelten Modells genutzt (◘ Abb. 8.1c), die diesmal an die Modellierung der Lücken-Gene angelehnt war. So wurden Mutanten, die in ihrer Längsgliederung verändert waren, als Mustermutanten gedeutet, bei denen einzelne Körperbereiche ausgefallen waren (Mayer et al. 1993):

» For example, mutations in four genes delete different parts of the apical-basal pattern, and these seedling phenotypes were traced back to specific defects in the developing mutant embryos. The mutant phenotypes suggested that the apical-basal axis is partitioned into three regions, roughly corresponding to epicotyl and cotyledons, hypocotyl and root.

In ähnlicher Weise wurden Mutanten mit abweichender Gliederung von Wurzelgeweben als radiale Mustermutanten aufgefasst.

In den folgenden Jahren gelang es dann über genetische Kartierung, zum Teil aber auch schon mithilfe der neu zur Verfügung stehenden T-DNA-Mutantenkollektionen, viele der betroffen Gene zu identifizieren. Im Gegensatz zur Modellübertragung im Falle der Blütenbildung waren unter diesen Genen nur sehr wenige Transkriptionsfaktoren zu finden. Die Mehrheit der Gene hatte mit Sekretion und Signaltransport zu tun und hing häufig mit dem polaren Transport des Pflanzenhormons Auxin zusammen. Dies war aus der für die Deutung der Mutantenphänotypen eingesetzten Modellierung nicht zu erwarten gewesen. Mithilfe von neuen Werkzeugen wie etwa der *Enhancer-Trap*-Linien, bei denen einzelne Zellschichten im Verlauf der Entwicklung verfolgt werden können, oder der Möglichkeit, über Laserablation einzelne Zellen aus dem Zellverband zu eliminieren (▶ Kap. 5 Arabidopsis) entstand schließlich eine neue Modellierung, bei der die Embryonalentwicklung auf gerichteten Transport von Signalen (wie dem Pflanzenhormon Auxin) zurückgeführt wurde (◘ Abb. 8.1d), während die ursprünglich angenommene gemeinsame Entstehung von Zellen *(cell lineage)* aus einer schon determinierten Vorläuferzelle in den Hintergrund trat. Anders als im Falle der Blütenbildung musste hier also das ursprüngliche, an *Drosophila* angelehnte Modell verworfen werden (Mayer und Jürgens 1998):

> » The concept of pattern formation, which was originally based on the analysis of Arabidopsis pattern mutants, is re-examined in the light of recent data … The available evidence from genetic, molecular and experimental approaches supports the notion that embryonic pattern formation occurs in steps involving communication between clonally unrelated cells.

Wie ist nun dieser offenbar nicht von Erfolg gekrönte Übertragung eines Modells zu bewerten? Der ursprüngliche, an *Drosophila* entwickelte kybernetische Schaltplan musste ja nicht nur hinsichtlich der molekularen Faktoren

geändert werden (das war zu erwarten), sondern auch hinsichtlich der Pfeile und Knoten. Der Versuch, vom Modell zum Embryo zu gelangen, war nicht erfolgreich. Dennoch war das durch diese Modellübertragung motivierte Unternehmen gelungen. Immerhin steht jetzt eine umfangreiche und gründlich untersuchte Sammlung von Mutanten zur Verfügung, die ohne diesen Versuch einer Modellierung nie gesucht worden wäre. Weiterhin konnten an diesen Mutanten neue und tiefschürfende Einblicke in die räumlich-zeitliche Organisation der pflanzlichen Embryogenese gewonnen werden, die zu einem neuen Modell führten, das sich grundlegend von der Modellierung der anterior-posterioren Achsenbildung unterscheidet und neue, spannende Fragen aufwirft, wie etwa nach den Gründen für diese völlig verschiedenen kybernetischen Schaltpläne.

Die drei Modelle (Embryo von *Drosophila*, Blütenmeristem von *Arabidopsis*, Embryo von *Arabidopsis*) unterscheiden sich hinsichtlich einer wichtigen Eigenschaft: Die Musterung des *Drosophila*-Embryos erfolgt in einer Struktur, die schon vor Beginn der Musterung existiert. Die Eizelle ist ja schon gegeben, nach der Befruchtung wird sie lediglich in Form freier Zellteilungen mit zahlreichen freiliegenden Kernen gefüllt (sie stellt also ein Syncytium dar). Auch das Blütenmeristem von *Arabidopsis* ist ein geschlossenes System, denn nach Induktion der Blüte geht das Meristem von einer offenen zu einer terminalen Entwicklung über, die Blüte bildet die vier Blattkreise und stellt dann die weitere Entwicklung ein. Also wird auch hier eine vorgegebene Struktur in ein Muster von Organen differenziert. Für die Embryonalentwicklung von *Arabidopsis* verhält sich dies völlig anders: Hier erfolgt die Musterung an einem offenen System, das im Verlauf der Musterung fortwährend neue Elemente hinzufügt. Dass sich ein solches System nicht aus einer Modellierung ableiten lässt, die an Systemen mit einer geschlossenen Musterbildung gewonnen wurde, liegt auf der Hand.

Diese Überlegungen führen nun zu einer überraschenden Schlussfolgerung: Auch wenn die Übertragung der Modellierung von *Drosophila* auf *Arabidopsis* im Falle der Embryogenese nicht erfolgreich war, vielleicht auch, weil sie den Blick auf die im Modell *Arabidopsis* geltenden Prinzipien möglicherweise verstellt hat, ist sie doch als gelungen zu bewerten, und zwar in einem doppelten Sinn: Zum einen wurde sie nach allen Regeln der wissenschaftlichen Kunst durchgeführt und führte daher zu neuen Erkenntnissen, zum anderen lieferte sie die Motivation für ein langwieriges und mühsames Unterfangen, das andernfalls vermutlich nicht zustande gekommen wäre.

An diesem Beispiel tritt ein weiteres Moment von Modellen zutage: Modelle sind immer auch auf einen bestimmten Zweck ausgerichtet, und diese Zweckgerichtetheit scheint vom Erfolg des Übertrags unabhängig zu sein.

Aus dem Beispiel dieser gelungenen, aber nicht erfolgreichen Modellübertragung können wir einige allgemeine Schlussfolgerungen ziehen:

1. Die experimentelle Überprüfung von Modellierungen führt in der Regel nicht zu einer einfachen Wahr-falsch-Unterscheidung. Abgesehen von sehr einfachen Modellierungen wird die „Falsifikation" von einer oder wenigen Voraussagen des Modells noch nicht dazu führen, dass man ein Modell in seiner Gänze verwirft. Eher wird man versuchen, durch Veränderungen und Anpassungen das Modell zu verbessern. Der „Wahrheitsgehalt" einer Modellierung ist also eher eine graduelle Angelegenheit.

2. Aus diesem Grund empfiehlt es sich, Modelle nicht als „wahr" oder „falsch" zu charakterisieren, sondern eher als „angemessen" oder „nicht angemessen". Wie das Beispiel zeigt, gab es ja durchaus Aspekte, die auf eine erfolgreiche (und nicht nur gelungene) Modellierung hinwiesen. „Wahr" oder „falsch" können hingegen nur Sätze sein. Das wären etwa Aussagen, die sich aus der Übertragung des *Drosophila*-Modells auf die embryonale Musterbildung bei *Arabidopsis* ergaben. Wenn eine solche Aussage als falsch erkannt wird, heißt das lediglich,

dass die Modellierung nicht angemessen war.

3. Auch solche Modellierungen, bei welchen sich später herausstellt, dass sie nicht adäquat waren, können interessantes Wissen hervorbringen.

4. Modelle sind mehr als Ergebnisse, nämlich immer auch Schritte einer Tätigkeit, weisen also über sich selbst hinaus. So ist das Modell der anterior-posterioren Achsenbildung von *Drosophila* einerseits das Ergebnis eines langen Forschungsprozesses, andererseits aber gleichsam die Aufforderung zur Übertragung auf andere Entwicklungsphänomene. Es ist also nicht sinnvoll, ein Modell herausgelöst zu betrachten. Seine Relevanz, Tragweite und Adäquatheit erschließen sich nur, wenn wir das Modell als eine Station auf einem Weg auffassen. Die Geschichte seiner Entstehung gehört hier ebenso dazu wie die Fragen und Forschungsansätze, die durch dieses Modell angeregt wurden. Ein Modell ist also immer Antwort und Frage zugleich. Wenn wir verstanden haben, dass Modelle immer auf vorhergehende Modelle, Theorien, Annahmen antworten und ihrerseits Fragen für folgende Modelle, Theorien und Annahmen sind, dann fällt es auch leicht, einzusehen, dass Modellierung nicht auf ein einzelnes Modell abzielt, sondern auf Modelle in mannigfaltiger Variation. Ein Modell ist kein Modell, sondern eine Momentaufnahme eines Prozesses! Des Prozesses, den wir Wissenschaft nennen.

Modelle können wir also nur verstehen, wenn wir sie als Mittel, beispielsweise für Erklärungen, auffassen. Genau diesem Aspekt wollen wir uns jetzt zuwenden.

8.7 Modelle als Mittel der Erklärung

In den vorangegangenen Abschnitten haben wir gesehen, dass Modelle in der Biologie nicht nur dazu verwendet werden, um Ausschnitte

„der Welt" abzubilden, sondern vor allem dazu, diese Ausschnitte zu verstehen oder zu erklären. Diese Zwecke sind aber häufig auf der Ebene des Modells gar nicht präsent. So wenig, wie ich einem Schraubenzieher seine Funktion ansehe, so wenig ist das dem Modell der homöotischen Regulation anzusehen. In beiden Fällen hängt dies damit zusammen, dass ein Werkzeug zumeist für mehr als einen Zweck eingesetzt werden kann. Ein Schraubenzieher kann nämlich nicht nur zum Ausdrehen von Schrauben benutzt werden, sondern in Gegenrichtung auch zum Eindrehen, man kann damit ein klemmendes Fenster aufstemmen, einen verstopften Abfluss freistochern oder aber einen Luftballon zum Platzen bringen. Dieser „Zwecküberschuss" gilt für alle Mittel. Während ich dieses Problem im Falle des Schraubenziehers einfach durch Ausprobieren lösen kann, ist dies im Fall des homöotischen Regulationsmodells nicht so einfach. Hier müssen wir uns vielmehr genauer ansehen, von welchen Fragestellungen das Modell ausging, welches Hintergrundwissen verfügbar war und welche Theorien vorlagen. Dies schließt ebenfalls mit ein, dass wir das „ursprüngliche" Modell, das in engem Zusammenhang mit Beobachtungen am Modellorganismus *D. melanogaster* stand, auch auf andere Fälle erweitern können. Diese Erweiterung des Blickfelds zeigte sich ja als ein wesentliches Moment von Modellierung. Das oben geschilderte Beispiel der Übertragung auf *Arabidopsis* illustriert auch, wie wichtig es ist, dass solche Erweiterungen immer von experimenteller Überprüfung begleitet werden – nur über die experimentelle Überprüfung der Implikationen eines Modells lässt sich feststellen, inwiefern eine Modellierung angemessen ist. Im Fall der Embryogenese war es nur die experimentelle Überprüfung, wodurch die eigentlich sehr plausible Übertragung als nicht angemessen erkannt wurde. Gemeinsam ist beiden Modellierungen aber, dass es um Erklärungen der Embryogenese ging, einmal bei Insekten, im anderen Fall von Pflanzen.

Ein wesentlicher Verwendungszweck von Modellen in Biologie ist also die *Erklärung.*

Was eine Erklärung sei und welche Elemente sie beinhalte, ist in der Wissenschaftstheorie ausführlich und auf komplexe Weise diskutiert worden. Formalisierungen wie das Hempel-Oppenheimer-Schema sind Ergebnisse dieser Debatte, die wir aber gar nicht benötigen, um das Wesen einer Erklärung verstehen zu können. Wenn wir etwas erklären, dann geben und nehmen wir *Gründe.* Erklärungen antworten also auf Fragen – und zwar auf ganz unterschiedliche, was wir durch Fragepartikel wie „Warum blinzelst du?", „Wie hast du das befestigt?", „Wo ist der Kamm?", „Wann solltest du das Manuskript abgeben?", „Wieviel ist 8 geteilt durch 4?", „Wohin fährst du nochmal?", „Woher hast du das denn?" oder „Wodurch wird der Teig so hoch?" anzeigen. Die Antwort gibt dann einen Grund für das, wonach gefragt wurde, wie etwa „weil ich müde war", „indem ich es angenäht habe", „im Kühlschrank, wo sonst?", „eigentlich gestern", „zwei", „nach Hamburg", „aus der Bibel", „durch Backpulver". Erklärungen sind also keine Spezialität von Wissenschaften, sondern lebensweltlich und alltäglich vertraute Formen der Verständigung über Umstände, in denen wir uns befinden oder in die wir geraten sind.

Ganz allgemein gesprochen *erklären* wir also einen Sachverhalt dadurch, dass wir auf einen anderen Sachverhalt *verweisen.* So können wir zum Beispiel erklären, warum Herr Mayer tot vor seiner Wohnungstüre liegt, indem wir auf die neben seinem Kopf liegenden Ziegelstücke verweisen und den heruntergefallenen Ziegel als Ursache seines Ablegens annehmen. Stellen wir nun aber fest, dass sich an seinem Schädel gar keine Druckspuren finden, könnte es sich um eine bloße Korrelation gehandelt haben und die Ursache vielleicht in einem Herzinfarkt begründet sein. Immerhin aber lässt sich das Beispiel so weit verallgemeinern, dass wir einen vorliegenden Sachverhalt – Herr Mayer liegt tot vor seiner Wohnung, und Bruchstücke eines Ziegels liegen daneben – als *Fall einer Regel* auffassen. Immer dann, wenn ein Gegenstand hinreichenden Gewichts auf einen menschlichen Schädel auftrifft, kann dies zum Tod des Getroffenen führen. Da Bruchstücke eines Ziegels neben dem Toten liegen und der Ziegel ein hinreichendes Gewicht hatte, schließen wir aus dieser Regel, dass der Ziegel die Ursache des Todes von Herrn Mayer gewesen sein müsste. Wie überzeugend dieser Grund auf uns wirkt, hat oft damit zu tun, wie groß die Detailtiefe unsere Erklärung ist. Wenn uns ein Passant erzählt, dass vor fünf Minuten weder Herr Mayer noch der Ziegelstein auf dem Gehsteig lagen, als er vorbeiging, dass er aber, kurz nachdem er um die Ecke gebogen war, einen dumpfen Aufprall gehört hatte, sind wir eher geneigt, der Erklärung zu glauben, weil hier weitere Bedingungen hinzukommen. Wenn uns die Nachbarin aber darüber aufklärt, dass der Ziegel doch schon letzte Woche heruntergefallen sei, würden wir wohl eher zu zweifeln beginnen und die Erklärung als gescheitert betrachten.

Wissenschaftliche Erklärungen weisen nun – bei allen wichtigen Unterschieden – grundsätzliche Gemeinsamkeiten mit diesem lebensweltlichen Vorgehen auf:

1. Es gibt einen Regelteil. Im Alltag sind das mehr oder minder bestätigten Vermutungen, Annahmen, Erwartungen oder gar Vorurteile oder andere Formen von Erfahrungswissen, die wir als „normal", „üblich", oder „gewöhnlich" ansehen. Bei wissenschaftlichen Erklärungen sollten hier natürlich allgemeine, möglicherweise sogar universelle Regelmäßigkeiten stehen. Das sind häufig sogenannte Naturgesetze oder experimental davon abgeleitete Regelmäßigkeiten (man denke etwa an die Fick'schen Gesetze der Diffusion, die Stoke'schen Reibungsgesetze oder die Gesetze zur laminaren Strömung). Die häufig diskutierte Frage, ob die Gasgesetze oder das Ohm'sche Gesetz Naturgesetze repräsentieren, ist hier unwichtig – wir verlangen von den in wissenschaftlichen Erklärungen verwendeten Regelmäßigkeiten, dass sie sich auf klar definierte Typen von Umständen beziehen und dann aber auch für alle Situationen dieses Typs gültig sind. Dies sollte unabhängig davon sein, wer dieses Experiment durchführt oder ob das Experiment nun in Toronto oder in Moskau durchgeführt wird. Solche Naturgesetze sind, wie man sagt, situations- und personeninvariant.

2. Damit wir von diesem *Regelteil* auf den *Einzelfall* (etwa den Fall dieser Boule-Kugel, die ich jetzt in diesem Moment loslasse) schließen kann, muss diese Situation, die ich gerade vor mir habe, in standardisierter Form beschrieben werden, um sie als einzelnen Fall des allgemeinen Gesetzes bestimmen zu können. Wenn wir die Veränderung der Geschwindigkeit von Gegenständen messen wollen, die wir „zur Erde fallen lassen", dann sind die Gegenstände hinsichtlich bestimmter Kriterien wie etwa Masse, Geometrie, Homogenität des Materials oder Oberflächenbeschaffenheit zu *standardisieren*. Die Kugeln also, welche wir am Ende in die Fallrinne legen oder vom Turm zu Pisa hinunterfallen lassen, sind keine „natürlichen Gegenstände", sondern wir haben sie zuvor entsprechend vorbereitet, um dieses Experiment durchführen zu können (und sei es dadurch, dass wir nur so tun, *als ob* es homogene Kugeln mit idealer Oberfläche seien). Diese Kugeln sind also jetzt, in diesem Zusammenhang, von uns hergestellte Artefakte. Dasselbe Verfahren wenden wir an, wenn wir mit Modellorganismen arbeiten – wir standardisieren sie, indem wir zum Beispiel homozygote Linien züchten, um einen Mutantenphänotyp bestimmen zu können, indem wir die Genexpression zu einem ganz definierten Zeitpunkt nach der Behandlung messen oder indem wir den Zyklus sich teilender Zeilen synchronisieren, um individuelle Unterschiede möglichst klein zu halten. Genau dies, so die durchgängige These des gesamten Buches, ist ja das besondere von Modellorganismen: Es handelt sich nicht um

Naturgegenstände, sondern um teilweise fast schon „industriell" bereitgestellte Artefakte, und von diesen gilt eben, dass sie nicht auf Bäumen wachsen. Ob wir den Mechanismus der Synthese des Pflanzenhormons Ethylen studieren und dafür die Keimung unserer Modellpflanzen durch genau abgestimmte Belichtung und Kältebehandlung stratifizieren, oder ob wir die Fettsäuresynthese aus Acetyl-CoA aufklären wollen und dafür nur analytische reine Substrate einsetzen, deren chemische Eigenschaften möglichst gut zu kontrollieren sind – es handelt sich nicht um „natürliche" Objekte. Dies gilt übrigens mehr oder minder für alle experimentell gestützten Wissenschaften.

3. Auch die *Messmethode* muss einer Standardisierung unterzogen werden. Störende Faktoren, die unsere Messung verfälschen könnten, müssen möglichst abgepuffert werden – Schwankungen der Temperatur versuchen wir ebenso auszuschließen wie Vibrationen durch vorbeifahrende Straßenbahnen, um eine möglichst sichere Messung zu erreichen. Wenn wir etwa die Menge eines Transkripts über qPCR bestimmen, gehören nicht nur mehrere biologische Replika zum Standard, um Schwankungen unseres Modellorganismus zu berücksichtigen, sondern es muss auch jede Bestimmung in mehreren technischen Replika durchgeführt werden, um so die Variation in der Messung selbst bestimmen zu können.

4. Schließlich sind auch die *Experimentierenden* selbst Teil der Standardisierung. Viele Methoden erfordern handwerkliches Geschick, und dies geht über die in der Arbeitsanweisung möglichst genau beschriebenen Schritte oft hinaus. Für viele Methoden, etwa Mikroinjektion, Transplantationen oder histologische Präparationen, muss man erst eine geraume Zeit üben, bis man die für dieses Feld geforderte Fingerfertigkeit erworben hat.

Erst dann hat es überhaupt Sinn, mit dem eigentlichen Experiment zu beginnen, weil erst dann die notwendige Standardisierung des Experimentators selbst erreicht ist.

Zusammenfassend können wir daher sagen, dass die experimentelle Einzelsituation, die unter ein bestimmtes Gesetz fallen soll, eben nicht ein Einzelfall ist, sondern eigentlich Vertreter eines Typus – denn jede beliebige Wiederholung dieses Experiments ist zwar hinsichtlich ihrer Details ein Einzelfall, aber weist eben immer auch die wesentlichen Merkmale dieses Situationstyps auf, den wir mit diesem experimentellen Aufbau verwirklicht haben. Die *Reproduzierbarkeit* ist eine zentrale Forderung experimentellen Arbeitens. Wir erklären diesen Einzelfall also als Ausprägung eines experimentell standardisierten Situationstyps. Diese Erklärung sollte gleichzeitig zu den Erklärungen passen, die wir vorher schon angefertigt haben und die wir als korrekt annehmen. Sie wird ihrerseits die Basis sein, für Erklärungen, die wir in der Zukunft anfertigen werden.

Erklärungen sind also in der Regel nicht unverbundene, gleichsam atomare Bausteine, sondern sie beziehen sich auf früher schon angefertigte Erklärungen und damit auf schon geltendes Wissen. Diese Vorläufer unserer Erklärung gehören ebenso dazu wie die Erklärungen, die wir künftig davon ableiten können. Eine Erklärung ist also kein in sich abgeschlossenes Ding, sondern ein Schritt auf einem Weg. Der ursprüngliche Eindruck, dass Modelle einfach nur Gegenstände abbilden oder repräsentieren, hat sich nun grundsätzlich verändert, weil wir nun verstehen, dass Modelle vor allem Mittel (und Stationen) wissenschaftlicher Erklärungen.

8.8 Auch mit Beispielen kann man erklären

Modellbildung und Theorie stehen in einem wechselseitigen Verhältnis. Einerseits führt die Modellierung zur Bildung von neuen Theorien, anderseits wird sie von zuvor gebildeten Theorien geleitet. Auch wenn Modelle und Theorien uns helfen, mithilfe von Experimenten einen Teil der Welt erfahrbar zu machen und dieser Welt einen Teil ihrer Geheimnisse zu entreißen, sind sie doch nicht Teil der uns erfahrbaren Welt. Wenn wir in ein Mitochondrium hineinschauen, können wir den Citratzyklus nicht sehen, ebenso wenig, wie wir die Codonsonne an einem Ribosom beobachten können. Beide Modelle ermöglichen uns jedoch, das, was wir in Mitochondrien oder an Ribosomen beobachten, in einen sinnvollen Zusammenhang zu stellen und sogar vorherzusagen, was vermutlich als Nächstes geschehen wird.

Was aber kommt bei Modellen dazu, was in der Welt nicht erfahrbar ist, was erlaubt es uns, unsere experimentell gewonnenen Daten zu ordnen, ohne selbst der Welt der Daten anzugehören? In der Einleitung zu diesem Buch hatten wir die Nutzung von Metaphern als einen möglichen Weg angegeben, um aus der Ebene der experimentell erzeugten Daten auf die Ebene der Modellierung vorzudringen (▶ Kap. 1). Diese metaphorische Beschreibung beruht auf einem „so etwas wie" – so können wir Elektronenbahnen als „so etwas wie" eine Planetenbahn, eine Lunge als „so etwas wie" einen Blasebalg, das Vertebratenauge „als so etwas wie" eine Kamera oder die Kooperation von Tieren einer Population „als so etwas wie" eine Spielstrategie darstellen, obwohl uns klar ist, dass Elektronen keine Planeten sind, sowenig wie Augen Kameras, Lungen Blasebälge oder Verhaltensweisen Strategien. Es handelt sich eben um *Metaphern,* und der Übergang zum Modell benutzt dieses „x ist so etwas wie y" gerade nicht als Gleichsetzung, sondern als *Vergleich.* Wie schon in ▶ Kap. 1 ausgeführt, müssen wir, um vergleichen zu können, von bestimmten Aspekten absehen, während andere, von uns als wichtig erachtete Aspekte, in den Vordergrund gerückt werden. Wir haben die Wirklichkeit vor uns also gefiltert und für einen bestimmten Zweck einen Teil herausgegriffen. Nur so gelingt es uns nämlich, diesen Teil dieser Wirklichkeit überhaupt begreifen zu können. Dieses

Herausgreifen als Metapher eröffnet uns einen Weg, auf der Grundlage der experimentell erzeugten Wirklichkeit (also den im Experiment hervorgebrachten Daten), Information hervorzubringen:

Wenn wir den Strahlengang einer Sammellinse kennen, dann können wir aus dem Bild auf der Retina Informationen über die Funktionsweise der Linse gewinnen. Wenn wir das Modell genetischer Koppelung kennen, dann führen uns die Daten bestimmter Merkmalsverteilungen zu Informationen über den Koppelungsgrad der Gene und damit über ihre Anordnung auf dem Chromosom. Modelle liefern uns also das Wissen, womit wir aus (andernfalls bedeutungslosen) Daten Informationen erzeugen können, wir nutzen sie gleichsam als Anleitungen, wie wir mit den Daten umgehen sollen.

Was wir hier mithilfe des Modells tun, ist eine sogenannte *Abduktion,* die sich von den klassischen Verfahren *Induktion* und *Deduktion* unterscheidet: Bei der Induktion gehen wir von Einzelfällen zu allgemeinen Aussagen über (dieser Rabe ist schwarz, dieser auch … – also sind alle Raben schwarz). Hingegen hebt Deduktion auf die Spezialisierung von allgemeinen Regeln zu Einzelfällen ab (alle Zahlen, die durch 4 teilbar sind, lassen sich durch 2 teilen; die 8 ist durch 4 teilbar, also muss sie ebenfalls durch 2 teilbar sein). Modellierende Abduktion besteht nun darin, regelmäßige Zusammenhänge, die sich in einem bestimmten Bereich bewährt haben, auf einen anderen Bereich zu übertragen und die daraus gezogenen Schlüsse zu überprüfen (Modellierende Abduktion und die Entdeckung der Mikrotubuli).

Modellierende Abduktion und die Entdeckung der Mikrotubuli
Die Mikrotubuli sind als Bausteine der Teilungsspindel für alle eukaryotischen Zellen zentral, und häufig wird vermutet, dass sie auch in diesem Zusammenhang

entdeckt wurden. Dem ist aber nicht so – vielmehr wurden sie im Rahmen einer modellierenden Abduktion an Pflanzenzellen zunächst vorhergesagt und dann, kurz darauf, mithilfe von Elektronenmikroskopie sichtbar gemacht. Ausgangspunkt dieser Entdeckungsgeschichte waren biophysikalische Überlegungen von Paul Green zum Streckungswachstum von Pflanzen. Da differenzierte Pflanzenzellen fast vollständig von einer Zentralvakuole ausgefüllt werden und sich in der Regel in einer wässrigen Umgebung befinden, in der gewöhnlich nur wenig Stoffe gelöst sind (ganz im Gegensatz zu unseren Körperzellen, die sich in einer durch unsere Nieren streng regulierten isotonischen Umgebung befinden), ist das Wasserpotenzial im Zellinnern viel negativer als in der Umgebung, weil hier viele Moleküle wie Ionen, Zucker oder Proteine gelöst sind. Aufgrund der Semipermeabilität von Biomembranen können diese gelösten Moleküle nicht aus der Zelle hinaus, das Wasser strömt jedoch fortwährend in die Zelle ein (Osmose), sodass sich die Zelle eigentlich ausdehnen müsste. Die aus dehnbaren Cellulosefasern, den Mikrofibrillen, aufgebaute Zellwand begrenzt diese Dehnung jedoch, sodass ein Druck des Zellinnern auf die Zellwand aufgebaut wird, der sogenannte Turgor. Es sei hier nur am Rande erwähnt, dass diese Erklärung letztendlich auch wieder auf einem Modell beruht, dem Pfeffer'schen Osmometer (gleichzeitig ein Gerät, mit dem sich das osmotische Potenzial einer Lösung messen lässt).

Auf der Grundlage dieser Modellierung schlug Paul Green vor, dass eine wachsende Zelle im Grunde als sich ausdehnender Zylinder gesehen werden könnte, bei dem ein innerer Druck in allen Richtungen auf die Wände einwirkt, die daher einen Teil der Kraft auffangen,

sodass eine Wandspannung (englisch *strain*) entsteht (Green 1962). Hier liegt also eine typische Metapher vor: Eine wachsende Pflanzenzelle ist „so etwas wie" ein sich ausdehnender Zylinder mit dehnbaren Wänden. Paul Green sieht hier völlig davon ab, aus welchen Molekülen die Wände bestehen, durch welche im Zellsaft gelösten Moleküle das negative osmotische Potenzial entsteht oder ob es sich um eine Zelle einer Getreidekoleoptile oder um die Riesenzelle eines Armleuchteralgen-Internodiums handelt (mit diesen Zellen hat er tatsächlich gearbeitet). All diese Aspekte sind für seine Modellierung irrelevant – es geht ihm ausschließlich um die biomechanischen Aspekte der pflanzlichen Zelle.

Die Kräfteverhältnisse in einem Zylinder lassen sich physikalisch beschreiben. Sie hängen davon ab, auf welche Projektionsfläche die entsprechende Komponente wirkt und wie dick die Stärke der Wand ist. Nimmt man ein Gleichgewicht der Kräfte an, müssen Stress und Spannung in Richtung von Längs- und Querachse gleich groß sein. Für diese Situation zeigt sich, dass der Stress in Querrichtung doppelt so groß wird wie der Stress in Längsrichtung. Dieses Verhältnis ist unabhängig davon, wie groß der Zylinder ist oder ob es sich um einen langen oder einen gedrungenen Zylinder handelt. Dieses Verhältnis ist allein durch die Geometrie des Zylinders bedingt. Paul Green (1962) kam nun zum Schluss, dass ein sich ausdehnender Zylinder, dessen Wände in allen Richtungen gleich dehnbar sind, aufgrund der doppelt so großen Querstresskomponente in Querrichtung wachsen müsste und sich daher eigentlich gar nicht verlängern kann.

Nun kommt der Schritt der Abduktion: Wenn man nun dieses mechanische Modell des sich ausdehnenden Zylinders auf Pflanzenzellen überträgt, die ja nun tatsächlich in die Länge wachsen und dies sogar in erheblichem Ausmaß, muss man folgern, dass hier die Dehnbarkeit der Wand eben nicht in allen Richtungen gleich sein kann. Vielmehr muss man annehmen, dass sie in Längsrichtung hoch, in Querrichtung aber niedrig sein sollte. Green postulierte daher eine Anisotropie der Zellwanddehnbarkeit. Da die Zellwand vor allem aus Cellulosefasern besteht, ließe sich eine solche Anisotropie der Zellwand dadurch erreichen, dass diese Fasern nicht zufällig liegen, sondern in parallelen Bündeln quer zur Hauptachse des Zylinders (also nach Art von Fassdauben) organisiert sind. Durch eine solche Anordnung würde nun die Ausdehnung des Zylinders in die Längsachse umgelenkt, sodass der Zylinder sich verlängern würde. Green sprach von einem *reinforcement mechanism*, der die Streckung pflanzlicher Zellen aufrechterhalten müsse. Diese Modellierung führte ihn nun zur nächsten Frage: Wenn die Orientierung der Cellulosefasern kontrolliert wird, muss es etwas geben, was die Bewegung der entsprechenden Enzyme (sogenannte Cellulose-Synthase-Komplexe) in der Plasmamembran so lenkt, dass sie sich quer zur Zellachse bewegen und auf der Außenseite der Membran eine „Spur" aus Cellulose zurücklassen. Es müsse also innerhalb der Zellmembran „so etwas wie" eine Schiene geben, entlang der diese Enzymkomplexe mithilfe von „so etwas wie" einem Motor entlanggezogen würden. Diese „Schienen" müssten daher winzig kleine Röhrchen (*micro-tubules)* sein, die an der Innenseite der pflanzlichen Zellmembran vorkommen. Diese zu diesem Zeitpunkt mehr als kühne Vorhersage motivierte Keith Roberts Porter und Myron Ledbetter dazu, mithilfe der noch neuartigen Elektronen-

mikroskopie nach diesen *micro-tubules* zu suchen. In der Tat wurden sie fündig und stellten dann fest, dass diese *micro-tubules* nicht nur, wie von Green vorhergesagt, an der Innenseite pflanzlicher Zellmembranen zu finden sind, sondern auch die Fasern der Teilungsspindel bilden (Ledbetter und Porter 1963). Die Entdeckung der Mikrotubuli lässt sich also auf einen Prozess der mehrfachen Abduktion von Modellen zurückführen, der mit der Modellierung einer pflanzlichen Zelle in Form des Pfeffer'schen Osmometers seinen Anfang nahm, dann in dem Green'schen Modell eines dehnbaren Zylinders einer physikalischen Modellierung zugeführt wurde und schließlich in einem weiteren Modell mündete, das erklärte, wie die Richtung von Cellulosefasern bestimmt wird. Dieses Modell lenkte dann die gezielte Suche nach bisher unbekannten zellulären Komponenten an einer vorhergesagten Stelle und in einer vorhergesagten Form. Damit ist die Geschichte dieser Modellierung jedoch nicht zu Ende. In Form einer weiteren Abduktion wurde das Mikrotubuli-Cellulose-Modell dann dazu eingesetzt, den Phototropismus (die Krümmung von Pflanzen zum Licht hin) über eine vom Pflanzenhormon Auxin ausgelöste Umrichtung der Mikrotubuli zu erklären (Nick et al. 1990).

Über modellierende Abduktion gelangen wir also zur Abstraktion und gelegentlich auch zu Theorien: Darwins Züchtungsmodell der Selektion erlaubte es, Evolution vor allem unter dem Blickwinkel der Reproduktion neu zu betrachten, was ihm erlaubte, vorher nicht verbundene Beobachtungen zu einer Erklärung zu verbinden. Induktion, Deduktion und Abduktion sind also Formen der Erklärung, die regelmäßig gemeinsam vorkommen und für die Bildung wissenschaftlicher Theorien auch alle benötigt werden.

8.9 Allgemeine Kriterien der Modellbildung

Nachdem wir uns nun exemplarisch Formen der Modellierung in der Biologie, ihre Rolle beim Erklären, ihre Grenzen und ihre Wirkmächtigkeit vergegenwärtigt haben, wollen wir zum Abschluss noch einmal auf allgemeine Kriterien der Modellbildung sehen. Es soll hier nicht unser Ziel sein, „die" Theorie „des" Modells entwickeln zu wollen – um Modellbildung erfolgreich auf biologische Fragestellungen anwenden zu können, ist dies auch gar nicht nötig; die Darstellung der deskriptiven („Modell von") und präskriptiven („Modell für") Momente reicht vollkommen aus. Wir wollen vielmehr die oben entwickelten Gedankengänge mit den allgemeineren Überlegungen von Stachowiak zur Modellbildung vergleichen, die wir in ▶ Kap. 1 schon kurz gestreift hatten. Stachowiak hat die üblichen Kriterien der Verwendung von Modellen prägnant zusammenfasst, und es lohnt sich, diese Passage aus seiner Allgemeinen Modelltheorie im originalen Wortlaut anzuschauen (Stachowiak 1973):

1. **Abbildmerkmal:** Modelle sind stets Modell *von etwas,* nämlich Abbildungen, Repräsentationen natürlicher oder künstlicher Originale, die selbst wieder Modelle sein können.

2. **Verkürzungsmerkmal:** Modelle erfassen im Allgemeinen *nicht alle* Attribute des durch sie repräsentierten Originals, sondern nur solche, die den jeweiligen Modellschaffern und/oder Modellbenutzern relevant erscheinen.

3. **Pragmatisches Merkmal:** Modelle sind ihren Originalen nicht per se eindeutig zugeordnet. Sie erfüllen ihre Ersetzungsfunktion
   a) für *bestimmte* – erkennende und/oder handelnde, modellbenutzende – *Subjekte,*
   b) innerhalb *bestimmter Zeitinvervalle* und
   c) unter Einschränkung auf *bestimmte gedankliche oder tatsächliche Operationen.*

Im Wesentlichen stimmen diese Überlegungen mit unseren überein – es gibt aber auch einige wichtige Unterschiede. Mit seinem *Abbildmerkmal* besteht Stachowiak auf dem repräsentationalen Aspekt aller Modelle. In unserer Argumentationskette befasst er sich also nur mit *Modellen von,* also nur mit solchen Zusammenhängen, in denen das „Original" vorliegt oder bekannt ist. Unsere Erweiterung sieht hingegen vor, dass alle *Modelle von* immer auch *Modelle für* sind, nicht jedoch umgekehrt. Der Vorteil dieser Erweiterung liegt in der in ▶ Abschn. 8.8 entwickelten Möglichkeit zur Abduktion. Wie wir am Beispiel der Modellübertragung von *Drosophila* auf *Arabidopsis* gesehen haben, ist diese Abduktion nicht nur wichtig, um eine Theorie entwickeln zu können, sondern ist oft auch nötig, um einen Gegenstand überhaupt für die wissenschaftliche Forschung erschließen zu können.

Wie steht es nun mit dem *Verkürzungsmerkmal?* Zunächst einmal stellt man eine Ähnlichkeit zu unseren Überlegungen fest. Da jedes Modell immer auch *Modell für* ist, folgt, dass jedem Modell Zwecke unterliegen. Diese Zwecke werden durch die Verwendenden bestimmt, hier also durch die Forschenden, die Formbildung bei *Drosophila* oder *Arabidopsis* erklären möchten. Wir kennen also schon, bevor wir mit der eigentlichen Modellierung beginnen, die von Stachowiak so genannten „relevanten Attribute" (damit sind Eigenschaften gemeint). Wir wählen also bestimmte Attribute aus, andere vernachlässigen wir. Ob diese Auswahl erfolgreich war, können wir aber erst nach Abschluss der Modellierung sagen – denn das Abbildmerkmal hilft uns bei einem *Modell für* nicht wirklich weiter. Aber dies gilt für jede Art empirischer Forschung, im Grunde jede Art wissenschaftlicher Forschung überhaupt: Der Erfolg kann erst retrospektiv, nach Abschluss der Handlung (oft sogar erst viele Jahre später) festgestellt werden (Das Verkürzungsmerkmal beim *Modell für*). Eigentlich wird damit der Ausdruck „Verkürzung" sinnlos, verkürzen können wir die Liste der Attribute eines Modells ja nur, wenn wir schon wissen, welche relevant sind. Das wissen wir aber eben erst hinterher. Ähnlich wie schon beim Abbildmerkmal gibt dieses Verkürzungsmerkmal nur eine reduzierte Sicht auf die Modellierung wieder (wobei hier Stachowiaks übermäßige Reduktion eine Folge dessen ist, dass nur *Modelle von* betrachtet werden).

Im dritten Merkmal, dem Pragmatismus, herrscht dagegen weitgehend Übereinstimmung. Jedes Modell dient jemandem für einen bestimmten Zweck, ist also adressiert. Damit ist gemeint, dass Modelle nicht einfach so Informationen über oder von etwas liefern, sondern nur „für jemanden", hier also unsere Biologen, die wissen, wie und warum sie das Modell verwenden möchten. Dies soll nicht heißen, dass Modellieren „subjektiv" wäre im Sinne von „für den so, für jenen anders". Im Gegenteil ist hier mit „Subjekt" gemeint, dass jene, die Modelle verwenden, dadurch zu Wissen gelangen, was es ihnen erst erlaubt, die Ergebnisse der Modellierung zu verstehen. Wir haben dies oben mit der Formulierung wiedergegeben, dass Daten erst dann zu Informationen werden, wenn ein Wissen vorliegt, das die Auswahl der relevanten Daten gestattet – genau das ist hier gemeint. Diese *Adressierung* ist gerade bei den Modellorganismen ein wichtiges Merkmal. In dem Augenblick, wo wir einen Modellorganismus finden oder entwickeln, der für unsere Fragestellung geeigneter erscheint, werden wir auf diesen übergehen. In der modernen Biologie zeigt sich diese Adressierung oft in Form methodischer Zugänglichkeit, und solche Übergänge sind häufig zu beobachten, wenn neue methodische Ansätze zur Verfügung stehen: Während etwa ein Jahrhundert lang die Koleoptile von Hafer als Modell für die Untersuchung des Phototropismus beherrschend war, weil dieses System aufgrund seiner extrem homogenen Keimung für physiologische Versuche ideal geeignet und gleichzeitig groß genug war, um damit auch feinmotorische Manipulationen wie das asymmetrische Aufsetzen von Agarblöckchen oder teilweise Entfernung der Koleoptilspitze durchführen zu können, traten diese Vorzüge in den Hintergrund, als ab Mitte der 1980iger Jahre die Molekulargenetik zur dominierenden biologischen Methode wurde. Nun waren plötzlich ganz andere Merkmale zentral – kleines Genom, leichte Transformierbarkeit oder die Möglichkeit, gesättigte Mutagenesekollektionen erstellen zu können. Diese veränderte Adressierung der Modellierung führte nun dazu, dass die Haferkoleoptile als Modell völlig aus dem Blickfeld geriet und durch *Arabidopsis* ersetzt wurde (Das Gen hinter Darwins Entdeckung – 100 Jahre Phototropismus in ▶ Kap. 5 Arabidopsis), obwohl der Phototropismus dieses Modells nicht annähernd so ausgeprägt ist wie beim klassischen Hafermodell. An diesem Beispiel kann man auch erkennen, dass das Abbildmerkmal völlig in den Hintergrund getreten ist. Die Ähnlichkeit hinsichtlich der für die Adressierung wichtigen Kriterien bleibt ohne Bezug auf die anderen Kriterien: Inwiefern das Hypokotyl von *Arabidopsis* einer Haferkoleoptile gleicht, interessiert uns erst einmal nicht, solange uns das Hypokotyl von *Arabidopsis* erlaubt, die molekulare Identität des Photorezeptors Phototropin zu bestimmen. Erst in einem zweiten Schritt, wenn wir dann versuchen, die Funktion des homologen Gens aus Hafer im System Hafer zu verstehen, werden wir möglicherweise auf diesen Unterschied noch einmal eingehen. Aber hier haben wir dann ja nun auch die Adressierung verändert. Unser Modellorganismus *(Arabidopsis)* ist also kein Abbild des Zielorganismus (Hafer) – ein besseres Abbild als den Zielorganismus selber kann es ja gar nicht geben. Unser Modellorganismus ist nur ein Abbild hinsichtlich der uns interessierenden Aspekte (in diesem Fall des Gens, das den Photorezeptor codiert).

Wir vereinfachen also – aber in anderer Weise als es beim *Modell von* etwas der Fall wäre. Beim *Modell von* hätten wir das Original in allen seinen Eigenschaften ja schon vor uns – also auch in den gerade nicht interessierenden.

Das Verkürzungsmerkmal beim Modell für

Beim Verkürzungsmerkmal lässt sich der Unterschied zwischen dem *Modell von* und dem *Modell für* vermutlich am klarsten verdeutlichen. Wenn wir nur an der Form der Backenzähne für die Kronenherstellung interessiert sind, werden uns die Oberflächenbeschaffenheit, die Farbe des Zahnes, seine Nervenversorgung, die Verbindung zwischen Zahn und Knochen über die Sharpey-Fasern oder die Verbindung zum Blutgefäßsystem nicht interessieren – all dies wird nicht in das Modell übernommen, weil all dies für die Kronenherstellung eben nicht relevant ist. Das Verkürzungsmerkmal leitet sich also im Grunde aus dem Pragmatikmerkmal ab. Der Zweck des Modells hilft uns dabei, die für die Modellierung relevanten Merkmale des Originals auszuwählen. Wenn wir ein *Modell für* nutzen, um damit zu erklären, wie die modellierte Struktur eine bestimmte Funktion hervorbringt, benutzen wir die Verkürzung gleichsam in der Gegenrichtung: Wenn wir etwa eine Glaslinse als *Modell für* das Auge nutzen, können wir allein durch Beschäftigung mit dieser Glaslinse herausfinden, dass Krümmung, Dicke, Länge und Brechungsindex für die optischen Eigenschaften dieser Linse entscheidend sind, während etwa die Tatsache, ob wir diese Linse aus gewöhnlichem Glas oder aus Fluorit hergestellt haben, keine Rolle spielt. Die Kriterien, nach denen wir beim *Modell für* die Verkürzung vornehmen, sind also zunächst am Artefakt gewonnen – und zwar deshalb, weil wir dessen Eigenschaften sowie die Bedingungen der Funktionsausübung technisch vollständig beherrschen. Dieses Verfahren können wir daher auch dann anwenden, wenn wir vom Original noch recht wenig wissen. Es kann sich zeigen, dass bestimmte Vereinfachungen, die

wir am Artefakt vorgenommen haben, doch nicht angemessen waren (vielleicht finden wir heraus, dass die Materialbeschaffenheit der biologischen Linse doch eine große Rolle spielt, weil damit der Brechungsindex gesteuert werden kann). Wir würden dann zum Schluss kommen, dass unsere Verkürzung also unsere Erklärung selber tangiert hat und unsere Modellierung entsprechend anpassen. Ob die Verkürzung angemessen vorgenommen wurde, ergibt sich beim *Modell für* also *a priori* am Modell und wird dann *a posteriori* (vom Ende her) am zu modellierenden Original mittels des Pragmatikmerkmals hinsichtlich seiner Angemessenheit „gemessen". Beim *Modell von* gehen wir hingegen vom zu modellierenden Original aus und müssen dieses schon sehr gut kennen, um entscheiden zu können, welche seiner Aspekte wir für unseren Modellierungszweck weglassen können und welche nicht. Hier gehen wir also *a priori* vom Original aus und „messen" den Erfolg der Verkürzung daran, inwiefern unser Modell zu unserer Zwecksetzung passt (etwa, wie gut der Patient, dem wir die Krone eingesetzt haben, nun zubeißen kann). Obwohl in beiden Fällen das dritte Stachowiak'sche Kriterium, jenes der Pragmatik, über den Erfolg der Verkürzung entscheidet, ist die Arbeitsrichtung genau umgekehrt.

8.10 Modellieren als Praxis und als Prozess

Fassen wir unsere Überlegungen zu den Besonderheiten von Modellen zusammen: Modelle können bestimmte Aspekte eines Gegenstandes der wissenschaftlichen Forschung – und nur auf diese haben wir uns hier beschränkt – repräsentieren. Während diese *Modelle von* vor allem Abbilder der

Gegenstände sind, dienen *Modellen für* im Wesentlichen als Werkzeuge, um Gegenstände, deren Eigenschaften oder Leistungen erarbeitet und erklärt werden sollen, beschreiben zu können. Modelle für sind also nicht Abbilder, sondern Vorbilder.

Modelle treten also zwischen den (fragenden oder Fragen beantwortenden) Wissenschaftler und das Objekt seiner Erklärung. Sowohl *Modelle von* als auch *Modelle für* sind zweckorientiert (Pragmatik) – freilich in verschiedener Weise. Beim *Modell von* geht es darum, die im Modell abgebildeten Aspekte praktisch anzuwenden (das Modell des Zahns dient etwa dazu, eine passende Füllung zu bekommen oder daran etwas genauer zu vermessen, als es beim Original aufgrund der beengten Verhältnisse im Mund möglich wäre). Beim *Modell für* besteht der Zweck in der Erklärung, die man mithilfe des Modells anfertigen will. Modelle für sind also vor allem Werkzeuge der Erkenntnis, und darin liegt ihre eigentliche Pragmatik. Modelle sind immer auch verkürzt – sie geben also nicht „den Gegenstand an sich" wieder, sondern nur jene Aspekte und nur auf die Weise, die für die Fragestellung relevant sind (dies gilt für *Modelle von* und *Modelle für* gleichermaßen, aber die Verkürzung erfolgt in entgegengesetzter Richtung, wie wir in ▶ Abschn. 8.9 ausgeführt haben). Schließlich erweisen sich Modelle als adressiert, denn erst mit Blick auf die Fragestellung und die erwartete Antwort können die Resultate der Beschreibung und Erklärung verstanden werden.

Nun war in den vorangegangenen Abschnitten immer wieder von *Beschreibung* die Rede, und dies ist sinnvoll, weil für Erklärungen Gegenstände so beschrieben werden müssen, dass sie der Erklärung überhaupt zugänglich werden. Dies führt zu der Frage, warum eigentlich überhaupt von Modellierung die Rede ist und nicht einfach von Beschreibung.

Der Unterschied zwischen *beschreiben* und *modellieren* sei hier beispielhaft für die elektrischen Eigenschaften von Neuronen herausgearbeitet: Sicher sind Neurone keine elektrischen Leiter in einem technischen Sinn; sie können aber *als* solche *beschrieben* werden, was so viel heißt wie: Wir ordnen dieser Beschreibung als Leiter alle weiteren Aspekte und Eigenschaften unseres Gegenstands (der Neurone) unter, von denen wir wissen, dass sie mit diesem Leitungscharakter zusammenhängen. Bei der Beschreibung werden wir uns also auf jene Aspekte konzentrieren, die für elektrische Ströme, die Ausbildung von Spannungen oder für die Entstehung eines Ohm'schen Widerstands relevant sind. Wir werden uns also mit den Nernst-Potenzialen der über die Membran transportierten Ionen befassen, uns mit spannungsabhängigen Ionenkanälen auseinandersetzen oder die Dicke der Membran und die Myelinscheide in unsere Betrachtung mit einbeziehen. Hingegen werden wir andere Aspekte von Nervenzellen ausblenden, etwa den Transport von Vesikeln entlang der Mikrotubulibündel im Axon oder die unterschiedliche posttranslationale Modifikation der Mikrotubuli zwischen dem dendritischen und dem axonalen Pol des Zellkörpers. Um zu dieser Beschreibung gelangen zu können, mussten zuvor in mühsamer Arbeit diese ganzen Aspekte gemessen werden – in dieser Beschreibung sind also zahlreiche Modellierungen verborgen, deren Vorhersagen dann experimentell überprüft wurden. Die Beschreibung ist also das Produkt einer komplexen präparativen Intervention an dem – hier als Leiter – modellierten Gegenstand. Der schon in ▶ Kap. 1 erläuterte Begriff der Beschreibung erhält also durch die Nutzung von Modellen eine besondere Anbindung an experimentelle Praxis. Dies rechtfertigt also, dass wir *beschreiben* von *modellieren* unterschieden haben: Sicher ist modellieren immer auch beschreiben, aber umgekehrt gilt das nicht immer – wir können Gegenstände sehr wohl beschreiben, ohne zu modellieren. Freilich ist diese Form der Beschreibung gleichsam oberflächlich ohne den Versuch, in das Wesen des beschriebenen Gegenstands einzudringen. Wenn wir modellierend beschreiben, wäre es vielleicht genauer von „beschreiben als" zu sprechen.

Vielleicht ist beim Lesen aufgefallen, dass wir inzwischen von dem Substantiv *Modell von/für* zum Verbum *modellieren* übergegangen sind. Das hat einen wichtigen Grund: Auf diese Weise können wir das Modell als Resultat von Tätigkeiten verstehen, die, wie wir sahen, sehr unterschiedlicher Art sein können. Um diese Tätigkeit erklären zu können, beziehen wir uns auf andere Tätigkeiten, die in irgendeiner Form sinnfällig sind. Um *Modelle von* zu erklären, stellten wir modellieren wesentlich als abbilden dar, was auf ganz unterschiedliche Weise getan werden kann. Um *Modelle für* zu erklären, gebrauchten wir modellieren vor allem im Sinne von „an und mit einem Gegenstand experimentieren".

Wenn wir dieses Verständnis von Modell nun auf Modellorganismen übertragen, wird offensichtlich, dass mit dem Modellorganismus *Drosophila melanogaster* mehr gemeint ist, als die vor uns aus dem Bananenbrei aufsteigende Fruchtfliege. Dieser Modellorganismus hat und ist eigentlich eine Geschichte: Eine Geschichte der Verwendung im wissenschaftlichen Zusammenhang – die Verwendung für die verschiedensten Fragestellungen, das Ungenügen für einige davon, der Erfolg für andere. Ein Modellorganismus ist in dieser Darstellung also einerseits ein wirklicher Gegenstand – sogar ein Ding. Andererseits und zugleich ist er aber auch Ergebnis eines immer weiter gehenden Prozesses, in welchen die wissenschaftlichen Erfahrungen aller eingegangen sind, die diesen Modellorganismus verwendet haben. *Modelle* und *Modellierungen* sind also ebenso prozessual und historisch und dadurch Teil des historischen Prozesses, den wir Biologie nennen. Wenn wir dieser Sichtweise folgen, können wir nun nochmals auf die am Anfang aufgeworfene Frage zurückgehen, ob es außer pragmatischen Argumenten für die Verwendung von Modellorganismen auch noch grundsätzliche Erwägungen gibt.

8.11 Die Welt der Modelle und die Modelle der Welt

In ▶ Abschn. 8.10 haben wir Modelle als Stationen auf einem Weg dargestellt, Momentaufnahmen, die aus vorangegangenen Momentaufnahmen entstehen und dann wieder durch neue Momentaufnahmen abgelöst werden. Modelle sind also vergängliche Wesen. Sind sie daher nicht einfach Krücken, mit denen wir die Unzulänglichkeit unseres Wissens zu kaschieren versuchen? Sollten sie nicht eines Tages überflüssig werden, dann nämlich, wenn wir so weit vorgedrungen sind, dass wir die uns interessierenden Vorgänge in dem uns interessierenden einzelnen Lebewesen unmittelbar beobachten können? Vielleicht könnten wir bildgebende Verfahren so weit vorantreiben, dass wir die Expression des *ANTENNAPEDIA*-Gens in dieser einen Fruchtfliege vor uns sehen können, ohne dass wir auf ein Modell der Genexpression zurückgreifen müssten.

Dieser Gedanke erscheint zunächst verlockend, hat aber einen Pferdefuß. Wenn wir „diese Taufliege" vor uns ohne die durch Modellieren errungenen Mittel, Werkzeuge und Methoden betrachten, werden wir immer nur bei „dieser Taufliege" landen, und das ausgefallenste bildgebende Verfahren könnte nichts daran ändern. Erst dadurch, dass wir „diese Taufliege" zu „einer von solchen" machen, also zu einem Exemplar des Modellorganismus *D. melanogaster,* öffnet sich uns die Welt der Erklärungen ihres Werdens aus einer räumlichen und zeitlichen Abfolge von Genexpression, Diffusion und Verankerung der Genprodukte, kombinatorische Wechselwirkung und dem An- oder Abschalten von Zielgenen. Nur durch diesen Übergang von „dieser da" zu „einer solchen" können wir also erklären, wie Gestalt, Segmentierung oder Gliedmaßen „dieser Taufliege" vor uns zustande kommen. Wissenschaft als Suche nach Gesetzmäßigkeiten muss sich ihrem

Wesen nach vom Einzelnen ablösen. Das Einzelne als solches ist nicht wissenschaftsfähig *(individuum est ineffabile)*, sondern muss erst einmal „als eines von diesen" beschrieben werden, um damit wissenschaftlich, beispielsweise modellierend, arbeiten zu können.

Wenn wir mit einem Organismus modellierend arbeiten, wirkt das in vielen Fällen auf diesen Organismus zurück. Das modellierend gewonnene Wissen erlaubt uns nämlich, diesen Organismus so zu verändern, dass er für künftige Modellierung geeignet wird. Wir versuchen etwa, über eine Mutagenese abweichende Exemplare dieses Organismus hervorzubringen, um diese dann als Werkzeuge für genetische Untersuchungen nutzen zu können. Wir entwickeln Verfahren, um die Anzucht dieses Organismus standardisieren zu können, um damit einheitliche Randbedingungen für unsere Experimente zu erhalten. Oder wir führen gentechnische Manipulationen durch, um an diesem Modellorganismus bestimmte Vorgänge überhaupt beobachten zu können.

Diese technische Zurichtung von Modellorganismen ist sicher ein Vorgang, in den vielfältiges wissenschaftliches Wissen eingeht – sie ist aber selber keine Wissenschaft. Häufig trennt sich diese technische Bereitstellung für einen experimentellen Zugang „zugerichteter" Modellorganismen vom eigentlichen Wissenschaftsprozess ab und wird zu einer eigenen Praxis. Die Herstellung, Charakterisierung, Erhaltung und Erschließung einer Mutantenkollektion über eine Datenbank ist ein aufwendiges Unternehmen, das zumeist kollektiv durch die jeweilige Wissenschaftsgemeinschaft verwirklicht wird. Durch diese technische Herstellung oder Zurichtung von Modellorganismen werden der sich daran anschließende wissenschaftlichen Forschung zahlreiche neue Voraussetzungen und damit auch Fragestellungen zur Verfügung gestellt. Es handelt sich zwar immer noch um „diese Taufliege da" – diese ist aber von ihrem „natürlichen Vorbild" schon weit entfernt und für die weitere Praxis

zugerichtet. Solche Werkzeuge erlauben also weitergehende Modellierungen, im Modellorganismus selbst, aber auch (durch Übertragung) bei anderen Lebewesen, und sind daher für die moderne Biologie von großer Wichtigkeit. Modellierungen nutzen jedoch nicht nur diese eigens zugerichteten Modellorganismen als Werkzeuge, sondern auch – häufig nicht reflektiert – die vorhergehenden, mithilfe dieser Werkzeuge gewonnenen wissenschaftlichen Kenntnisse. Der mit der Herstellung und Zurichtung von Modellorganismen verbundene technische Aufwand hat jedoch auch dazu geführt, dass der eigentliche Zweck dieser Organismen, die Welt modellierend zu erkennen, allzu leicht in den Hintergrund tritt. Wenn das Werkzeug in Herstellung und Anwendung sehr aufwendig ist, kann es nämlich leicht passieren, dass man sich vor allem mit dem Werkzeug beschäftigt und vergisst, wozu man es eigentlich benutzen wollte. Dies führt dann leicht zu Arbeiten, die von der methodischen und technologischen Seite her eindrucksvoll sein können und auch Unmengen von Daten hervorbringen (oft im Hochdurchsatz), aber trotz großem Aufwand nur einen bescheidenen Erkenntnisgewinn nach sich ziehen. Wissen kristallisiert eben nicht aus der Datenlauge aus, selbst wenn diese hochkonzentriert ist, sondern muss modellierend gewonnen werden.

Diese Spannung zwischen der technischen Zurichtung von Modellorganismen und ihrer späteren Nutzung als Werkzeuge wissenschaftlicher Arbeit ist im Grunde nur eine weitere Facette der Spannung zwischen technologischer Anwendung und „reiner" Wissenschaft. Dies hat durchaus auch politische und gesellschaftliche Bezüge – denn Wissenschaft benötigt Ressourcen, also Finanzierung. Für die Grundlagenforschung kommen diese Ressourcen nicht aus industriellen Quellen (da industrielle Forschung üblicherweise in kurzen, inzwischen immer kürzeren, Zeithorizonten profitabel sein soll), sondern aus öffentlichen Programmen. Letztendlich sind es also Steuergelder, ohne die Forschung nicht möglich wäre. Dies bedeutet aber auch, dass häufig bestimmte

Ziele oder Zwecke vorgegeben werden, zumeist Fragen von gesellschaftlicher Bedeutung, wodurch sich die Motivation für Forschung stark verändert – an die Stelle des „Ich will wissen, warum das so ist" tritt das „Ich will das anwenden, um dieses Problem zu lösen". Nun ist es durchaus möglich, auch angewandte Forschung hypothesengeleitet (also modellierend) durchzuführen – das Pragmatikmerkmal von Modellen legt dies sogar nahe. Freilich führt die zunehmende Entwicklung von Hochdurchsatztechnologien dazu, dass man einfach technologische Parameter für eine bestimmte Problemlösung anpasst, ohne sich mühsam modellierend einem tieferen Verständnis des Problems zu nähern. In der Praxis kann dies durchaus erfolgreich sein, weil man fehlendes konzeptionelles Verständnis durch verbesserte technologische Effizienz wettmachen kann. Schnellere Computer, leistungsfähigere Roboter, über „neuronale Netzwerke" selbstlernende Analysesysteme (sogenannte Künstliche Intelligenz) können inzwischen sehr erfolgreich selbst komplexeste Probleme lösen, und dies scheint die modellierende Suche nach Erkenntnis überflüssig zu machen (Wissenschaft und Anwendung).

breit akzeptiertes Konzept, selbst Darwin war in diesem Sinne ein „Lamarckist" und hat in seinem Buch ein ganzes Kapitel entsprechender Fallbeispiele zusammengetragen.

> » Indem sie [die Naturwissenschaft, Anm. der Autoren] die Vererbung erworbener Eigenschaften anerkennt, erweitert sie das Subjekt der Erfahrung vom Individuum auf die Gattung; es ist nicht mehr notwendig daß das einzelne Individuum das erfahren haben muss, seine Einzelerfahrung kann bis auf einen gewissen Grad ersetzt werden durch die Resultate der Erfahrung einer Reihe seiner Vorfahren. Wenn bei uns z.B. die mathematischen Axiome jedem Kinde von acht Jahren als selbstverständlich, keines Erfahrungsbeweises bedürftig erscheinen, so ist das lediglich Resultat „gehäufter Vererbung". Einem Buschmann oder Australneger würden sie schwerlich durch Beweis beizubringen sein.

Überblickt man diese Historizität von wissenschaftlichem Wissen, dann wird Wissenschaft einfach eine Abfolge von Resultaten, etwa eine Abfolge von Modellen genetischer Regulation. Durch diese Sichtweise kommt es zugleich zu einer eigentümlichen Transformation: Wissenschaft wird zu Produktion; denn nun geht es nur noch um die Nutzung der einfach – etwa in Lehrbüchern oder Wikipedia – aufzufindenden Wissensbestände, die von jedermann auch zu größtem eigenen Nutzen verwendet werden können. Das die Wissenschaft leitende Ethos, nämlich *wissen zu wollen, um zu wissen*, geht verloren und wird ersetzt durch *wissen wollen, um zu können*. Versteht man Wissenschaft aber als eine Aktivität, wobei Forschende in der Auseinandersetzung mit Gegenstände,

Modellen und Theorien Wissen hervorbringen, kommt die Motivation nicht primär aus einer mögliche Anwendung von Wissen, sondern aus dem Drang nach Wissen. Auch wenn die Motivation eine andere ist, kann auch aus sogenannter Grundlagenforschung später Anwendungswissen hervorgehen, und in der gesellschaftlichen Diskussion wird dieses Argument gerne hervorgeholt, um etwa die Verwendung von Steuergeldern für „reine" Wissenschaft zu rechtfertigen. Dies verdeckt jedoch, dass Wissenschaft und Anwendung nicht in einem symmetrischen Verhältnis stehen; denn es gibt keine Anwendung ohne vorangegangene Wissenschaft, während umgekehrt Wissenschaft auch dann betrieben werden kann, wenn eine Anwendung (noch) gar nicht angestrebt wird. Wenn wir uns systematisch mit der Geschichte biologischer Modelle befassen, dann handelt es sich also nicht einfach um geisteswissenschaftliches „Glasperlenspiel" (dies notwendigerweise immer auch, jedenfalls, wenn es sich um Denken handeln soll), sondern um einen wesentlichen Bestandteil sich selbst verantwortender Wissenschaft.

Ein Fisch muss die Gesetze der Hydrodynamik nicht verstehen, um erfolgreich schwimmen zu können. Muss Wissenschaft also überhaupt modellierend die Gesetze der Biologie verstehen, um erfolgreich forschen zu können? Sie muss, wie wir in den letzten Abschnitten dieses Buches kurz darstellen wollen:

Wir haben oben gesehen, dass Modelle nicht nur eine gegenständliche Seite hatten – also zum Beispiel auf Taufliegen bezogen werden können. Sie hatten vielmehr immer auch eine theoretische Seite – zum Beispiel mit Blick auf die Theorie der genetischen Regulation. Damit kommt ein weiteres Moment der Prozessualität wissenschaftlicher Model-

lierung ins Spiel, das wir mit dem Begriff der *Medialität* bezeichnen. Die Physik versteht unter einem *Medium* etwas, worin sich etwas anderes, etwa ein Lichtstrahl oder ein Körper befindet. Dabei werden die Eigenschaften des Enthaltenen (zum Beispiel die Sinkgeschwindigkeit oder die Streuung) durch die Eigenschaften des Mediums bestimmt. Eine besonders interessante Eigenschaft von Medien besteht nun darin, dass sie selbst nicht als solche bemerkbar sind, sondern nur im Zusammenspiel mit anderen Medien. Der Brechungssatz von Snellius – um beim Lichtbeispiel zu bleiben – sagt ja nicht etwas über die den Strahlengang als solchen aus, sondern beschreibt nur die Änderung des Strahlengangs beim Wechsel des Mediums. Es geht also um ein und denselben Vorgang im Übergang von einem Medium zum anderen, also letztendlich um eine Differenz. Wir können diese Metapher des Mediums nun auf die wissenschaftliche Modellierung übertragen: Modelle sind natürlich auch Mittel und Werkzeuge der Erarbeitung von Wissen. Gleichzeitig sind sie aber auch Medien dieses Wissens, denn wir beziehen uns, wenn wir modellieren, nicht auf absolutes Wissen, sondern immer auf andere Modelle oder auf Vorformen unseres Modells. Wissen ist – nach dieser Konzeption – immer vermittelt, und hier zwar wesentlich über Modelle, die hier also als Medien des Wissens fungieren. Die „nackte Wahrheit" bleibt uns also grundsätzlich verborgen. Wir können mithilfe von Modellen als Medien versuchen, uns „ein Bild" der „nackten Wahrheit" zu machen, müssen uns aber bewusst sein, dass eine unmittelbare Wahrnehmung nie gelingen wird. Freilich zählt gerade dieser „Versuch der Entschleierung" der „nackten Wahrheit" zu den machtvollsten psychologischen Triebfedern von Wissenschaft. Diese Spannung aus dem Wunsch, „das Geheimnis lüften" zu wollen und dem Bewusstsein, dass dies nie gelingen kann, hat Cassirer (1990) mit Bezug auf einen antiken Topos – der Schiller zu seiner berühmten Ballade über das „Verschleierte Bild zu Saïs" veranlasste – wie folgt ausdrückt:

» Die Wirklichkeit scheint für uns nicht anders, als in der Eigenart dieser Formen, fassbar zu werden; aber darin liegt zugleich, dass sie sich in ihnen ebensowohl verhüllt wie offenbart. Dieselben Grundfunktionen, die der Welt des Geistes ihre Bestimmtheit, ihre Prägung, ihren Charakter geben, erscheinen andererseits als ebenso viele Brechungen, die das in sich einheitliche und einzigartige Sein erfährt, sobald es vom „Subjekt " her aufgefasst und angeeignet wird. Die Philosophie der symbolischen Formen ist unter diesem Gesichtspunkt gesehen, nichts anderes als der Versuch, für jede von ihnen gewissermaßen den bestimmten Brechungsindex anzugeben, der ihr spezifisch und eigentümlich zukommt. Sie will die besondere Natur der verschiedenen brechenden Medien erkennen; sie will jedes von ihnen nach seiner Beschaffenheit und nach den Gesetzen seiner Struktur durchschauen. Aber, wenngleich sie sich bewusst in dieses Zwischenreich, in dieses Reich der bloßen Mittelbarkeit begibt, so scheint doch die Philosophie als Ganzes, als Lehre von der Totalität des Seins, nicht in ihm verharren zu können. Immer von neuem regt sich vielmehr der Grundtrieb des Wissens: der Trieb, das verschleierte Bild von Saïs zu enthüllen und die Wahrheit nackt und hüllenlos vor sich zu sehen.

Die Wahrheit, die er dann sähe, so lässt Schiller seinen Jüngling, der das Bild zu Saïs enthüllte, warnend sagen, *„Sie wird ihm nimmermehr erfreulich sein!"*

Folgen wir unserem pragmatistischen Modellverständnis, so ist das Modell selbst gar nicht so wichtig, sondern eigentlich der Prozess der Modellierung. Die zentrale Rolle von Modellorganismen für die Biologie speist sich eben daraus, dass sie diesen Prozess entscheidend ermöglicht und beflügelt haben. Selbst dann, wenn wir nicht explizit auf Modellorganismen Bezug nehmen, sind sie nicht überflüssig, sondern prägen unser wissenschaftliches Handeln. Das über Modellorganismen als Mittel, Werkzeuge und Medien des wissenschaftlichen Forschungsprozesses erarbeitete Wissen kann und wird auch dann entsprechende Geltung erhalten, wenn wir gar nicht direkt mit Modellorganismen arbeiten. Wie wir am Beispiel der Übertragung des *Drosophila*-Modells auf *Arabidopsis* gesehen haben, bleibt diese Geltung selbst dann erhalten, wenn wir eine Modellierung revidieren. Modelle sind also nicht „wahr" oder „falsch", sie erweisen sich vielmehr innerhalb der wissenschaftlichen Praxis als adäquat oder inadäquat.

Ein zentraler Grund, warum Wissenschaft nur erfolgreich sein kann, wenn sie modellierend die Gesetze der Biologie zu verstehen versucht, sei zum Abschluss als These formuliert: Wenn wir modellieren, verwandeln sich nicht nur unsere Forschungsgegenstände, sondern auch wir als Forschende verwandeln uns selbst.

Literatur

Cassirer E (1990) Philosophie der symbolischen Formen. Bd 3 Phänomenologie der Erkenntnis. Wissenschaftliche Buchgesellschaft, Darmstadt, S 3

Clark J, Giniger E, Ruohola-Baker H, Jan LY, Jan YN (1994) Transient posterior localization of a kinesin fusion protein reflects anteroposterior polarity of the Drosophila oocyte. Curr Biol 4:289–293

Engels F (1883) Dialektik der Natur. In: Marx K, Engels F (Hrsg) Werke, Bd 20. Karl Dietz, Berlin, S 529 (Nachdruck der Ausgabe von 1925, Archiw Karla Marksa i Fridricha Engelsa, Bd 2, Moskwa – Leningrad)

Green PB (1962) Mechanism for plant cellular morphogenesis. Science 138:1401–1405

Gutmann M (2017) Leben und Form. Springer, Berlin

Janich P, Weingarten M (1999) Wissenschaftstheorie der Biologie. Fink, München

Johnston DS, Nüsslein-Volhard C (1992) The origin of pattern and polarity in the Drosophila embryo. Cell 68:201–219

Ledbetter MC, Porter KR (1963) A microtubule in plant cell fine structure. J Cell Biol 12:239–250

Mayer U, Jürgens G (1998) Pattern formation in plant embryogenesis: a reassessment. Semin Cell Dev Biol 9:187–193

Mayer U, Torres-Ruiz RA, Berleth T, Miséra S, Jürgens G (1991) Mutations affecting body organization in the Arabidopsis embryo. Nature 353:402–407

Mayer U, Büttner G, Jürgens G (1993) Apical-basal pattern formation in the Arabidopsis embryo: studies on the role of the *gnom* gene. Development 117:149–162

Mayr E (1997) This is biology. Harvard University Press, Cambridge

Nick P, Bergfeld R, Schäfer E, Schopfer P (1990) Unilateral reorientation of microtubules at the outer epidermal wall during photo- and gravitropic curvature of maize coleoptiles and sunflower hypocotyls. Planta 181:162–168

Stachowiak H (1973) Allgemeine Modelltheorie. Springer, Wien, S 130 ff.

von Goethe JW (1790) Versuch die Metamorphose der Pflanzen zu erklären. Ettlinger, Gotha

von Goethe JW (1988) Morphologie. Hamburger Ausgabe, Bd 13, Naturwissenschaftliche Schriften. Dtv, München (Erstveröffentlichung 1817)

Weiterführende Literatur

Gilbert SF (2000) Developmental biology, 6 Aufl. Sinauer Associates, Sunderland (ISBN:10: 0-87893-243-7. Kapitel 9 gibt einen guten Überblick über die Modelle der Achsenbildung bei *Drosophila* und ist über das ncbi-bookshelf in elektronischer Form frei zugänglich: ▶ https://www.ncbi.nlm.nih.gov/books/NBK10039/figure/A1977/?report=objectonly)

Janich P, Weingarten M (1999) Wissenschaftstheorie der Biologie. Fink, München

Serviceteil

Sachverzeichnis

Topfit für das Biologiestudium